Die Temperaturverteilung im Beton

von

Dr.-Ing. habil. Kurt Hirschfeld

o. Professor an der Technischen Hochschule Aachen

Mit 173 Abbildungen im Text und in einem Anhang
sowie 15 Zahlentafeln

Springer-Verlag Berlin Heidelberg GmbH

Vorwort.

Mit diesem Buch möchte ich der Fachwelt eine Arbeit vorlegen, die sich mit der Bestimmung von Temperaturfeldern in Platte und Zylinder befaßt. Es handelt sich hier nicht um ein neues Lehrbuch der Wärmelehre, die Kenntnis der grundlegenden Zusammenhänge wird vielmehr vorausgesetzt. Diejenigen Leser, die in das allgemeine Gebiet der Wärmelehre eindringen wollen, seien auf das einschlägige Schrifttum, insbesondere auf das Lehrbuch von GRÖBER-ERK, hingewiesen.

Neben der theoretischen Behandlung der Wärmefragen für Platte und Zylinder wird hauptsächlich die praktische Anwendung für den Betonbau in den Vordergrund gestellt. Um dem schaffenden Ingenieur die Möglichkeit zu geben, auch ohne Durcharbeit des mathematischen Teils die in den Betonkörpern auftretenden Temperaturen schnell zu ermitteln, sind zahlreiche Kurventafeln entwickelt worden; ebenso wurde mit Zahlenbeispielen und Abbildungen nicht gespart.

Bevor das Buch seinen Weg in die Öffentlichkeit antritt, erfülle ich die mir angenehme Pflicht, besonders meinem hochverehrten Lehrer, Herrn Professor Dr.-Ing. habil. F. TÖLKE, herzlichst zu danken. Er hat meine Aufmerksamkeit auf dieses Problem gelenkt und hat keine Mühe gescheut, mir manchen nützlichen Hinweis zu geben. Auch Herrn Professor Dr.-Ing. H. GRÖBER sowie Herrn Professor Dr.-Ing. F. DISCHINGER danke ich für das der Arbeit entgegengebrachte Interesse und ihre wertvollen Anregungen. Ferner möchte ich den Herren aus dem Kreise der Studierenden meinen Dank abtragen, die mir bei der Anfertigung der Zeichnungen behilflich waren.

Schließlich gehört mein Dank dem Springer-Verlage, der mit großem Verständnis trotz der Ungunst des Krieges den Drucksatz und die vielen Abbildungen mit der gewohnten Sorgfalt und in vorbildlicher Weise ausgeführt hat.

Das Manuskript zu diesem Buche wurde im Jahre 1941 abgeschlossen und dem Springer-Verlage zum Druck übergeben. Sein Erscheinen hat sich durch die großen Schwierigkeiten der letzten Jahre leider bis jetzt verzögert.

Aachen, im Herbst 1948.

KURT HIRSCHFELD.

Inhaltsverzeichnis.

Druckfehlerberichtigungen.

Seite 9, Zahlentafel 3 Spalte „Jahr Zeile 18 von oben: statt „37,4" lies „37,9".

Seite 14, Zeile 17 von oben: statt „.... $= \dfrac{t_0\, W_{max}}{c\,\gamma}\, e - \dfrac{}{t_0}$ ...." lies „.... $= \dfrac{t_0\, W_{max}}{c\,\gamma}\, e - \dfrac{t}{t_0}$ ...."

Seite 17, Zeile 11 (4. Formel) von oben: statt „.... $(\sqrt{\ } - \varphi_n) + $ ...." lies „$(\sqrt{\ } - \varphi_n)^2 + $ ....".

Seite 21, Zeile 15 (Gl. 30) von oben: statt „.... $[\cos(\omega t - \varepsilon + 2\,\pi d$ ...."

     lies „.... $[\cos(\omega t - \varepsilon_2 + 2\,\pi d$ ...."

  Zeile 19 (Gl. 31) von oben: statt „.... $[\cos(\omega t - \varepsilon - 2\,\pi d$ ...."

     lies „.... $[\cos(\omega t - \varepsilon_1 - 2\,\pi d$ ...."

Seite 22, Zeile 2 von unten: statt „$\varepsilon - \varepsilon_2 = $ ...." lies „$\varepsilon_1 - \varepsilon_2 = $ ....".

  Zeile 1 von unten: statt „$\varepsilon = \varepsilon$ ...." lies „$\varepsilon_2 = \varepsilon_1$ ....".

Seite 23, Zeile 2 von oben: statt „$\cos \varepsilon_2 = -1)^n$" lies „$\cos \varepsilon_2 = (-1)^n$ ...."

Seite 27, Zeile 21 von oben: statt „.... $+ \cos(\omega t - \varepsilon_2 \cos 2\,\pi$ ...."

    lies „.... $+ \cos(\omega t - \varepsilon_2) \cos 2\,\pi$ ...."

Seite 42, Zeile 10 von oben: statt „.... $+ \sin(\omega - \varepsilon - 2\,\pi\,\xi\,\sqrt{\ }$ ...."

    lies „.... $+ \sin(\omega t - \varepsilon - 2\,\pi\,\xi\,\sqrt{\ }$ ...."

Seite 52, Zeile 16 von unten: statt „$\dfrac{d^2\vartheta}{d\sigma 2} + $ ...." lies „$\dfrac{d^2\bar{\vartheta}}{d\varrho 2} + $ ...."

Hirschfeld, Temperaturverteilung.

I. Einleitung.

In den letzten Jahren ist das Bedürfnis, schon vor der Bauausführung wirklichkeitsgetreue Angaben über die Temperaturverteilung in Betonkörpern zu besitzen, ständig gewachsen. Nicht nur die chemische Aufheizung des Betons, sondern auch andere Wärmespender, die entweder konstant oder in regelmäßigen Schwankungen auf das Temperaturfeld einwirken, mußten in die Fragestellung einbezogen werden. Die Probleme wurden nicht um ihrer selbst willen gelöst, sondern in der Erkenntnis, damit einen Beitrag zur Gütesteigerung unserer Bauten geliefert zu haben, der nicht zuletzt geeignet ist, der Wirtschaft durch die Ersparnis unnötiger Arbeitsleistungen und Unkosten zu dienen.

Gegenstand dieses Buches ist die Untersuchung des Temperaturverlaufes in unendlich ausgedehnt gedachten planparallelen Betonplatten und in unendlich lang gedachten Betonzylindern, und zwar einmal für den Temperaturzustand einer konstanten Umgebungstemperatur unter Einwirkung der Abbindewärme des Betons und zum anderen für den Temperaturzustand periodischer Randtemperaturschwankungen. Es sind dieses diejenigen Temperaturzustände, deren Kenntnis für die neuzeitliche Betontechnik eine besonders große Bedeutung erlangt hat. Die Zugrundelegung unendlich ausgedehnter Platten bzw. Zylinder entfernt sich zwar etwas von der Wirklichkeit, war aber notwendig, um zu unmittelbar greifbaren Ergebnissen zu gelangen.

Das Buch wendet sich in erster Linie an den praktisch tätigen Ingenieur. Demgemäß wurde in der Theorie die Darstellung breit und allgemein verständlich gehalten, und für die Anwendung eine sehr umfangreiche numerische Rechnung durchgeführt, deren Ergebnisse in zahlreichen Schaubildern niedergelegt sind. Auf diese Weise bietet sich dem Betonkonstrukteur erstmalig die Möglichkeit, die zu erwartenden Betontemperaturen unmittelbar aus sehr allgemeingültigen Kurvenauftragungen zu entnehmen. Um dabei auch der Veränderlichkeit der Wärmeleitfähigkeit Rechnung tragen zu können, wurden für die graphischen Darstellungen die Leitfähigkeitsstufen $\lambda = 1{,}0$, $1{,}5$, $2{,}0$ und $2{,}5$ zugrunde gelegt. Die Kurventafeln liefern insbesondere den Temperaturverlauf für den Fall, daß der Beton bei beliebiger Temperatur eingebracht wird und sich dann durch den chemischen Abbindeprozeß erwärmt. Ferner ist die Berücksichtigung einer künstlichen Betonkühlung möglich. Ist die Wärmeleitfähigkeit bekannt, so gestatten die Kurventafeln eine unmittelbare Ablesung für beliebige Zeiten und beliebige Schnittstellen parallel zur Plattenmittelebene. Nötig ist nur die Kenntnis der Maximaltemperatur der chemischen Aufheizung, wie sie im isolierten Körper auftritt. Da die neuzeitlichen Beton- und Stahlbetonbauten oftmals sehr große Abmessungen ihrer Einzelglieder aufweisen, so wurde die zahlenmäßige Behandlung auf Plattenstärken zwischen 0,10 und 50 m ausgedehnt und so in Verbindung mit der getrennten Berücksichtigung der Wärmeleitfähigkeiten von $\lambda = 1{,}0$ bis 2,5 das gesamte praktisch vorkommende Anwendungsgebiet erfaßt. Um die Annahmen für die Wärmeleitzahlen auf eine sichere Grundlage zu stellen, wurde im dritten Abschnitt ein einfaches Verfahren entwickelt, die λ-Werte unter Mitberücksichtigung gewonnener Meßergebnisse zu errechnen.

Wenn man von der chemischen Erwärmung absieht, sind die Ergebnisse auch für viele andere Baustoffe unmittelbar verwertbar. In dem Bestreben, auch weniger geübten Kräften die Anwendung zu erleichtern, sind in jeder Gruppe ein oder zwei Zahlenbeispiele durchgerechnet und an Abbildungen erläutert worden. Dadurch ist der Leser auch in den Stand gesetzt, sich durch Vergleich der Ergebnisse ein Gefühl für die Temperaturverteilungen im Beton zu erwerben.

II. Kurze Betrachtungen über Schwinden und chemische Erwärmung des Betons.

Mit der Zunahme der Abmessungen von Betonkörpern wachsen auch normalerweise die Schwinddehnungen, die nicht selten zu Rißbildungen Anlaß geben und die Sicherheit eines Bauwerkes stark gefährden können. Die Wahl des Zementes, das Mischungsverhältnis und die Konsistenz des Betons, die Beanspruchung durch Eigengewicht und nicht zuletzt die Lufttemperatur und -feuchtigkeit zur Zeit des Betonierens sind mitbestimmend für die Größe der im Beton auftretenden Dehnungen und Schwindspannungen.

Die Schwinddehnungen des Betons sind die Folgeerscheinung zweier zusammenwirkender Einflüsse, der Schrumpfdehnung und der Wärmedehnung. Der zeitliche Verlauf beider Vorgänge unterliegt neben verschiedenen anderen Faktoren insbesondere der Wärmeleitfähigkeit und der Porengestaltung des Betons sowie auch dem Betonierungsfortschritt. Aus der Erfahrung und den Aufzeichnungen elektrischer Widerstandsthermometer weiß man, daß in dicken Betonkörpern die Angleichung an die jahreszeitlichen Temperaturschwankungen erst nach Jahren erreicht wird. Anschließend mögen die Teileinflüsse des Schwindens etwas näher betrachtet werden.

Die Schrumpfdehnung. Je nach dem Verwendungszweck und der Betonierungsart wird der Beton in verschiedener Konsistenz in die Schalungen eingebracht. Er enthält aber immer einen größeren Wasseranteil, als für den chemischen Abbindeprozeß benötigt wird. Der verbleibende Rest strebt einen Feuchtigkeitsausgleich mit der den Betonkörper umgebenden Luft an und erzwingt dadurch die als Schrumpfung bezeichnete Volumenverminderung des Betons. Bei dünnen Betonkörpern ist die Schrumpfdehnung gegenüber der Wärmedehnung vorherrschend; sie vollzieht sich in einem Zeitraum, in dem der Beton noch jung genug ist, den Formänderungen annähernd folgen zu können. Anders ist es bei dickwandigen Bauelementen oder beim Massenbeton. Hier verläuft der Feuchtigkeitsaustausch ungleichmäßiger, da es den äußeren Betonschichten schneller gelingt, sich der Feuchtigkeit zu entledigen. Die mit dem Abbinden des Zementes einsetzende Erhärtung — besonders der Randzonen — wirkt sich auf diesen Naturvorgang meist derart aus, daß das Innere eines solchen Betonkörpers noch jahrelang feucht bleibt. Mit der ungleichmäßigen Erhärtung des Betons entstehen naturgemäß Spannungen, die ihrer Wirkung entsprechend Schrumpfspannungen genannt werden. Sie erreichen ihr Höchstmaß an der Betonoberfläche und erzeugen dort durch Überschreiten der Betonzugfestigkeit die sogenannten Haarrisse, die nur wenige Millimeter tief sind und gewöhnlich als unschädlich angesehen werden können.

Die Wärmedehnung. Durch die chemische Reaktion zwischen Zement und Wasser wird beim Abbindeprozeß die Hydratationswärme frei. Je nach Zementart, Zementmenge, Wassergehalt und Porenverteilung im Beton wird der Temperaturanstieg verschieden ausfallen. Auch die Einbringetemperatur und der Arbeitsfortschritt können sich maßgeblich auswirken. Wegen der verschiedenen Wärmetönungen verdienen diejenigen Zemente den Vorzug, die bei etwa gleicher Zugfestigkeit eine niedrige spezifische Wärmeentwicklung aufweisen. Nach den neuesten Erfahrungen verhalten sich Traßzemente, Thuramentzemente und gewisse Hochofenzemente in bezug auf Wärmeentwicklung besonders günstig. Für einige Zementarten sind in Abb. 1[1] die Wärmetönungen aufgetragen, die beim Abbinden von 1 kg Zement im Isolierkasten festgestellt wurden. Leider haben derartige im Laboratorium durchgeführte Versuche oftmals für die Praxis nur bedingten Wert. Sie liefern zwar einen befriedigenden Überblick über die Eignung der einzelnen Zemente, aber die engere Wahl der Zementart ergibt sich fast immer aus Zweckmäßigkeits- und Wirtschaftlichkeitsbetrachtungen.

---

[1] Die Abb. 1 wurde mir freundlicherweise von Herrn Professor Dr.-Ing. A. HUMMEL, Direktor des Staatl. Materialprüfungsamtes Berlin-Dahlem, zur Verfügung gestellt.

Um die Dehnung, die durch die Abbindewärme des Betons hervorgerufen wird, auf ein Mindestmaß herabzusetzen, muß man unter Berücksichtigung des Herstellungsverfahrens die Wahl der Kornzusammensetzung und der Konsistenz des Betons so treffen, daß entsprechend dem Wasserzementfaktoren-Gesetz der Zementanteil im Rahmen der verlangten Festigkeit möglichst gering wird.

Durch den chemischen Abbindeprozeß erfolgt eine Wärmeentwicklung im Beton, die sich über den Betonquerschnitt annähernd gleichmäßig verteilt, während sich die Abgabe der gespeicherten Wärmemenge, wie schon erwähnt, ungleichmäßig vollzieht. Die Folge davon ist, daß die damit verbundene spezifische Volumenverminderung sich nicht mehr frei ausgleichen kann und Eigenspannungen entstehen. Es ist erstrebenswert, so früh und so schnell wie möglich dem Beton durch geeignete Vorkehrungen die Wärme zu entziehen; hierdurch wird die Plastizität des jungen Betons wirksam, die einen Teil der ungleichmäßigen Volumenverminderungen in sich selbst, d. h. unter Ausschaltung von Spannungen, ausgleichen kann. Mit zunehmendem Alter verliert sich diese vorteilhafte Eigenschaft, so daß dann in der Hauptsache nur noch durch Spannungen die Verträglichkeit zwischen Temperaturdehnungen und elastischen Dehnungen hergestellt werden kann. Dabei können, wie die Erfahrung immer wieder zeigt, die Spannungen so groß werden, daß die Zugfestigkeit des Betons überschritten und schädliche Temperaturrisse

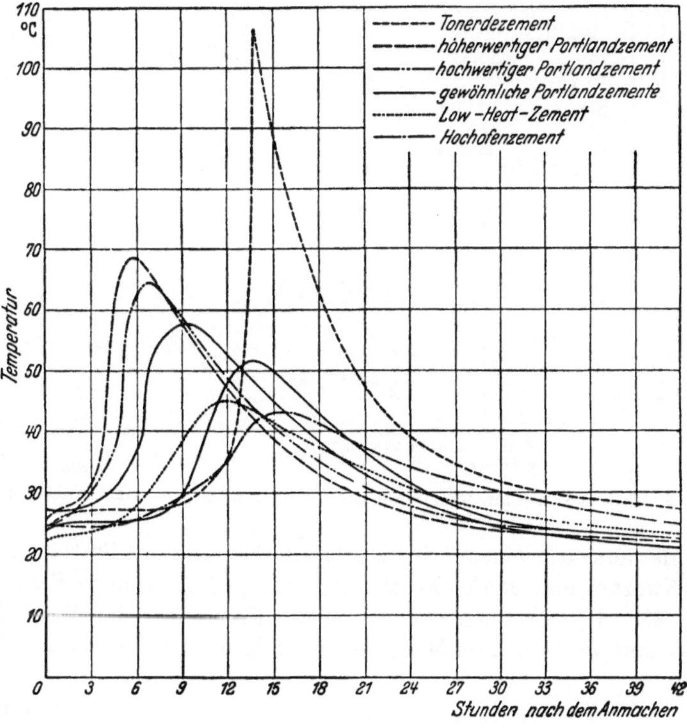

Abb. 1. Wärmetönungen einiger Zementarten.

ausgelöst werden. Von besonderer Bedeutung für diese Vorgänge sind die an Talsperren durchgeführten umfangreichen Temperaturmessungen, die teils mit Hilfe elektrischer Widerstandsthermometer, teils in Verbindung mit Dehnungsmessungen durch Telemeter erfolgten.

An der Bleilochsperre hat man beispielsweise bei einer Zusammensetzung der Bindemittel von 0,34 GT Portlandzement und 0,66 GT Thurament bei etwa 130 kg Zementgehalt je Kubikmeter feste Masse für verschieden gelegene Meßstellen die nachfolgenden Temperaturanstiege abgelesen[1 u. 2] (vgl. auch Abb. 2 u. 3).

Meßstelle TM·	1	2	3	4	5	6	7	8	9	10
Temperaturanstieg ϑ_{ch}^{max} in Grad	8,6	25,3	24,8	26,8	20,7	30,7	27,7	25	25,5	23,9

Wenn berücksichtigt wird, daß Thurament etwa das 0,4- bis 0,5fache der Wärmemenge von Portlandzement entwickelt, so kann man hieraus für reinen Portlandzement schließen,

---

[1] HOFFMANN, ERWIN: Untersuchungen über die Spannungen in Gewichtsstaumauern aus Beton mit Hilfe von Messungen im Bauwerk. Dissertation Karlsruhe 1933.

[2] TÖLKE, FRIEDRICH: Wasserkraftanlagen (Talsperren, Staudämme und Staumauern). Berlin: Springer 1938.

daß sich bei Dosierungen von 150 bis 250 kg/m³ Beton die Abbindetemperatur im isolierten Körper zwischen 25 und 40°C bewegt, wobei unter Abbindetemperatur der Unterschied zwischen der Einbautemperatur des Meßgerätes und der höchsten festgestellten Temperatur verstanden werden soll.

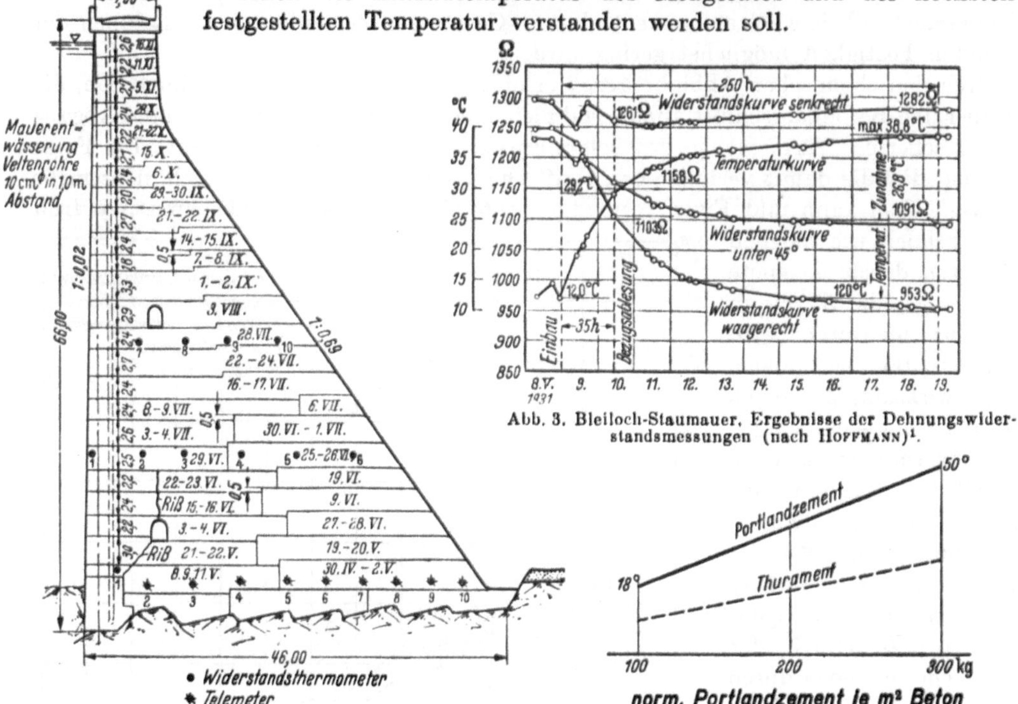

Abb. 3. Bleiloch-Staumauer. Ergebnisse der Dehnungswiderstandsmessungen (nach HOFFMANN)[1].

Abb. 2. Bleiloch-Staumauer, Querschnitt mit Betonierschichtenaufteilung.

Abb. 4. Abbindetemperaturen in Abhängigkeit von der Zementmenge.

Messungen an einem Schleusenbauwerk aus reinem Portlandzement[2] ergaben bei gleichen Stoffwerten und 250 kg Portlandzement je Kubikmeter Beton eine Temperaturerhöhung von 43°, die sich ausgezeichnet in die Ergebnisse der Bleilochstaumauer einfügt. Hiernach und nach anderen Meßergebnissen kann man annehmen, daß die Abbindetemperatur von 100 kg normalem Portlandzement je Kubikmeter Beton im Durchschnitt etwa 18°C beträgt und im Bereich der praktisch vorkommenden Dosierungen zwischen 100 und 300 kg Zement/m³ Beton linear von 18° auf 50°C ansteigt. Aus der Abb. 4 sind die so sich ergebenden höchsten Abbindetemperaturen in Abhängigkeit von der Zementmenge ersichtlich.

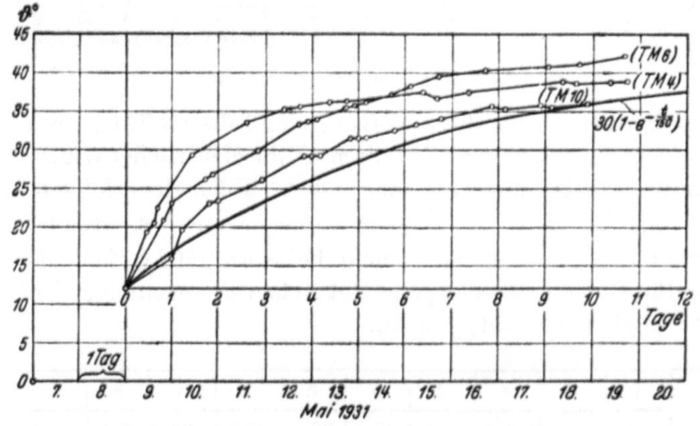

Abb. 5. Vergleich der gesetzmäßigen Kurve mit den gemessenen Temperaturkurven.

Für die Abbindetemperatur als Funktion der Zeit lassen die Meßergebnisse an der Bleilochtalsperre das Exponentialgesetz

$$\vartheta_{ch} = \vartheta_{ch}^{\max}\left(1 - e^{-\frac{t}{t_o}}\right)$$

[1] HOFFMANN, ERWIN a. a. O.
[2] HAMPE, B.: Temperaturschäden im Beton. Die Bautechnik. 1941, H. 34/35

als hinreichend genau erscheinen. Es bedeuten hierin ϑ_{ch}^{max} den Höchsttemperaturanstieg im isolierten Körper und t_0 eine dem Zeitverlauf der Aufheizung Rechnung tragende Größe. Nach den Ergebnissen in der Bleilochsperre (Abb. 5) dürfte der Wert

$$t_0 = 150\,h$$

die unterste Grenzlage der zu erwartenden Aufheizungskurven gut wiedergeben; diese ist für praktische Rechnungen fast immer als maßgebend anzusehen, da man mit ihr in der Beurteilung der Aufheizungs- und Abkühlungszeiten auf der sicheren Seite bleibt[1].

III. Kurze Betrachtungen über die periodischen Schwankungen der Lufttemperatur und ihre Einwirkungen auf Körper größerer Dicke.

Der natürliche Verlauf der Außentemperatur folgt den periodischen Klimaschwankungen, wobei unter Klima die mittleren Witterungsverhältnisse aus der Beobachtungs-

Abb. 6. Landkarte zwischen 5° und 25° östl. Länge und 43° und 55° nördl. Breite. (Die in den Tafeln aufgeführten Meßstationen sind unterstrichen.)

zeit einer Reihe von Jahren verstanden wird. Die Witterung ergibt sich aus dem Zusammenwirken von Temperatur, Wind, Feuchtigkeit, Niederschlag und Bewölkung, ist also

---

[1] Während der Drucklegung des Manuskriptes erschien die Arbeit von HAMPE „Temperaturschäden im Beton". Berlin: Ernst & Sohn 1942.

Der Verfasser untersucht die Entstehung von Temperaturschäden an Betonbauwerken auf Grund von Beobachtungen und Messungen an ausgeführten Bauten. In seinen Auswertungen kommt er zu Ergebnissen, die sich erfreulicherweise dort, wo Vergleiche möglich sind, mit den von mir durch Rechnung gefundenen Ergebnissen decken; zumindest aber ist der charakteristischeVerlauf der Temperaturkurven derselbe. Leider ließ sich ein näheres Eingehen auf die Arbeit von HAMPE nicht mehr durchführen.

Zahlentafel 1. Monats- und Jahresmittel sowie Jahresschwankung der Lufttemperatur (° C) 1851 ··· 1930 bzw. *1881 ··· 1930[1].

Station	Seehöhe (m)	Januar	Februar	März	April	Mai	Juni	Juli	August	September	Oktober	November	Dezember	Jahr	Jahres-schwankung
Aachen	204	2,0	2,8	4,8	8,3	12,4	15,4	17,2	16,8	14,1	9,9	5,2	2,8	9,3	15,2
Berlin (Invalidenstr.)	62	0,2	1,0	4,0	8,6	13,7	17,3	19,0	18,1	14,6	9,5	4,1	1,1	9,3	18,8
Berchtesgaden *	603	— 2,8	— 1,1	2,5	6,8	11,6	14,5	16,1	15,2	12,1	7,3	2,2	— 1,7	6,9	18,9
Beuthen *	292	— 2,5	— 1,5	2,4	7,4	13,1	15,8	17,7	16,5	13,0	8,2	2,8	— 0,8	7,7	20,2
Bremerhaven *	6	0,7	1,3	3,5	7,2	12,2	15,3	17,0	16,5	13,8	9,1	4,6	1,7	8,6	16,3
Breslau	147	— 1,2	— 0,4	3,0	8,1	13,4	17,0	18,8	17,9	14,2	9,2	3,3	— 0,2	8,6	20,0
Bromberg	46	— 2,0	— 1,4	1,8	7,0	12,5	16,6	18,4	17,0	13,2	8,0	2,5	— 0,8	7,7	20,4
Danzig	5	— 1,8	— 1,3	1,4	5,8	10,6	15,0	17,5	16,7	13,5	8,1	2,8	— 0,4	7,3	19,3
Emden	8	1,0	1,6	3,6	7,3	11,5	15,0	16,7	16,2	13,6	9,2	4,4	2,0	8,5	15,7
Flensburg *	10	0,6	0,7	2,7	6,2	11,2	14,6	16,5	15,4	12,7	8,5	4,2	1,8	7,9	15,9
Greifswald *	7	— 0,4	0,1	2,6	6,4	11,4	14,9	17,1	15,9	13,0	8,2	3,8	0,9	7,8	17,5
Hannover	57	0,9	1,6	4,0	8,0	12,7	16,1	17,7	16,9	13,9	9,4	4,4	1,9	9,0	16,8
Karlsruhe	125	0,9	2,3	5,4	9,7	14,1	17,5	19,1	18,2	14,7	9,7	4,7	1,7	9,8	18,2
Königsberg	7	— 2,7	— 2,4	0,6	6,0	11,4	15,4	17,6	16,6	13,0	7,8	2,3	— 1,4	7,0	20,3
Köln	56	2,4	3,2	5,7	9,5	13,8	16,9	18,5	17,9	15,1	10,6	5,7	3,0	10,2	16,1
Magdeburg	58	0,1	0,9	3,8	8,4	13,2	16,8	18,4	17,6	14,3	9,2	3,9	1,0	9,0	18,3
Memel	10	— 2,6	— 2,6	— 0,1	5,1	10,5	14,8	17,2	16,4	13,0	8,0	2,7	— 1,1	6,8	19,8
München (Zentralstation) *	538	— 1,3	0,2	3,8	7,8	12,9	15,9	17,8	17,0	13,5	8,3	3,1	0,0	8,2	19,1
Münster	65	1,3	2,0	4,4	8,2	12,6	15,8	17,3	16,6	13,7	9,3	4,6	2,1	9,0	16,0
Neumünster	26	0,2	0,6	2,7	6,6	11,4	15,1	16,8	15,9	12,9	8,5	3,6	1,1	7,9	16,6
Nürnberg *	320	— 0,8	0,6	4,0	8,2	13,5	16,6	18,3	17,3	13,7	8,4	3,6	0,6	8,7	19,1
Posen	66	— 1,4	— 0,8	2,5	7,8	13,3	17,1	18,8	17,7	13,9	8,6	3,0	— 0,4	8,3	20,2
Tilsit	18	— 3,8	— 3,4	— 0,3	5,7	11,6	15,6	17,6	16,3	12,4	7,1	1,5	— 2,4	6,5	21,4
Zugspitze *	2962	— 11,2	— 11,2	— 9,9	— 7,2	— 2,9	— 0,3	1,8	1,6	— 0,2	— 3,8	— 7,2	— 9,9	— 5,0	13,0

[1] Die Zahlentafeln 1 bis 3 wurden zusammengestellt nach der „Klimakunde des Deutschen Reiches" Bd. II 1939. Reichsamt für Wetterdienst, Berlin.

im Gegensatz zum Klima veränderlich. Entsprechend dem Zweck dieser Arbeit interessiert hier nur ein Teilgebiet dieser Einflüsse, die Temperatur der unteren Lufthülle, besonders in der Nähe des Erdbodens in einer Höhe, die der unserer Bauten entspricht. Die einzelnen Orte einer Klimazone, d. h. der durch bestimmte Isothermen abgegrenzten Landstriche, weisen je nach ihrer Lage noch klimatische Unterschiede auf.

In Zahlentafel 1 sind für einige Städte des Deutschen Reiches unter Angabe der Meßstellenhöhe die mittleren Monats- und Jahresmittel sowie der Unterschied zwischen dem niedrigsten und höchsten Mittel, die sogenannte Jahresschwankung der Lufttemperatur, zusammengestellt. Die Auswahl der Beobachtungsstationen ist so getroffen worden, daß man für jede Gegend des Altreiches mit einiger Sicherheit die mittlere Temperatur angeben kann (Abb. 6). Die Aufzeichnungen erstrecken sich über einen Zeitraum von 80 bzw. 50 Jahren. Der Vergleich der Meßergebnisse zeigt, daß für die Städte innerhalb des Altreiches keine großen Temperaturunterschiede auftreten.

Zahlentafel 2 bezieht sich auf die Hauptstadt Berlin und enthält verschiedene Meßdaten. Zur besseren Übersicht der jahreszeitlichen Temperaturschwankung sind in Abb. 7 neben den mittleren Monatsmitteln auch die Extremal-

Zahlentafel 2.

Berlin (Invalidenstr.) Seehöhe 62 m	Januar	Februar	März	April	Mai	Juni	Juli	August	September	Oktober	November	Dezember	Jahresmittel	Jahres-schwankung	Zeitraum
Lufttemperatur in °C:															
Monats- und Jahresmittel sowie Jahresschwankung	0,2	1,0	4,0	8,6	13,7	17,3	19,0	18,1	14,6	9,5	4,1	1,1	9,3	18,8	51···30
Höchste (Max.) Monats- und Jahresmittel	5,0	5,4	8,4	12,1	19,2	21,7	21,8	21,3	17,5	13,3	7,9	5,3	10,8	—	51···30
Tiefste (Min.) Monats- und Jahresmittel	—7,4	—9,6	—1,9	5,3	10,0	12,2	15,6	15,2	10,9	5,8	—0,2	—4,5	7,3	—	51···30
Mittlere monatl. u. jährl. Maxima	8,6	10,2	17,0	22,3	29,1	30,5	31,9	30,7	27,3	20,7	13,2	9,9	33,6	—	84···30
Mittlere monatl. u. jährl. Minima	—10,7	—8,9	—5,6	—1,1	2,6	6,9	9,6	9,1	5,4	—0,1	—4,9	—8,6	—13,2	—	84···30
Mittlere monatl. und jährl. Schwankung	19,3	19,1	22,6	23,4	26,5	23,6	22,3	21,6	21,9	20,8	18,1	18,5	46,8	—	84···30
Absolut höchste Monats- und Jahresmaxima	13,0	16,9	24,2	28,0	35,9	35,1	37,5	36,1	34,5	25,7	19,2	14,9	37,5	—	21. 7. 00
Absolut tiefste Monats- und Jahresmaxima	3,0	1,8	9,2	14,0	24,0	22,2	24,5	26,2	18,6	13,2	9,0	2,1	28,9	—	5. 5. 16 24. 6. 16
Absolut höchste Monats- und Jahresminima	—2,3	—2,4	—0,7	3,5	9,9	10,3	12,1	12,1	11,4	7,3	0,8	—0,9	—4,3	—	27. 1. 30
Absolut tiefste Monats- und Jahresminima	—23,1	—25,2	—14,0	—0,1	—1,0	4,5	7,0	6,0	2,0	—5,8	—13,6	—18,1	—25,2	—	11. 2. 29
Mittlere Zahl der													imJahr		
Eistage (Max. < 0°C)	8,5	5,7	1,5	—	—	—	—	—	—	—	1,4	5,8	22,9	—	87···30
Frosttage (Min. < 0°C)	18,8	17,1	11,1	2,9	—	—	—	—	—	1,6	9,0	15,3	75,8	—	87···30
Sommertage (Max. ≥ 25°C)	—	—	—	0,3	4,7	8,8	11,7	8,9	2,6	—	—	—	37,0	—	87···30
kalten Tage (Max. ≤ —10°C)	0,2	0,1	—	—	—	—	—	—	—	—	—	0,2	0,5	—	87···30
heißen Tage (Max. ≥ 30°C)	—	—	—	—	0,6	1,9	3,1	1,7	0,5	—	—	—	7,8	—	87···30

Zahlentafel 3.

Mittlere Zahl der Eistage (1), Frosttage (2), Sommertage (3), kalten Tage (4) und heißen Tage (5)

Station		Seehöhe (m)	Januar	Februar	März	April	Mai	Juni	Juli	August	September	Oktober	November	Dezember	Jahr	Zeitraum
Aachen	1	204	4,3	2,8	0,5	0,0	—	—	—	—	—	0,0	0,6	3,3	11,5	81···00
	2	—	14,0	12,3	9,3	2,9	0,0	0,1	—	—	0,0	1,2	6,7	11,6	58,2	01···30
	3	—	—	—	—	0,1	3,3	5,5	8,3	6,4	2,9	0,4	—	—	26,9	—
	4	—	0,0	0,0	0,0	—	—	—	—	—	—	0,0	0,0	0,0	0,0	—
	5	—	—	—	—	—	0,2	0,5	2,0	1,1	0,6	—	—	—	4,4	—
Berlin (Invalidenstr.)	1	62	8,5	5,7	1,5	0,0	—	—	—	—	—	0,0	1,4	5,8	22,9	87···30
	2	—	18,8	17,1	11,1	2,9	0,0	0,0	—	—	0,0	1,6	9,0	15,3	75,8	—
	3	—	—	—	—	0,3	4,7	8,8	11,7	8,9	2,6	0,0	—	—	37,0	—
	4	—	0,2	0,1	0,0	—	—	—	—	—	—	—	0,0	0,2	0,5	—
	5	—	—	—	—	—	0,6	1,9	3,1	1,7	0,5	—	—	—	7,8	—
Berchtesgaden .	1	603	10,4	6,3	0,6	0,0	—	—	—	—	—	0,0	1,8	7,2	26,3	05···19
	2	—	26,8	23,6	18,7	7,2	0,9	0,0	—	—	0,1	3,5	16,5	25,0	122,3	21···30
	3	—	—	—	—	0,1	1,4	3,4	6,2	4,2	1,1	0,1	—	—	16,3	—
	4	—	—	—	—	—	—	—	—	—	—	—	—	—	—	—
	5	—	—	—	—	—	—	—	—	—	—	—	—	—	—	—
Beuthen	1	292	13,2	9,9	2,9	0,1	—	—	—	—	—	0,2	3,0	9,5	38,8	84···09
	2	—	25,4	23,1	17,0	6,3	0,5	0,0	—	—	0,1	3,6	13,6	22,8	112,4	11···14
	3	—	—	—	—	0,3	4,2	8,8	12,5	8,1	2,5	0,1	—	—	36,5	—
	4	—	0,9	0,4	0,0	—	—	—	—	—	—	—	0,0	0,4	1,7	—
	5	—	—	—	—	—	0,2	1,0	2,2	0,9	0,0	—	—	—	4,3	—
Bremerhaven .	1	6	5,0	4,2	0,6	0,0	—	—	—	—	—	0,0	1,4	4,6	15,8	13···30
	2	—	15,6	14,2	11,9	3,1	0,1	0,0	—	—	0,1	2,4	9,0	13,3	69,7	—
	3	—	—	—	—	0,2	2,1	3,7	6,0	2,9	1,6	0,1	—	—	16,5	—
	4	—	0,0	0,2	0,0	—	—	—	—	—	—	—	0,0	0,0	0,2	—
	5	—	—	—	—	—	0,2	0,5	1,7	0,2	0,0	—	—	—	2,6	—
Breslau	1	147	10,3	7,1	2,5	0,0	—	—	—	—	—	0,1	2,5	7,0	29,5	81···20
	2	—	22,4	19,4	15,0	4,5	0,3	0,0	—	—	0,0	2,7	11,5	19,6	95,4	21···30
	3	—	—	—	—	0,2	3,5	7,1	11,5	7,9	2,9	0,1	—	—	33,2	—
	4	—	0,7	0,3	0,0	—	—	—	—	—	—	—	0,0	0,2	1,2	—
	5	—	—	—	—	—	0,1	1,0	2,3	1,2	0,2	—	—	—	4,8	—
Bromberg ...	1	46	12,0	8,0	3,0	0,0	—	—	—	—	—	0,1	2,4	8,4	33,9	81···18
	2	—	23,4	21,5	18,4	7,5	1,0	0,0	—	—	0,2	4,0	11,6	20,7	108,3	25···30
	3	—	—	—	—	0,1	3,6	7,6	11,0	7,2	1,9	0,0	—	—	31,4	—
	4	—	1,1	0,2	0,0	—	—	—	—	—	—	—	0,0	0,6	1,9	—
	5	—	—	—	—	—	0,1	1,2	2,2	0,8	0,1	—	—	—	4,4	—
Danzig	1	5	10,7	8,6	3,6	0,1	—	—	—	—	—	0,0	1,7	6,6	31,3	81···18
	2	—	21,5	20,1	16,3	6,0	0,2	0,0	—	—	0,1	2,1	9,2	18,0	93,5	22···30
	3	—	—	—	—	0,0	1,3	2,7	4,6	3,1	1,1	0,0	—	—	12,8	—
	4	—	0,9	0,2	0,0	—	—	—	—	—	—	—	0,0	0,3	1,4	—
	5	—	—	—	—	—	0,1	0,4	0,5	0,3	0,0	—	—	—	1,3	—
Emden	1	8	6,6	3,7	1,1	0,0	—	—	—	—	—	0,0	0,7	4,0	16,1	81···15
	2	—	16,0	14,6	11,2	3,2	0,0	0,0	—	—	0,0	1,0	7,7	12,9	66,6	19···30
	3	—	—	—	—	0,1	1,6	3,2	4,7	2,6	0,9	0,0	—	—	13,1	—
	4	—	0,0	0,0	0,0	—	—	—	—	—	—	—	0,0	0,0	0,0	—
	5	—	—	—	—	—	0,1	0,2	0,7	0,3	0,0	—	—	—	1,3	—
Flensburg ...	1	10	6,6	5,3	1,9	0,0	—	—	—	—	—	0,0	0,5	3,8	18,1	81···30
	2	—	17,8	16,5	13,4	4,6	0,5	0,0	—	—	0,0	2,6	8,3	14,0	77,7	—
	3	—	—	—	—	0,0	1,1	2,2	4,8	1,9	0,5	0,0	—	—	10,5	—
	4	—	0,1	0,0	0,0	—	—	—	—	—	—	—	0,0	0,0	0,1	—
	5	—	—	—	—	—	0,1	0,1	0,2	0,1	0,1	—	—	—	0,6	—
Greifswald	1	7	7,6	6,0	1,4	0,1	—	—	—	—	—	0,0	1,2	4,9	21,2	98···25
	2	—	18,9	17,9	14,1	4,8	0,2	0,0	—	—	0,1	2,3	10,0	15,4	83,7	27···30
	3	—	—	—	—	0,1	1,7	2,5	5,1	3,5	1,1	0,0	—	—	14,0	—
	4	—	0,1	0,3	0,0	—	—	—	—	—	—	—	0,0	0,0	0,4	—
	5	—	—	—	—	—	0,1	0,3	0,6	0,2	0,1	—	—	—	1,3	—
Hannover ...	1	57	7,4	4,5	1,2	0,0	—	—	—	—	—	0,0	1,3	5,2	19,6	87···20
	2	—	16,5	15,4	11,5	4,5	0,4	0,0	—	—	0,0	2,3	9,0	13,7	73,3	21···30
	3	—	—	—	—	0,2	2,4	5,4	7,0	5,0	1,8	0,1	—	—	21,9	—
	4	—	0,1	0,1	0,0	—	—	—	—	—	—	—	0,0	0,1	0,3	—
	5	—	—	—	—	—	0,2	0,4	1,2	0,6	0,2	—	—	—	2,6	—

Zahlentafel 3.

(Fortsetzung).

Station		Seehöhe (m)	Januar	Februar	März	April	Mai	Juni	Juli	August	September	Oktober	November	Dezember	Jahr	Zeitraum
Karlsruhe . . .	1	125	7,7	3,0	0,7	0,0	—	—	—	—	—	0,0	0,7	5,0	17,1	81···30
	2	—	18,6	15,0	10,9	3,0	0,3	0,0.	—	—	0,1	2,2	9,0	15,9	75,0	—
	3	—	—	—	—	0,3	4,7	9,1	13,0	9,9	3,5	0,2	—	—	40,7	—
	4	—	0,2	0,1	0,0	—	—	—	—	—	—	—	0,0	0,1	0,4	—
	5	—	—	—	—	—	0,3	0,9	3,1	1,6	0,3	—	—	—	6,2	—
Königsberg . .	1	7	12,8	9,9	4,0	0,1	—	—	—	—	—	0,1	3,6	9,9	40,4	81···85)
	2	—	23,5	21,8	19,2	7,9	0,7	0,0	—	—	0,1	3,4	11,6	20,3	108,5	87···20 }
	3	—	—	—	—	0,2	3,6	5,9	9,2	5,5	1,2	0,0	—	—	25,6	21···30)
	4	—	1,5	0,6	0,1	—	—	—	—	—	—	—	0,1	0,7	3,0	— '
	5	—	—	—	—	—	0,1	1,0	1,6	1,0	0,0	—	—	—	3,7	—
Köln	1	56	3,8	2,0	0,4	0,0	—	—	—	—	—	0,0	0,3	2,7	9,2	81···30
	2	—	12,7	10,1	5,9	1,1	0,0	0,0	—	—	0,0	0,4	4,7	9,4	44,3	—
	3	—	—	—	—	0,1	3,9	6,8	9,6	6,8	2,3	0,1	—	—	29,6	—
	4	—	0,0	0,1	0,0	—	—	—	—	—	—	—	0,0	0,0	0,1	—
	5	—	—	—	—	—	0,2	0,7	1,9	0,8	0,2	—	—	—	3,8	—
Magdeburg . .	1	58	8,4	4,8	1,4	0,0	—	—	—	—	—	0,0	1,5	5,2	21,3	81···30
	2	—	18,2	16,4	11,7	3,5	0,0	0,2	—	—	0,0	2,3	9,7	15,5	77,5	—
	3	—	—	—	0,0	0,4	4,6	8,5	11,5	9,0	3,7	0,2	—	—	37,4	—
	4	—	0,3	0,2	0,0	—	—	—	—	—	—	—	0,0	0,1	0,6	—
	5	—	—	—	—	—	0,7	1,8	3,3	2,0	0,6	—	—	—	8,4	—
Memel	1	10	12,3	11,1	5,0	0,2	—	—	—	—	—	0,2	3,2	9,8	41,8	81···20)
	2	—	22,8	22,1	20,7	8,2	1,0	0,0	—	—	0,1	3,2	10,5	19,6	108,2	22···30)
	3	—	—	—	—	0,1	2,0	3,8	5,6	3,2	0,2	0,0	—	—	14,9	—
	4	—	1,8	0,6	0,1	—	—	—	—	—	—	—	0,1	0,7	3,3	—
	5	—	—	—	—	—	0,0	0,5	1,0	0,3	0,0	—	—	—	1,8	—
München (Zentralstation)	1	538	11,4	6,6	1,8	0,0	—	—	—	—	—	0,0	2,3	8,7	30,8	81···26)
	2	—	24,2	20,7	15,2	5,0	0,4	0,0	—	—	0,1	3,3	13,9	22,5	105,3	27···30)
	3	—	—	—	—	0,1	2,7	5,9	10,5	8,2	2,9	0,1	—	—	30,4	—
	4	—	0,6	0,2	0,0	—	—	—	—	—	—	—	0,0	0,2	1,0	—
	5	—	—	—	—	—	0,0	0,4	2,0	0,9	0,1	—	—	—	3,4	—
Münster	1	65	5,5	3,1	0,8	0,0	—	—	—	—	—	0,0	0,7	4,3	14,4	81···30
	2	—	16,8	15,3	11,9	4,6	0,4	0,0	—	—	0,0	2,2	9,3	14,2	74,7	—
	3	—	—	—	—	0,3	4,2	7,2	9,3	6,4	2,8	0,1	—	—	30,3	—
	4	—	0,1	0,1	0,0	—	—	—	—	—	—	—	0,0	0,0	0,2	—
	5	—	—	—	—	—	0,5	0,9	2,1	1,0	0,3	—	—	—	4,8	—
Neumünster . .	1	26	7,9	5,5	2,0	0,0	—	—	—	—	—	0,0	1,2	5,2	21,8	81···95)
	2	—	18,9	17,6	15,5	6,4	0,9	0,0	—	—	0,1	3,4	10,8	15,6	89,2	97···30)
	3	—	—	—	—	0,1	2,2	4,1	7,0	3,6	1,2	0,0	—	—	18,2	—
	4	—	0,2	0,0	0,0	—	—	—	—	—	—	—	0,0	0,0	0,2	—
	5	—	—	—	—	—	0,3	0,4	1,3	0,5	0,2	—	—	—	2,7	—
Nürnberg . . .	1	320	10,0	4,4	1,2	0,0	—	—	—	—	—	0,0	1,2	6,4	23,2	81···13)
	2	—	22,6	19,1	14,9	5,3	0,4	0,0	—	—	0,2	3,5	11,9	19,3	97,2	21···30)
	3	—	—	—	—	0,1	3,5	7,6	11,4	8,3	3,2	0,1	—	—	34,2	—
	4	—	0,4	0,1	—	—	—	—	—	—	—	—	0,0	0,1	0,6	—
	5	—	—	—	—	—	0,3	1,2	2,9	1,7	0,3	—	—	—	6,4	—
Posen	1	66	10,5	6,7	2,7	0,0	—	—	—	—	—	0,0	1,9	7,5	29,3	81···18)
	2	—	22,4	19,3	15,2	4,8	0,4	0,0	—	—	0,0	2,7	10,5	19,6	94,9	20 }
	3	—	—	—	—	0,1	3,2	8,1	11,6	7,7	2,2	0,1	—	—	33,0	25···30)
	4	—	0,7	0,3	—	—	—	—	—	—	—	—	0,0	0,4	1,4	—
	5	—	—	—	—	—	0,1	1,1	2,4	0,9	0,2	—	—	—	4,7	—
Tilsit	1	18	14,7	12,2	4,7	0,1	—	—	—	—	—	0,1	4,7	12,2	48,7	97···30
	2	—	26,3	24,6	22,6	7,9	1,6	0,1	—	—	0,2	4,5	13,3	23,6	124,7	—
	3	—	—	—	—	0,1	3,1	5,3	9,3	5,0	0,6	0,0	—	—	23,4	—
	4	—	1,6	1,1	0,0	—	—	—	—	—	—	—	0,0	1,1	3,8	—
	5	—	—	—	—	—	0,0	0,3	0,8	0,3	0,1	—	—	—	1,4	—
Zugspitze . . .	1	2962	30,9	28,1	30,4	26,4	14,7	7,8	4,6	4,2	9,6	17,7	26,6	30,5	231,5	01···30
	2	—	31,0	28,2	31,0	29,9	27,1	22,2	17,4	16,5	20,8	27,5	30,2	31,0	312,8	—
	3	—	—	—	—	0,1	0,1	0,1	0,2	0,1	0,0	0,1	—	—	0,5	—
	4	—	10,1	10,0	7,0	3,6	0,2	—	—	—	—	0,8	5,1	7,0	43,8	—
	5	—	—	—	—	—	0,0	0,0	0,0	0,0	0,0	—	—	—	0,0	—

mittel der Temperaturen aufgetragen. Es ist verblüffend und für die späteren wärme-theoretischen Betrachtungen sehr angenehm, daß der Verlauf des mittleren Monatsmittels ziemlich genau eine Kosinusschwingung beschreibt. Dieselbe Feststellung gewinnt man

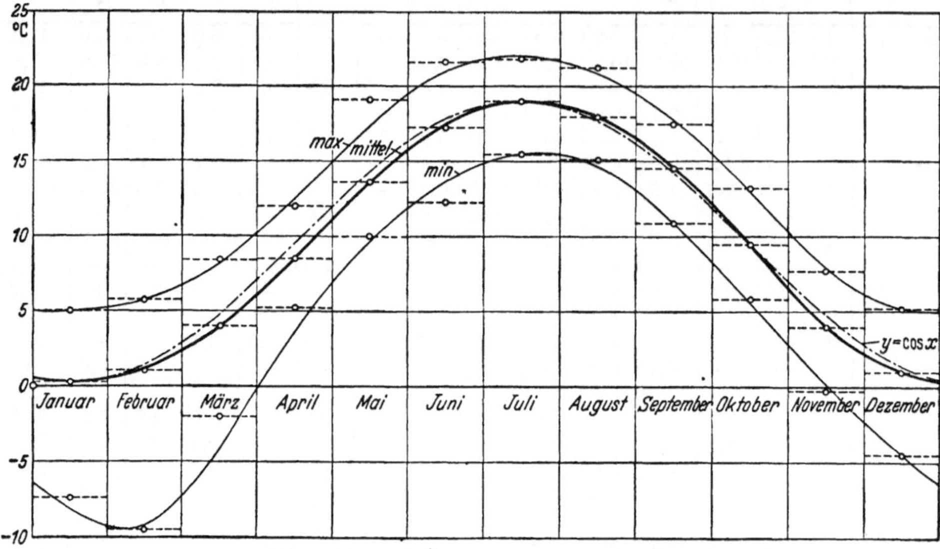

Abb. 7. Mittel der Lufttemperatur (monatlich).

auch aus dem Kurvenzug der Abb. 8, der aus einer Meßzeit von 80 Jahren die gemit-telten fünftägigen Mittel der Lufttemperatur für Berlin darstellt.

Für manche Bauaufgaben, insbesondere für die Durchführung einer künstlichen Beton-kühlung, ist es erwünscht zu wissen, wie lange z. B. noch mit Frost zu rechnen ist, oder

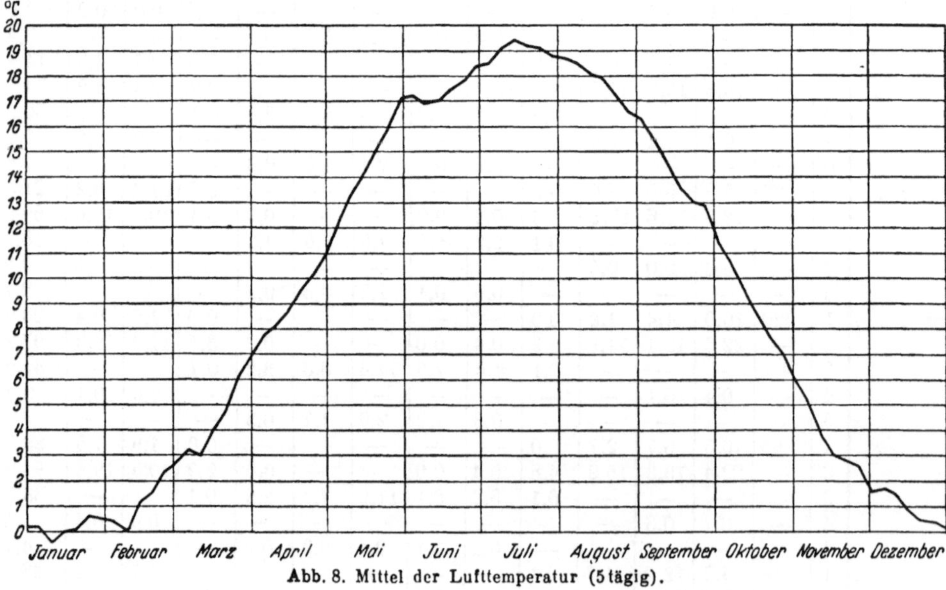

Abb. 8. Mittel der Lufttemperatur (5 tägig).

wieviel Eis- oder Frosttage noch in einem bestimmten Monat zu erwarten sind. Solche und ähnliche Angaben vermittelt die Zahlentafel 3, wo für die gleichen wie in Zahlentafel 1 aufgeführten Beobachtungsstationen jeweils fünf Gruppen: Eistage, Frosttage, Sommer-tage, kalte und heiße Tage unterschieden werden.

Der Einfluß der klimatischen Temperaturschwankungen auf den Beton ist verschiedentlich durch Messungen bestimmt worden. Besonders hervorzuheben ist hierfür die Arbeit von Contessini[1], der in sehr sorgfältigen Meßaufzeichnungen an der Cignana-Staumauer (Abb. 9) gezeigt hat, wie die mit der Zeit entweichende Abbindewärme des Betons das

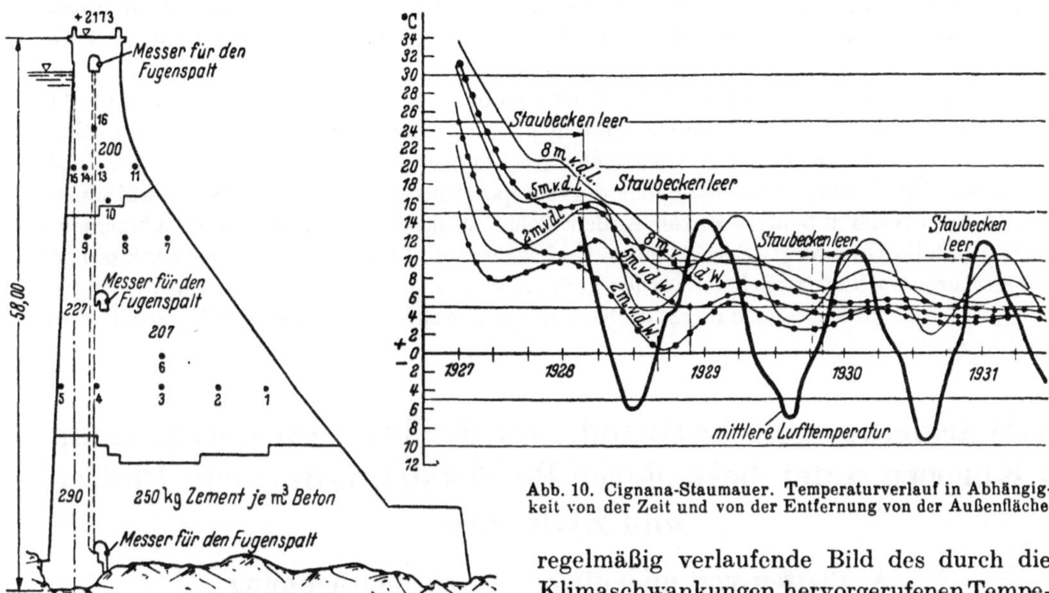

Abb. 9. Cignana-Staumauer, Querschnitt.

Abb. 10. Cignana-Staumauer. Temperaturverlauf in Abhängigkeit von der Zeit und von der Entfernung von der Außenfläche

regelmäßig verlaufende Bild des durch die Klimaschwankungen hervorgerufenen Temperaturverlaufs beeinflußt. Die Messungen wurden mit Widerstandsthermometern in einem 2150 m über dem Meeresspiegel gelegenen Meßblock, der in drei Bauabschnitten fertiggestellt wurde, durchgeführt. Trotz der großen Höhenlage wurde eine Angleichung der Betontemperatur an die Außentemperatur erst nach 2 Jahren erreicht. Diese Feststellungen decken sich sehr gut mit den Ergebnissen der an späterer Stelle

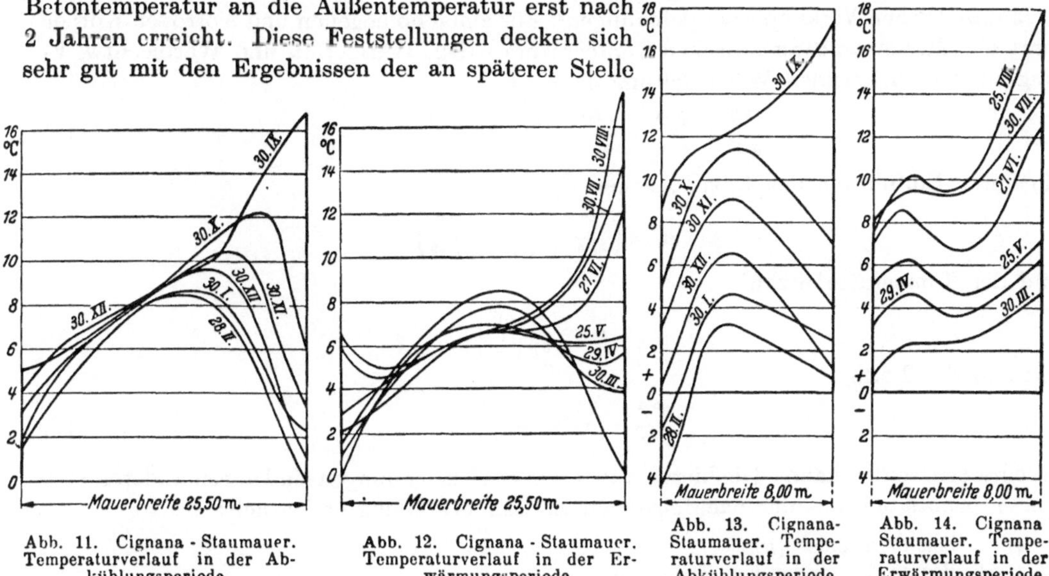

Abb. 11. Cignana - Staumauer. Temperaturverlauf in der Abkühlungsperiode.

Abb. 12. Cignana - Staumauer. Temperaturverlauf in der Erwärmungsperiode.

Abb. 13. Cignana-Staumauer. Temperaturverlauf in der Abkühlungsperiode.

Abb. 14. Cignana Staumauer. Temperaturverlauf in der Erwärmungsperiode.

gebrachten Zahlenrechnungen. Aus der dem Aufsatz von Contessini[2] entlehnten Abb. 10 ist der sich über 5 Jahre erstreckende Verlauf der jahreszeitlichen Schwankungen in verschie-

---

[1] Contessini, F.: Temperaturmessungen in der Cignana-Staumauer. Energia elettr. 1933, Heft 2.
[2] Tölke, F.: a. a. O. S. 289/290.

denen Abständen von den Außenflächen ersichtlich. Auch die zwei- bis dreimonatige Phasenverschiebung der Betontemperatur gegenüber der Außentemperatur ist sehr schön zu erkennen. Weiter ist zu ersehen, daß der Höchstwert der mittleren Lufttemperatur fast immer erreicht wird, während die Betontemperatur hinter dem Mindestwert um etwa 50 vH zurückbleibt. Das besagt, daß sich der Beton in der Erwärmungs- und Abkühlungszeit verschieden verhält, insbesondere absinkenden Temperaturen gegenüber eine größere Trägheit aufbringt.

Zur Veranschaulichung der Eindringungstiefe der Außentemperatur sollen die Abb. 11 bis 14 dienen, die die gute Übereinstimmung mit der errechneten Wellenlänge der jährlichen Schwankung zeigen. Für praktische Rechnungen dürfte es jedoch genügen, auf G und des allmählichen Ausschwingens der Temperaturkurven die Einwirkung auf einen Streifen von etwa 6 m beiderseits der Außenflächen zu beschränken. Da es unwahrscheinlich ist, daß die Grenzwerte der an der so hoch gelegenen Cignana-Staumauer gemessenen Temperaturen noch überschritten werden können, kann man die Temperaturschwankungen von $\pm\,8°$ C gegenüber dem Jahresdurchschnitt als praktisch vorkommende Größtwerte annehmen.

IV. Wärmetheoretische Grundlagen der Temperaturverteilung in Körpern unter besonderer Berücksichtigung von Platten und Zylindern.

A. Platten von unendlicher Flächenausdehnung (linearisiertes Problem).

1. Wärmetheoretische Grundgleichungen für Ausgleichsvorgänge bei konstanter Umgebungstemperatur unter Berücksichtigung der Abbindewärme. Beim Studium der hier zu betrachtenden Erwärmungsvorgänge gelangt man auf Grund physikalischer Überlegungen zu raumzeitlichen Verknüpfungsgleichungen[1]. Für einen homogenen und isotropen Körper führt der Zusammenhang zwischen Temperaturanstieg, Wärmefluß und Wärmeentwicklung zu der allgemeinen Wärmeleitungsgleichung

$$\frac{\partial^2\vartheta}{\partial x^2} + \frac{\partial^2\vartheta}{\partial y^2} + \frac{\partial^2\vartheta}{\partial z^2} - \frac{c\gamma}{\lambda}\frac{\partial\vartheta}{\partial t} + \frac{W}{\lambda} = 0, \tag{1}$$

die unter Einführung des LAPLACEschen Operators

$$\varDelta = \left(\frac{\partial^2}{\partial x^2} + \frac{\partial^2}{\partial y^2} + \frac{\partial^2}{\partial z^2}\right)$$

und der Temperaturleitzahl

$$a = \frac{\lambda}{c\gamma}\left[\frac{m^2}{h}\right]$$

auch in der Form

$$\frac{\partial\vartheta}{\partial t} = a\varDelta\vartheta + \frac{W}{c\gamma} \tag{2}$$

geschrieben werden kann. Die hier in auftretenden Bezeichnungen sind neben anderen, erst später benötigten, aus der nachfolgenden Zusammenstellung ersichtlich:

t Zeit in Stunden [h],
$t = 0$ Beginn der chemischen Erwärmung,
Θ Umgebungstemperatur [° C],
ϑ Übertemperatur über der Umgebungstemperatur [Grad],
ϑ_a Übertemperatur über der Umgebungstemperatur zur Zeit $t = 0$ [Grad],
x, y, z Koordinaten eines Raumpunktes [m],

---

[1] Vgl. z. B. GRÖBER-ERK: Die Grundgesetze der Wärmeübertragung. Berlin: Springer 1933.

λ Wärmeleitfähigkeit des Betons $\left[\dfrac{\text{kcal}}{\text{m h °C}}\right]$,

c spezifische Wärme des Betons $\left[\dfrac{\text{kcal}}{\text{kg °C}}\right]$,

γ Raumgewicht des Betons $\left[\dfrac{\text{kg}}{\text{m}^3}\right]$,

α Wärmeübergangszahl des Betons $\left[\dfrac{\text{kcal}}{\text{m}^2\,\text{h °C}}\right]$,

$a = \dfrac{\lambda}{c\gamma}$ Temperaturleitzahl des Betons $\left[\dfrac{\text{m}^2}{\text{h}}\right]$,

W spezifische Wärmeerzeugung des Betons $\left[\dfrac{\text{kcal}}{\text{m}^3\,\text{h}}\right]$

Die allgemeine Integration der Differentialgleichung (1) des dreidimensionalen Problems erfordert einen praktisch nicht zu bewältigenden Aufwand an Mathematik. Man ist deshalb bestrebt, die Problemstellung so zu idealisieren, daß eine vereinfachte, der Lösung zugängliche Differentialgleichung entsteht. Man sucht dies insbesondere durch Herabsetzung des Grades der Dimension zu erreichen.

Im homogenen Stoff ist der Wärmefluß der Temperaturleitzahl λ und dem Temperaturgefälle $\dfrac{\partial\vartheta}{\partial s}$ proportional. Da nun der Wärmestrom stets der Richtung des größten Temperaturgefälles folgt und das letztere bei großer Plattenausdehnung nur wenig von der Richtung senkrecht zur Platte abweicht, so ist es ohne fühlbare Entstellung der Wirklichkeit vertretbar, das tatsächlich dreidimensionale Problem in hinreichender Annäherung als eindimensional zu betrachten. Derart vereinfachte Temperaturfelder werden als „eben" bezeichnet, und ihre Differentialgleichung lautet mit x als Flußrichtung

$$\lambda\,\frac{\partial^2\vartheta}{\partial x^2} - c\,\gamma\,\frac{\partial\vartheta}{\partial t} + W = 0. \tag{3}$$

In dieser Differentialgleichung muß nun die Wärmeerzeugungsfunktion $W(t)$ noch so bestimmt werden, wie es einer Temperaturaufheizung von

$$\vartheta_{ch} = \vartheta_{ch}^{\max}\left(1 - e^{-\frac{t}{t_0}}\right) \tag{4}$$

beim chemischen Abbindeprozeß entspricht. Da die Temperaturverteilung (4) nach II diejenige im wärmeisolierten Raum ist, muß im vorliegenden Falle $\lambda = 0$ gesetzt werden, womit aus (1) für $\vartheta = \vartheta_{ch}$

$$W = c\,\gamma\,\frac{\partial\vartheta_{ch}}{\partial t} = \frac{c\,\gamma}{t_0}\vartheta_{ch}^{\max}\,e^{-\frac{t}{t_0}} = W_{\max}\,e^{-\frac{t}{t_0}}$$

folgt, wenn

$$\frac{c\,\gamma}{t_0}\vartheta_{ch}^{\max} = W_{\max} \quad \left[\frac{\text{kcal}}{\text{kg °C}}\,\frac{\text{kg}}{\text{m}^3}\,\frac{1}{\text{h}}\,°\text{C} = \frac{\text{kcal}}{\text{m}^3\text{h}}\right] \tag{5}$$

oder

$$\vartheta_{ch}^{\max} = \frac{t_0}{c\,\gamma}\,W_{\max} \quad \left[\text{h}\,\frac{\text{kcal}}{\text{m}^3\text{h}}\,\frac{\text{kg °C}}{\text{kcal}}\,\frac{\text{m}^3}{\text{kg}} = °\text{C}\right] \tag{6}$$

gesetzt wird.

Unter Berücksichtigung von (5) lautet die vereinfachte Wärmeleitungsgleichung (3)

$$\frac{\partial^2\vartheta}{\partial x^2} - \frac{c\,\gamma}{\lambda}\,\frac{\partial\vartheta}{\partial t} + \frac{W_{\max}}{\lambda}\,e^{-\frac{t}{t_0}} = 0. \tag{7}$$

Nachdem nunmehr die spezifische Wärmeentwicklung bis auf die Parameter $W_{\max}$ und t_0 festgelegt ist, kann die Integration der das ebene Temperaturfeld beherrschenden Differentialgleichung für den hier vorausgesetzten Fall der unendlich ausgedehnt gedachten planparallelen Betonplatte mit überall gleichen Stoffwerten α, λ, c und γ durchgeführt werden. Hierbei sei die Übergangstemperatur an beiden Oberflächen mit $\Theta = 0°\,C$ zugrunde gelegt, womit sich das vereinfachte Wärmeübergangsgesetz[1]

$$\frac{\partial \vartheta}{\partial x} = -\frac{\alpha}{\lambda}\,(\vartheta - \Theta) \quad (\text{für } \vartheta = \vartheta_0 = \text{Oberflächentemperatur})$$

auf die verkürzte Form

$$\frac{\partial \vartheta}{\partial x} = -\frac{\alpha}{\lambda}\,\vartheta \qquad (\text{für } \vartheta = \vartheta_0 = \text{Oberflächentemperatur})$$

zusammenzieht.

Wenn zur Vereinfachung der Rechnung für x die dimensionslose Veränderliche ξ gemäß Abb. 15

$$x = \frac{d}{2}\,\xi, \quad dx = \frac{d}{2}\,d\xi \quad (d = \text{Plattenstärke})$$

eingeführt wird, so lauten die Wärmeübergangsbedingungen an den Plattenrändern

für $\xi = -1$:
$$\frac{\partial \vartheta}{\partial \xi} = \frac{\alpha\,(d/2)}{\lambda}\,\vartheta ,$$

für $\xi = +1$:
$$\frac{\partial \vartheta}{\partial \xi} = -\frac{\alpha\,(d/2)}{\lambda}\,\vartheta . \tag{8}$$

Ferner verlangt die zeitliche Anfangsbedingung, daß

für $\quad t = 0 \quad \vartheta = \vartheta_u \quad [\vartheta_u = \text{Übertemperatur des Betons beim Einbringen (Abb. 16)}^2]$

sein muß.

Nun kann die allgemeine Lösung von (7) zunächst in der unbestimmten Form

$$\vartheta(\xi, t) = \frac{t_0\,W_{\max}}{c\gamma}\, e^{-\frac{t}{t_0}} \left[-1 + A \sin\left(\xi\,\sqrt{\frac{(d/2)^2}{a\,t_0}}\right) + B \cos\left(\xi\,\sqrt{\frac{(d/2)^2}{a\,t_0}}\right) \right] +$$

$$+ \sum_{n=1}^{\infty} e^{-\frac{a t}{(d/2)^2}\,\varphi_n^2} \left[A_n \sin(\varphi_n\,\xi) + B_n \cos(\varphi_n\,\xi)\right] \tag{9}$$

dargestellt werden, wie man durch Einsetzen in (7) und Ausdifferenzieren leicht erkennt. Ist, wie hier stets vorausgesetzt werden soll, die Oberflächentemperatur an beiden Platten rändern die gleiche, und die chemische Auf- heizung überall dieselbe, so kann die Tem-

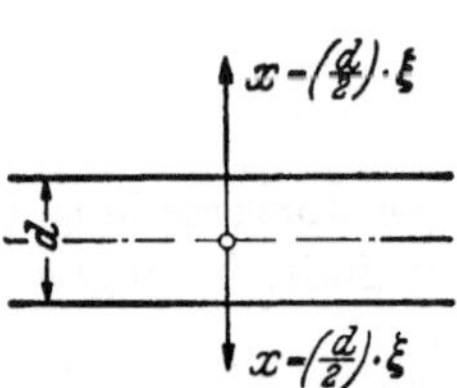

Abb. 15. Bezugssystem für das Temperaturbild einer Platte unendlicher Flächenausdehnung, erzeugt durch Wärmequelle.

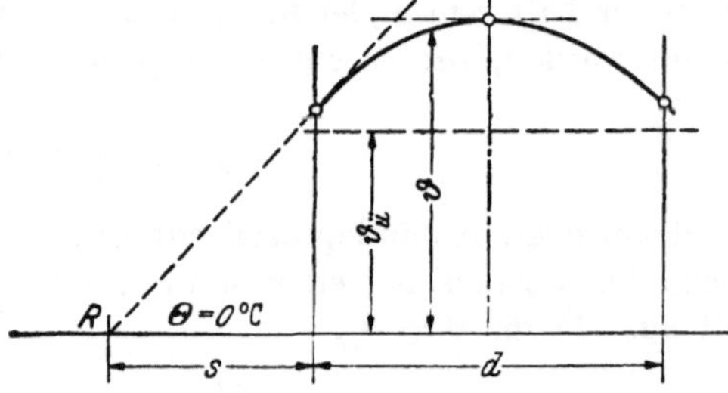

Abb. 16. Temperaturverteilung über die Plattendicke.

peraturfunktion in bezug auf ξ nur gerade sein. Dies bedingt, daß die mit dem Sinus multi- plizierten Konstanten in (9) verschwinden müssen, was im übrigen auch aus den beiden Gleichungen (8) für die räumliche Grenzbedingung unter Beachtung von (9) zu erkennen ist.

Demzufolge zieht sich (9) auf die vereinfachte Form

$$\vartheta(\xi, t) \equiv \frac{t_0\,W_{\max}}{c\gamma}\, e^{-\frac{t}{t_0}} \left[-1 + B \cos\left(\xi\,\sqrt{\frac{(d/2)^2}{a\,t_0}}\right) \right] + \sum_{n=1}^{\infty} B_n\, e^{-\frac{a t}{(d/2)^2}\,\varphi_n^2} \cos(\varphi_n\,\xi) \tag{10}$$

zusammen. Hieraus folgt durch Differentiation

$$\frac{\partial \vartheta}{\partial \xi} = -\frac{t_0\,W_{\max}}{c\gamma}\, B\,\sqrt{\frac{(d/2)^2}{a\,t_0}}\, e^{-\frac{t}{t_0}} \sin\left(\xi\,\sqrt{\frac{(d/2)^2}{a\,t_0}}\right) - \sum_{n=1}^{\infty} B_n\,\varphi_n\, e^{-\frac{a t}{(d/2)^2}\,\varphi_n^2} \sin(\varphi_n\,\xi). \tag{11}$$

---

[1] Gröber-Erk: Seite 11.

[2] Normalerweise ist ϑ_u ebenfalls gleich Null zu setzen. Im Falle künstlicher Kühlung stellt ϑ_u den Unterschied zwischen Einbringe- und Kühltemperatur dar.

Die Einfuhrung von (10) und (11) in (8) ergibt fur $\xi = 1$ die Identitätsgleichung

$$- \frac{t_0\, W_{\mathrm{max}}}{c\gamma}\, B \sqrt{\frac{(d/2)^2}{a\,t_0}}\; e^{-\frac{t}{t_0}} \sin \sqrt{\frac{(d/2)^2}{a\,t_0}} - \sum_{n=1}^{\infty} B_n\, \varphi_n\, e^{-\frac{a\,t}{(d/2)^2}\,\varphi_n^2} \sin \varphi_n \equiv$$

$$\equiv -\frac{\alpha\,(d/2)}{\lambda}\,\frac{t_0\, W_{\mathrm{max}}}{c\gamma}\, e^{-\frac{t}{t_0}} \left[-1 + B \cos \sqrt{\frac{(d/2)^2}{a\,t_0}} \right] - \frac{\alpha\,(d/2)}{\lambda} \sum_{n=1}^{\infty} B_n\, e^{-\frac{a\,t}{(d/2)^2}\,\varphi_n^2} \cos \varphi_n. \quad (12)$$

Sie läßt sich leicht erfüllen, wenn die Konstante B und die sogenannten Eigenwerte φ_n den Gleichungen

$$\left. \begin{aligned} B \sqrt{\frac{(d/2)^2}{a\,t_0}}\, \sin \sqrt{\frac{(d/2)^2}{a\,t_0}} &= \frac{\alpha\,(d/2)}{\lambda} \left(-1 + B \cos \sqrt{\frac{(d/2)^2}{a\,t_0}} \right), \\ \varphi_n \sin \varphi_n &= \frac{\alpha\,(d/2)}{\lambda} \cos \varphi_n \end{aligned} \right\} \quad (13)$$

unterworfen werden. Hieraus folgt weiter

$$\left. \begin{aligned} B &= \frac{\dfrac{\alpha\,(d/2)}{\lambda}}{\dfrac{\alpha\,(d/2)}{\lambda} \cos \sqrt{\dfrac{(d/2)^2}{a\,t_0}} - \sqrt{\dfrac{(d/2)^2}{a\,t_0}}\, \sin \sqrt{\dfrac{(d/2)^2}{a\,t_0}}}, \\ \varphi_n \tan \varphi_n &= \frac{\alpha\,(d/2)}{\lambda}. \end{aligned} \right\} \quad (14)$$

Die noch unbestimmt gebliebenen Konstanten B_n reichen gerade aus, um auch noch die zeitliche Anfangsbedingung (10) identisch zu befriedigen. Für $t = 0$ und $\vartheta = \vartheta_u$ liefert (10) die Identitätsgleichung

$$\vartheta_u - \frac{t_0\, W_{\mathrm{max}}}{c\gamma} \left[-1 + B \cos \left(\xi \sqrt{\frac{(d/2)^2}{a\,t_0}} \right) \right] \equiv \sum_{n=1}^{\infty} B_n \cos (\varphi_n\, \xi), \quad (15)$$

derzufolge die Koeffizienten B_n der rechtsstehenden FOURIER-Entwicklung so bestimmt werden müssen, daß im Intervall von $\xi = 0$ bis $\xi = 1$ identische Übereinstimmung mit der Funktion auf der linken Seite entsteht. Nach der FOURIER-Analyse lautet die entsprechende Bedingungsgleichung

$$\int\limits_0^1 \vartheta_u \cos (\varphi_{\bar n}\, \xi)\, d\xi = \int\limits_0^1 \frac{t_0\, W_{\mathrm{max}}}{c\gamma} \left[-1 + B \cos \left(\xi \sqrt{\frac{(d/2)^2}{a\,t_0}} \right) \right] \cos (\varphi_{\bar n}\, \xi)\, d\xi +$$

$$+ \sum_{n=1}^{\infty} \int\limits_0^1 B_n \cos (\varphi_n\, \xi)\, \cos (\varphi_{\bar n}\, \xi)\, d\xi, \quad (16)$$

wobei $\varphi_{\bar n}$ einen der Eigenwerte gemäß

$$\varphi_{\bar n} \sin \varphi_n = \frac{\alpha\,(d/2)}{\lambda} \cos \varphi_{\bar n} \quad (17)$$

darstellt.

Wenn nun unter $\varphi_{\bar n}$ in (17) irgendeiner der in der Summation enthaltenen φ_n-Werte verstanden wird, so ist für $\varphi_n \neq \varphi_{\bar n}$

$$\int\limits_0^1 \cos (\varphi_n\, \xi)\, \cos (\varphi_n\, \xi)\, d\xi = \tfrac{1}{2} \int\limits_0^1 [\cos (\varphi_n + \varphi_{\bar n})\, \xi + \cos (\varphi_n - \varphi_{\bar n})\, \xi]\, d\xi$$

$$= \frac{1}{2} \left[\frac{\sin (\varphi_n + \varphi_{\bar n})}{\varphi_n + \varphi_{\bar n}} + \frac{\sin (\varphi_n - \varphi_{\bar n})}{\varphi_n - \varphi_{\bar n}} \right]$$

$$= \frac{1}{2} \frac{(\varphi_n - \varphi_{\bar n}) \sin (\varphi_n + \varphi_{\bar n}) + (\varphi_n + \varphi_{\bar n}) \sin (\varphi_n - \varphi_{\bar n})}{\varphi_n^2 - \varphi_{\bar n}^2}$$

$$= \frac{\varphi_n \sin \varphi_n \cos \varphi_{\bar n} - \varphi_{\bar n} \sin \varphi_{\bar n} \cos \varphi_n}{\varphi_n^2 - \varphi_{\bar n}^2}$$

$$= \frac{\alpha\,(d/2)}{\lambda} \frac{\cos \varphi_n \cos \varphi_{\bar n} - \cos \varphi_n \cos \varphi_{\bar n}}{\varphi_n^2 - \varphi_n^2} = 0,$$

und für $\varphi_n = \varphi_n$

$$\int_0^1 \cos(\varphi_n\,\xi)\,d\xi = \frac{\sin\varphi_n}{\varphi_n}\,,$$

$$\int_0^1 \cos^2(\varphi_n\,\xi)\,d\xi = \frac{1}{2}\int_0^1 \left[\cos(2\varphi_n\,\xi) + 1\right]\,d\xi = \frac{1}{2}\left[\frac{\sin 2\varphi_n}{2\varphi_n} + 1\right],$$

$$\int_0^1 \cos\left(\xi\sqrt{\frac{(d/2)^2}{a\,t_0}}\right)\cos(\varphi_n\,\xi)\,d\xi = \frac{\sqrt{\frac{(d/2)^2}{a\,t_0}}\,\sin\sqrt{\frac{(d/2)^2}{a\,t_0}}\cos\varphi_n - \varphi_n\sin\varphi_n\cos\sqrt{\frac{(d/2)^2}{a\,t_0}}}{\frac{(d/2)^2}{a\,t_0} - \varphi_n^2}$$

$$= \frac{\cos\varphi_n\left[\sqrt{\frac{(d/2)^2}{a\,t_0}}\,\sin\sqrt{\frac{(d/2)^2}{a\,t_0}} - \frac{\alpha(d/2)}{\lambda}\cos\sqrt{\frac{(d/2)^2}{a\,t_0}}\right]}{\frac{(d/2)^2}{a\,t_0} - \varphi_n^2}$$

Die Berücksichtigung dieser Integrale in (16) ergibt

$$\left(\vartheta_\ddot{u} + \frac{t_0\,W_{\max}}{c\gamma}\right)\frac{\sin\varphi_n}{\varphi_n} = \frac{t_0\,W_{\max}}{c\gamma}\,B\,\frac{\cos\varphi_n}{\frac{(d/2)^2}{a\,t_0} - \varphi_n^2}\left[\sqrt{\frac{(d/2)^2}{a\,t_0}}\,\sin\sqrt{\frac{(d/2)^2}{a\,t_0}} - \frac{\alpha(d/2)}{\lambda}\cos\sqrt{\frac{(d/2)^2}{a\,t_0}}\right] +$$

$$+ \frac{1}{2}\,B_n\left(1 + \frac{\sin 2\varphi_n}{2\varphi_n}\right). \tag{18}$$

Hieraus folgt durch Auflösen nach B_n unter Einsetzen von B

$$B_n = \frac{\left(\vartheta_\ddot{u} + \frac{t_0\,W_{\max}}{c\gamma}\right)\frac{\sin\varphi_n}{\varphi_n} + \frac{t_0\,W_{\max}}{c\gamma}\frac{\frac{\alpha(d/2)}{\lambda}\cos\varphi_n}{\frac{(d/2)^2}{a\,t_0} - \varphi_n^2}}{\frac{1}{2}\left(1 + \frac{\sin 2\varphi_n}{2\varphi_n}\right)}$$

$$= \frac{\left(\frac{\vartheta_\ddot{u} + \frac{t_0 W_{\max}}{c\gamma}}{\varphi_n^2} + \frac{\frac{t_0\,W_{\max}}{c\gamma}}{\frac{(d/2)^2}{a\,t_0} - \varphi_n^2}\right)\varphi_n\sin\varphi_n}{\frac{1}{2}\left(1 + \frac{\sin 2\varphi_n}{2\varphi_n}\right)} \tag{19}$$

Mit (14), (17) und (19) sind sämtliche Unbekannten bestimmt, und man erhält

$$\vartheta(\xi, t) = \frac{t_0\,W_{\max}}{c\gamma}\,e^{-\frac{t}{t_0}}\left[-1 + \frac{\frac{\alpha(d/2)}{\lambda}}{\frac{\alpha(d/2)}{\lambda}\cos\sqrt{\frac{(d/2)^2}{a\,t_0}} - \sqrt{\frac{(d/2)^2}{a\,t_0}}\sin\sqrt{\frac{(d/2)^2}{a\,t_0}}}\cos\left(\xi\sqrt{\frac{(d/2)^2}{a\,t_0}}\right)\right] +$$

$$+ \sum_{n=1}^{\infty}\frac{\left(\frac{\vartheta_\ddot{u} + \frac{t_0\,W_{\max}}{c\gamma}}{\varphi_n^2} + \frac{\frac{t_0\,W_{\max}}{c\gamma}}{\frac{(d/2)^2}{a\,t_0} - \varphi_n^2}\right)\varphi_n\sin\varphi_n}{\frac{1}{2}\left(1 + \frac{\sin 2\varphi_n}{2\varphi_n}\right)}\,e^{-\frac{a\,t}{(d/2)^2}\varphi_n^2}\cos(\varphi_n\,\xi) \tag{20}$$

mit
$$\varphi_n\,\mathrm{tang}\,\varphi_n = \frac{\alpha\,d}{2\lambda}\,. \tag{21}$$

Für den Fall, daß eine chemische Aufheizung nicht vorhanden und die Platte nur der Einwirkung einer konstanten Einbringungsübertemperatur — wie z. B. bei künstlicher

Kühlung ohne chemische Aufheizung — ausgesetzt ist, verschwinden alle mit W_{max} behafteten Glieder. In diesem Sonderfalle ergibt sich

$$\frac{\vartheta}{\vartheta_a} = \sum_{n=1}^{\infty} \frac{2\,\dfrac{\sin\varphi_n}{\varphi_n}}{\left(1 + \dfrac{\sin 2\varphi_n}{2\varphi_n}\right)}\, e^{-\frac{at}{(d/2)^2}\varphi_n^2} \cos(\varphi_n\,\xi) \right\} \tag{22}$$

mit
$$\varphi_n \tang\varphi_n = \frac{\alpha d}{2\lambda}.$$

Bei dicken Platten kann der Fall eintreten, daß ein Eigenwert φ_n in die Nähe von $\sqrt{\dfrac{(d/2)^2}{a\,t_0}}$ zu liegen kommt oder auch mit dem Wurzelwert zusammenfällt. Um den dadurch auftretenden unbestimmten Ausdruck zu vermeiden, soll das Integral

$$\int_0^1 \cos\left(\xi\sqrt{\frac{(d/2)^2}{a\,t_0}}\right)\cos(\varphi_n\,\xi)\,d\xi = \frac{\sin(\sqrt{\ } + \varphi_n)\xi}{2(\sqrt{\ } + \varphi_n)} + \frac{\sin(\sqrt{\ } - \varphi_n)\,\xi}{2(\sqrt{\ } - \varphi_n)}\bigg|_0^1$$

entwickelt werden. Das zweite Glied als Reihe ausgedrückt lautet

$$\frac{\sin(\sqrt{\ } - \varphi_n)\,\xi}{(\sqrt{\ } - \varphi_n)} = \frac{(\sqrt{\ } - \varphi_n)\,\xi - \dfrac{1}{3!}(\sqrt{\ } - \varphi_n)^3\,\xi^3 + \dfrac{1}{5!}(\sqrt{\ } - \varphi_n)^5\,\xi^5 - + \cdots}{(\sqrt{\ } - \varphi_n)}\bigg|_0^1;$$

damit wird das Integral

$$\int_0^1 \cos(\sqrt{\ }\,\xi)\cos(\varphi_n\,\xi)\,d\xi = \frac{1}{2}\left[\frac{\sin(\sqrt{\ } + \varphi_n)}{(\sqrt{\ } + \varphi_n)} + 1 - \frac{1}{3!}(\sqrt{\ } - \varphi_n)^2 + \frac{1}{5!}(\sqrt{\ } - \varphi_n)^4 - + \cdots\right]$$

und (18) erhält die veränderte Form

$$\left(\vartheta_a + \frac{t_0\,W_{max}}{c\gamma}\right)\frac{\sin\varphi_n}{\varphi_n} = \frac{t_0\,W_{max}}{c\gamma}\,\frac{\dfrac{\alpha(d/2)}{\lambda}}{\dfrac{\alpha(d/2)}{\lambda}\cos\sqrt{\ } - \sqrt{\ }\,\sin\sqrt{\ }}\times$$

$$\times \frac{1}{2}\left[\frac{\sin(\sqrt{\ } + \varphi_n)}{(\sqrt{\ } + \varphi_n)} + 1 - \frac{1}{3!}(\sqrt{\ } - \varphi_n)^2 + \frac{1}{5!}(\sqrt{\ } - \varphi_n)^4 - + \cdots\right] + \frac{1}{2}B_n\left(1 + \frac{\sin 2\varphi_n}{2\varphi_n}\right).$$

Nach B_n aufgelöst ergibt sich

$$B_n = \frac{\left(\vartheta_a + \dfrac{t_0\,W_{max}}{c\gamma}\right)\dfrac{\sin\varphi_n}{\varphi_n}}{\dfrac{1}{2}\left(1 + \dfrac{\sin 2\varphi_n}{2\varphi_n}\right)} -$$

$$- \frac{\dfrac{t_0\,W_{max}}{c\gamma}\,\dfrac{\dfrac{\alpha(d/2)}{\lambda}}{\dfrac{\alpha(d/2)}{\lambda}\cos\sqrt{\ } - \sqrt{\ }\,\sin\sqrt{\ }}\,\dfrac{1}{2}\left[\dfrac{\sin(\sqrt{\ } + \varphi_n)}{(\sqrt{\ } + \varphi_n)} + 1 - \dfrac{1}{3!}(\sqrt{\ } - \varphi_n)^2 + \dfrac{1}{5!}(\sqrt{\ } - \varphi_n)^4 - + \cdots\right]}{\dfrac{1}{2}\left(1 + \dfrac{\sin 2\varphi_n}{2\varphi_n}\right)}$$

und

$$\vartheta = \frac{t_0\,W_{max}}{c\gamma}\,e^{-\frac{t}{t_0}}\left[-1 + \frac{\dfrac{\alpha(d/2)}{\lambda}}{\left[\dfrac{\alpha(d/2)}{\lambda}\cos\sqrt{\ } - \sqrt{\ }\,\sin\sqrt{\ }\right]}\cos(\xi\sqrt{\ })\right] +$$

$$+ \sum_{n=1}^{\infty} \frac{\left(\vartheta_a + \dfrac{t_0\,W_{max}}{c\gamma}\right)\dfrac{\sin\varphi_n}{\varphi_n} - \dfrac{t_0\,W_{max}}{c\gamma}\,\dfrac{\dfrac{\alpha(d/2)}{\lambda}}{\left[\dfrac{\alpha(d/2)}{\lambda}\cos\sqrt{\ } - \sqrt{\ }\,\sin\sqrt{\ }\right]}\dfrac{1}{2}\overbrace{\left[\dfrac{\sin(\sqrt{\ } + \varphi_n)}{(\sqrt{\ } + \varphi_n)} + 1 - \dfrac{1}{3!}(\sqrt{\ } - \varphi_n)^2 + \dfrac{1}{5!}(\sqrt{\ } - \varphi_n)^4 - + \cdots\right]}^{\text{fällt weg, wenn Resonanz vorliegt}}}{\dfrac{1}{2}\left(1 + \dfrac{\sin 2\varphi_n}{2\varphi_n}\right)} \times$$

$$\times\, e^{-\frac{at}{(d/2)^2}\varphi_n^2}\cos(\varphi_n\,\xi). \tag{20a}$$

Zur Bestimmung der Eigenwerte φ_n dient die transzendente Gleichung

$$\varphi_n \tan \varphi_n = \frac{\alpha\,(d/2)}{\lambda}$$

Bei einer nur geringen Anzahl von Eigenwerten kann man die Gleichung auch näherungsweise zeichnerisch lösen. Man wird sie dann zweckmäßig umformen:

$$\cot \varphi_n = \varphi_n \frac{\lambda}{\alpha\,(d/2)}$$

und aufspalten in

$$u_1 = \cot \varphi_n \quad \text{und} \quad u_2 = \varphi_n \frac{\lambda}{\alpha\,(d/2)}.$$

Trägt man beide Funktionen auf, so ergeben die Schnittpunkte zwischen den Kurven der cotg-Funktion und der Geraden von u_2 die gesuchten Eigenwerte, von denen aber nur die positiven in Frage kommen (Abb. 17).

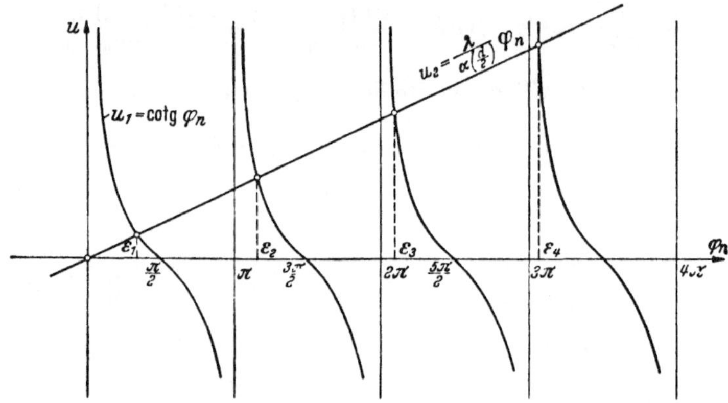

Abb. 17. Zeichnerische Lösung der Gleichung $\varphi_n \tan \varphi_n = \frac{\alpha\,(d/2)}{\lambda}$.

Einfacher und weniger zeitraubend ist die analytische Bestimmung der Eigenwerte. Aus einer Zahlentafel, in der x und tang x enthalten sind, läßt sich mit dem Rechenschieber sehr schnell das Produkt herausfinden, das dem konstanten Betrag der rechten Seite der Gleichung entspricht. Eine Verbesserung kann dann ohne Mühe auf der Rechenmaschine erfolgen. Nachdem so einige Eigenwerte errechnet sind, bildet man die ersten und zweiten Differenzen und kann damit den folgenden Eigenwert schon ziemlich genau abschätzen. Das Verfahren bereitet keinerlei Schwierigkeiten und geht nach einiger Übung sehr schnell vonstatten.

2. Wärmetheoretische Grundlagen und Grundgleichungen für gleichgroße periodische Außentemperaturschwankungen an den Plattenrändern. Wie bereits im Abschnitt III gezeigt wurde, kann der natürliche Verlauf der Außentemperatur — d. h. derjenige ohne Störungen, wie sie gegebenenfalls durch Kühlmaßnahmen ausgelöst werden — im großen und ganzen als periodisch angesehen werden. Da die Meßergebnisse in den einzelnen Jahren unterschiedlich ausfallen, so ist es für allgemeine Betrachtungen nicht möglich, der jeweiligen Besonderheit Rechnung zu tragen. Es reicht für die vorliegenden Untersuchungen aus, für den Verlauf der Außentemperatur ϑ_L eine Cosinus-Schwingung anzunehmen. Die Ausgangs- oder Bezugslage liefert hierbei der Zustand der Jahresdurchschnittstemperatur, der z. B. für Berlin durch eine Temperatur von etwa 10° C gekennzeichnet ist. Bezeichnet $\vartheta_L^{\mathrm{max}}$ die absolut größe Temperaturerhebung über den Jahresdurchschnitt, ω die Kreisfrequenz, l die Zeit in Stunden und T die Schwingungsdauer, so kann die auf die Jahresdurchschnittstemperatur bezogene Außentemperaturschwankung in der Form

$$\vartheta_L = \vartheta_L^{\mathrm{max}} \cos \omega t = \vartheta_L^{\mathrm{max}} \cos 2\pi \frac{t}{T} \tag{23}$$

dargestellt werden.

Zum besseren Verständnis sei zunächst eine kurze Betrachtung über harmonische Schwingungen vorangestellt. Harmonische Schwingungen eines einfachen Schwingers verlaufen stets in einer Ebene, der sogenannten Schwingungsebene. Jeder schwingende Punkt beschreibt dabei eine Ellipse, was z. B. durch die Vektorgleichung

$$\mathfrak{r} = \mathfrak{a} \cos \omega t + \mathfrak{b} \sin \omega t$$

zum Ausdruck gebracht werden kann (Abb. 18). Darin sind $\mathfrak{a}$ und $\mathfrak{b}$ die Amplitudenvektoren der beiden Grundschwingungen, aus denen sich die ebene Schwingung durch Überlagerung zusammensetzt.

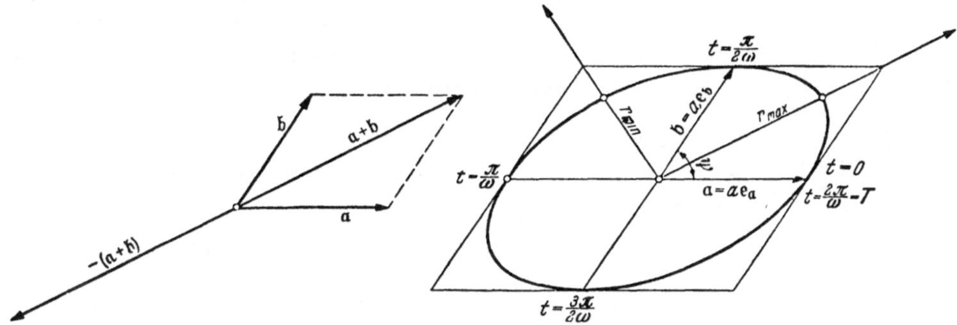

Abb. 18. Allgemeinste Form der ebenen harmonischen Schwingung (Schwingungsellipse).

Die durch (23) dargestellte Schwingung ist eine einachsige Schwingung, bei welcher der zweite Amplitudenvektor $\mathfrak{b}$ null ist. Jede einachsige Schwingung läßt sich gemäß Abb. 19 als Projektion einer Kreisbewegung mit dem Halbmesser a und der konstanten Winkelgeschwindigkeit ω deuten. Da in diesem Falle ω gemäß

$$\omega = 2\pi n$$

gleichzeitig die Zahl der in der Sekunde auf dem Einheitskreise zurückgelegten Vollbögen 2π mißt, wird es auch als „Kreisfrequenz" bezeichnet. Wird die Zahl der Umdrehungen gemäß

$$n = \frac{1}{T}$$

durch die Schwingungsdauer T ausgedrückt, so folgt weiter

$$\omega = 2\pi n = \frac{2\pi}{T}.$$

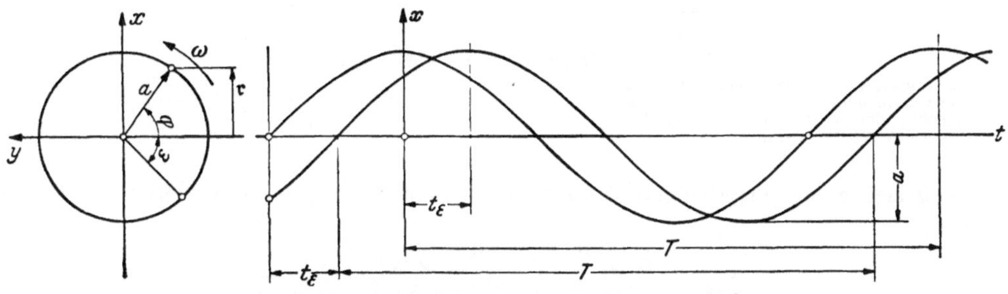

Abb 19. Harmonische Schwingungen mit Phasenverschiebung.

Treten mehrere Schwingungen in Interferenz, so erweist sich noch die Einführung einer Phasenverschiebung t_ε als notwendig, womit der Schwingungsausschlag in der Form

$$x = a \cos \omega (t - t_\varepsilon) = a \cos \frac{2\pi}{T} (t - t_\varepsilon)$$

erscheint. Unter Benutzung des sogenannten Phasenwinkels

$$\varepsilon = \omega\, t_\varepsilon$$

kann der Schwingungssausschlag auch in der Form

$$x = a \cos(\omega\, t - \varepsilon)$$

dargestellt werden. Verglichen mit einer Schwingung vom Phasenwinkel $\varepsilon = 0$ eilt die Schwingung mit der Phase ε um die Zeit t_ε nach. (Man vergleiche hierzu auch Abb. 19.)

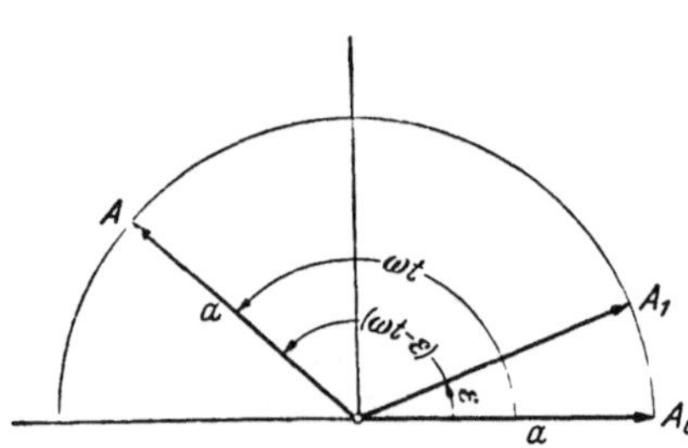

Abb. 20. Komplexe Amplitude mit Phasenverschiebung.

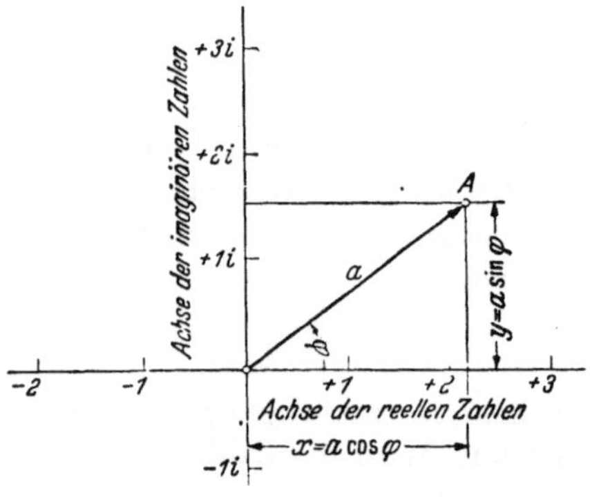

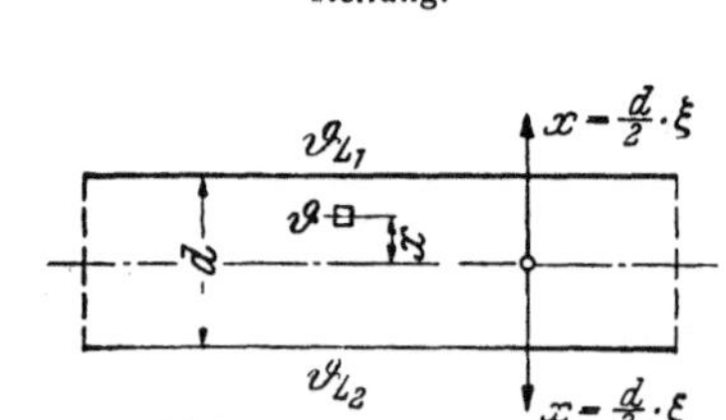

Abb 21. Diagrammvektor in komplexer Darstellung.

Liegen die in Interferenz tretenden einachsigen Schwingungen in verschiedenen Richtungen, so empfiehlt sich die Zerlegung in Komponenten. Besonders vorteilhaft erweist sich hierfür die komplexe Schreibweise gemäß

$$\mathfrak{a} = x + i\,y = a \cos \omega\, t + i\,a \sin \omega\, t$$
$$= a\,(\cos \omega\, t + i \sin \omega\, t) = a\,e^{i\,\omega\, t}.$$

Ist gleichzeitig noch eine Phasenverschiebung zu berücksichtigen, so ergibt sich entsprechend

$$\mathfrak{a} = a\,e^{i\,(\omega\, t - \varepsilon)}$$

(vgl. Abb. 20 und 21).

Nach diesen allgemeinen Erläuterungen sei nun die gemäß (23) an den Deckflächen vorhandene periodisch verlaufende Temperaturschwankung ϑ_L in ihrer Einwirkung auf das Platteninnere näher betrachtet (Abb. 22). Entsprechend der für beide Deckflächen gleich verlaufenden Temperaturschwingung ϑ_L muß auch das Temperaturfeld im Inneren symmetrisch in bezug auf die Plattenmittelfläche verlaufen. Bezeichnet x den Abstand von der Plattenmittelfläche, so lautet die Wärmeleitungsgleichung

$$\frac{\partial \vartheta}{\partial t} = \frac{\lambda}{c\,\gamma}\,\frac{\partial^2 \vartheta}{\partial x^2} = a\,\frac{\partial^2 \vartheta}{\partial x^2}. \tag{24}$$

Wird zur Vereinfachung der Rechnung wieder die dimensionslose Veränderliche

$$x = \frac{d}{2}\,\xi$$

eingeführt, so geht (24) in

$$\frac{\partial \vartheta}{\partial t} = \frac{a}{\left(\dfrac{d}{2}\right)^2}\,\frac{\partial^2 \vartheta}{\partial \xi^2} \tag{25}$$

über. Angesichts der periodischen Temperatureinwirkung liegt es nahe, einen Ansatz in der Form

$$\vartheta_1(\xi, t) = e^{-i\,(\omega\, t - \varepsilon)}\,\overline{\vartheta}(\xi) \tag{26}$$

zu versuchen. Wird dieser in (25) eingeführt, so verbleibt nach Streichung des gemeinsamen Faktors $e^{-i\,(\omega\, t - \varepsilon)}$ für $\overline{\vartheta}$ die totale Differentialgleichung

$$\overline{\vartheta}(\xi) = -\,\frac{a}{\left(\dfrac{d}{2}\right)^2 \omega\,i}\,\frac{d^2 \vartheta}{d\xi^2}. \tag{27}$$

Abb. 22. Bezugssystem für das Temperaturfeld einer Platte von unendlicher Flächenausdehnung infolge allseitig gleicher periodisch wirkender Umgebungstemperatur.

Die Lösung dieser Differentialgleichung lautet

$$\vartheta(\xi) = A\,e^{-2\pi\xi\sqrt{\frac{d^2\omega i}{16\,a\pi^2}}} + B\,e^{+2\pi\xi\sqrt{-\frac{d^2\omega i}{16\,a\pi^2}}}. \tag{28}$$

Mit Rücksicht auf die zahlenmäßige Durchrechnung wurde bei der e-Funktion der Faktor $2\pi\xi$ vorgezogen.

Nach den Rechenregeln für komplexe Zahlen ist nun

$$\sqrt{-i} = \frac{1-i}{\sqrt{2}} = \frac{1}{\sqrt{2}} - \frac{i}{\sqrt{2}}, \tag{29}$$

so daß (28) auch in der Form

$$\bar\vartheta(\xi) = A\,e^{-2\pi\xi\sqrt{\frac{d^2\omega}{32\,a\pi^2}}+i2\pi\xi\sqrt{\frac{d^2\omega}{32\,a\pi^2}}} + B\,e^{+2\pi\xi\sqrt{\frac{d^2\omega}{32\,a\pi^2}}-i2\pi\xi\sqrt{\frac{d^2\omega}{32\,a\pi^2}}} \tag{28a}$$

geschrieben werden kann. Wird $\bar\vartheta$ gemäß (28a) in (26) eingeführt, so ergibt sich bei entsprechender Zusammenfassung

$$\vartheta_1(\xi,t) = A\,e^{-2\pi d\sqrt{\frac{\omega}{32\,a\pi^2}}\,\xi - i\left(\omega t - \varepsilon_1 - 2\pi d\sqrt{\frac{\omega}{32\,a\pi^2}}\,\xi\right)} + B\,e^{+2\pi d\sqrt{\frac{\omega}{32\,a\pi^2}}\,\xi - i\left(\omega t - \varepsilon_2 + 2\pi d\sqrt{\frac{\omega}{32\,a\pi^2}}\,\xi\right)},$$

wofür bei Heranziehung der MOIVREschen Formeln auch

$$\vartheta_1(\xi,t)$$

$$= A\,e^{-2\pi d\sqrt{\frac{\omega}{32\,a\pi^2}}\,\xi}\left[\cos\left(\omega t - \varepsilon_1 - 2\pi d\sqrt{\frac{\omega}{32\,a\pi^2}}\,\xi\right) - i\sin\left(\omega t - \varepsilon_1 - 2\pi d\sqrt{\frac{\omega}{32\,a\pi^2}}\,\xi\right)\right] +$$

$$+ B\,e^{+2\pi d\sqrt{\frac{\omega}{32\,a\pi^2}}\,\xi}\left[\cos\left(\omega t - \varepsilon_2 + 2\pi d\sqrt{\frac{\omega}{32\,a\pi^2}}\,\xi\right) - \sin\left(\omega t - \varepsilon_2 + 2\pi d\sqrt{\frac{\omega}{32\,a\pi^2}}\,\xi\right)\right] \tag{30}$$

geschrieben werden kann. Ersetzt man i durch $-i$, so erhält man in entsprechender Weise eine zweite Lösung

$$\vartheta_2(\xi,t)$$

$$= A\,e^{-2\pi d\sqrt{\frac{\omega}{32\,a\pi^2}}\,\xi}\left[\cos\left(\omega t - \varepsilon_1 - 2\pi d\sqrt{\frac{\omega}{32\,a\pi^2}}\,\xi\right) + i\sin\left(\omega t - \varepsilon_1 - 2\pi d\sqrt{\frac{\omega}{32\,a\pi^2}}\,\xi\right)\right] +$$

$$+ B\,e^{+2\pi d\sqrt{\frac{\pi}{32\,a\pi^2}}\,\xi}\left[\cos\left(\omega t - \varepsilon_2 + 2\pi d\sqrt{\frac{\omega}{32\,a\pi^2}}\,\xi\right) + i\sin\left(\omega t - \varepsilon_2 + 2\pi d\sqrt{\frac{\omega}{32\,a\pi^2}}\,\xi\right)\right]. \tag{31}$$

Durch Überlagerung gemäß

$$\vartheta(\xi,t) = \tfrac{1}{2}\vartheta_1 + \tfrac{1}{2}\vartheta_2$$

folgt hieraus die reelle Lösung

$$\vartheta(\xi,t) = A\,e^{-2\pi d\sqrt{\frac{\omega}{32\,a\pi^2}}\,\xi}\cos\left(\omega t - \varepsilon_1 - 2\pi d\sqrt{\frac{\omega}{32\,a\pi^2}}\,\xi\right) +$$

$$+ B\,e^{+2\pi d\sqrt{\frac{\omega}{32\,a\pi^2}}\,\xi}\cos\left(\omega t - \varepsilon_2 + 2\pi d\sqrt{\frac{\omega}{32\,a\pi^2}}\,\xi\right). \tag{32}$$

Die in (32) auftretenden Integrationskonstanten in Gestalt der Amplituden A und B und die Phasenwinkel ε_1 und ε_2 müssen nun so bestimmt werden, daß die Wärmeübergangs- bzw. Symmetriebedingung

$$\frac{\partial\vartheta}{\partial\xi} = -\frac{\alpha d}{2\lambda}(\vartheta_L - \vartheta) \quad \text{für } \xi = 1; \tag{33}$$

$$\frac{\partial\vartheta}{\partial\xi} = 0 \qquad\qquad \text{für } \xi = 0 \tag{34}$$

in jedem Augenblick erfüllt sind. Die Symmetriebedingung ersetzt hierbei die Wärmeübergangsbedingung an der unteren Deckfläche.

Werden hierin ϑ_L und ϑ aus (23) und (32) in (33) und (34) eingesetzt, so lauten die entsprechenden Identitätsgleichungen

$$\frac{\partial \vartheta}{\partial \xi_{(\xi=1)}} = A\, 2\pi d\, \sqrt{}\, e^{-2\pi d\sqrt{}}\, [-\cos(\omega t - \varepsilon_1 - 2\pi d\sqrt{}) + \sin(\omega t - \varepsilon_1 - 2\pi d\sqrt{})] +$$

$$+ B\, 2\pi d\, \sqrt{}\, e^{+2\pi d\sqrt{}}\, [\cos(\omega t - \varepsilon_2 + 2\pi d\sqrt{}) - \sin(\omega t - \varepsilon_2 + 2\pi d\sqrt{})] \equiv$$

$$\equiv -\frac{\alpha d}{2\lambda}\, \vartheta_L^{\max}\cos\omega t + \frac{\alpha d}{2\lambda}\, [A\, e^{-2\pi d\sqrt{}}\cos(\omega t - \varepsilon_1 - 2\pi d\sqrt{}) +$$

$$+ B\, e^{+2\pi d\sqrt{}}\cos(\omega t - \varepsilon_2 + 2\pi d\sqrt{})], \tag{35}$$

$$\frac{\partial \vartheta}{\partial \xi_{(\xi=0)}} = A\, 2\pi d\, \sqrt{}\, [-\cos(\omega t - \varepsilon_1) + \sin(\omega t - \varepsilon_1)] +$$

$$+ B\, 2\pi d\, \sqrt{}\, [\cos(\omega t - \varepsilon_2) - \sin(\omega t - \varepsilon_2)] \equiv 0. \tag{36}$$

Unter Verwendung der Additionstheoreme

$$\cos(\omega t - \varepsilon_1) = \cos\omega t\cos\varepsilon_1 + \sin\omega t\sin\varepsilon_1,$$

$$\sin(\omega t - \varepsilon_1) = \sin\omega t\cos\varepsilon_1 - \cos\omega t\sin\varepsilon_1$$

läßt sich (36) in der einfachen Form

$$A\,[-\cos\omega t\cos\varepsilon_1 - \sin\omega t\sin\varepsilon_1 + \sin\omega t\cos\varepsilon_1 - \cos\omega t\sin\varepsilon_1] +$$

$$+ B\,[\cos\omega t\cos\varepsilon_2 + \sin\omega t\sin\varepsilon_2 - \sin\omega t\cos\varepsilon_2 + \cos\omega t\sin\varepsilon_2] \equiv 0 \tag{37}$$

schreiben, die auch gemäß

$$\cos\omega t\,[-A(\cos\varepsilon_1 + \sin\varepsilon_1) + B(\cos\varepsilon_2 + \sin\varepsilon_2)] +$$

$$+ \sin\omega t\,[-A(\sin\varepsilon_1 - \cos\varepsilon_1) + B(\sin\varepsilon_2 - \cos\varepsilon_2)] \equiv 0 \tag{38}$$

zusammengefaßt werden kann. Eine solche Identität läßt sich für jeden Wert von t nur dann erfüllen, wenn die beiden eckigen Klammern jede für sich null sind, d. h. wenn

$$-A(\cos\varepsilon_1 + \sin\varepsilon_1) + B(\cos\varepsilon_2 + \sin\varepsilon_2) = 0,$$

$$-A(-\cos\varepsilon_1 + \sin\varepsilon_1) + B(-\cos\varepsilon_2 + \sin\varepsilon_2) = 0. \tag{39}$$

Eine nichttriviale Lösung dieser Gleichungen kann aber nur vorhanden sein, wenn zwischen ε_1 und ε_2 eine Beziehung besteht, derart, daß

$$\begin{vmatrix} -(\cos\varepsilon_1 + \sin\varepsilon_1) & (\cos\varepsilon_2 + \sin\varepsilon_2) \\ (\cos\varepsilon_1 - \sin\varepsilon_1) & -(\cos\varepsilon_2 - \sin\varepsilon_2) \end{vmatrix} = 0. \tag{40}$$

Die Auflösung liefert

$$(\cos\varepsilon_1 + \sin\varepsilon_1)(\cos\varepsilon_2 - \sin\varepsilon_2) - (\cos\varepsilon_1 - \sin\varepsilon_1)(\cos\varepsilon_2 + \sin\varepsilon_2) = 0 \tag{41}$$

oder ausmultipliziert

$$(-\cos\varepsilon_1\sin\varepsilon_2 - \sin\varepsilon_1\sin\varepsilon_2 + \cos\varepsilon_1\cos\varepsilon_2 + \sin\varepsilon_1\cos\varepsilon_2) -$$

$$-(+\cos\varepsilon_1\sin\varepsilon_2 - \sin\varepsilon_1\sin\varepsilon_2 + \cos\varepsilon_1\cos\varepsilon_2 - \sin\varepsilon_1\cos\varepsilon_2) = 0$$

und zusammengefaßt

$$2(\sin\varepsilon_1\cos\varepsilon_2 - \cos\varepsilon_1\sin\varepsilon_2 = 2\sin(\varepsilon_1 - \varepsilon_2) = 0.$$

Es ist also

$$\varepsilon - \varepsilon_2 = n\pi \qquad (n = 0\ 1, 2, 3\ldots) \tag{42}$$

oder

$$\varepsilon = \varepsilon - n\pi \qquad (n = 0, 1, 2, 3\ldots). \tag{43}$$

Hieraus folgt

$$\cos \varepsilon_2 = -1)^n \cos \varepsilon_1, \qquad \sin \varepsilon_2 = (-1)^n \sin \varepsilon_2 \tag{44}$$

und damit nach (39)

$$[-A + B(-1)^n]\,[\pm \cos \varepsilon_1 + \sin \varepsilon_1] = 0$$

oder

$$A = B(-1)^n.$$

Die weitere Betrachtung kann auf den Fall $n = 0, 2, 4\ldots$, d. h. auf $\varepsilon_2 = \varepsilon_1 = \varepsilon$ und $B = A$ beschränkt werden, da für ungerade n kein praktisches Bedürfnis vorliegt (Abb. 23 und 24). Für die geraden n-Werte liefert die Identitätsgleichung (35)

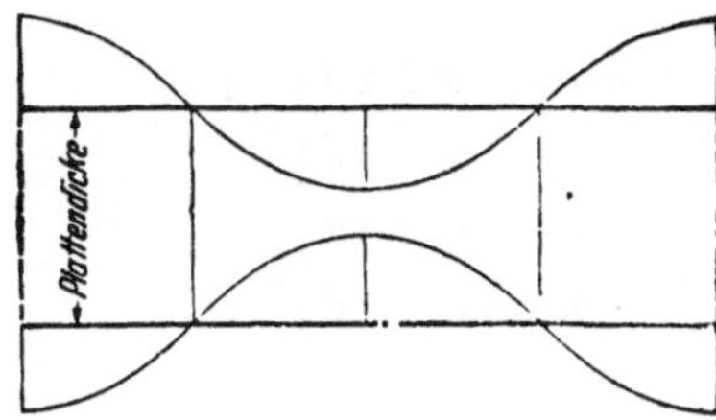

Abb 23 Phasenverschiebung zwischen den Außentemperaturen bei geraden n Werten

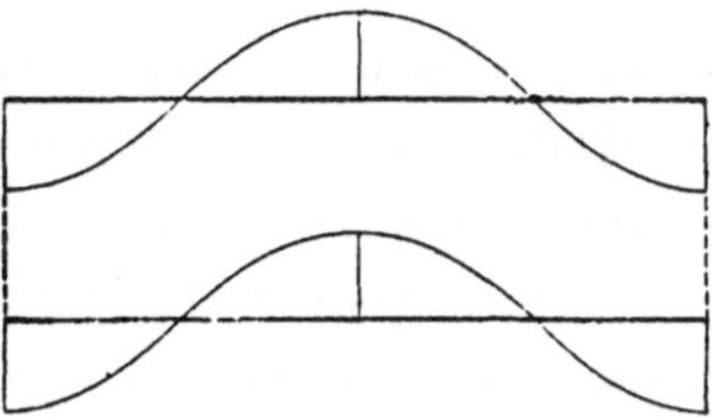

Abb 24 Phasenverschiebung zwischen den Außentemperaturen bei ungeraden n Werten

$$A\,2\pi d\sqrt{\ }\;e^{-2\pi d\sqrt{\ }}\,[-\cos(\omega t - \varepsilon - 2\pi d\sqrt{\ }) + \sin(\omega t - \varepsilon - 2\pi d\sqrt{\ })] +$$
$$+ A\,2\pi d\sqrt{\ }\,e^{+2\pi d\sqrt{\ }}\,[\cos(\omega t - \varepsilon + 2\pi d\sqrt{\ }) - \sin(\omega t - \varepsilon + 2\pi d\sqrt{\ })] \equiv$$
$$\equiv -\frac{\alpha d}{2\lambda}\vartheta_L^{\max}\cos \omega t + A\frac{\alpha d}{2\lambda}[e^{-2\pi d\sqrt{\ }}\cos(\omega t - \varepsilon - 2\pi d\sqrt{\ }) +$$
$$+ e^{+2\pi d\sqrt{\ }}\cos(\omega t - \varepsilon + 2\pi d\sqrt{\ })]. \tag{45}$$

Setzen wir vorübergehend

$$\varepsilon + 2\pi d\sqrt{\ } = \beta, \tag{46}$$
$$\varepsilon - 2\pi d\sqrt{\ } = \gamma,$$

so wird

$$\cos(\omega t - \varepsilon - 2\pi d\sqrt{\ }) = \cos(\omega t - \beta) = \cos \omega t \cos \beta + \sin \omega t \sin \beta,$$
$$\sin(\omega t - \varepsilon - 2\pi d\sqrt{\ }) = \sin(\omega t - \beta) = \sin \omega t \cos \beta - \cos \omega t \sin \beta,$$
$$\cos(\omega t - \varepsilon + 2\pi d\sqrt{\ }) = \cos(\omega t - \gamma) = \cos \omega t \cos \gamma + \sin \omega t \sin \gamma,$$
$$\sin(\omega t - \varepsilon + 2\pi d\sqrt{\ }) = \sin(\omega t - \gamma) = \sin \omega t \cos \gamma - \cos \omega t \sin \gamma.$$

Diese Ausdrücke in (45) eingeführt, ergeben

$$A\,2\pi d\sqrt{\ }\,e^{-2\pi d\sqrt{\ }}\,[-\cos \omega t \cos \beta - \sin \omega t \sin \beta + \sin \omega t \cos \beta - \cos \omega t \sin \beta] +$$
$$+ A\,2\pi d\sqrt{\ }\,e^{+2\pi d\sqrt{\ }}\,[\cos \omega t \cos \gamma + \sin \omega t \sin \gamma - \sin \omega t \cos \gamma + \cos \omega t \sin \gamma] \equiv$$
$$\equiv -\frac{\alpha d}{2\lambda}\vartheta_L^{\max}\cos \omega t + A\frac{\alpha d}{2\lambda}[e^{-2\pi d\sqrt{\ }}(\cos \omega t \cos \beta + \sin \omega t \sin \beta) +$$
$$+ e^{+2\pi d\sqrt{\ }}(\cos \omega t \cos \gamma + \sin \omega t \sin \gamma)] \tag{47}$$

oder, wenn nach $\cos \omega t$ und $\sin \omega t$ geordnet und durch A dividiert wird,

$$\cos \omega t\,\Big[-2\pi d\sqrt{\ }\,e^{-2\pi d\sqrt{\ }}(\cos \beta + \sin \beta) -$$
$$-\frac{\alpha d}{2\lambda}e^{-2\pi d\sqrt{\ }}\cos \beta + 2\pi d\sqrt{\ }\,e^{+2\pi d\sqrt{\ }}(\cos \gamma + \sin \gamma) - \frac{\alpha d}{2\lambda}e^{+2\pi d\sqrt{\ }}\cos \gamma + \frac{\alpha d}{2\lambda}\frac{\vartheta_L^{\max}}{A}\Big] +$$
$$+ \sin \omega t\,\Big[-2\pi d\sqrt{\ }\,e^{-2\pi d\sqrt{\ }}(\sin \beta - \cos \beta) -$$
$$-\frac{\alpha d}{2\lambda}e^{-2\pi d\sqrt{\ }}\sin \beta + 2\pi d\sqrt{\ }\,e^{+2\pi d\sqrt{\ }}(\sin \gamma - \cos \gamma) - \frac{\alpha d}{2\lambda}e^{+2\pi d\sqrt{\ }}\sin \gamma\Big] \equiv 0. \tag{48}$$

Diese Identitätsgleichung läßt sich ähnlich wie die vorher betrachtete nur erfüllen, wenn jede der beiden eckigen Klammern verschwindet. Die Nullsetzung der oberen eckigen Klammer liefert eine Bedingungsgleichung für A, die Nullsetzung der zweiten eine Bedingungsgleichung für ε.

Die Bedingungsgleichung für ε lautet:

$$2\,\pi d\,\sqrt{\ }\,e^{-2\pi d\sqrt{\ }}\,(\sin\beta - \cos\beta) + \frac{\alpha d}{2\lambda}\,e^{-2\pi d\sqrt{\ }}\sin\beta - 2\pi d\,\sqrt{\ }\,e^{+2\pi d\sqrt{\ }}\,(\sin\gamma - \cos\gamma) +$$
$$+\frac{\alpha d}{2\lambda}\,e^{+2\pi d\sqrt{\ }}\sin\gamma = 0. \tag{49}$$

Nun war aber

$$\cos\beta = \cos(\varepsilon + 2\pi d\sqrt{\ }\,) = \cos\varepsilon\cos 2\pi d\sqrt{\ } - \sin\varepsilon\sin 2\pi d\sqrt{\ },$$
$$\sin\beta = \sin(\varepsilon + 2\pi d\sqrt{\ }\,) = \sin\varepsilon\cos 2\pi d\sqrt{\ } + \cos\varepsilon\sin 2\pi d\sqrt{\ },$$
$$\cos\gamma = \cos(\varepsilon - 2\pi d\sqrt{\ }\,) = \cos\varepsilon\cos 2\pi d\sqrt{\ } + \sin\varepsilon\sin 2\pi d\sqrt{\ },$$
$$\sin\gamma = \sin(\varepsilon - 2\pi d\sqrt{\ }\,) = \sin\varepsilon\cos 2\pi d\sqrt{\ } - \cos\varepsilon\sin 2\pi d\sqrt{\ }.$$

Die Einführung dieser Werte in (49) liefert

$$2\pi d\sqrt{\ }\,e^{-2\pi d\sqrt{\ }}\,(\sin\varepsilon\cos 2\pi d\sqrt{\ } + \cos\varepsilon\sin 2\pi d\sqrt{\ } - \cos\varepsilon\cos 2\pi d\sqrt{\ } + \sin\varepsilon\sin 2\pi d\sqrt{\ }\,)+$$
$$+\frac{\alpha d}{2\lambda}\,e^{-2\pi d\sqrt{\ }}\,(\sin\varepsilon\cos 2\pi d\sqrt{\ } - \cos\varepsilon\sin 2\pi d\sqrt{\ }\,) -$$
$$-2\pi d\sqrt{\ }\,e^{+2\pi d\sqrt{\ }}\,(\sin\varepsilon\cos 2\pi d\sqrt{\ } - \cos\varepsilon\sin 2\pi d\sqrt{\ } - \cos\varepsilon\cos 2\pi d\sqrt{\ } - \sin\varepsilon\sin 2\pi d\sqrt{\ }\,)+$$
$$+\frac{\alpha d}{2\lambda}\,e^{+2\pi d\sqrt{\ }}\,(\sin\varepsilon\cos 2\pi d\sqrt{\ } - \cos\varepsilon\sin 2\pi d\sqrt{\ }\,) = 0 \tag{50}$$

oder zusammengefaßt

$$\sin\varepsilon\left[2\pi d\sqrt{\ }\,e^{-2\pi d\sqrt{\ }}\,(\cos 2\pi d\sqrt{\ } + \sin 2\pi d\sqrt{\ }\,) - 2\pi d\sqrt{\ }\,e^{+2\pi d\sqrt{\ }}\,(\cos 2\pi d\sqrt{\ } - \sin 2\pi d\sqrt{\ }\,)+\right.$$
$$\left.+\frac{\alpha d}{2\lambda}\cos 2\pi d\sqrt{\ }\,(e^{-2\pi d\sqrt{\ }} + e^{+2\pi d\sqrt{\ }}\,)\right] +$$
$$+\cos\varepsilon\left[2\pi d\sqrt{\ }\,e^{-2\pi d\sqrt{\ }}\,(\sin 2\pi d\sqrt{\ } - \cos 2\pi d\sqrt{\ }\,) + 2\pi d\sqrt{\ }\,e^{+2\pi d\sqrt{\ }}\,(\sin 2\pi d\sqrt{\ } + \cos 2\pi d\sqrt{\ }\,)+\right.$$
$$\left.+\frac{\alpha d}{2\lambda}\sin 2\pi d\sqrt{\ }\,(e^{-2\pi d\sqrt{\ }} - e^{+2\pi d\sqrt{\ }}\,)\right] = 0.$$

Nach Umordnung gemäß

$$\sin\varepsilon\left[-2\pi d\sqrt{\ }\cos 2\pi d\sqrt{\ }\,(e^{+2\pi d\sqrt{\ }} - e^{-2\pi d\sqrt{\ }}\,)+\right.$$
$$\left.+2\pi d\sqrt{\ }\sin 2\pi d\sqrt{\ }\,(e^{+2\pi d\sqrt{\ }} + e^{-2\pi d\sqrt{\ }}\,) + \frac{\alpha d}{\lambda}\cos 2\pi d\sqrt{\ }\,\mathfrak{Co}\mathfrak{j}\,2\pi d\sqrt{\ }\right] +$$
$$+\cos\varepsilon\left[2\pi d\sqrt{\ }\cos 2\pi d\sqrt{\ }\,(e^{+2\pi d\sqrt{\ }} - e^{-2\pi d\sqrt{\ }}\,)+\right.$$
$$\left.+2\pi d\sqrt{\ }\sin 2\pi d\sqrt{\ }\,(e^{+2\pi d\sqrt{\ }} + e^{-2\pi d\sqrt{\ }}\,) - \frac{\alpha d}{\lambda}\sin 2\pi d\sqrt{\ }\,\mathfrak{Sin}\,2\pi d\sqrt{\ }\right] = 0$$

und Einführung von Hyperbelfunktionen ergibt sich

$$\sin\varepsilon\left[-4\pi d\sqrt{\ }\cos 2\pi d\sqrt{\ }\,\mathfrak{Sin}\,2\pi d\sqrt{\ } + 4\pi d\sqrt{\ }\sin 2\pi d\sqrt{\ }\,\mathfrak{Co}\mathfrak{j}\,2\pi d\sqrt{\ } +\right.$$
$$\left.+\frac{\alpha d}{\lambda}\cos 2\pi d\sqrt{\ }\,\mathfrak{Co}\mathfrak{j}\,2\pi d\sqrt{\ }\right] +$$
$$+\cos\varepsilon\left[+4\pi d\sqrt{\ }\cos 2\pi d\sqrt{\ }\,\mathfrak{Sin}\,2\pi d\sqrt{\ } + 4\pi d\sqrt{\ }\sin 2\pi d\sqrt{\ }\,\mathfrak{Co}\mathfrak{j}\,2\pi d\sqrt{\ } -\right.$$
$$\left.-\frac{\alpha d}{\lambda}\sin 2\pi d\sqrt{\ }\,\mathfrak{Sin}\,2\pi d\sqrt{\ }\right] = 0 \tag{51}$$

oder

$$\tan g\,\varepsilon = \frac{4\pi d\sqrt{\ }\cos 2\pi d\sqrt{\ }\,\mathfrak{Sin}\,2\pi d\sqrt{\ }+4\pi d\sqrt{\ }\sin 2\pi d\sqrt{\ }\,\mathfrak{Cof}\,2\pi d\sqrt{\ }-\frac{\alpha d}{\lambda}\sin 2\pi d\sqrt{\ }\,\mathfrak{Sin}\,2\pi d\sqrt{\ }}{4\pi d\sqrt{\ }\cos 2\pi d\sqrt{\ }\,\mathfrak{Sin}\,2\pi d\sqrt{\ }-4\pi d\sqrt{\ }\sin 2\pi d\sqrt{\ }\,\mathfrak{Cof}\,2\pi d\sqrt{\ }-\frac{\alpha d}{\lambda}\cos 2\pi d\sqrt{\ }\,\mathfrak{Cof}\,2\pi d\sqrt{\ }}.$$

Werden Zähler und Nenner noch durch $\cos 2\pi d\sqrt{\ }\,\mathfrak{Cof}\,2\pi d\sqrt{\ }$ dividiert, so folgt schließlich als Endform

$$\tan g\,\varepsilon = \frac{4\pi d\sqrt{\ }\,\mathfrak{Tang}\,2\pi d\sqrt{\ }+4\pi d\sqrt{\ }\tan g\,2\pi d\sqrt{\ }-\frac{\alpha d}{\lambda}\tan g\,2\pi d\sqrt{\ }\,\mathfrak{Tang}\,2\pi d\sqrt{\ }}{4\pi d\sqrt{\ }\,\mathfrak{Tang}\,2\pi d\sqrt{\ }-4\pi d\sqrt{\ }\tan g\,2\pi d\sqrt{\ }-\frac{\alpha d}{\lambda}} \tag{52}$$

oder

$$\varepsilon = \varepsilon_2 = \mathrm{arctang}\frac{4\pi d\sqrt{\ }\,\mathfrak{Tang}\,2\pi d\sqrt{\ }+4\pi d\sqrt{\ }\tan g\,2\pi d\sqrt{\ }-\frac{\alpha d}{\lambda}\tan g\,2\pi d\sqrt{\ }\,\mathfrak{Tang}\,2\pi d\sqrt{\ }}{4\pi d\sqrt{\ }\,\mathfrak{Tang}\,2\pi d\sqrt{\ }-4\pi d\sqrt{\ }\tan g\,2\pi d\sqrt{\ }-\frac{\alpha d}{\lambda}}-n\pi. \tag{53}$$

Der arctang ist unendlich vieldeutig. Man wählt zweckmäßig den Bereich einer Periode von $-\frac{\pi}{2}$ bis $+\frac{\pi}{2}$. Von dem errechneten Wert ist daher, falls er $>\frac{\pi}{2}$ ist, $n\pi$ abzuziehen.

Die Bestimmungsgleichung für A ergibt sich, wie erläutert, durch Nullsetzung der oberen eckigen Klammer von (48). Man erhält

$$2\pi d\sqrt{\ }\,e^{-2\pi d\sqrt{\ }}(\cos\beta+\sin\beta)-\frac{\alpha d}{2\lambda}e^{-2\pi d\sqrt{\ }}\cos\beta+2\pi d\sqrt{\ }\,e^{+2\pi d\sqrt{\ }}(\cos\gamma+\sin\gamma)-$$
$$-\frac{\alpha d}{2\lambda}e^{+2\pi d\sqrt{\ }}\cos\gamma+\frac{\alpha d}{2\lambda}\frac{\vartheta_L^{max}}{A}=0. \tag{54}$$

Werden die oben durch ε ausgedrückten Werte von $\cos\beta$, $\sin\beta$, $\cos\gamma$ und $\sin\gamma$ in (54) eingeführt, so folgt

$$2\pi d\sqrt{\ }\,e^{-2\pi d\sqrt{\ }}\left(\cos\varepsilon\cos 2\pi d\sqrt{\ }-\sin\varepsilon\sin 2\pi d\sqrt{\ }+\sin\varepsilon\cos 2\pi d\sqrt{\ }+\cos\varepsilon\sin 2\pi d\sqrt{\ }\right)+$$
$$+\frac{\alpha d}{2\lambda}e^{-2\pi d\sqrt{\ }}\left(\cos\varepsilon\cos 2\pi d\sqrt{\ }-\sin\varepsilon\sin 2\pi d\sqrt{\ }\right)-$$
$$-2\pi d\sqrt{\ }\,e^{+2\pi d\sqrt{\ }}\left(\cos\varepsilon\cos 2\pi d\sqrt{\ }+\sin\varepsilon\sin 2\pi d\sqrt{\ }\right)+\sin\varepsilon\cos 2\pi d\sqrt{\ }-\cos\varepsilon\sin 2\pi d\sqrt{\ }\right)+$$
$$+\frac{\alpha d}{2\lambda}e^{+2\pi d\sqrt{\ }}\left(\cos\varepsilon\cos 2\pi d\sqrt{\ }+\sin\varepsilon\sin 2\pi d\sqrt{\ }\right)=\frac{\alpha d}{2\lambda}\frac{\vartheta_L^{max}}{A}.$$

oder durch Ordnen nach $\cos\varepsilon$ und $\sin\varepsilon$

$$\cos\varepsilon\left[2\pi d\sqrt{\ }\cos 2\pi d\sqrt{\ }\left(e^{-2\pi d\sqrt{\ }}-e^{+2\pi d\sqrt{\ }}\right)+2\pi d\sqrt{\ }\sin 2\pi d\sqrt{\ }\left(e^{-2\pi d\sqrt{\ }}+e^{+2\pi d\sqrt{\ }}\right)+\right.$$
$$\left.+\frac{\alpha d}{2\lambda}\cos 2\pi d\sqrt{\ }\left(e^{-2\pi d\sqrt{\ }}+e^{+2\pi d\sqrt{\ }}\right)\right]+$$
$$+\sin\varepsilon\left[2\pi d\sqrt{\ }\cos 2\pi d\sqrt{\ }\left(e^{-2\pi d\sqrt{\ }}-e^{+2\pi d\sqrt{\ }}\right)+2\pi d\sqrt{\ }\sin 2\pi d\sqrt{\ }\left(-e^{-2\pi d\sqrt{\ }}-e^{+2\pi d\sqrt{\ }}\right)+\right.$$
$$\left.+\frac{\alpha d}{2\lambda}\sin 2\pi d\sqrt{\ }\left(-e^{-2\pi d\sqrt{\ }}+e^{+2\pi d\sqrt{\ }}\right)\right]=\frac{\alpha d}{2\lambda}\frac{\vartheta_L^{max}}{A}.$$

Führt man ähnlich wie im Falle (51) wieder Hyperbelfunktionen ein, so lautet die Identitätsgleichung

$$\cos\varepsilon\left[-4\pi d\sqrt{\ }\cos 2\pi d\sqrt{\ }\,\mathfrak{Sin}\,2\pi d\sqrt{\ }+\right.$$
$$\left.+4\pi d\sqrt{\ }\sin 2\pi d\sqrt{\ }\,\mathfrak{Cos}\,2\pi d\sqrt{\ }+\frac{\alpha d}{\lambda}\cos 2\pi d\sqrt{\ }\,\mathfrak{Cof}\,2\pi d\sqrt{\ }\right]-$$
$$-\sin\varepsilon\left[+4\pi d\sqrt{\ }\cos 2\pi d\sqrt{\ }\,\mathfrak{Sin}\,2\pi d\sqrt{\ }+\right.$$
$$\left.+4\pi d\sqrt{\ }\sin 2\pi d\sqrt{\ }\,\mathfrak{Cof}\,2\pi d\sqrt{\ }-\frac{\alpha d}{\lambda}\sin 2\pi d\sqrt{\ }\,\mathfrak{Sin}\,2\pi d\sqrt{\ }\right]=\frac{\alpha d}{2\lambda}\frac{\vartheta_L^{max}}{A}, \tag{55}$$

und man erhält schließlich in Verbindung mit der früher abgeleiteten Beziehung $B = A$

$$A = B = -\frac{\frac{\alpha d}{2\lambda}\,\vartheta_L^{\max}}{\{+[\cdots 1 \cdots] + \tan\varepsilon\,[\cdots 2 \cdots]\}\cos 2\pi d\sqrt{\ }\operatorname{Co\mathfrak{f}} 2\pi d\sqrt{\ }\cos\varepsilon} \tag{56}$$

mit den Abkürzungen

$$[\cdots 1 \cdots] = \left[+4\pi d\sqrt{\ }\operatorname{\mathfrak{T}ang} 2\pi d\sqrt{\ } - 4\pi d\sqrt{\ }\tan 2\pi d\sqrt{\ } - \frac{\alpha d}{\lambda}\right],$$

$$[\cdots 2 \cdots] = \left[4\pi d\sqrt{\ }\operatorname{\mathfrak{T}ang} 2\pi d\sqrt{\ } + 4\pi d\sqrt{\ }\tan 2\pi d\sqrt{\ } - \frac{\alpha d}{\lambda}\tan 2\pi d\sqrt{\ }\operatorname{\mathfrak{T}ang} 2\pi d\sqrt{\ }\right]$$

Damit sind die in der Lösungsfunktion (32) auftretenden vier Konstanten A, B, ε_1 und ε_2 bestimmt.

Unter Berücksichtigung der Beziehungen

$$B = A,$$

$$\varepsilon = \varepsilon_2 = \varepsilon$$

läßt sich (32) noch auf eine bequemere Form bringen. Man erhält zunächst

$$\vartheta = A\,[e^{-2\pi d\sqrt{\ }\,\xi}\cos(\omega t - \varepsilon - 2\pi d\sqrt{\ }\,\xi) + e^{+2\pi d\sqrt{\ }\,\xi}\cos(\omega t - \varepsilon + 2\pi d\sqrt{\ }\,\xi)]. \tag{57}$$

Werden nun die Cosinus-Funktionen gemäß

$$\cos(\omega t - \varepsilon - 2\pi d\sqrt{\ }\,\xi) = \cos[(\omega t - \varepsilon) - 2\pi d\sqrt{\ }\,\xi] =$$
$$= \cos(\omega t - \varepsilon)\cos 2\pi d\sqrt{\ }\,\xi + \sin(\omega t - \varepsilon)\sin 2\pi d\sqrt{\ }\,\xi,$$
$$\cos(\omega t - \varepsilon + 2\pi d\sqrt{\ }\,\xi) = \cos[(\omega t - \varepsilon) + 2\pi d\sqrt{\ }\,\xi] =$$
$$= \cos(\omega t - \varepsilon)\cos 2\pi d\sqrt{\ }\,\xi - \sin(\omega t - \varepsilon)\sin 2\pi d\sqrt{\ }\,\xi$$

aufgespalten, so ergibt sich weiter

$$\vartheta(\xi, t) = A\,\{e^{-2\pi d\sqrt{\ }\,\xi}[\cos(\omega t - \varepsilon)\cos 2\pi d\sqrt{\ }\,\xi + \sin(\omega t - \varepsilon)\sin 2\pi d\sqrt{\ }\,\xi] +$$
$$+ \{e^{+2\pi d\sqrt{\ }\,\xi}[\cos(\omega t - \varepsilon)\cos 2\pi d\sqrt{\ }\,\xi - \sin(\omega t - \varepsilon)\sin 2\pi d\sqrt{\ }\,\xi]\}.$$

Hieraus folgt schließlich unter Einführung von Hyperbelfunktionen

$$\vartheta(\xi, t) = 2A\,[\cos(\omega t - \varepsilon)\cos 2\pi d\sqrt{\ }\,\xi\,\operatorname{Co\mathfrak{f}} 2\pi d\sqrt{\ }\,\xi -$$
$$- \sin(\omega t - \varepsilon)\sin 2\pi d\sqrt{\ }\,\xi\,\operatorname{\mathfrak{S}in} 2\pi d\sqrt{\ }\,\xi]. \tag{58}$$

3. Wärmetheoretische Grundgleichungen für verschieden große periodische Außentemperaturschwankungen an den Plattenrändern (Abb. 25).

In diesem Abschnitt wird für die Platte von unendlicher Flächenausdehnung der allgemeine Fall allseitig wirkender periodischer Außentemperaturschwankungen behandelt. Die Schwingungsweiten der Temperatureinwirkungen sind gleich groß, die Schwingungsausschläge jedoch verschieden angenommen. Außerdem wird für die Außentemperaturen eine Phasenverschiebung berücksichtigt. Die Differentialgleichung der Wärmeleitung bietet nichts Neues und ist in der Form, wie sie schon aufgetreten ist und bei späteren Betrachtungen noch auftreten wird, allgemein gültig. Sie wird aber der Vollständigkeit halber wiederholt

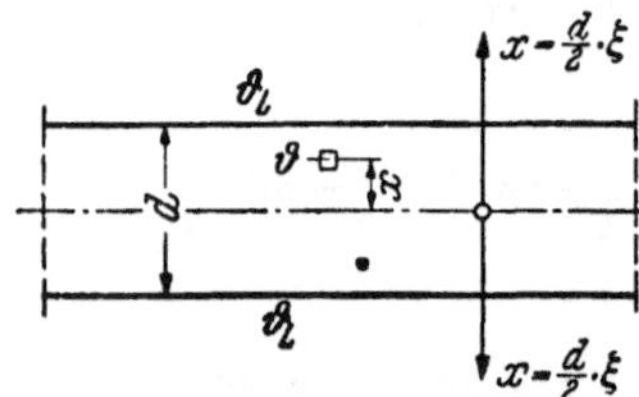

Abb. 25. Bezugssystem für das Temperaturfeld einer Platte von unendlicher Flächenausdehnung infolge verschieden großer periodisch wirkender Umgebungstemperaturen.

$$\frac{\partial\vartheta}{\partial t} = a\,\frac{\partial^2\vartheta}{\partial x^2}. \tag{59}$$

Nach Einführung der dimensionslosen Veränderlichen

$$x = \frac{d}{2}\,\xi$$

geht (59) über in

$$\frac{\partial\vartheta}{\partial t} = \frac{a}{(d/2)^2}\,\frac{\partial^2\vartheta}{\partial\xi^2}. \tag{60}$$

Dieser Differentialgleichung genügen verschiedene Lösungsansätze, die durch Versuchsrechnungen bestimmt werden können. Eine solcher allgemeinen Lösungen hat die Form

$$\vartheta(\xi,t) = A\left[\cos(\omega t - \varepsilon_1)\sin 2\pi\,\xi\sqrt{\ }\ \mathfrak{Cof}\,2\pi\,\xi\sqrt{\ } + \sin(\omega t - \varepsilon_1)\cos 2\pi\,\xi\sqrt{\ }\ \mathfrak{Sin}\,2\pi\,\xi\sqrt{\ }\right] +$$
$$+ B\left[\cos(\omega t - \varepsilon_2)\cos 2\pi\,\xi\sqrt{\ }\ \mathfrak{Cof}\,2\pi\,\xi\sqrt{\ } - \sin(\omega t - \varepsilon_2)\sin 2\pi\,\xi\sqrt{\ }\ \mathfrak{Sin}\,2\pi\,\xi\sqrt{\ }\right], \quad (61)$$

wobei unter

$$\sqrt{\ } = \sqrt{\frac{(d/2)^2\,\omega}{8\,a\,\pi^2}} = \sqrt{\frac{d^2\omega}{32\,a\,\pi^2}}$$

zu verstehen ist. Die Integrationskonstanten A und B und die Phasenwinkel ε_1 und ε_2 müssen so bestimmt werden, daß die Anfangsbedingungen

$$\frac{\partial\vartheta}{\partial\xi} = -\frac{\alpha d}{2\lambda}\left[\vartheta_{L_1}^{\max}\cos(\omega t - \varphi) - \vartheta)\right] \quad \text{für } \xi = +1 \tag{62}$$

und

$$\frac{\partial\vartheta}{\partial\xi} = +\frac{\alpha d}{2\lambda}\left[\vartheta_{L_2}^{\max}\cos\omega t - \vartheta\right] \quad \text{für } \xi = -1 \tag{63}$$

in jedem Zeitpunkt erfüllt sind. In (62) bedeutet φ die Phasenverschiebung der Lufttemperaturen ϑ_{L_1} gegen ϑ_{L_2}, wobei dem Verlauf der Lufttemperatur das Gesetz $\vartheta_L = \vartheta_L^{\max}\cos\omega t$ zugrunde gelegt wurde. Bildet man von (61) die erste Ableitung nach ξ, so ergibt sich das Temperaturgefälle

$$\frac{\partial\vartheta}{\partial\xi} = A\,2\pi\sqrt{\ }\left[\cos(\omega t - \varepsilon_1)\cos 2\pi\,\xi\sqrt{\ }\ \mathfrak{Cof}\,2\pi\,\xi\sqrt{\ } + \cos(\omega t - \varepsilon_1)\sin 2\pi\,\xi\sqrt{\ }\ \mathfrak{Sin}\,2\pi\,\xi\sqrt{\ } - \right.$$
$$\left. - \sin(\omega t - \varepsilon_1)\sin 2\pi\,\xi\sqrt{\ }\ \mathfrak{Sin}\,2\pi\,\xi\sqrt{\ } + \sin(\omega t - \varepsilon_1)\cos 2\pi\,\xi\sqrt{\ }\ \mathfrak{Cof}\,2\pi\,\xi\sqrt{\ }\right] +$$
$$+ B\,2\pi\sqrt{\ }\left[-\cos(\omega t - \varepsilon_2)\sin 2\pi\,\xi\sqrt{\ }\ \mathfrak{Cof}\,2\pi\,\xi\sqrt{\ } + \cos(\omega t - \varepsilon_2)\cos 2\pi\,\xi\sqrt{\ }\ \mathfrak{Sin}\,2\pi\,\xi\sqrt{\ } - \right.$$
$$\left. - \sin(\omega t - \varepsilon_2)\cos 2\pi\,\xi\sqrt{\ }\ \mathfrak{Sin}\,2\pi\,\xi\sqrt{\ } - \sin(\omega t - \varepsilon_2)\sin 2\pi\,\xi\sqrt{\ }\ \mathfrak{Cof}\,2\xi\sqrt{\ }\right]. \tag{64}$$

Für $\xi = +1$ erhält man damit aus der Bedingung (62) die Identitätsgleichung

$$A\,2\pi\sqrt{\ }\left[\ \cos(\omega t - \varepsilon_1)\cos 2\pi\sqrt{\ }\ \mathfrak{Cof}\,2\pi\sqrt{\ } + \cos(\omega t - \varepsilon_1)\sin 2\pi\sqrt{\ }\ \mathfrak{Sin}\,2\pi\sqrt{\ } - \right.$$
$$\left. - \sin(\omega t - \varepsilon_1)\sin 2\pi\sqrt{\ }\ \mathfrak{Sin}\,2\pi\sqrt{\ } + \sin(\omega t - \varepsilon_1)\cos 2\pi\sqrt{\ }\ \mathfrak{Cof}\,2\pi\sqrt{\ }\right] +$$
$$+ B\,2\pi\sqrt{\ }\left[-\cos(\omega t - \varepsilon_2)\sin 2\pi\sqrt{\ }\ \mathfrak{Cof}\,2\pi\sqrt{\ } + \cos(\omega t - \varepsilon_2)\cos 2\pi\sqrt{\ }\ \mathfrak{Sin}\,2\pi\sqrt{\ } - \right.$$
$$\left. - \sin(\omega t - \varepsilon_2)\cos 2\pi\sqrt{\ }\ \mathfrak{Sin}\,2\pi\sqrt{\ } - \sin(\omega t - \varepsilon_2)\sin 2\pi\sqrt{\ }\ \mathfrak{Cof}\,2\pi\sqrt{\ }\right] +$$
$$+ \frac{\alpha d}{2\lambda}\vartheta_{L_1}^{\max}\cos(\omega t - \varphi) - \frac{\alpha d}{2\lambda}A\left[\cos(\omega t - \varepsilon_1)\sin 2\pi\sqrt{\ }\ \mathfrak{Cof}\,2\pi\sqrt{\ } + \right.$$
$$\left. + \sin(\omega t - \varepsilon_1)\cos 2\pi\sqrt{\ }\ \mathfrak{Sin}\,2\pi\sqrt{\ }\right] -$$
$$- \frac{\alpha d}{2\lambda}B\left[\cos(\omega t - \varepsilon_2)\cos 2\pi\sqrt{\ }\ \mathfrak{Cof}\,2\pi\sqrt{\ } - \right.$$
$$\left. - \sin(\omega t - \varepsilon_2)\sin 2\pi\sqrt{\ }\ \mathfrak{Sin}\,2\pi\sqrt{\ }\right] = 0. \tag{65}$$

Für $\xi = -1$ ergibt sich aus der zweiten Randbedingung (63) bei Beachtung der Beziehungen der trigonometrischen und hyperbolischen Funktionen

$$\cos(-2\pi\sqrt{\ }) = \cos 2\pi\sqrt{\ }\,; \qquad \sin(-2\pi\sqrt{\ }) = -\sin 2\pi\sqrt{\ }\,;$$
$$\mathfrak{Cof}(-2\pi\sqrt{\ }) = \mathfrak{Cof}\,2\pi\sqrt{\ }\,; \qquad \mathfrak{Sin}(-2\pi\sqrt{\ }) = -\mathfrak{Sin}\,2\pi\sqrt{\ }\,;$$

die Identitätsgleichung

$$A\,2\pi\sqrt{\ }\left[\cos(\omega t - \varepsilon_1)\cos 2\pi\sqrt{\ }\ \mathfrak{Cof}\,2\pi\sqrt{\ } + \cos(\omega t - \varepsilon_1)\sin 2\pi\sqrt{\ }\ \mathfrak{Sin}\,2\pi\sqrt{\ } - \right.$$
$$\left. - \sin(\omega t - \varepsilon_1)\sin 2\pi\sqrt{\ }\ \mathfrak{Sin}\,2\pi\sqrt{\ } + \sin(\omega t - \varepsilon_1)\cos 2\pi\sqrt{\ }\ \mathfrak{Cof}\,2\pi\sqrt{\ }\right] +$$
$$+ B\,2\pi\sqrt{\ }\left[\cos(\omega t - \varepsilon_2)\sin 2\pi\sqrt{\ }\ \mathfrak{Cof}\,2\pi\sqrt{\ } - \cos(\omega t - \varepsilon_2)\cos 2\pi\sqrt{\ }\ \mathfrak{Sin}\,2\pi\sqrt{\ } + \right.$$
$$\left. + \sin(\omega t - \varepsilon_2)\cos 2\pi\sqrt{\ }\ \mathfrak{Sin}\,2\pi\sqrt{\ } + \sin(\omega t - \varepsilon_2)\sin 2\pi\sqrt{\ }\ \mathfrak{Cof}\,2\pi\sqrt{\ }\right] -$$
$$- \frac{\alpha d}{2\lambda}\vartheta_{L_2}^{\max}\cos\omega t + \frac{\alpha d}{2\lambda}A\left[-\cos(\omega t - \varepsilon_1)\sin 2\pi\sqrt{\ }\ \mathfrak{Cof}\,2\pi\sqrt{\ } - \right.$$
$$\left. - \sin(\omega t - \varepsilon_1)\cos 2\pi\sqrt{\ }\ \mathfrak{Sin}\,2\pi\sqrt{\ }\right] +$$
$$+ \frac{\alpha d}{2\lambda}B\left[\cos(\omega t - \varepsilon_2)\cos 2\pi\sqrt{\ }\ \mathfrak{Cof}\,2\pi\sqrt{\ } - \right.$$
$$\left. - \sin(\omega t - \varepsilon_2)\sin 2\pi\sqrt{\ }\ \mathfrak{Sin}\,2\pi\sqrt{\ }\right] \equiv 0. \tag{66}$$

Unter Verwendung der Additionstheoreme

$$\cos(\omega t - \varepsilon) = \cos\omega t\cos\varepsilon + \sin\omega t\sin\varepsilon$$

$$\sin(\omega t - \varepsilon) = \sin\omega t\cos\varepsilon - \cos\omega t\sin\varepsilon$$

läßt sich (65) wie folgt schreiben:

$$
\begin{aligned}
A\,2\pi\sqrt{}&[(\cos\omega t\cos\varepsilon_1 + \sin\omega t\sin\varepsilon_1)(\cos 2\pi\sqrt{}\,\mathfrak{Cof}\,2\pi\sqrt{} + \sin 2\pi\sqrt{}\,\mathfrak{Sin}\,2\pi\sqrt{}) -\\
&-(\sin\omega t\cos\varepsilon_1 - \cos\omega t\sin\varepsilon_1)(\sin 2\pi\sqrt{}\,\mathfrak{Sin}\,2\pi\sqrt{} - \cos 2\pi\sqrt{}\,\mathfrak{Cof}\,2\pi\sqrt{})] +\\
+\,B\,2\pi\sqrt{}&[-(\cos\omega t\cos\varepsilon_2 + \sin\omega t\sin\varepsilon_2)(\sin 2\pi\sqrt{}\,\mathfrak{Cof}\,2\pi\sqrt{} - \cos 2\pi\sqrt{}\,\mathfrak{Sin}\,2\pi\sqrt{}) -\\
&-(\sin\omega t\cos\varepsilon_2 - \cos\omega t\sin\varepsilon_2)(\cos 2\pi\sqrt{}\,\mathfrak{Sin}\,2\pi\sqrt{} + \sin 2\pi\sqrt{}\,\mathfrak{Cof}\,2\pi\sqrt{})] -\\
-\,\frac{\alpha d}{2\lambda}\,A\,&[(\cos\omega t\cos\varepsilon_1 + \sin\omega t\sin\varepsilon_1)\sin 2\pi\sqrt{}\,\mathfrak{Cof}\,2\pi\sqrt{} +\\
&+(\sin\omega t\cos\varepsilon_1 - \cos\omega t\sin\varepsilon_1)\cos 2\pi\sqrt{}\,\mathfrak{Sin}\,2\pi\sqrt{}] -\\
-\,\frac{\alpha d}{2\lambda}\,B\,&[(\cos\omega t\cos\varepsilon_2 + \sin\omega t\sin\varepsilon_2)\cos 2\pi\sqrt{}\,\mathfrak{Cof}\,2\pi\sqrt{} -\\
&-(\sin\omega t\cos\varepsilon_2 - \cos\omega t\sin\varepsilon_2)\sin 2\pi\sqrt{}\,\mathfrak{Sin}\,2\pi\sqrt{}] +\\
+\,\frac{\alpha d}{\lambda 2}\,&\vartheta_{L_1}^{\max}(\cos\omega t\cos\varphi + \sin\omega t\sin\varphi) \equiv 0.
\end{aligned}
\tag{67}
$$

Faßt man die Glieder mit $\cos\omega t$ bzw. $\sin\omega t$ zusammen, so erhält man die Ausdrücke $\cos\omega t\,\{\cdots 1 \cdots\} + \sin\omega t\,\{\cdots 2 \cdots\}$ oder ausgeschrieben

$$
\begin{aligned}
\cos\omega t\,\Big\{&A\,2\pi\sqrt{}\cos\varepsilon_1(\cos 2\pi\sqrt{}\,\mathfrak{Cof}\,2\pi\sqrt{} + \sin 2\pi\sqrt{}\,\mathfrak{Sin}\,2\pi\sqrt{}) +\\
&+ A\,2\pi\sqrt{}\sin\varepsilon_1(\sin 2\pi\sqrt{}\,\mathfrak{Sin}\,2\pi\sqrt{} - \cos 2\pi\sqrt{}\,\mathfrak{Cof}\,2\pi\sqrt{}) -\\
&- B\,2\pi\sqrt{}\cos\varepsilon_2(\sin 2\pi\sqrt{}\,\mathfrak{Cof}\,2\pi\sqrt{} - \cos 2\pi\sqrt{}\,\mathfrak{Sin}\,2\pi\sqrt{}) +\\
&+ B\,2\pi\sqrt{}\sin\varepsilon_2(\cos 2\pi\sqrt{}\,\mathfrak{Sin}\,2\pi\sqrt{} + \sin 2\pi\sqrt{}\,\mathfrak{Cof}\,2\pi\sqrt{}) -\\
&- \frac{\alpha d}{2\lambda}\,A(\cos\varepsilon_1\sin 2\pi\sqrt{}\,\mathfrak{Cof}\,2\pi\sqrt{} - \sin\varepsilon_1\cos 2\pi\sqrt{}\,\mathfrak{Sin}\,2\pi\sqrt{}) -\\
&- \frac{\alpha d}{2\lambda}\,B(\cos\varepsilon_2\cos 2\pi\sqrt{}\,\mathfrak{Cof}\,2\pi\sqrt{} + \sin\varepsilon_2\sin 2\pi\sqrt{}\,\mathfrak{Sin}\,2\pi\sqrt{}) +\\
&+ \frac{\alpha d}{2\lambda}\,\vartheta_{L_1}^{\max}\cos\varphi\Big\} +
\end{aligned}
$$

$$
\begin{aligned}
+\,\sin\omega t\,\Big\{&A\,2\pi\sqrt{}\sin\varepsilon_1(\cos 2\pi\sqrt{}\,\mathfrak{Cof}\,2\pi\sqrt{} + \sin 2\pi\sqrt{}\,\mathfrak{Sin}\,2\pi\sqrt{}) -\\
&- A\,2\pi\sqrt{}\cos\varepsilon_1(\sin 2\pi\sqrt{}\,\mathfrak{Sin}\,2\pi\sqrt{} - \cos 2\pi\sqrt{}\,\mathfrak{Cof}\,2\pi\sqrt{}) -\\
&- B\,2\pi\sqrt{}\sin\varepsilon_2(\sin 2\pi\sqrt{}\,\mathfrak{Cof}\,2\pi\sqrt{} - \cos 2\pi\sqrt{}\,\mathfrak{Sin}\,2\pi\sqrt{}) -\\
&- B\,2\pi\sqrt{}\cos\varepsilon_2(\cos 2\pi\sqrt{}\,\mathfrak{Sin}\,2\pi\sqrt{} + \sin 2\pi\sqrt{}\,\mathfrak{Cof}\,2\pi\sqrt{}) -\\
&- \frac{\alpha d}{2\lambda}\,A(\sin\varepsilon_1\sin 2\pi\sqrt{}\,\mathfrak{Cof}\,2\pi\sqrt{} + \cos\varepsilon_1\cos 2\pi\sqrt{}\,\mathfrak{Sin}\,2\pi\sqrt{}) -\\
&- \frac{\lambda d}{2\lambda}\,B(\sin\varepsilon_2\cos 2\pi\sqrt{}\,\mathfrak{Cof}\,2\pi\sqrt{} - \cos\varepsilon_2\sin 2\pi\sqrt{}\,\mathfrak{Sin}\,2\pi\sqrt{}) +\\
&+ \frac{\alpha d}{2\lambda}\,\vartheta_{L_1}^{\max}\sin\varphi\Big\} \equiv 0.
\end{aligned}
\tag{68}
$$

Diese Identitätsgleichung kann nur dann für jeden Zeitaugenblick erfüllt sein, wenn die beiden geschweiften Klammern je für sich gleich null sind, also

$$\{\cdots 1 \cdots\} = 0 \quad \text{und} \quad \{\cdots 2 \cdots\} = 0.$$

Zieht man die Integrationskonstanten A und B heraus, so ergibt sich für $\{\cdots 1 \cdots\} = 0$ der Ausdruck

$$
\begin{aligned}
A\,\Big[&2\pi\sqrt{}\cos\varepsilon_1(\cos 2\pi\sqrt{}\,\mathfrak{Cof}\,2\pi\sqrt{} + \sin 2\pi\sqrt{}\,\mathfrak{Sin}\,2\pi\sqrt{}) +\\
&+ 2\pi\sqrt{}\sin\varepsilon_1(\sin 2\pi\sqrt{}\,\mathfrak{Sin}\,2\pi\sqrt{} - \cos 2\pi\sqrt{}\,\mathfrak{Cof}\,2\pi\sqrt{}) -\\
&- \frac{\alpha d}{2\lambda}(\cos\varepsilon_1\sin 2\pi\sqrt{}\,\mathfrak{Cof}\,2\pi\sqrt{}\;\sin\varepsilon_1\cos 2\pi\sqrt{}\,\mathfrak{Sin}\,2\pi\sqrt{})\Big] --
\end{aligned}
$$

$$-B\left[2\pi\sqrt{}\cos\varepsilon_2(\sin 2\pi\sqrt{}\,\mathfrak{Cof}\,2\pi\sqrt{}-\cos 2\pi\sqrt{}\,\mathfrak{Sin}\,2\pi\sqrt{})-\right.$$
$$-2\pi\sqrt{}\sin\varepsilon_2(\cos 2\pi\sqrt{}\,\mathfrak{Sin}\,2\pi\sqrt{}+\sin 2\pi\sqrt{}\,\mathfrak{Cof}\,2\pi\sqrt{})+$$
$$\left.+\frac{\alpha d}{2\lambda}(\cos\varepsilon_2\cos 2\pi\sqrt{}\,\mathfrak{Cof}\,2\pi\sqrt{}+\sin\varepsilon_2\sin 2\pi\sqrt{}\,\mathfrak{Sin}\,2\pi\sqrt{})\right]=-\frac{\alpha d}{2\lambda}\vartheta_{L_1}^{\max}\cos\varphi. \quad (69)$$

Für $\{\cdots 2\cdots\}=0$ führt dieselbe Zusammenfassung auf

$$A\left[2\pi\sqrt{}\sin\varepsilon_1(\cos 2\pi\sqrt{}\,\mathfrak{Cof}\,2\pi\sqrt{}+\sin 2\pi\sqrt{}\,\mathfrak{Sin}\,2\pi\sqrt{})-\right.$$
$$-2\pi\sqrt{}\cos\varepsilon_1(\sin 2\pi\sqrt{}\,\mathfrak{Sin}\,2\pi\sqrt{}-\cos 2\pi\sqrt{}\,\mathfrak{Cof}\,2\pi\sqrt{})-$$
$$\left.-\frac{\alpha d}{2\lambda}(\sin\varepsilon_1\sin 2\pi\sqrt{}\,\mathfrak{Cof}\,2\pi\sqrt{}+\cos\varepsilon_1\cos 2\pi\sqrt{}\,\mathfrak{Sin}\,2\pi\sqrt{})\right]-$$

$$-B\left[2\pi\sqrt{}\sin\varepsilon_2(\sin 2\pi\sqrt{}\,\mathfrak{Cof}\,2\pi\sqrt{}-\cos 2\pi\sqrt{}\,\mathfrak{Sin}\,2\pi\sqrt{})+\right.$$
$$+2\pi\sqrt{}\cos\varepsilon_2(\cos 2\pi\sqrt{}\,\mathfrak{Sin}\,2\pi\sqrt{}+\sin 2\pi\sqrt{}\,\mathfrak{Cof}\,2\pi\sqrt{})+$$
$$\left.+\frac{\alpha d}{2\lambda}(\sin\varepsilon_2\cos 2\pi\sqrt{}\,\mathfrak{Cof}\,2\pi\sqrt{}-\cos\varepsilon_2\sin 2\pi\sqrt{}\,\mathfrak{Sin}\,2\pi\sqrt{})\right]=-\frac{\alpha d}{2\lambda}\vartheta_{L_1}^{\max}\sin\varphi. \quad (70)$$

Um für die Weiterbehandlungen die Gleichungen übersichtlicher zu gestalten und an Schreibarbeit zu sparen, sei vorübergehend gesetzt

$$\left[2\pi\sqrt{}\cos\varepsilon_1(\cos 2\pi\sqrt{}\,\mathfrak{Cof}\,2\pi\sqrt{}+\sin 2\pi\sqrt{}\,\mathfrak{Sin}\,2\pi\sqrt{})+\right.$$
$$+2\pi\sqrt{}\sin\varepsilon_1(\sin 2\pi\sqrt{}\,\mathfrak{Sin}\,2\pi\sqrt{}-\cos 2\pi\sqrt{}\,\mathfrak{Cof}\,2\pi\sqrt{})-$$
$$\left.-\frac{\alpha d}{2\lambda}(\cos\varepsilon_1\sin 2\pi\sqrt{}\,\mathfrak{Cof}\,2\pi\sqrt{}-\sin\varepsilon_1\cos 2\pi\sqrt{}\,\mathfrak{Sin}\,2\pi\sqrt{})\right]=[\cdots 1\cdots]$$

$$\left[2\pi\sqrt{}\cos\varepsilon_2(\sin 2\pi\sqrt{}\,\mathfrak{Cof}\,2\pi\sqrt{}-\cos 2\pi\sqrt{}\,\mathfrak{Sin}\,2\pi\sqrt{})-\right.$$
$$-2\pi\sqrt{}\sin\varepsilon_2(\cos 2\pi\sqrt{}\,\mathfrak{Sin}\,2\pi\sqrt{}+\sin 2\pi\sqrt{}\,\mathfrak{Cof}\,2\pi\sqrt{})+$$
$$\left.+\frac{\alpha d}{2\lambda}(\cos\varepsilon_2\cos 2\pi\sqrt{}\,\mathfrak{Cof}\,2\pi\sqrt{}+\sin\varepsilon_2\sin 2\pi\sqrt{}\,\mathfrak{Sin}\,2\pi\sqrt{})\right]=[\cdots 2\cdots]$$

$$\left[2\pi\sqrt{}\sin\varepsilon_1(\cos 2\pi\sqrt{}\,\mathfrak{Cof}\,2\pi\sqrt{}+\sin 2\pi\sqrt{}\,\mathfrak{Sin}\,2\pi\sqrt{})-\right.$$
$$-2\pi\sqrt{}\cos\varepsilon_1(\sin 2\pi\sqrt{}\,\mathfrak{Sin}\,2\pi\sqrt{}-\cos 2\pi\sqrt{}\,\mathfrak{Cof}\,2\pi\sqrt{})-$$
$$\left.-\frac{\alpha d}{2\lambda}(\sin\varepsilon_1\sin 2\pi\sqrt{}\,\mathfrak{Cof}\,2\pi\sqrt{}+\cos\varepsilon_1\cos 2\pi\sqrt{}\,\mathfrak{Sin}\,2\pi\sqrt{})\right]=[\cdots 3\cdots]$$

$$\left[2\pi\sqrt{}\sin\varepsilon_2(\sin 2\pi\sqrt{}\,\mathfrak{Cof}\,2\pi\sqrt{}-\cos 2\pi\sqrt{}\,\mathfrak{Sin}\,2\pi\sqrt{})+\right.$$
$$+2\pi\sqrt{}\cos\varepsilon_2(\cos 2\pi\sqrt{}\,\mathfrak{Sin}\,2\pi\sqrt{}+\sin 2\pi\sqrt{}\,\mathfrak{Cof}\,2\pi\sqrt{})+$$
$$\left.+\frac{\alpha d}{2\lambda}(\sin\varepsilon_2\cos 2\pi\sqrt{}\,\mathfrak{Cof}\,2\pi\sqrt{}-\cos\varepsilon_2\sin 2\pi\sqrt{}\,\mathfrak{Sin}\,2\pi\sqrt{})\right]=[\cdots 4\cdots]$$

Unter Benutzung dieser Symbolik wird

$$A[\cdots 1\cdots]-B[\cdots 2\cdots]=-\frac{\alpha d}{2\lambda}\vartheta_{L_1}^{\max}\cos\varphi.$$

und

$$A[\cdots 3\cdots]-B[\cdots 4\cdots]=-\frac{\alpha d}{2\lambda}\vartheta_{L_1}^{\max}\sin\varphi.$$

Löst man diese beiden simultanen Gleichungen nach A und B auf, so ergibt sich

$$A=\frac{-\dfrac{\alpha d}{2\lambda}\vartheta_{L_1}^{\max}\cos\varphi\,[\cdots 4\cdots]+\dfrac{\alpha d}{2\lambda}\vartheta_{L_1}^{\max}\sin\varphi\,[\cdots 2\cdots]}{[\cdots 1\cdots]\cdot[\cdots 4\cdots]-[\cdots 2\cdots]\cdot[\cdots 3\cdots]} \quad (71)$$

und

$$B=\frac{\dfrac{\alpha d}{2\lambda}\vartheta_{L_1}^{\max}\sin\varphi\,[\cdots 1\cdots]-\dfrac{\alpha d}{2\lambda}\vartheta_{L_1}^{\max}\cos\varphi\,[\cdots 3\cdots]}{[\cdots 1\cdots]\cdot[\cdots 4\cdots]-[\cdots 2\cdots]\cdot[\cdots 3\cdots]}. \quad (72)$$

Im Anschluß hieran soll der Nenner ausmultipliziert werden.

$$[\cdots 1 \cdots]\cdot[\cdots 4 \cdots] =$$

$$= (2\pi\sqrt{})^2 \cos\varepsilon_1 \sin\varepsilon_2 \,[\cos 2\pi\sqrt{}\,\sin 2\pi\sqrt{}\,\mathfrak{Cof}^2 2\pi\sqrt{} +$$
$$+ (\sin^2 2\pi\sqrt{} - \cos^2 2\pi\sqrt{})\,\mathfrak{Cof}\, 2\pi\sqrt{}\,\mathfrak{Sin}\, 2\pi\sqrt{} - \cos 2\pi\sqrt{}\,\sin 2\pi\sqrt{}\,\mathfrak{Sin}^2 2\pi\sqrt{}] +$$
$$+ (2\pi\sqrt{})^2 \sin\varepsilon_1 \sin\varepsilon_2 (\sin^2 2\pi\sqrt{}\,\mathfrak{Cof}\, 2\pi\sqrt{}\,\mathfrak{Sin}\, 2\pi\sqrt{} - \sin 2\pi\sqrt{}\,\cos 2\pi\sqrt{}\,\mathfrak{Cof}^2 2\pi\sqrt{} -$$
$$- \sin 2\pi\sqrt{}\,\cos 2\pi\sqrt{}\,\mathfrak{Sin}^2 2\pi\sqrt{} + \cos^2 2\pi\sqrt{}\,\mathfrak{Cof}\, 2\pi\sqrt{}\,\mathfrak{Sin}\, 2\pi\sqrt{}) -$$
$$- 2\pi\sqrt{}\frac{-\alpha d}{2\lambda}\sin\varepsilon_2 (\cos\varepsilon_1\sin^2 2\pi\sqrt{}\,\mathfrak{Cof}^2 2\pi\sqrt{} - \sin\varepsilon_1\sin 2\pi\sqrt{}\,\cos 2\pi\sqrt{}\,\mathfrak{Cof}\, 2\pi\sqrt{}\,\mathfrak{Sin}\, 2\pi\sqrt{} -$$
$$- \cos\varepsilon_1\sin 2\pi\sqrt{}\,\cos 2\pi\sqrt{}\,\mathfrak{Cof}\, 2\pi\sqrt{}\,\mathfrak{Sin}\, 2\pi\sqrt{} + \sin\varepsilon_1\cos^2 2\pi\sqrt{}\,\mathfrak{Sin}^2 2\pi\sqrt{}) +$$
$$+ 2\pi\sqrt{})^2 \cos\varepsilon_1 \cos\varepsilon_2 (\cos^2 2\pi\sqrt{}\,\mathfrak{Cof}\, 2\pi\sqrt{}\,\mathfrak{Sin}\, 2\pi\sqrt{} + \sin 2\pi\sqrt{}\,\cos 2\pi\sqrt{}\,\mathfrak{Sin}^2 2\pi\sqrt{} +$$
$$+ \sin 2\pi\sqrt{}\,\cos 2\pi\sqrt{}\,\mathfrak{Cof}^2 2\pi\sqrt{} + \sin^2 2\pi\sqrt{}\,\mathfrak{Cof}\, 2\pi\sqrt{}\,\mathfrak{Sin}\, 2\pi\sqrt{}) +$$
$$+ (2\pi\sqrt{})^2 \sin\varepsilon_1 \cos\varepsilon_2 (\sin 2\pi\sqrt{}\,\cos 2\pi\sqrt{}\,\mathfrak{Sin}^2 2\pi\sqrt{} +$$
$$+ (\sin^2 2\pi\sqrt{} - \cos^2 2\pi\sqrt{})\,\mathfrak{Cof}\, 2\pi\sqrt{}\,\mathfrak{Sin}\, 2\pi\sqrt{} - \sin 2\pi\sqrt{}\,\cos 2\pi\sqrt{}\,\mathfrak{Cof}^2 2\pi\sqrt{}) -$$
$$- 2\pi\sqrt{}\frac{-\alpha d}{2\lambda}\cos\varepsilon_2 (\cos\varepsilon_1\sin 2\pi\sqrt{}\,\cos 2\pi\sqrt{}\,\mathfrak{Cof}^2 2\pi\sqrt{} - \sin\varepsilon_1\cos^2 2\pi\sqrt{}\,\mathfrak{Sin}^2 2\pi\sqrt{} +$$
$$+ \cos\varepsilon_1\sin^2 2\pi\sqrt{}\,\mathfrak{Cof}^2 2\pi\sqrt{} - \sin\varepsilon_1\sin 2\pi\sqrt{}\,\cos 2\pi\sqrt{}\,\mathfrak{Cof}\, 2\pi\sqrt{}\,\mathfrak{Sin}\, 2\pi\sqrt{}) +$$
$$+ 2\pi\sqrt{}\frac{-\alpha d}{2\lambda}\cos\varepsilon_1 (\sin\varepsilon_2\cos^2 2\pi\sqrt{}\,\mathfrak{Cof}^2 2\pi\sqrt{} + \sin\varepsilon_2\sin 2\pi\sqrt{}\,\cos 2\pi\sqrt{}\,\mathfrak{Cof}\, 2\pi\sqrt{}\,\mathfrak{Sin}\, 2\pi\sqrt{} -$$
$$- \cos\varepsilon_2\sin 2\pi\sqrt{}\,\cos 2\pi\sqrt{}\,\mathfrak{Cof}\, 2\pi\sqrt{}\,\mathfrak{Sin}\, 2\pi\sqrt{} - \cos\varepsilon_2\sin^2 2\pi\sqrt{}\,\mathfrak{Sin}^2 2\pi\sqrt{}) +$$
$$+ 2\pi\sqrt{}\frac{-\alpha d}{2\lambda}\sin\varepsilon_1 (\sin\varepsilon_2\sin 2\pi\sqrt{}\,\cos 2\pi\sqrt{}\,\mathfrak{Cof}\, 2\pi\sqrt{}\,\mathfrak{Sin}\, 2\pi\sqrt{} - \sin\varepsilon_2\cos^2 2\pi\sqrt{}\,\mathfrak{Cof}^2 2\pi\sqrt{} -$$
$$- \cos\varepsilon_2\sin^2 2\pi\sqrt{}\,\mathfrak{Sin}^2 2\pi\sqrt{} + \cos\varepsilon_2\sin 2\pi\sqrt{}\,\cos 2\pi\sqrt{}\,\mathfrak{Cof}\, 2\pi\sqrt{}\,\mathfrak{Sin}\, 2\pi\sqrt{}) -$$
$$- \left(\frac{\alpha d}{2\lambda}\right)^2 (\cos\varepsilon_1\sin\varepsilon_2\sin 2\pi\sqrt{}\,\cos 2\pi\sqrt{}\,\mathfrak{Cof}^2 2\pi\sqrt{} - \sin\varepsilon_1\sin\varepsilon_2\cos^2 2\pi\sqrt{}\,\mathfrak{Cof}\, 2\pi\sqrt{}\,\mathfrak{Sin}\, 2\pi\sqrt{} -$$
$$- \cos\varepsilon_1\cos\varepsilon_2\sin^2 2\pi\sqrt{}\,\mathfrak{Cof}\, 2\pi\sqrt{}\,\mathfrak{Sin}\, 2\pi\sqrt{} + \sin\varepsilon_1\cos\varepsilon_2\sin 2\pi\sqrt{}\,\cos 2\pi\sqrt{}\,\mathfrak{Sin}^2 2\pi\sqrt{}) =$$

$$= (2\pi\sqrt{})^2 \cos\varepsilon_1 \sin\varepsilon_2 \,[\cos 2\pi\sqrt{}\,\sin 2\pi\sqrt{}\,\mathfrak{Cof}^2 2\pi\sqrt{} +$$
$$+ (\sin^2 2\pi\sqrt{} - \cos^2 2\pi\sqrt{})\,\mathfrak{Cof}\, 2\pi\sqrt{}\,\mathfrak{Sin}\, 2\pi\sqrt{} - \cos 2\pi\sqrt{}\,\sin 2\pi\sqrt{}\,\mathfrak{Sin}^2 2\pi\sqrt{}] +$$
$$+ (2\pi\sqrt{})^2 \sin\varepsilon_1 \sin\varepsilon_2 \,[\sin^2 2\pi\sqrt{}\,\mathfrak{Cof}\, 2\pi\sqrt{}\,\mathfrak{Sin}\, 2\pi\sqrt{} -$$
$$- \sin 2\pi\sqrt{}\,\cos 2\pi\sqrt{}\,(\mathfrak{Cof}^2 2\pi\sqrt{} + \mathfrak{Sin}^2 2\pi\sqrt{}) + \cos^2 2\pi\sqrt{}\,\mathfrak{Cof}\, 2\pi\sqrt{}\,\mathfrak{Sin}\, 2\pi\sqrt{}] -$$
$$- 2\pi\sqrt{}\frac{-\alpha d}{2\lambda}\sin\varepsilon_2 (\cos\varepsilon_1\sin^2 2\pi\sqrt{}\,\mathfrak{Cof}^2 2\pi\sqrt{} - \sin\varepsilon_1\sin 2\pi\sqrt{}\,\cos 2\pi\sqrt{}\,\mathfrak{Cof}\, 2\pi\sqrt{}\,\mathfrak{Sin}\, 2\pi\sqrt{} -$$
$$- \cos\varepsilon_1\sin 2\pi\sqrt{}\,\cos 2\pi\sqrt{}\,\mathfrak{Cof}\, 2\pi\sqrt{}\,\mathfrak{Sin}\, 2\pi\sqrt{} + \sin\varepsilon_1\cos^2 2\pi\sqrt{}\,\mathfrak{Sin}^2 2\pi\sqrt{}) +$$
$$+ (2\pi\sqrt{})^2 \cos\varepsilon_1 \cos\varepsilon_2 \,[\cos^2 2\pi\sqrt{}\,\mathfrak{Cof}\, 2\pi\sqrt{}\,\mathfrak{Sin}\, 2\pi\sqrt{} +$$
$$+ \sin 2\pi\sqrt{}\,\cos 2\pi\sqrt{}\,(\mathfrak{Cof}^2 2\pi\sqrt{} + \mathfrak{Sin}^2 2\pi\sqrt{}) + \sin^2 2\pi\sqrt{}\,\mathfrak{Cof}\, 2\pi\sqrt{}\,\mathfrak{Sin}\, 2\pi\sqrt{}] +$$
$$+ (2\pi\sqrt{})^2 \sin\varepsilon_1 \cos\varepsilon_2 \,[\sin 2\pi\sqrt{}\,\cos 2\pi\sqrt{}\,\mathfrak{Sin}^2 2\pi\sqrt{} +$$
$$+ (\sin^2 2\pi\sqrt{} - \cos^2 2\pi\sqrt{})\,\mathfrak{Cof}\, 2\pi\sqrt{}\,\mathfrak{Sin}\, 2\pi\sqrt{} - \sin 2\pi\sqrt{}\,\cos 2\pi\sqrt{}\,\mathfrak{Cof}^2 2\pi\sqrt{}] -$$
$$- 2\pi\sqrt{}\frac{-\alpha d}{2\lambda}\cos\varepsilon_2 (\cos\varepsilon_1\sin 2\pi\sqrt{}\,\cos 2\pi\sqrt{}\,\mathfrak{Cof}\, 2\pi\sqrt{}\,\mathfrak{Sin}\, 2\pi\sqrt{} - \sin\varepsilon_1\cos^2 2\pi\sqrt{}\,\mathfrak{Sin}^2 2\pi\sqrt{} +$$
$$+ \cos\varepsilon_1\sin^2 2\pi\sqrt{}\,\mathfrak{Cof}^2 2\pi\sqrt{} - \sin\varepsilon_1\sin 2\pi\sqrt{}\,\cos 2\pi\sqrt{}\,\mathfrak{Cof}\, 2\pi\sqrt{}\,\mathfrak{Sin}\, 2\pi\sqrt{}) +$$
$$+ 2\pi\sqrt{}\frac{-\alpha d}{2\lambda}\cos\varepsilon_1 (\sin\varepsilon_2\cos^2 2\pi\sqrt{}\,\mathfrak{Cof}^2 2\pi\sqrt{} + \sin\varepsilon_2\sin 2\pi\sqrt{}\,\cos 2\pi\sqrt{}\,\mathfrak{Cof}\, 2\pi\sqrt{}\,\mathfrak{Sin}\, 2\pi\sqrt{} -$$
$$- \cos\varepsilon_2\sin 2\pi\sqrt{}\,\cos 2\pi\sqrt{}\,\mathfrak{Cof}\, 2\pi\sqrt{}\,\mathfrak{Sin}\, 2\pi\sqrt{} - \cos\varepsilon_2\sin^2 2\pi\sqrt{}\,\mathfrak{Sin}^2 2\pi\sqrt{}) +$$
$$+ 2\pi\sqrt{}\frac{-\alpha d}{2\lambda}\sin\varepsilon_1 (\sin\varepsilon_2\sin 2\pi\sqrt{}\,\cos 2\pi\sqrt{}\,\mathfrak{Cof}\, 2\pi\sqrt{}\,\mathfrak{Sin}\, 2\pi\sqrt{} - \sin\varepsilon_2\cos^2 2\pi\sqrt{}\,\mathfrak{Cof}^2 2\pi\sqrt{} -$$
$$- \cos\varepsilon_2\sin^2 2\pi\sqrt{}\,\mathfrak{Sin}^2 2\pi\sqrt{} + \cos\varepsilon_2\sin 2\pi\sqrt{}\,\cos 2\pi\sqrt{}\,\mathfrak{Cof}\, 2\pi\sqrt{}\,\mathfrak{Sin}\, 2\pi\sqrt{}) -$$
$$- \left(\frac{\alpha d}{2\lambda}\right)^2 [\cos\varepsilon_1\sin\varepsilon_2\sin 2\pi\sqrt{}\,\cos 2\pi\sqrt{}\,\mathfrak{Cof}^2 2\pi\sqrt{} - \sin\varepsilon_1\sin\varepsilon_2\cos^2 2\pi\sqrt{}\,\mathfrak{Cof}\, 2\pi\sqrt{}\,\mathfrak{Sin}\, 2\pi\sqrt{} -$$
$$- \cos\varepsilon_1\cos\varepsilon_2 (1 - \cos^2 2\pi\sqrt{})\,\mathfrak{Cof}\, 2\pi\sqrt{}\,\mathfrak{Sin}\, 2\pi\sqrt{} +$$
$$+ \sin\varepsilon_1\cos\varepsilon_2\sin 2\pi\sqrt{}\,\cos 2\pi\sqrt{}\,(\mathfrak{Cof}^2 2\pi\sqrt{} - 1)].$$

Faßt man die Glieder mit $\sin\varepsilon$ und $\cos\varepsilon$ zusammen, so wird

$$[\cdots 1 \cdots]\cdot[\cdots 4 \cdots]=$$

$$\begin{aligned}
=\ & (2\pi\sqrt{\ })^2\sin 2\pi\sqrt{\ }\,\cos 2\pi\sqrt{\ }\,\operatorname{Cos}^2 2\pi\sqrt{\ }\,(\cos\varepsilon_1\sin\varepsilon_2-\sin\varepsilon_1\cos\varepsilon_2)-\\
& -(2\pi\sqrt{\ })^2\sin 2\pi\sqrt{\ }\,\cos 2\pi\sqrt{\ }\,\operatorname{Sin}^2 2\pi\sqrt{\ }\,(\cos\varepsilon_1\sin\varepsilon_2-\sin\varepsilon_1\cos\varepsilon_2)+\\
& +(2\pi\sqrt{\ })^2(\sin^2 2\pi\sqrt{\ }-\cos^2 2\pi\sqrt{\ })\operatorname{Cos}2\pi\sqrt{\ }\,\operatorname{Sin}2\pi\sqrt{\ }\,(\cos\varepsilon_1\sin\varepsilon_2+\sin\varepsilon_1\cos\varepsilon_2)+\\
& +(2\pi\sqrt{\ })^2\sin^2 2\pi\sqrt{\ }\,\operatorname{Cos}2\pi\sqrt{\ }\,\operatorname{Sin}2\pi\sqrt{\ }\,(\cos\varepsilon_1\cos\varepsilon_2+\sin\varepsilon_1\sin\varepsilon_2)+\\
& +(2\pi\sqrt{\ })^2\cos^2 2\pi\sqrt{\ }\,\operatorname{Cos}2\pi\sqrt{\ }\,\operatorname{Sin}2\pi\sqrt{\ }\,(\cos\varepsilon_1\cos\varepsilon_2+\sin\varepsilon_1\sin\varepsilon_2)+\\
& +(2\pi\sqrt{\ })^2\sin 2\pi\sqrt{\ }\,\cos 2\pi\sqrt{\ }(\operatorname{Cos}^2 2\pi\sqrt{\ }+\operatorname{Sin}^2 2\pi\sqrt{\ })(\cos\varepsilon_1\cos\varepsilon_2-\sin\varepsilon_1\sin\varepsilon_2)+\\
& +2\cdot 2\pi\sqrt{\ }\,\frac{\alpha d}{2\lambda}\cos\varepsilon_1\sin\varepsilon_2\sin 2\pi\sqrt{\ }\,\cos 2\pi\sqrt{\ }\,\operatorname{Cos}2\pi\sqrt{\ }\,\operatorname{Sin}2\pi\sqrt{\ }+\\
& +2\cdot 2\pi\sqrt{\ }\,\frac{\alpha d}{2\lambda}\sin\varepsilon_1\sin\varepsilon_2\sin 2\pi\sqrt{\ }\,\cos 2\pi\sqrt{\ }\,\operatorname{Cos}2\pi\sqrt{\ }\,\operatorname{Sin}2\pi\sqrt{\ }-\\
& -2\cdot 2\pi\sqrt{\ }\,\frac{\alpha d}{2\lambda}\cos\varepsilon_1\cos\varepsilon_2\sin 2\pi\sqrt{\ }\,\cos 2\pi\sqrt{\ }\,\operatorname{Cos}2\pi\sqrt{\ }\,\operatorname{Sin}2\pi\sqrt{\ }+\\
& +2\cdot 2\pi\sqrt{\ }\,\frac{\alpha d}{2\lambda}\sin\varepsilon_1\cos\varepsilon_2\sin 2\pi\sqrt{\ }\,\cos 2\pi\sqrt{\ }\,\operatorname{Cos}2\pi\sqrt{\ }\,\operatorname{Sin}2\pi\sqrt{\ }-\\
& -2\pi\sqrt{\ }\,\frac{\alpha d}{2\lambda}\cos\varepsilon_1\sin\varepsilon_2\operatorname{Cos}^2 2\pi\sqrt{\ }\,(\sin^2 2\pi\sqrt{\ }-\cos^2 2\pi\sqrt{\ })-\\
& -2\pi\sqrt{\ }\,\frac{\alpha d}{2\lambda}\sin\varepsilon_1\cos\varepsilon_2\operatorname{Sin}^2 2\pi\sqrt{\ }\,(\sin^2 2\pi\sqrt{\ }-\cos^2 2\pi\sqrt{\ })-\\
& -2\pi\sqrt{\ }\,\frac{\alpha d}{2\lambda}\sin\varepsilon_1\sin\varepsilon_2\cos^2 2\pi\sqrt{\ }\,(\operatorname{Cos}^2 2\pi\sqrt{\ }+\operatorname{Sin}^2 2\pi\sqrt{\ })-\\
& -2\pi\sqrt{\ }\,\frac{\alpha d}{2\lambda}\cos\varepsilon_1\cos\varepsilon_2\sin^2 2\pi\sqrt{\ }\,(\operatorname{Cos}^2 2\pi\sqrt{\ }+\operatorname{Sin}^2 2\pi\sqrt{\ })-\\
& -\left(\frac{\alpha d}{2\lambda}\right)^2\sin 2\pi\sqrt{\ }\,\cos 2\pi\sqrt{\ }\,\operatorname{Cos}^2 2\pi\sqrt{\ }\,(\cos\varepsilon_1\sin\varepsilon_2+\sin\varepsilon_1\cos\varepsilon_2)+\\
& +\left(\frac{\alpha d}{2\lambda}\right)^2\sin\varepsilon_1\cos\varepsilon_2\sin 2\pi\sqrt{\ }\,\cos 2\pi\sqrt{\ }-\\
& -\left(\frac{\alpha d}{2\lambda}\right)^2\cos^2 2\pi\sqrt{\ }\,\operatorname{Cos}2\pi\sqrt{\ }\,\operatorname{Sin}2\pi\sqrt{\ }\,(\cos\varepsilon_1\cos\varepsilon_2-\sin\varepsilon_1\sin\varepsilon_2)+\\
& +\left(\frac{\alpha d}{2\lambda}\right)^2\cos\varepsilon_1\cos\varepsilon_2\operatorname{Cos}2\pi\sqrt{\ }\,\operatorname{Sin}2\pi\sqrt{\ }
\end{aligned}$$

und bei Beachtung der Additionstheoreme

$$[\cdots 1 \cdots]\cdot[\cdots 4 \cdots]=$$

$$\begin{aligned}
=\ & (2\pi\sqrt{\ })^2\sin 2\pi\sqrt{\ }\,\cos 2\pi\sqrt{\ }\,\operatorname{Cos}^2 2\pi\sqrt{\ }\,\sin(\varepsilon_2-\varepsilon_1)-\\
& -(2\pi\sqrt{\ })^2\sin 2\pi\sqrt{\ }\,\cos 2\pi\sqrt{\ }\,\operatorname{Sin}^2 2\pi\sqrt{\ }\,\sin(\varepsilon_2-\varepsilon_1)+\\
& +(2\pi\sqrt{\ })^2(\sin^2 2\pi\sqrt{\ }-\cos^2 2\pi\sqrt{\ })\operatorname{Cos}2\pi\sqrt{\ }\,\operatorname{Sin}2\pi\sqrt{\ }\,\sin(\varepsilon_2+\varepsilon_1)+\\
& +(2\pi\sqrt{\ })^2\sin^2 2\pi\sqrt{\ }\,\operatorname{Cos}2\pi\sqrt{\ }\,\operatorname{Sin}2\pi\sqrt{\ }\,\cos(\varepsilon_2-\varepsilon_1)+\\
& +(2\pi\sqrt{\ })^2\cos^2 2\pi\sqrt{\ }\,\operatorname{Cos}2\pi\sqrt{\ }\,\operatorname{Sin}2\pi\sqrt{\ }\,\cos(\varepsilon_2-\varepsilon_1)+\\
& +(2\pi\sqrt{\ })^2\sin 2\pi\sqrt{\ }\,\cos 2\pi\sqrt{\ }(\operatorname{Cos}^2 2\pi\sqrt{\ }+\operatorname{Sin}^2 2\pi\sqrt{\ })\cos(\varepsilon_2+\varepsilon_1)+\\
& +2\cdot 2\pi\sqrt{\ }\,\frac{\alpha d}{2\lambda}\cos\varepsilon_1\sin\varepsilon_2\sin 2\pi\sqrt{\ }\,\cos 2\pi\sqrt{\ }\,\operatorname{Cos}2\pi\sqrt{\ }\,\operatorname{Sin}2\pi\sqrt{\ }+\\
& +2\cdot 2\pi\sqrt{\ }\,\frac{\alpha d}{2\lambda}\sin\varepsilon_1\sin\varepsilon_2\sin 2\pi\sqrt{\ }\,\cos 2\pi\sqrt{\ }\,\operatorname{Cos}2\pi\sqrt{\ }\,\operatorname{Sin}2\pi\sqrt{\ }-\\
& -2\cdot 2\pi\sqrt{\ }\,\frac{\alpha d}{2\lambda}\cos\varepsilon_1\cos\varepsilon_2\sin 2\pi\sqrt{\ }\,\cos 2\pi\sqrt{\ }\,\operatorname{Cos}2\pi\sqrt{\ }\,\operatorname{Sin}2\pi\sqrt{\ }+\\
& +2\cdot 2\pi\sqrt{\ }\,\frac{\alpha d}{2\lambda}\sin\varepsilon_1\cos\varepsilon_2\sin 2\pi\sqrt{\ }\,\cos 2\pi\sqrt{\ }\,\operatorname{Cos}2\pi\sqrt{\ }\,\operatorname{Sin}2\pi\sqrt{\ }-
\end{aligned}$$

$$-2\pi\sqrt{\tfrac{\alpha d}{2\lambda}}\cos\varepsilon_1\sin\varepsilon_2\,\mathfrak{Cof}^2 2\pi\sqrt{\ }\,(\sin^2 2\pi\sqrt{\ }-\cos^2 2\pi\sqrt{\ })-$$

$$-2\pi\sqrt{\tfrac{\alpha d}{2\lambda}}\sin\varepsilon_1\cos\varepsilon_2\,\mathfrak{Sin}^2 2\pi\sqrt{\ }\,(\sin^2 2\pi\sqrt{\ }-\cos^2 2\pi\sqrt{\ })-$$

$$-2\pi\sqrt{\tfrac{\alpha d}{2\lambda}}\sin\varepsilon_1\sin\varepsilon_2\,\cos^2 2\pi\sqrt{\ }\,(\mathfrak{Cof}^2 2\pi\sqrt{\ }+\mathfrak{Sin}^2 2\pi\sqrt{\ })-$$

$$-2\pi\sqrt{\tfrac{\alpha d}{2\lambda}}\cos\varepsilon_1\cos\varepsilon_2\,\sin^2 2\pi\sqrt{\ }\,(\mathfrak{Cof}^2 2\pi\sqrt{\ }+\mathfrak{Sin}^2 2\pi\sqrt{\ })-$$

$$-\left(\tfrac{\alpha d}{2\lambda}\right)^2\sin 2\pi\sqrt{\ }\,\cos 2\pi\sqrt{\ }\,\mathfrak{Cof}^2 2\pi\sqrt{\ }\,(\cos\varepsilon_1\sin\varepsilon_2+\sin\varepsilon_1\cos\varepsilon_2)+$$

$$+\left(\tfrac{\alpha d}{2\lambda}\right)^2\sin\varepsilon_1\cos\varepsilon_2\sin 2\pi\sqrt{\ }\,\cos 2\pi\sqrt{\ }-$$

$$-\left(\tfrac{\alpha d}{2\lambda}\right)^2\cos^2 2\pi\sqrt{\ }\,\mathfrak{Cof}\,2\pi\sqrt{\ }\,\mathfrak{Sin}\,2\pi\sqrt{\ }\,(\cos\varepsilon_1\cos\varepsilon_2-\sin\varepsilon_1\sin\varepsilon_2)+$$

$$+\left(\tfrac{\alpha d}{2\lambda}\right)^2\cos\varepsilon_1\cos\varepsilon_2\,\mathfrak{Cof}\,2\pi\sqrt{\ }\,\mathfrak{Sin}\,2\pi\sqrt{\ },$$

$$[\cdots 1\cdots]\cdot[\cdots 4\cdots]=$$

$$=(2\pi\sqrt{\ })^2\sin(\varepsilon_2-\varepsilon_1)\sin 2\pi\sqrt{\ }\,\cos 2\pi\sqrt{\ }\,(\mathfrak{Cof}^2 2\pi\sqrt{\ }-\mathfrak{Sin}^2 2\pi\sqrt{\ })-$$

$$-\tfrac12(2\pi\sqrt{\ })^2\sin(\varepsilon_2+\varepsilon_1)\cos 2\cdot 2\pi\sqrt{\ }\,\mathfrak{Sin}\,2\cdot 2\pi\sqrt{\ }+$$

$$+(2\pi\sqrt{\ })^2\cos(\varepsilon_2-\varepsilon_1)\,\mathfrak{Cof}\,2\pi\sqrt{\ }\,\mathfrak{Sin}\,2\pi\sqrt{\ }\,(\sin^2 2\pi\sqrt{\ }+\cos^2 2\pi\sqrt{\ })+$$

$$+\tfrac12(2\pi\sqrt{\ })^2\cos(\varepsilon_2+\varepsilon_1)\sin 2\cdot 2\pi\sqrt{\ }\,\mathfrak{Cof}\,2\cdot 2\pi\sqrt{\ }+$$

$$+2\cdot 2\pi\sqrt{\tfrac{\alpha d}{2\lambda}}\sin 2\pi\sqrt{\ }\,\cos 2\pi\sqrt{\ }\,\mathfrak{Cof}\,2\pi\sqrt{\ }\,\mathfrak{Sin}\,2\pi\sqrt{\ }\,(\cos\varepsilon_1\sin\varepsilon_2+\sin\varepsilon_1\cos\varepsilon_2)-$$

$$-2\cdot 2\pi\sqrt{\tfrac{\alpha d}{2\lambda}}\sin 2\pi\sqrt{\ }\,\cos 2\pi\sqrt{\ }\,\mathfrak{Cof}\,2\pi\sqrt{\ }\,\mathfrak{Sin}\,2\pi\sqrt{\ }\,(\cos\varepsilon_1\cos\varepsilon_2-\sin\varepsilon_1\sin\varepsilon_2)+$$

$$+2\pi\sqrt{\tfrac{-\alpha d}{2\lambda}}\cos\varepsilon_1\sin\varepsilon_2\cos 2\cdot 2\pi\sqrt{\ }\,\mathfrak{Cof}^2 2\pi\sqrt{\ }+2\pi\sqrt{\tfrac{-\alpha d}{2\lambda}}\sin\varepsilon_1\cos\varepsilon_2\cos 2\cdot 2\pi\sqrt{\ }\,\mathfrak{Sin}^2 2\pi\sqrt{\ }-$$

$$-2\pi\sqrt{\tfrac{-\alpha d}{2\lambda}}\sin\varepsilon_1\sin\varepsilon_2\cos^2 2\pi\sqrt{\ }\,\mathfrak{Cof}\,2\cdot 2\pi\sqrt{\ }-2\pi\sqrt{\tfrac{-\alpha d}{2\lambda}}\cos\varepsilon_1\cos\varepsilon_2\sin^2 2\pi\sqrt{\ }\,\mathfrak{Cof}\,2\cdot 2\pi\sqrt{\ }-$$

$$-\tfrac12\left(\tfrac{\alpha d}{2\lambda}\right)^2\sin(\varepsilon_2+\varepsilon_1)\sin 2\cdot 2\pi\sqrt{\ }\,\mathfrak{Cof}^2 2\pi\sqrt{\ }+\tfrac12\left(\tfrac{\alpha d}{2\lambda}\right)^2\sin\varepsilon_1\cos\varepsilon_2\sin 2\cdot 2\pi\sqrt{\ }-$$

$$-\tfrac12\left(\tfrac{\alpha d}{2\lambda}\right)^2\cos(\varepsilon_2+\varepsilon_1)\cos^2 2\pi\sqrt{\ }\,\mathfrak{Sin}\,2\cdot 2\pi\sqrt{\ }+\tfrac12\left(\tfrac{\alpha d}{2\lambda}\right)^2\cos\varepsilon_1\cos\varepsilon_2\,\mathfrak{Sin}\,2\cdot 2\pi\sqrt{\ }$$

oder nach weiterer Vereinfachung

$$[\cdots 1\cdots]\cdot[\cdots 4\cdots]=$$

$$=(2\pi\sqrt{\ })^2\sin(\varepsilon_2-\varepsilon_1)\sin 2\pi\sqrt{\ }\,\cos 2\pi\sqrt{\ }-\tfrac12(2\pi\sqrt{\ })^2\sin(\varepsilon_2+\varepsilon_1)\cos 2\cdot 2\pi\sqrt{\ }\,\mathfrak{Sin}\,2\cdot 2\pi\sqrt{\ }+$$

$$+(2\pi\sqrt{\ })^2\cos(\varepsilon_2-\varepsilon_1)\,\mathfrak{Cof}\,2\pi\sqrt{\ }\,\mathfrak{Sin}\,2\pi\sqrt{\ }+\tfrac12(2\pi\sqrt{\ })^2\cos(\varepsilon_2+\varepsilon_1)\sin 2\cdot 2\pi\sqrt{\ }\,\mathfrak{Cof}\,2\cdot 2\pi\sqrt{\ }+$$

$$+2\cdot 2\pi\sqrt{\tfrac{\alpha d}{2\lambda}\tfrac12}\sin 2\cdot 2\pi\sqrt{\ }\,\tfrac12\,\mathfrak{Sin}\,2\cdot 2\pi\sqrt{\ }\times$$

$$\times\left[\sin(\varepsilon_2+\varepsilon_1)-2\cdot 2\pi\sqrt{\tfrac{\alpha d}{2\lambda}\tfrac12}\sin 2\cdot 2\pi\sqrt{\ }\,\tfrac12\,\mathfrak{Sin}\,2\cdot 2\pi\sqrt{\ }\cos(\varepsilon_2+\varepsilon_1)\right]+$$

$$+2\pi\sqrt{\tfrac{-\alpha d}{2\lambda}}\cos\varepsilon_1\sin\varepsilon_2\cos 2\cdot 2\pi\sqrt{\ }\,\mathfrak{Cof}^2 2\pi\sqrt{\ }+2\pi\sqrt{\tfrac{-\alpha d}{2\lambda}}\sin\varepsilon_1\cos\varepsilon_2\cos 2\cdot 2\pi\sqrt{\ }\,\mathfrak{Sin}^2 2\pi\sqrt{\ }-$$

$$-2\pi\sqrt{\tfrac{-\alpha d}{2\lambda}}\sin\varepsilon_1\sin\varepsilon_2\cos^2 2\pi\sqrt{\ }\,\mathfrak{Cof}\,2\cdot 2\pi\sqrt{\ }-2\pi\sqrt{\tfrac{-\alpha d}{2\lambda}}\cos\varepsilon_1\cos\varepsilon_2\sin^2 2\pi\sqrt{\ }\,\mathfrak{Cof}\,2\cdot 2\pi\sqrt{\ }-$$

$$-\tfrac12\left(\tfrac{\alpha d}{2\lambda}\right)^2\sin(\varepsilon_2+\varepsilon_1)\sin 2\cdot 2\pi\sqrt{\ }\,\mathfrak{Cof}^2 2\pi\sqrt{\ }+\tfrac12\left(\tfrac{\alpha d}{2\lambda}\right)^2\sin\varepsilon_1\cos\varepsilon_2\sin 2\cdot 2\pi\sqrt{\ }-$$

$$-\tfrac12\left(\tfrac{\alpha d}{2\lambda}\right)^2\cos(\varepsilon_2+\varepsilon_1)\cos^2 2\pi\sqrt{\ }\,\mathfrak{Sin}\,2\cdot 2\pi\sqrt{\ }+\tfrac12\left(\tfrac{\alpha d}{2\lambda}\right)^2\cos\varepsilon_1\cos\varepsilon_2\,\mathfrak{Sin}\,2\cdot 2\pi\sqrt{\ }\qquad(73)$$

Das zweite Produkt im Nenner wird ähnlich behandelt und ergibt

$$[\cdots 2 \cdots]\cdot[\cdots 3 \cdots]=$$

$$
\begin{aligned}
= &\,(2\pi\sqrt{\ })^2\sin\varepsilon_1\cos\varepsilon_2\,[\sin 2\pi\sqrt{\ }\,\cos 2\pi\sqrt{\ }\,\mathfrak{Cof}^2 2\pi\sqrt{\ }\;+\\
&+(\sin^2 2\pi\sqrt{\ }-\cos^2 2\pi\sqrt{\ })\,\mathfrak{Cof}\,2\pi\sqrt{\ }\,\mathfrak{Sin}\,2\pi\sqrt{\ }-\sin 2\pi\sqrt{\ }\,\cos 2\pi\sqrt{\ }\,\mathfrak{Sin}^2 2\pi\sqrt{\ }]\;-\\
&-(2\pi\sqrt{\ })^2\sin\varepsilon_1\sin\varepsilon_2\,[(\cos^2 2\pi\sqrt{\ }+\sin^2 2\pi\sqrt{\ })\,\mathfrak{Cof}\,2\pi\sqrt{\ }\,\mathfrak{Sin}\,2\pi\sqrt{\ }\;+\\
&+\sin 2\pi\sqrt{\ }\,\cos 2\pi\sqrt{\ }\,(\mathfrak{Sin}^2 2\pi\sqrt{\ }+\mathfrak{Cof}^2 2\pi\sqrt{\ })]\;+\\
&+\left(\tfrac{\alpha d}{2\lambda}\right)2\pi\sqrt{\ }\,\sin\varepsilon_1(\cos\varepsilon_2\cos^2 2\pi\sqrt{\ }\,\mathfrak{Cof}^2 2\pi\sqrt{\ }+\sin\varepsilon_2\sin 2\pi\sqrt{\ }\,\cos 2\pi\sqrt{\ }\,\mathfrak{Cof}\,2\pi\sqrt{\ }\,\mathfrak{Sin}\,2\pi\sqrt{\ }+\\
&+\cos\varepsilon_2\sin 2\pi\sqrt{\ }\,\cos 2\pi\sqrt{\ }\,\mathfrak{Sin}\,2\pi\sqrt{\ }\,\mathfrak{Cof}\,2\pi\sqrt{\ }+\sin\varepsilon_2\sin^2 2\pi\sqrt{\ }\,\mathfrak{Sin}^2 2\pi\sqrt{\ })\;-\\
&-(2\pi\sqrt{\ })^2\cos\varepsilon_1\cos\varepsilon_2\,[(\sin^2 2\pi\sqrt{\ }+\cos^2 2\pi\sqrt{\ })\,\mathfrak{Cof}\,2\pi\sqrt{\ }\,\mathfrak{Sin}\,2\pi\sqrt{\ }\;-\\
&-\sin 2\pi\sqrt{\ }\,\cos 2\pi\sqrt{\ }\,(\mathfrak{Sin}^2 2\pi\sqrt{\ }+\mathfrak{Cof}^2 2\pi\sqrt{\ })]\;+\\
&+(2\pi\sqrt{\ })^2\sin\varepsilon_2\cos\varepsilon_1\,[\sin 2\pi\sqrt{\ }\,\cos 2\pi\sqrt{\ }\,(\mathfrak{Sin}^2 2\pi\sqrt{\ }-\mathfrak{Cof}^2 2\pi\sqrt{\ })\;+\\
&+(\sin^2 2\pi\sqrt{\ }-\cos^2 2\pi\sqrt{\ })\,\mathfrak{Cof}\,2\pi\sqrt{\ }\,\mathfrak{Sin}\,2\pi\sqrt{\ }]\;-\\
&-\left(\tfrac{\alpha d}{2\lambda}\right)2\pi\sqrt{\ }\,\cos\varepsilon_1(\cos\varepsilon_2\sin 2\pi\sqrt{\ }\,\cos 2\pi\sqrt{\ }\,\mathfrak{Cof}\,2\pi\sqrt{\ }\,\mathfrak{Sin}\,2\pi\sqrt{\ }+\sin\varepsilon_2\sin^2 2\pi\sqrt{\ }\,\mathfrak{Sin}^2 2\pi\sqrt{\ }-\\
&-\cos\varepsilon_2\cos^2 2\pi\sqrt{\ }\,\mathfrak{Cof}^2 2\pi\sqrt{\ }-\sin\varepsilon_2\sin 2\pi\sqrt{\ }\,\cos 2\pi\sqrt{\ }\,\mathfrak{Cof}\,2\pi\sqrt{\ }\,\mathfrak{Sin}\,2\pi\sqrt{\ })\;-\\
&-\left(\tfrac{\alpha d}{2\lambda}\right)2\pi\sqrt{\ }\,\cos\varepsilon_2(\sin\varepsilon_1\sin^2 2\pi\sqrt{\ }\,\mathfrak{Cof}^2 2\pi\sqrt{\ }-\sin\varepsilon_1\sin 2\pi\sqrt{\ }\,\cos 2\pi\sqrt{\ }\,\mathfrak{Cof}\,2\pi\sqrt{\ }\,\mathfrak{Sin}\,2\pi\sqrt{\ }+\\
&+\cos\varepsilon_1\sin 2\pi\sqrt{\ }\,\cos 2\pi\sqrt{\ }\,\mathfrak{Cof}\,2\pi\sqrt{\ }\,\mathfrak{Sin}\,2\pi\sqrt{\ }-\cos\varepsilon_1\cos^2 2\pi\sqrt{\ }\,\mathfrak{Sin}^2 2\pi\sqrt{\ })\;+\\
&+\left(\tfrac{\alpha d}{2\lambda}\right)2\pi\sqrt{\ }\,\sin\varepsilon_2(\sin\varepsilon_1\sin 2\pi\sqrt{\ }\,\cos 2\pi\sqrt{\ }\,\mathfrak{Cof}\,2\pi\sqrt{\ }\,\mathfrak{Sin}\,2\pi\sqrt{\ }+\sin\varepsilon_1\sin^2 2\pi\sqrt{\ }\,\mathfrak{Cof}^2 2\pi\sqrt{\ }+\\
&+\cos\varepsilon_1\cos^2 2\pi\sqrt{\ }\,\mathfrak{Sin}^2 2\pi\sqrt{\ }+\cos\varepsilon_1\sin 2\pi\sqrt{\ }\,\cos 2\pi\sqrt{\ }\,\mathfrak{Cof}\,2\pi\sqrt{\ }\,\mathfrak{Sin}\,2\pi\sqrt{\ })\;-\\
&-\left(\tfrac{\alpha d}{2\lambda}\right)^2(\sin\varepsilon_1\cos\varepsilon_2\sin 2\pi\sqrt{\ }\,\cos 2\pi\sqrt{\ }\,\mathfrak{Cof}^2 2\pi\sqrt{\ }+\sin\varepsilon_1\sin\varepsilon_2\sin^2 2\pi\sqrt{\ }\,\mathfrak{Cof}\,2\pi\sqrt{\ }\,\mathfrak{Sin}\,2\pi\sqrt{\ }+\\
&+\cos\varepsilon_1\cos\varepsilon_2\cos^2 2\pi\sqrt{\ }\,\mathfrak{Cof}\,2\pi\sqrt{\ }\,\mathfrak{Sin}\,2\pi\sqrt{\ }+\cos\varepsilon_1\sin\varepsilon_2\sin 2\pi\sqrt{\ }\,\cos 2\pi\sqrt{\ }\,\mathfrak{Sin}^2 2\pi\sqrt{\ })
\end{aligned}
$$

$$
\begin{aligned}
== &\,(2\pi\sqrt{\ })^2\sin 2\pi\sqrt{\ }\,\cos 2\pi\sqrt{\ }\,(\mathfrak{Cof}^2 2\pi\sqrt{\ }-\mathfrak{Sin}^2 2\pi\sqrt{\ })(\sin\varepsilon_1\cos\varepsilon_2-\sin\varepsilon_2\cos\varepsilon_1)\;-\\
&-(2\pi\sqrt{\ })^2(\cos^2 2\pi\sqrt{\ }-\sin^2 2\pi\sqrt{\ })\,\mathfrak{Cof}\,2\pi\sqrt{\ }\,\mathfrak{Sin}\,2\pi\sqrt{\ }\,(\sin\varepsilon_1\cos\varepsilon_2+\sin\varepsilon_2\cos\varepsilon_1)\;-\\
&-(2\pi\sqrt{\ })^2\,\mathfrak{Cof}\,2\pi\sqrt{\ }\,\mathfrak{Sin}\,2\pi\sqrt{\ }\,(\cos\varepsilon_1\cos\varepsilon_2+\sin\varepsilon_1\sin\varepsilon_2)\;+\\
&+\tfrac{1}{2}(2\pi\sqrt{\ })^2\sin 2\cdot 2\pi\sqrt{\ }\,\mathfrak{Cof}\,2\cdot 2\pi\sqrt{\ }\,(\cos\varepsilon_1\cos\varepsilon_2-\sin\varepsilon_1\sin\varepsilon_2)\;+\\
&+2\left(\tfrac{\alpha d}{2\lambda}\right)2\pi\sqrt{\ }\,\sin 2\pi\sqrt{\ }\,\cos 2\pi\sqrt{\ }\,\mathfrak{Cof}\,2\pi\sqrt{\ }\,\mathfrak{Sin}\,2\pi\sqrt{\ }\,(\cos\varepsilon_1\sin\varepsilon_2+\sin\varepsilon_1\cos\varepsilon_2)\;-\\
&-2\left(\tfrac{\alpha d}{2\lambda}\right)2\pi\sqrt{\ }\,\sin 2\pi\sqrt{\ }\,\cos 2\pi\sqrt{\ }\,\mathfrak{Cof}\,2\pi\sqrt{\ }\,\mathfrak{Sin}\,2\pi\sqrt{\ }\,(\cos\varepsilon_1\cos\varepsilon_2-\sin\varepsilon_1\sin\varepsilon_2)\;+\\
&+\left(\tfrac{\alpha d}{2\lambda}\right)2\pi\sqrt{\ }\,\cos\varepsilon_1\sin\varepsilon_2\,\mathfrak{Sin}^2 2\pi\sqrt{\ }\,(\cos^2 2\pi\sqrt{\ }-\sin^2 2\pi\sqrt{\ })\;+\\
&+\left(\tfrac{\alpha d}{2\lambda}\right)2\pi\sqrt{\ }\,\sin\varepsilon_1\cos\varepsilon_2\,\mathfrak{Cof}^2 2\pi\sqrt{\ }\,(\cos^2 2\pi\sqrt{\ }-\sin^2 2\pi\sqrt{\ })\;+\\
&+\left(\tfrac{\alpha d}{2\lambda}\right)2\pi\sqrt{\ }\,\sin\varepsilon_1\sin\varepsilon_2\sin^2 2\pi\sqrt{\ }\,(\mathfrak{Sin}^2 2\pi\sqrt{\ }+\mathfrak{Cof}^2 2\pi\sqrt{\ })\;+\\
&+\left(\tfrac{\alpha d}{2\lambda}\right)^2 2\pi\sqrt{\ }\,\cos\varepsilon_1\cos\varepsilon_2\cos^2 2\pi\sqrt{\ }\,(\mathfrak{Cof}^2 2\pi\sqrt{\ }+\mathfrak{Sin}^2 2\pi\sqrt{\ })\;-\\
&-\left(\tfrac{\alpha d}{2\lambda}\right)^2\sin 2\pi\sqrt{\ }\,\cos 2\pi\sqrt{\ }\,\mathfrak{Cof}^2 2\pi\sqrt{\ }\,(\cos\varepsilon_1\sin\varepsilon_2+\sin\varepsilon_1\cos\varepsilon_2)\;+\\
&+\left(\tfrac{\alpha d}{2\lambda}\right)^2\cos\varepsilon_1\sin\varepsilon_2\sin 2\pi\sqrt{\ }\,\cos 2\pi\sqrt{\ }\;-\\
&-\left(\tfrac{\alpha d}{2\lambda}\right)^2\cos^2 2\pi\sqrt{\ }\,\mathfrak{Cof}\,2\pi\sqrt{\ }\,\mathfrak{Sin}\,2\pi\sqrt{\ }\,(\cos\varepsilon_1\cos\varepsilon_2-\sin\varepsilon_1\sin\varepsilon_2)\;-\\
&-\left(\tfrac{\alpha d}{2\lambda}\right)^2\sin\varepsilon_1\sin\varepsilon_2\,\mathfrak{Cof}\,2\pi\sqrt{\ }\,\mathfrak{Sin}\,2\pi\sqrt{\ },
\end{aligned}
$$

$$[\cdots 2 \cdots] \cdot [\cdots 3 \cdots] =$$

$$= (2\pi\sqrt{\ })^2 \sin(\varepsilon_2 - \varepsilon_1)\sin 2\pi\sqrt{\ } \cos 2\pi\sqrt{\ } - \tfrac{1}{2}(2\pi\sqrt{\ })^2 \sin(\varepsilon_2 + \varepsilon_1)\cos 2 \cdot 2\pi\sqrt{\ } \ \mathfrak{Sin}\,2 \cdot 2\pi\sqrt{\ } -$$

$$- (2\pi\sqrt{\ })^2\cos(\varepsilon_2 - \varepsilon_1)\mathfrak{Cof}\,2\pi\sqrt{\ }\ \mathfrak{Sin}\,2\pi\sqrt{\ } + \tfrac{1}{2}(2\pi\sqrt{\ })^2 \cos(\varepsilon_2 + \varepsilon_1)\sin 2 \cdot 2\pi\sqrt{\ }\ \mathfrak{Cof}\,2 \cdot 2\pi\sqrt{\ } +$$

$$+ \frac{1}{2}\left(\frac{\alpha\,d}{2\lambda}\right)2\pi\sqrt{\ }\ \sin(\varepsilon_2 + \varepsilon_1)\sin 2 \cdot 2\pi\sqrt{\ }\ \mathfrak{Sin}\,2 \cdot 2\pi\sqrt{\ } -$$

$$- \frac{1}{2}\left(\frac{\alpha\,d}{2\lambda}\right)2\pi\sqrt{\ }\ \cos(\varepsilon_2 + \varepsilon_1)\sin 2 \cdot 2\pi\sqrt{\ }\ \mathfrak{Sin}\,2 \cdot 2\pi\sqrt{\ } +$$

$$+ \left(\frac{\alpha\,d}{2\lambda}\right)2\pi\sqrt{\ }\cos\varepsilon_1\sin\varepsilon_2\cos 2 \cdot 2\pi\sqrt{\ }\ \mathfrak{Sin}^2 2\pi\sqrt{\ } + \left(\frac{\alpha\,d}{2\lambda}\right)2\pi\sqrt{\ }\sin\varepsilon_1\cos\varepsilon_2\cos 2 \cdot 2\pi\sqrt{\ }\ \mathfrak{Cof}^2 2\pi\sqrt{\ } +$$

$$+ \left(\frac{\alpha d}{2\lambda}\right)2\pi\sqrt{\ }\sin\varepsilon_1\sin\varepsilon_2\sin^2 2\pi\sqrt{\ }\ \mathfrak{Cof}\,2 \cdot 2\pi\sqrt{\ } + \left(\frac{\alpha\,d}{2\lambda}\right)^2 2\pi\sqrt{\ }\cos\varepsilon_1\cos\varepsilon_2\cos^2 2\pi\sqrt{\ }\ \mathfrak{Cof}\,2 \cdot 2\pi\sqrt{\ } -$$

$$- \frac{1}{2}\left(\frac{\alpha d}{2\lambda}\right)^2\sin(\varepsilon_2 + \varepsilon_1)\sin 2 \cdot 2\pi\sqrt{\ }\ \mathfrak{Cof}^2 2\pi\sqrt{\ } + \left(\frac{\alpha d}{2\lambda}\right)^2 \cos\varepsilon_1\sin\varepsilon_2\sin 2\pi\sqrt{\ }\cos 2\pi\sqrt{\ } -$$

$$- \frac{1}{2}\left(\frac{\alpha d}{2\lambda}\right)^2 \cos(\varepsilon_2 + \varepsilon_1)\cos^2 2\pi\sqrt{\ }\ \mathfrak{Sin}\,2 \cdot 2\pi\sqrt{\ } - \left(\frac{\alpha d}{2\lambda}\right)^2 \sin\varepsilon_1\sin\varepsilon_2\mathfrak{Cof}\,2\pi\sqrt{\ }\ \mathfrak{Sin}\,2\pi\sqrt{\ }, \quad (74)$$

$$[\cdots 1 \cdots] \cdot [\cdots 4 \cdots] - [\cdots 2 \cdots] \cdot [\cdots 3 \cdots] =$$

$$= (2\pi\sqrt{\ })^2 \sin(\varepsilon_2 - \varepsilon_1)\sin 2 \cdot 2\pi\sqrt{\ } + (2\pi\sqrt{\ })^2 \cos(\varepsilon_2 - \varepsilon_1)\mathfrak{Sin}\,2 \cdot 2\pi\sqrt{\ } +$$

$$+ \left(\frac{\alpha d}{2\lambda}\right)2\pi\sqrt{\ }\cos\varepsilon_1\sin\varepsilon_2\cos 2 \cdot 2\pi\sqrt{\ }\ (\mathfrak{Cof}^2 2\pi\sqrt{\ } - \mathfrak{Sin}^2 2\pi\sqrt{\ }) -$$

$$- \left(\frac{\alpha d}{2\lambda}\right)2\pi\sqrt{\ }\sin\varepsilon_1\cos\varepsilon_2\cos 2 \cdot 2\pi\sqrt{\ }\ (\mathfrak{Cof}^2 2\pi\sqrt{\ } - \mathfrak{Sin}^2 2\pi\sqrt{\ }) -$$

$$- \left(\frac{\alpha d}{2\lambda}\right)2\pi\sqrt{\ }\sin\varepsilon_1\sin\varepsilon_2\mathfrak{Cof}\,2 \cdot 2\pi\sqrt{\ }\ (\cos^2 2\pi\sqrt{\ } + \sin^2 2\pi\sqrt{\ }) -$$

$$- \left(\frac{\alpha d}{2\lambda}\right)2\pi\sqrt{\ }\cos\varepsilon_1\cos\varepsilon_2\mathfrak{Cof}\,2 \cdot 2\pi\sqrt{\ }\ (\sin^2 2\pi\sqrt{\ } + \cos^2 2\pi\sqrt{\ }) +$$

$$+ \frac{1}{2}\left(\frac{\alpha d}{2\lambda}\right)^2 \sin 2 \cdot 2\pi\sqrt{\ }\ (\sin\varepsilon_1\cos\varepsilon_2 - \cos\varepsilon_1\sin\varepsilon_2) +$$

$$+ \frac{1}{2}\left(\frac{\alpha d}{2\lambda}\right)^2 \mathfrak{Sin}\,2 \cdot 2\pi\sqrt{\ }\ (\cos\varepsilon_1\cos\varepsilon_2 + \sin\varepsilon_1\sin\varepsilon_2) =$$

$$= (2\pi\sqrt{\ })^2 [\sin(\varepsilon_2 - \varepsilon_1)\sin 2 \cdot 2\pi\sqrt{\ } + \cos(\varepsilon_2 - \varepsilon_1)\mathfrak{Sin}\,2 \cdot 2\pi\sqrt{\ }] +$$

$$+ 2\pi\sqrt{\ }\left(\frac{\alpha d}{2\lambda}\right)\cos 2 \cdot 2\pi\sqrt{\ }\ (\cos\varepsilon_1\sin\varepsilon_2 - \sin\varepsilon_1\cos\varepsilon_2) -$$

$$- 2\pi\sqrt{\ }\left(\frac{\alpha d}{2\lambda}\right)\mathfrak{Cof}\,2 \cdot 2\pi\sqrt{\ }\ (\cos\varepsilon_1\cos\varepsilon_2 + \sin\varepsilon_1\sin\varepsilon_2) -$$

$$- \frac{1}{2}\left(\frac{\alpha d}{2\lambda}\right)^2 [\sin(\varepsilon_2 - \varepsilon_1)\sin 2 \cdot 2\pi\sqrt{\ } - \cos(\varepsilon_2 - \varepsilon_1)\mathfrak{Sin}\,2 \cdot 2\pi\sqrt{\ }]$$

oder noch weiter vereinfacht lautet der Nenner der beiden Integrationskonstanten

$$[\cdots 1 \cdots][\cdots 4 \cdots] - [\cdots 2 \cdots][\cdots 3 \cdots] =$$

$$= (2\pi\sqrt{\ })^2 [\sin(\varepsilon_2 - \varepsilon_1)\sin 2 \cdot 2\pi\sqrt{\ } + \cos(\varepsilon_2 - \varepsilon_1)\mathfrak{Sin}\,2 \cdot 2\pi\sqrt{\ }] +$$

$$+ 2\pi\sqrt{\ }\left(\frac{\alpha d}{2\lambda}\right)[\sin(\varepsilon_2 - \varepsilon_1)\cos 2 \cdot 2\pi\sqrt{\ } - \cos(\varepsilon_2 - \varepsilon_1)\mathfrak{Cof}\,2 \cdot 2\pi\sqrt{\ }] -$$

$$- \frac{1}{2}\left(\frac{\alpha d}{2\lambda}\right)^2 [\sin(\varepsilon_2 - \varepsilon_1)\sin 2 \cdot 2\pi\sqrt{\ } - \cos(\varepsilon_2 - \varepsilon_1)\mathfrak{Sin}\,2 \cdot 2\pi\sqrt{\ }]. \quad (75)$$

Die mit $\cos\varepsilon_1$ oder $\sin\varepsilon_1$ behafteten symbolischen Ausdrücke des Zählers von (71) ergeben sich zu

$$- \cos\varphi\,[\cdots 4 \cdots] + \sin\varphi\,[\cdots 2 \cdots] =$$

$$= - 2\pi\sqrt{\ }\ \cos\varphi\,\sin\varepsilon_2(\sin 2\pi\sqrt{\ }\ \mathfrak{Cof}\,2\pi\sqrt{\ } - \cos 2\pi\sqrt{\ }\ \mathfrak{Sin}\,2\pi\sqrt{\ }) -$$

$$- 2\pi\sqrt{\ }\ \cos\varphi\,\cos\varepsilon_2(\cos 2\pi\sqrt{\ }\ \mathfrak{Sin}\,2\pi\sqrt{\ } + \sin 2\pi\sqrt{\ }\ \mathfrak{Cof}\,2\pi\sqrt{\ }) -$$

$$- \frac{\alpha d}{2\lambda}\cos\varphi\,(\sin\varepsilon_2\cos 2\pi\sqrt{\ }\ \mathfrak{Cof}\,2\pi\sqrt{\ } - \cos\varepsilon_2\sin 2\pi\sqrt{\ }\ \mathfrak{Sin}\,2\pi\sqrt{\ }) +$$

$$+ 2\pi\sqrt{\ }\ \sin\varphi\,\cos\varepsilon_2(\sin 2\pi\sqrt{\ }\ \mathfrak{Cof}\,2\pi\sqrt{\ } - \cos 2\pi\sqrt{\ }\ \mathfrak{Sin}\,2\pi\sqrt{\ }) -$$

$$- 2\pi\sqrt{\ }\ \sin\varphi\,\sin\varepsilon_2(\cos 2\pi\sqrt{\ }\ \mathfrak{Sin}\,2\pi\sqrt{\ } + \sin 2\pi\sqrt{\ }\ \mathfrak{Cof}\,2\pi\sqrt{\ }) +$$

$$+ \frac{\alpha d}{2\lambda}\sin\varphi\,(\cos\varepsilon_2\cos 2\pi\sqrt{\ }\ \mathfrak{Cof}\,2\pi\sqrt{\ } - \sin\varepsilon_2\sin 2\pi\sqrt{\ }\ \mathfrak{Sin}\,2\pi\sqrt{\ })$$

oder bei Zusammenziehung der Funktionen mit ε und φ

$$-\cos\varphi\,[\cdots 4\cdots]+\sin\varphi\,[\cdots 2\cdots]=$$

$$= -2\pi\sqrt{\ }\,(\sin 2\pi\sqrt{\ }\,\mathfrak{Cof}\,2\pi\sqrt{\ }-\cos 2\pi\sqrt{\ }\,\mathfrak{Sin}\,2\pi\sqrt{\ })\,(\sin\varepsilon_2\cos\varphi-\cos\varepsilon_2\sin\varphi)-$$
$$-2\pi\sqrt{\ }\,(\cos 2\pi\sqrt{\ }\,\mathfrak{Sin}\,2\pi\sqrt{\ }+\sin 2\pi\sqrt{\ }\,\mathfrak{Cof}\,2\pi\sqrt{\ })\,(\cos\varepsilon_2\cos\varphi+\sin\varepsilon_2\sin\varphi)-$$
$$-\frac{\alpha\,d}{2\lambda}\cos 2\pi\sqrt{\ }\,\mathfrak{Cof}\,2\pi\sqrt{\ }\,(\sin\varepsilon_2\cos\varphi-\cos\varepsilon_2\sin\varphi)+$$
$$+\frac{\alpha\,d}{2\lambda}\sin 2\pi\sqrt{\ }\,\mathfrak{Sin}\,2\pi\sqrt{\ }\,(\cos\varepsilon_2\cos\varphi+\sin\varepsilon_2\sin\varphi)$$

oder bei weiterer Zusammenfassung

$$-\cos\varphi\,[\cdots 4\cdots]+\sin\varphi\,[\cdots 2\cdots]=$$

$$= -2\pi\sqrt{\ }\,(\sin 2\pi\sqrt{\ }\,\mathfrak{Cof}\,2\pi\sqrt{\ }-\cos 2\pi\sqrt{\ }\,\mathfrak{Sin}\,2\pi\sqrt{\ })\sin(\varepsilon_2-\varphi)-$$
$$-2\pi\sqrt{\ }\,(\cos 2\pi\sqrt{\ }\,\mathfrak{Sin}\,2\pi\sqrt{\ }+\sin 2\pi\sqrt{\ }\,\mathfrak{Cof}\,2\pi\sqrt{\ })\cos(\varepsilon_2-\varphi)-$$
$$-\frac{\alpha\,d}{2\lambda}\cos 2\pi\sqrt{\ }\,\mathfrak{Cof}\,2\pi\sqrt{\ }\,\sin(\varepsilon_2-\varphi)+\frac{\alpha\,d}{2\lambda}\sin 2\pi\sqrt{\ }\,\mathfrak{Sin}\,2\pi\sqrt{\ }\,\cos(\varepsilon_2-\varphi). \quad (76)$$

Für den Zähler von (72), mit dem die Integrationskonstante B bestimmt wird, erhält man

$$\sin\varphi\,[\cdots 1\cdots]-\cos\varphi\,[\cdots 3\cdots]=$$

$$= 2\pi\sqrt{\ }\,\sin\varphi\cos\varepsilon_1(\cos 2\pi\sqrt{\ }\,\mathfrak{Cof}\,2\pi\sqrt{\ }+\sin 2\pi\sqrt{\ }\,\mathfrak{Sin}\,2\pi\sqrt{\ })+$$
$$+2\pi\sqrt{\ }\,\sin\varphi\sin\varepsilon_1(\sin 2\pi\sqrt{\ }\,\mathfrak{Sin}\,2\pi\sqrt{\ }-\cos 2\pi\sqrt{\ }\,\mathfrak{Cof}\,2\pi\sqrt{\ })-$$
$$-\frac{\alpha\,d}{2\lambda}\sin\varphi(\cos\varepsilon_1\sin 2\pi\sqrt{\ }\,\mathfrak{Cof}\,2\pi\sqrt{\ }-\sin\varepsilon_1\cos 2\pi\sqrt{\ }\,\mathfrak{Sin}\,2\pi\sqrt{\ })-$$
$$-2\pi\sqrt{\ }\,\cos\varphi\sin\varepsilon_1(\cos 2\pi\sqrt{\ }\,\mathfrak{Cof}\,2\pi\sqrt{\ }+\sin 2\pi\sqrt{\ }\,\mathfrak{Sin}\,2\pi\sqrt{\ })+$$
$$+2\pi\sqrt{\ }\,\cos\varphi\cos\varepsilon_1(\sin 2\pi\sqrt{\ }\,\mathfrak{Sin}\,2\pi\sqrt{\ }-\cos 2\pi\sqrt{\ }\,\mathfrak{Cof}\,2\pi\sqrt{\ })+$$
$$+\frac{\alpha\,d}{2\lambda}\cos\varphi(\sin\varepsilon_1\sin 2\pi\sqrt{\ }\,\mathfrak{Cof}\,2\pi\sqrt{\ }+\cos\varepsilon_1\cos 2\pi\sqrt{\ }\,\mathfrak{Sin}\,2\pi\sqrt{\ }).$$

Werden die Funktionen mit ε und φ zusammengefaßt, so ergibt sich

$$\sin\varphi\,[\cdots 1\cdots]-\cos\varphi\,[\cdots 3\cdots]=$$

$$= -2\pi\sqrt{\ }\,(\cos 2\pi\sqrt{\ }\,\mathfrak{Cof}\,2\pi\sqrt{\ }+\sin 2\pi\sqrt{\ }\,\mathfrak{Sin}\,2\pi\sqrt{\ })\,(\sin\varepsilon_1\cos\varphi-\cos\varepsilon_1\sin\varphi)+$$
$$+2\pi\sqrt{\ }\,(\sin 2\pi\sqrt{\ }\,\mathfrak{Sin}\,2\pi\sqrt{\ }-\cos 2\pi\sqrt{\ }\,\mathfrak{Cof}\,2\pi\sqrt{\ })\,(\cos\varepsilon_1\cos\varphi+\sin\varepsilon_1\sin\varphi)+$$
$$+\frac{\alpha\,d}{2\lambda}\sin 2\pi\sqrt{\ }\,\mathfrak{Cof}\,2\pi\sqrt{\ }\,(\sin\varepsilon_1\cos\varphi-\cos\varepsilon_1\sin\varphi)+$$
$$+\frac{\alpha\,d}{2\lambda}\cos 2\pi\sqrt{\ }\,\mathfrak{Sin}\,2\pi\sqrt{\ }\,(\cos\varepsilon_1\cos\varphi+\sin\varepsilon_1\sin\varphi)$$

oder nach weiterer Zusammenziehung

$$\sin\varphi\,[\cdots 1\cdots]-\cos\varphi\,[\cdots 3\cdots]=$$

$$= -2\pi\sqrt{\ }\,(\cos 2\pi\sqrt{\ }\,\mathfrak{Cof}\,2\pi\sqrt{\ }+\sin 2\pi\sqrt{\ }\,\mathfrak{Sin}\,2\pi\sqrt{\ })\sin(\varepsilon_1-\varphi)+$$
$$+2\pi\sqrt{\ }\,(\sin 2\pi\sqrt{\ }\,\mathfrak{Sin}\,2\pi\sqrt{\ }-\cos 2\pi\sqrt{\ }\,\mathfrak{Cof}\,2\pi\sqrt{\ })\cos(\varepsilon_1-\varphi)+$$
$$+\frac{\alpha\,d}{2\lambda}\sin 2\pi\sqrt{\ }\,\mathfrak{Cof}\,2\pi\sqrt{\ }\,\sin(\varepsilon_1-\varphi)+\frac{\alpha\,d}{2\lambda}\cos 2\pi\sqrt{\ }\,\mathfrak{Sin}\,2\pi\sqrt{\ }\,\cos(\varepsilon_1-\varphi). \quad (77)$$

Setzt man (75) bis (77) in (71) bzw. (72) ein, so ergeben sich die Integrationskonstanten zu

$$A=-\frac{\alpha\,d}{2\lambda}\vartheta^{\max}_{L_1}\dfrac{\begin{aligned}&2\pi\sqrt{\ }(\sin 2\pi\sqrt{\ }\,\mathfrak{Cof}\,2\pi\sqrt{\ }-\cos 2\pi\sqrt{\ }\,\mathfrak{Sin}\,2\pi\sqrt{\ })\sin(\varepsilon_2-\varphi)+\\[2pt]&+2\pi\sqrt{\ }(\cos 2\pi\sqrt{\ }\,\mathfrak{Sin}\,2\pi\sqrt{\ }+\sin 2\pi\sqrt{\ }\,\mathfrak{Cof}\,2\pi\sqrt{\ })\cos(\varepsilon_2-\varphi)+\\[2pt]&+\left(\frac{\alpha\,d}{2\lambda}\right)\cos 2\pi\sqrt{\ }\,\mathfrak{Cof}\,2\pi\sqrt{\ }\,\sin(\varepsilon_2-\varphi)-\frac{\alpha\,d}{2\lambda}\sin 2\pi\sqrt{\ }\,\mathfrak{Sin}\,2\pi\sqrt{\ }\,\cos(\varepsilon_2-\varphi)\end{aligned}}{\begin{aligned}&(2\pi\sqrt{\ })^2[\sin(\varepsilon_2-\varepsilon_1)\sin 2\cdot 2\pi\sqrt{\ }+\cos(\varepsilon_2-\varepsilon_1)\,\mathfrak{Sin}\,2\cdot 2\pi\sqrt{\ }]+\\[2pt]&+2\pi\sqrt{\ }\left(\frac{\alpha\,d}{2\lambda}\right)[\sin(\varepsilon_2-\varepsilon_1)\cos 2\cdot 2\pi\sqrt{\ }-\cos(\varepsilon_2-\varepsilon_1)\,\mathfrak{Cof}\,2\cdot 2\pi\sqrt{\ }]-\\[2pt]&-\frac{1}{2}\left(\frac{\alpha\,d}{2\lambda}\right)^2[\sin(\varepsilon_2-\varepsilon_1)\sin 2\cdot 2\pi\sqrt{\ }-\cos(\varepsilon_2-\varepsilon_1)\,\mathfrak{Sin}\,2\cdot 2\pi\sqrt{\ }]\end{aligned}} \quad (78)$$

und

$$B = -\frac{\alpha d}{2\lambda}\vartheta_{L_1}^{max}\ \frac{\dfrac{2\pi\sqrt{\ }(\cos 2\pi\sqrt{\ }\,\mathfrak{Cof}\,2\pi\sqrt{\ } + \sin 2\pi\sqrt{\ }\,\mathfrak{Sin}\,2\pi\sqrt{\ })\sin(\varepsilon_1-\varphi) - \dfrac{2\pi\sqrt{\ }(\sin 2\pi\sqrt{\ }\,\mathfrak{Sin}\,2\pi\sqrt{\ } - \cos 2\pi\sqrt{\ }\,\mathfrak{Cof}\,2\pi\sqrt{\ })\cos(\varepsilon_1-\varphi)}{+2\pi\sqrt{\ }\left(\dfrac{\alpha d}{\lambda 2}\right)[\sin(\varepsilon_2-\varepsilon_1)\cos 2\cdot 2\pi\sqrt{\ } - \cos(\varepsilon_2-\varepsilon_1)\,\mathfrak{Cof}\,2\cdot 2\pi\sqrt{\ }]} - \dfrac{\alpha d}{2\lambda}\sin 2\pi\sqrt{\ }\,\mathfrak{Cof}\,2\pi\sqrt{\ }\sin(\varepsilon_1-\varphi) - \dfrac{\alpha d}{2\lambda}\cos 2\pi\sqrt{\ }\,\mathfrak{Sin}\,2\pi\sqrt{\ }\cos(\varepsilon_1-\varphi)}{(2\pi\sqrt{\ })^2[\sin(\varepsilon_2-\varepsilon_1)\sin 2\cdot 2\pi\sqrt{\ } + \cos(\varepsilon_2-\varepsilon_1)\,\mathfrak{Sin}\,2\cdot 2\pi\sqrt{\ }] - \dfrac{1}{2}\left(\dfrac{\alpha d}{2\lambda}\right)^2[\sin(\varepsilon_2-\varepsilon_1)\sin 2\cdot 2\pi\sqrt{\ } - \cos(\varepsilon_2-\varepsilon_1)\,\mathfrak{Sin}\,2\cdot 2\pi\sqrt{\ }]} \ . \tag{79}$$

Für die Randbedingung $\xi = -1$ werden im folgenden dieselben Rechenoperationen durchgeführt. Aus (66) entwickelt sich

$$A\,2\pi\sqrt{\ }\,[(\cos\omega t\cos\varepsilon_1 + \sin\omega t\sin\varepsilon_1)(\cos 2\pi\sqrt{\ }\,\mathfrak{Cof}\,2\pi\sqrt{\ } + \sin 2\pi\sqrt{\ }\,\mathfrak{Sin}\,2\pi\sqrt{\ }) -$$
$$-(\sin\omega t\cos\varepsilon_1 - \cos\omega t\sin\varepsilon_1)(\sin 2\pi\sqrt{\ }\,\mathfrak{Sin}\,2\pi\sqrt{\ } - \cos 2\pi\sqrt{\ }\,\mathfrak{Cof}\,2\pi\sqrt{\ })] +$$
$$+ B\,2\pi\sqrt{\ }\,[(\cos\omega t\cos\varepsilon_2 + \sin\omega t\sin\varepsilon_2)(\sin 2\pi\sqrt{\ }\,\mathfrak{Cof}\,2\pi\sqrt{\ } - \cos 2\pi\sqrt{\ }\,\mathfrak{Sin}\,2\pi\sqrt{\ }) +$$
$$+ (\sin\omega t\cos\varepsilon_2 - \cos\omega t\sin\varepsilon_2)(\cos 2\pi\sqrt{\ }\,\mathfrak{Sin}\,2\pi\sqrt{\ } + \sin 2\pi\sqrt{\ }\,\mathfrak{Cof}\,2\pi\sqrt{\ })] +$$
$$+ A\,\frac{\alpha d}{2\lambda}\,[(\cos\omega t\cos\varepsilon_1 + \sin\omega t\sin\varepsilon_1)(-\sin 2\pi\sqrt{\ }\,\mathfrak{Cof}\,2\pi\sqrt{\ }) -$$
$$- (\sin\omega t\cos\varepsilon_1 - \cos\omega t\sin\varepsilon_1)\cos 2\pi\sqrt{\ }\,\mathfrak{Sin}\,2\pi\sqrt{\ }] +$$
$$+ B\,\frac{\alpha d}{2\lambda}\,[(\cos\omega t\cos\varepsilon_2 + \sin\omega t\sin\varepsilon_2)\cos 2\pi\sqrt{\ }\cdot\mathfrak{Cof}\,2\pi\sqrt{\ } -$$
$$- (\sin\omega t\cos\varepsilon_2 - \cos\omega t\sin\varepsilon_2)\sin 2\pi\sqrt{\ }\,\mathfrak{Sin}\,2\pi\sqrt{\ }] - \frac{\alpha d}{2\lambda}\vartheta_{L_1}^{max}\cos\omega t \equiv 0. \tag{81}[1]$$

Bei Zusammenfassung der mit $\cos\omega t$ oder $\sin\omega t$ behafteten Glieder wird

$$\cos\omega t\left\{A\,2\pi\sqrt{\ }\cos\varepsilon_1(\cos 2\pi\sqrt{\ }\,\mathfrak{Cof}\,2\pi\sqrt{\ } + \sin 2\pi\sqrt{\ }\,\mathfrak{Sin}\,2\pi\sqrt{\ }) +\right.$$
$$+ A\,2\pi\sqrt{\ }\sin\varepsilon_1(\sin 2\pi\sqrt{\ }\,\mathfrak{Sin}\,2\pi\sqrt{\ } - \cos 2\pi\sqrt{\ }\,\mathfrak{Cof}\,2\pi\sqrt{\ }) +$$
$$+ B\,2\pi\sqrt{\ }\cos\varepsilon_2(\sin 2\pi\sqrt{\ }\,\mathfrak{Cof}\,2\pi\sqrt{\ } - \cos 2\pi\sqrt{\ }\,\mathfrak{Sin}\,2\pi\sqrt{\ }) -$$
$$- B\,2\pi\sqrt{\ }\sin\varepsilon_2(\cos 2\pi\sqrt{\ }\,\mathfrak{Sin}\,2\pi\sqrt{\ } + \sin 2\pi\sqrt{\ }\,\mathfrak{Cof}\,2\pi\sqrt{\ }) -$$
$$- A\,\frac{\alpha d}{2\lambda}\cos\varepsilon_1\sin 2\pi\sqrt{\ }\,\mathfrak{Cof}\,2\pi\sqrt{\ } + A\,\frac{\alpha d}{2\lambda}\sin\varepsilon_1\cos 2\pi\sqrt{\ }\,\mathfrak{Sin}\,2\pi\sqrt{\ } +$$
$$\left.+ B\,\frac{\alpha d}{2\lambda}\cos\varepsilon_2\cos 2\pi\sqrt{\ }\,\mathfrak{Cof}\,2\pi\sqrt{\ } + B\,\frac{\alpha d}{2\lambda}\sin\varepsilon_2\sin 2\pi\sqrt{\ }\,\mathfrak{Sin}\,2\pi\sqrt{\ } - \frac{\alpha d}{2\lambda}\vartheta_{L_1}^{max}\right\} +$$
$$+ \sin\omega t\left\{A\,2\pi\sqrt{\ }\sin\varepsilon_1(\cos 2\pi\sqrt{\ }\,\mathfrak{Cof}\,2\pi\sqrt{\ } + \sin 2\pi\sqrt{\ }\,\mathfrak{Sin}\,2\pi\sqrt{\ }) -\right.$$
$$- A\,2\pi\sqrt{\ }\cos\varepsilon_1(\sin 2\pi\sqrt{\ }\,\mathfrak{Sin}\,2\pi\sqrt{\ } - \cos 2\pi\sqrt{\ }\,\mathfrak{Cof}\,2\pi\sqrt{\ }) +$$
$$+ B\,2\pi\sqrt{\ }\sin\varepsilon_2(\sin 2\pi\sqrt{\ }\,\mathfrak{Cof}\,2\pi\sqrt{\ } - \cos 2\pi\sqrt{\ }\,\mathfrak{Sin}\,2\pi\sqrt{\ }) +$$
$$+ B\,2\pi\sqrt{\ }\cos\varepsilon_2(\cos 2\pi\sqrt{\ }\,\mathfrak{Sin}\,2\pi\sqrt{\ } + \sin 2\pi\sqrt{\ }\,\mathfrak{Cof}\,2\pi\sqrt{\ }) -$$
$$- A\,\frac{\alpha d}{2\lambda}\sin\varepsilon_1\sin 2\pi\sqrt{\ }\,\mathfrak{Cof}\,2\pi\sqrt{\ } - A\,\frac{\alpha d}{2\lambda}\cos\varepsilon_1\cos 2\pi\sqrt{\ }\,\mathfrak{Sin}\,2\pi\sqrt{\ } +$$
$$\left.+ B\,\frac{\alpha d}{2\lambda}\sin\varepsilon_2\cos 2\pi\sqrt{\ }\,\mathfrak{Cof}\,2\pi\sqrt{\ } - B\,\frac{\alpha d}{2\lambda}\cos\varepsilon_2\sin 2\pi\sqrt{\ }\,\mathfrak{Sin}\,2\pi\sqrt{\ }\right\} \equiv 0 \tag{82}$$

oder symbolisch $\qquad \cos\omega t\,\{\cdots 3\cdots\} + \sin\omega t\,\{\cdots 4\cdots\} \equiv 0.$

Soll diese Identitätsgleichung für jeden Zeitpunkt erfüllt sein, so müssen die beiden geschweiften Klammern identisch je für sich gleich null sein. Die geschweifte Klammer $\{\cdots 3\cdots\} = 0$ ergibt, wenn man A und B aussondert,

$$A\left[\,2\pi\sqrt{\ }\cos\varepsilon_1(\cos 2\pi\sqrt{\ }\,\mathfrak{Cof}\,2\pi\sqrt{\ } + \sin 2\pi\sqrt{\ }\,\mathfrak{Sin}\,2\pi\sqrt{\ }) +\right.$$
$$+ 2\pi\sqrt{\ }\sin\varepsilon_1(\sin 2\pi\sqrt{\ }\,\mathfrak{Sin}\,2\pi\sqrt{\ } - \cos 2\pi\sqrt{\ }\,\mathfrak{Cof}\,2\pi\sqrt{\ }) -$$
$$\left.- \frac{\alpha d}{2\lambda}(\cos\varepsilon_1\sin 2\pi\sqrt{\ }\,\mathfrak{Cof}\,2\pi\sqrt{\ } - \sin\varepsilon_1\cos 2\pi\sqrt{\ }\,\mathfrak{Sin}\,2\pi\sqrt{\ })\right] +$$

---

[1] Gleichung (80) ist nicht vorhanden.

$$+ B\left[2\pi\sqrt{\ }\cos\varepsilon_2(\sin 2\pi\sqrt{\ }\,\mathfrak{Cof}\,2\pi\sqrt{\ }-\cos 2\pi\sqrt{\ }\,\mathfrak{Sin}\,2\pi\sqrt{\ })-\right.$$

$$-2\pi\sqrt{\ }\sin\varepsilon_2(\cos 2\pi\sqrt{\ }\,\mathfrak{Sin}\,2\pi\sqrt{\ }+\sin 2\pi\sqrt{\ }\,\mathfrak{Cof}\,2\pi\sqrt{\ })+$$

$$\left.+\frac{\alpha d}{2\lambda}(\cos\varepsilon_2\cos 2\pi\sqrt{\ }\,\mathfrak{Cof}\,2\pi\sqrt{\ }+\sin\varepsilon_2\sin 2\pi\sqrt{\ }\,\mathfrak{Sin}\,2\pi\sqrt{\ })\right]=\frac{\alpha d}{2\lambda}\vartheta_{L_1}^{\max};\quad(83)$$

$\{\cdots 4\cdots\}=0$ liefert

$$A\left[2\pi\sqrt{\ }\sin\varepsilon_1(\cos 2\pi\sqrt{\ }\,\mathfrak{Cof}\,2\pi\sqrt{\ }+\sin 2\pi\sqrt{\ }\,\mathfrak{Sin}\,2\pi\sqrt{\ })-\right.$$

$$-2\pi\sqrt{\ }\cos\varepsilon_1(\sin 2\pi\sqrt{\ }\,\mathfrak{Sin}\,2\pi\sqrt{\ }-\cos 2\pi\sqrt{\ }\,\mathfrak{Cof}\,2\pi\sqrt{\ })-$$

$$\left.-\frac{\alpha d}{2\lambda}(\sin\varepsilon_1\sin 2\pi\sqrt{\ }\,\mathfrak{Cof}\,2\pi\sqrt{\ }+\cos\varepsilon_1\cos 2\pi\sqrt{\ }\,\mathfrak{Sin}\,2\pi\sqrt{\ })\right]+$$

$$B\left[2\pi\sqrt{\ }\sin\varepsilon_2(\sin 2\pi\sqrt{\ }\,\mathfrak{Cof}\,2\pi\sqrt{\ }-\cos 2\pi\sqrt{\ }\,\mathfrak{Sin}\,2\pi\sqrt{\ })+\right.$$

$$+2\pi\sqrt{\ }\cos\varepsilon_2(\cos 2\pi\sqrt{\ }\,\mathfrak{Sin}\,2\pi\sqrt{\ }+\sin 2\pi\sqrt{\ }\,\mathfrak{Cof}\,2\pi\sqrt{\ })+$$

$$\left.+\frac{\alpha d}{2\lambda}(\sin\varepsilon_2\cos 2\pi\sqrt{\ }\,\mathfrak{Cof}\,2\pi\sqrt{\ }-\cos\varepsilon_2\sin 2\pi\sqrt{\ }\,\mathfrak{Sin}\,2\pi\sqrt{\ })\right]=0.\qquad(84)$$

Mit der gleichen, schon hinter (70) eingefuhrten Symbolik wird

$$A[\cdots 1\cdots]+B[\cdots 2\cdots]=\frac{\alpha d}{2\lambda}\vartheta_{L_1}^{\max},$$

$$A[\cdots 3\cdots]+B[\cdots 4\cdots]=0$$

und nach A und B aufgelöst

$$A=\frac{\alpha d}{2\lambda}\vartheta_{L_1}^{\max}\;\frac{\dfrac{2\pi\sqrt{\ }\sin\varepsilon_2(\sin 2\pi\sqrt{\ }\,\mathfrak{Cof}\,2\pi\sqrt{\ }-\cos 2\pi\sqrt{\ }\,\mathfrak{Sin}\,2\pi\sqrt{\ })}{(2\pi\sqrt{\ })^2[\sin(\varepsilon_2-\varepsilon_1)\sin 2\cdot 2\pi\sqrt{\ }+\cos(\varepsilon_2-\varepsilon_1)\,\mathfrak{Sin}\,2\cdot 2\pi\sqrt{\ }]+}+}{}$$

$$\frac{+\dfrac{2\pi\sqrt{\ }\cos\varepsilon_2(\cos 2\pi\sqrt{\ }\,\mathfrak{Sin}\,2\pi\sqrt{\ }+\sin 2\pi\sqrt{\ }\,\mathfrak{Cof}\,2\pi\sqrt{\ })}{+2\pi\sqrt{\ }\left(\dfrac{\alpha d}{2\lambda}\right)[\sin(\varepsilon_2-\varepsilon_1)\cos 2\cdot 2\pi\sqrt{\ }-\cos(\varepsilon_2-\varepsilon_1)\,\mathfrak{Cof}\,2\cdot 2\pi\sqrt{\ }]-}+}{}$$

$$\frac{+\dfrac{\alpha d}{2\lambda}(\sin\varepsilon_2\cos 2\pi\sqrt{\ }\,\mathfrak{Cof}\,2\pi\sqrt{\ }-\cos\varepsilon_2\sin 2\pi\sqrt{\ }\,\mathfrak{Sin}\,2\pi\sqrt{\ })}{-\dfrac{1}{2}\left(\dfrac{\alpha d}{2\lambda}\right)^2[\sin(\varepsilon_2-\varepsilon_1)\sin 2\cdot 2\pi\sqrt{\ }-\cos(\varepsilon_2-\varepsilon_1)\,\mathfrak{Sin}\,2\cdot 2\pi\sqrt{\ }]}}{}\qquad(85)$$

$$B=-\frac{\alpha d}{2\lambda}\vartheta_{L_1}^{\max}\;\frac{\dfrac{2\pi\sqrt{\ }\sin\varepsilon_1(\cos 2\pi\sqrt{\ }\,\mathfrak{Cof}\,2\pi\sqrt{\ }+\sin 2\pi\sqrt{\ }\,\mathfrak{Sin}\,2\pi\sqrt{\ })}{(2\pi\sqrt{\ })^2[\sin(\varepsilon_2-\varepsilon_1)\sin 2\cdot 2\pi\sqrt{\ }+\cos(\varepsilon_2-\varepsilon_1)\,\mathfrak{Sin}\,2\cdot 2\pi\sqrt{\ }]+}-}{}$$

$$\frac{-\dfrac{2\pi\sqrt{\ }\cos\varepsilon_1(\sin 2\pi\sqrt{\ }\,\mathfrak{Sin}\,2\pi\sqrt{\ }-\cos 2\pi\sqrt{\ }\,\mathfrak{Cof}\,2\pi\sqrt{\ })}{+2\pi\sqrt{\ }\left(\dfrac{\alpha d}{2\lambda}\right)[\sin(\varepsilon_2-\varepsilon_1)\cos 2\cdot 2\pi\sqrt{\ }-\cos(\varepsilon_2-\varepsilon_1)\,\mathfrak{Cof}\,2\cdot 2\pi\sqrt{\ }]-}-}{}$$

$$\frac{-\dfrac{\alpha d}{2\lambda}(\sin\varepsilon_1\sin 2\pi\sqrt{\ }\,\mathfrak{Cof}\,2\pi\sqrt{\ }+\cos\varepsilon_1\cos 2\pi\sqrt{\ }\,\mathfrak{Sin}\,2\pi\sqrt{\ })}{-\dfrac{1}{2}\left(\dfrac{\alpha d}{2\lambda}\right)^2[\sin(\varepsilon_2-\varepsilon_1)\sin 2\cdot 2\pi\sqrt{\ }-\cos(\varepsilon_2-\varepsilon_1)\,\mathfrak{Sin}\,2\cdot 2\pi\sqrt{\ }]}}{}\qquad(86)$$

A und B sind einmal durch (78) und (79), zum anderen durch (85) und (86) gegeben. Setzt man die Ausdrücke für A und B je fur sich gleich, so ergibt sich aus A

$$-\vartheta_{L_1}^{\max}\left[2\pi\sqrt{\ }(\sin 2\pi\sqrt{\ }\,\mathfrak{Cof}\,2\pi\sqrt{\ }-\cos 2\pi\sqrt{\ }\,\mathfrak{Sin}\,2\pi\sqrt{\ })\sin(\varepsilon_2-\varphi)+\right.$$

$$+2\pi\sqrt{\ }(\cos 2\pi\sqrt{\ }\,\mathfrak{Sin}\,2\pi\sqrt{\ }+\sin 2\pi\sqrt{\ }\,\mathfrak{Cof}\,2\pi\sqrt{\ })\cos(\varepsilon_2-\varphi)+$$

$$\left.+\frac{\alpha d}{2\lambda}\cos 2\pi\sqrt{\ }\,\mathfrak{Cof}\,2\pi\sqrt{\ }\sin(\varepsilon_2-\varphi)-\frac{\alpha d}{2\lambda}\sin 2\pi\sqrt{\ }\,\mathfrak{Sin}\,2\pi\sqrt{\ }\cos(\varepsilon_2-\varphi)\right]=$$

$$=\vartheta_{L_1}^{\max}\left[2\pi\sqrt{\ }\sin\varepsilon_2(\sin 2\pi\sqrt{\ }\,\mathfrak{Cof}\,2\pi\sqrt{\ }-\cos 2\pi\sqrt{\ }\,\mathfrak{Sin}\,2\pi\sqrt{\ })+\right.$$

$$+2\pi\sqrt{\ }\cos\varepsilon_2(\cos 2\pi\sqrt{\ }\,\mathfrak{Sin}\,2\pi\sqrt{\ }+\sin 2\pi\sqrt{\ }\,\mathfrak{Cof}\,2\pi\sqrt{\ })+$$

$$\left.+\frac{\alpha d}{2\lambda}(\sin\varepsilon_2\cos 2\pi\sqrt{\ }\,\mathfrak{Cof}\,2\pi\sqrt{\ }-\cos\varepsilon_2\sin 2\pi\sqrt{\ }\,\mathfrak{Sin}\,2\pi\sqrt{\ })\right]=0.$$

Zieht man $\sin \varepsilon_2$ bzw. $\cos \varepsilon_2$ heraus, so wird

$$\sin \varepsilon_2 \Big[2\pi \sqrt{\ } (\sin 2\pi \sqrt{\ } \, \mathfrak{Cof}\, 2\pi \sqrt{\ } - \cos 2\pi \sqrt{\ } \, \mathfrak{Sin}\, 2\pi \sqrt{\ })(-\vartheta_{L_1}^{\max} \cos\varphi - \vartheta_{L_2}^{\max}) -$$
$$- 2\pi \sqrt{\ } \, \vartheta_{L_1}^{\max} (\cos 2\pi \sqrt{\ } \, \mathfrak{Sin}\, 2\pi \sqrt{\ } + \sin 2\pi \sqrt{\ } \, \mathfrak{Cof}\, 2\pi \sqrt{\ })\sin\varphi +$$
$$+ \frac{\alpha d}{2\lambda} \cos 2\pi \sqrt{\ } \, \mathfrak{Cof}\, 2\pi \sqrt{\ } (-\vartheta_{L_1}^{\max}\cos\varphi - \vartheta_{L_2}^{\max}) + \frac{\alpha d}{2\lambda} \vartheta_{L_1}^{\max} \sin 2\pi \sqrt{\ } \, \mathfrak{Sin}\, 2\pi \sqrt{\ } \sin\varphi \Big] =$$
$$= \cos \varepsilon_2 \Big[- 2\pi \sqrt{\ } \, \vartheta_{L_1}^{\max}(\sin 2\pi \sqrt{\ } \, \mathfrak{Cof}\, 2\pi \sqrt{\ } - \cos 2\pi \sqrt{\ } \, \mathfrak{Sin}\, 2\pi \sqrt{\ })\sin\varphi +$$
$$+ 2\pi \sqrt{\ } (\vartheta_{L_1}^{\max}\cos\varphi + \vartheta_{L_2}^{\max})(\cos 2\pi \sqrt{\ } \, \mathfrak{Sin}\, 2\pi \sqrt{\ } + \sin 2\pi \sqrt{\ } \, \mathfrak{Cof}\, 2\pi \sqrt{\ }) -$$
$$- \frac{\alpha d}{2\lambda} \vartheta_{L_1}^{\max} \sin\varphi \cos 2\pi \sqrt{\ } \, \mathfrak{Cof}\, 2\pi \sqrt{\ } - \frac{\alpha d}{2\lambda}(\vartheta_{L_1}^{\max}\cos\varphi + \vartheta_{L_2}^{\max})\sin 2\pi \sqrt{\ } \, \mathfrak{Sin}\, 2\pi \sqrt{\ } \Big]$$

und bei Division der rechten durch die linke Seite der Gleichung

$$\mathrm{tang}\,\varepsilon_2 = - \frac{-2\pi \sqrt{\ } \, \vartheta_{L_1}^{\max} \sin\varphi(\sin 2\pi \sqrt{\ } \, \mathfrak{Cof}\, 2\pi \sqrt{\ } - \cos 2\pi \sqrt{\ } \, \mathfrak{Sin}\, 2\pi \sqrt{\ }) + \ldots}{2\pi \sqrt{\ }(\vartheta_{L_1}^{\max}\cos\varphi + \vartheta_{L_2}^{\max})(\sin 2\pi \sqrt{\ } \, \mathfrak{Cof}\, 2\pi \sqrt{\ } - \cos 2\pi \sqrt{\ } \, \mathfrak{Sin}\, 2\pi \sqrt{\ }) + \ldots}$$

$$\frac{+ 2\pi \sqrt{\ }(\vartheta_{L_1}^{\max}\cos\varphi + \vartheta_{L_2}^{\max})(\cos 2\pi \sqrt{\ } \, \mathfrak{Sin}\, 2\pi \sqrt{\ } + \sin 2\pi \sqrt{\ } \, \mathfrak{Cof}\, 2\pi \sqrt{\ }) -}{+ \quad 2\pi \sqrt{\ } \, \vartheta_{L_1}^{\max} \sin\varphi(\cos 2\pi \sqrt{\ } \, \mathfrak{Sin}\, 2\pi \sqrt{\ } + \sin 2\pi \sqrt{\ } \, \mathfrak{Cof}\, 2\pi \sqrt{\ }) \quad +}$$

$$\frac{- \frac{\alpha d}{2\lambda} \vartheta_{L_1}^{\max}\sin\varphi\cos 2\pi \sqrt{\ } \, \mathfrak{Cof}\, 2\pi \sqrt{\ } - \frac{\alpha d}{2\lambda}(\vartheta_{L_1}^{\max}\cos\varphi + \vartheta_{L_2}^{\max})\sin 2\pi \sqrt{\ } \, \mathfrak{Sin}\, 2\pi \sqrt{\ }}{+ \frac{\alpha d}{2\lambda}(\vartheta_{L_1}^{\max}\cos\varphi + \vartheta_{L_2}^{\max})\cos 2\pi \sqrt{\ } \, \mathfrak{Cof}\, 2\pi \sqrt{\ } - \frac{\alpha d}{2\lambda} \vartheta_{L_1}^{\max}\sin\varphi\sin 2\pi \sqrt{\ } \, \mathfrak{Sin}\, 2\pi \sqrt{\ }}$$

oder bei Einführung von

$$Q_2 = \frac{\vartheta_{L_1}^{\max} \sin\varphi}{\vartheta_{L_1}^{\max}\cos\varphi + \vartheta_{L_2}^{\max}} = \frac{\sin\varphi}{\cos\varphi + \dfrac{\vartheta_{L_2}^{\max}}{\vartheta_{L_1}^{\max}}}$$

$$\mathrm{tang}\,\varepsilon_2 = \frac{2\pi \sqrt{\ }[Q_2(\sin 2\pi \sqrt{\ } \, \mathfrak{Cof}\, 2\pi \sqrt{\ } - \cos 2\pi \sqrt{\ } \, \mathfrak{Sin}\, 2\pi \sqrt{\ }) -}{2\pi \sqrt{\ }[(\sin 2\pi \sqrt{\ } \, \mathfrak{Cof}\, 2\pi \sqrt{\ } - \cos 2\pi \sqrt{\ } \, \mathfrak{Sin}\, 2\pi \sqrt{\ }) +}$$

$$\frac{- (\cos 2\pi \sqrt{\ } \, \mathfrak{Sin}\, 2\pi \sqrt{\ } + \sin 2\pi \sqrt{\ } \, \mathfrak{Cof}\, 2\pi \sqrt{\ })] + \frac{\alpha d}{2\lambda}(Q_2 \cos 2\pi \sqrt{\ } \, \mathfrak{Cof}\, 2\pi \sqrt{\ } + \sin 2\pi \sqrt{\ } \, \mathfrak{Sin}\, 2\pi \sqrt{\ })}{+ Q_2(\cos 2\pi \sqrt{\ } \, \mathfrak{Sin}\, 2\pi \sqrt{\ } + \sin 2\pi \sqrt{\ } \, \mathfrak{Cof}\, 2\pi \sqrt{\ })] + \frac{\alpha d}{2\lambda}(\cos 2\pi \sqrt{\ } \, \mathfrak{Cof}\, 2\pi \sqrt{\ } - Q_2 \sin 2\pi \sqrt{\ } \, \mathfrak{Sin}\, 2\pi \sqrt{\ })}$$

und daraus

$$\varepsilon_2 = \mathrm{arctang} \frac{2\pi \sqrt{\ }[Q_2(\sin 2\pi \sqrt{\ } \, \mathfrak{Cof}\, 2\pi \sqrt{\ } - \cos 2\pi \sqrt{\ } \, \mathfrak{Sin}\, 2\pi \sqrt{\ }) -}{2\pi \sqrt{\ }[(\sin 2\pi \sqrt{\ } \, \mathfrak{Cof}\, 2\pi \sqrt{\ } - \cos 2\pi \sqrt{\ } \, \mathfrak{Sin}\, 2\pi \sqrt{\ }) +}$$

$$\frac{- \cos 2\pi \sqrt{\ } \, \mathfrak{Sin}\, 2\pi \sqrt{\ } + \sin 2\pi \sqrt{\ } \, \mathfrak{Cof}\, 2\pi \sqrt{\ }] + \frac{\alpha d}{2\lambda} Q_2 \cos 2\pi \sqrt{\ } \, \mathfrak{Cof}\, 2\pi \sqrt{\ } + \sin 2\pi \sqrt{\ } \, \mathfrak{Sin}\, 2\pi \sqrt{\ }}{+ Q_2(\cos 2\pi \sqrt{\ } \, \mathfrak{Sin}\, 2\pi \sqrt{\ } + \sin 2\pi \sqrt{\ } \, \mathfrak{Cof}\, 2\pi \sqrt{\ })] + \frac{\alpha d}{2\lambda}(\cos 2\pi \sqrt{\ } \, \mathfrak{Cof}\, 2\pi \sqrt{\ } - Q_2 \sin 2\pi \sqrt{\ } \, \mathfrak{Sin}\, 2\pi \sqrt{\ })} . \tag{87}$$

Aus B folgt entsprechend

$$- \vartheta_{L_1}^{\max} \Big[2\pi \sqrt{\ }(\sin\varepsilon_1 \cos\varphi - \cos\varepsilon_1 \sin\varphi)(\cos 2\pi \sqrt{\ } \, \mathfrak{Cof}\, 2\pi \sqrt{\ } + \sin 2\pi \sqrt{\ } \, \mathfrak{Sin}\, 2\pi \sqrt{\ }) -$$
$$- 2\pi \sqrt{\ }(\cos\varepsilon_1 \cos\varphi + \sin\varepsilon_1 \sin\varphi)(\sin 2\pi \sqrt{\ } \, \mathfrak{Sin}\, 2\pi \sqrt{\ } - \cos 2\pi \sqrt{\ } \, \mathfrak{Cof}\, 2\pi \sqrt{\ }) -$$
$$- \frac{\alpha d}{2\lambda}(\sin\varepsilon_1 \cos\varphi - \cos\varepsilon_1 \sin\varphi)\sin 2\pi \sqrt{\ } \, \mathfrak{Cof}\, 2\pi \sqrt{\ } -$$
$$- \frac{\alpha d}{2\lambda}(\cos\varepsilon_1 \cos\varphi + \sin\varepsilon_1 \sin\varphi)\cos 2\pi \sqrt{\ } \, \mathfrak{Sin}\, 2\pi \sqrt{\ } \Big] =$$
$$= - \vartheta_{L_2}^{\max} \Big[2\pi \sqrt{\ } \sin\varepsilon_1(\cos 2\pi \sqrt{\ } \, \mathfrak{Cof}\, 2\pi \sqrt{\ } + \sin 2\pi \sqrt{\ } \, \mathfrak{Sin}\, 2\pi \sqrt{\ }) -$$
$$- 2\pi \sqrt{\ } \cos\varepsilon_1(\sin 2\pi \sqrt{\ } \, \mathfrak{Sin}\, 2\pi \sqrt{\ } - \cos 2\pi \sqrt{\ } \, \mathfrak{Cof}\, 2\pi \sqrt{\ }) -$$
$$- \frac{\alpha d}{2\lambda}(\sin\varepsilon_1 \sin 2\pi \sqrt{\ } \, \mathfrak{Cof}\, 2\pi \sqrt{\ } + \cos\varepsilon_1 \cos 2\pi \sqrt{\ } \, \mathfrak{Sin}\, 2\pi \sqrt{\ }) \Big].$$

Zusammengefaßt und nach $\sin \varepsilon_1$ und $\cos \varepsilon_1$ geordnet ergibt sich

$$\sin \varepsilon_1 \Big[2\pi \sqrt{\ } \, (\vartheta_{L_1}^{\max} \cos\varphi - \vartheta_{L_2}^{\max})(\cos 2\pi \sqrt{\ } \, \mathfrak{Cof} \, 2\pi \sqrt{\ } + \sin 2\pi \sqrt{\ } \, \mathfrak{Sin} \, 2\pi \sqrt{\ }) -$$

$$- 2\pi \sqrt{\ } \, \vartheta_{L_1}^{\max} \sin\varphi \, (\sin 2\pi \sqrt{\ } \, \mathfrak{Sin} \, 2\pi \sqrt{\ } - \cos 2\pi \sqrt{\ } \, \mathfrak{Cof} \, 2\pi \sqrt{\ }) -$$

$$- \frac{\alpha d}{2\lambda} (\vartheta_{L_1}^{\max} \cos\varphi - \vartheta_{L_2}^{\max}) \sin 2\pi \sqrt{\ } \, \mathfrak{Cof} \, 2\pi \sqrt{\ } - \frac{\alpha d}{2\lambda} \vartheta_{L_1}^{\max} \sin\varphi \cos 2\pi \sqrt{\ } \, \mathfrak{Sin} \, 2\pi \sqrt{\ } \Big] =$$

$$= \cos \varepsilon_1 \Big[2\pi \sqrt{\ } \, \vartheta_{L_1}^{\max} \sin\varphi \, (\cos 2\pi \sqrt{\ } \, \mathfrak{Cof} \, 2\pi \sqrt{\ } + \sin 2\pi \sqrt{\ } \, \mathfrak{Sin} \, 2\pi \sqrt{\ }) +$$

$$+ 2\pi \sqrt{\ } \, (\vartheta_{L_1}^{\max} \cos\varphi - \vartheta_{L_2}^{\max})(\sin 2\pi \sqrt{\ } \, \mathfrak{Sin} \, 2\pi \sqrt{\ } - \cos 2\pi \sqrt{\ } \, \mathfrak{Cof} \, 2\pi \sqrt{\ }) -$$

$$- \frac{\alpha d}{2\lambda} \vartheta_{L_1}^{\max} \sin\varphi \sin 2\pi \sqrt{\ } \, \mathfrak{Cof} \, 2\pi \sqrt{\ } + \frac{\alpha d}{2\lambda} (\vartheta_{L_1}^{\max} \cos\varphi - \vartheta_{L_2}^{\max}) \cos 2\pi \sqrt{\ } \, \mathfrak{Sin} \, 2\pi \sqrt{\ } \Big]$$

und durch Division der beiden Seiten ineinander sowie Einführung von

$$Q_1 = \frac{\vartheta_{L_1}^{\max} \sin \varphi}{\vartheta_{L_1}^{\max} \cos \varphi - \vartheta_{L_2}^{\max}} = \frac{\sin \varphi}{\cos \varphi - \dfrac{\vartheta_{L_2}^{\max}}{\vartheta_{L_1}^{\max}}}$$

$$\operatorname{tang} \varepsilon_1 = \frac{2\pi \sqrt{\ } \, [Q_1(\cos 2\pi \sqrt{\ } \, \mathfrak{Cof} \, 2\pi \sqrt{\ } + \sin 2\pi \sqrt{\ } \, \mathfrak{Sin} \, 2\pi \sqrt{\ }) + (\sin 2\pi \sqrt{\ } \, \mathfrak{Sin} \, 2\pi \sqrt{\ } - \cos 2\pi \sqrt{\ } \, \mathfrak{Cof} \, 2\pi \sqrt{\ })] - \frac{\alpha d}{2\lambda}(Q_1 \sin 2\pi \sqrt{\ } \, \mathfrak{Cof} \, 2\pi \sqrt{\ } - \cos 2\pi \sqrt{\ } \, \mathfrak{Sin} \, 2\pi \sqrt{\ })}{2\pi \sqrt{\ } \, [(\cos 2\pi \sqrt{\ } \, \mathfrak{Cof} \, 2\pi \sqrt{\ } + \sin 2\pi \sqrt{\ } \, \mathfrak{Sin} \, 2\pi \sqrt{\ }) - Q_1(\sin 2\pi \sqrt{\ } \, \mathfrak{Sin} \, 2\pi \sqrt{\ } - \cos 2\pi \sqrt{\ } \, \mathfrak{Cof} \, 2\pi \sqrt{\ })] - \frac{\alpha d}{2\lambda}(\sin 2\pi \sqrt{\ } \, \mathfrak{Cof} \, 2\pi \sqrt{\ } + Q_1 \cos 2\pi \sqrt{\ } \, \mathfrak{Sin} \, 2\pi \sqrt{\ })}$$

oder

$$\varepsilon_1 = \operatorname{arctang} \frac{2\pi \sqrt{\ } \, [Q_1(\cos 2\pi \sqrt{\ } \, \mathfrak{Cof} \, 2\pi \sqrt{\ } + \sin 2\pi \sqrt{\ } \, \mathfrak{Sin} \, 2\pi \sqrt{\ }) + (\sin 2\pi \sqrt{\ } \, \mathfrak{Sin} \, 2\pi \sqrt{\ } - \cos 2\pi \sqrt{\ } \, \mathfrak{Cof} \, 2\pi \sqrt{\ })] - \frac{\alpha d}{2\lambda}(Q_1 \sin 2\pi \sqrt{\ } \, \mathfrak{Cof} \, 2\pi \sqrt{\ } - \cos 2\pi \sqrt{\ } \, \mathfrak{Sin} \, 2\pi \sqrt{\ })}{2\pi \sqrt{\ } \, [(\cos 2\pi \sqrt{\ } \, \mathfrak{Cof} \, 2\pi \sqrt{\ } + \sin 2\pi \sqrt{\ } \, \mathfrak{Sin} \, 2\pi \sqrt{\ }) - Q_1(\sin 2\pi \sqrt{\ } \, \mathfrak{Sin} \, 2\pi \sqrt{\ } - \cos 2\pi \sqrt{\ } \, \mathfrak{Cof} \, 2\pi \sqrt{\ })] - \frac{\alpha d}{2\lambda}(\sin 2\pi \sqrt{\ } \, \mathfrak{Cof} \, 2\pi \sqrt{\ } + Q_1 \cos 2\pi \sqrt{\ } \, \mathfrak{Sin} \, 2\pi \sqrt{\ })}. \tag{88}$$

Nach dieser umfangreichen Rechnung drängt sich der Wunsch auf, die Richtigkeit der Ergebnisse prüfen zu können. Eine mathematische Beweisführung ist zwar möglich, würde aber zu zeitraubend sein, und in ihrer völligen Wiedergabe dem Zwecke dieses Buches widersprechen. Es wird deshalb so vorgegangen, daß der Fall (IV A 3) auf denjenigen mit gleicher periodischer Erwärmung auf beiden Plattenflächen (IV A 2) zurückgeführt wird, indem

$$\vartheta_{L_1}^{\max} = \vartheta_{L_2}^{\max}$$

und

$$\varphi = 0$$

gesetzt wird. Demgemäß ergibt sich der Quotient

$$Q_1 = \frac{\sin \varphi}{\cos \varphi - \dfrac{\vartheta_{L_2}^{\max}}{\vartheta_{L_1}^{\max}}} = \frac{0}{0}.$$

Bildet man den Limes von Zähler und Nenner, so folgt

$$\lim_{\varphi \to 0} Q_1 = \frac{\cos \varphi}{- \sin \varphi} = - \infty$$

Damit vereinfacht sich dann der Ausdruck (88) für $\operatorname{tang} \varepsilon_1$

$$\operatorname{tang} \varepsilon_1 = \left. \frac{\begin{aligned}&2\pi \sqrt{\ } \left[(\cos 2\pi \sqrt{\ } \, \mathfrak{Cof} \, 2\pi \sqrt{\ } + \sin 2\pi \sqrt{\ } \, \mathfrak{Sin} \, 2\pi \sqrt{\ }) + \frac{1}{Q_1}(\sin 2\pi \sqrt{\ } \, \mathfrak{Sin} \, 2\pi \sqrt{\ } - \cos 2\pi \sqrt{\ } \, \mathfrak{Cof} \, 2\pi \sqrt{\ })\right] - \\ &\quad - \frac{\alpha d}{2\lambda}\left(\sin 2\pi \sqrt{\ } \, \mathfrak{Cof} \, 2\pi \sqrt{\ } - \frac{1}{Q_1}\cos 2\pi \sqrt{\ } \, \mathfrak{Sin} \, 2\pi \sqrt{\ }\right)\end{aligned}}{\begin{aligned}&2\pi \sqrt{\ } \left[\frac{1}{Q_1}(\cos 2\pi \sqrt{\ } \, \mathfrak{Cof} \, 2\pi \sqrt{\ } + \sin 2\pi \sqrt{\ } \, \mathfrak{Sin} \, 2\pi \sqrt{\ }) - (\sin 2\pi \sqrt{\ } \, \mathfrak{Sin} \, 2\pi \sqrt{\ } - \cos 2\pi \sqrt{\ } \, \mathfrak{Cof} \, 2\pi \sqrt{\ })\right] - \\ &\quad - \frac{\alpha d}{2\lambda}\left(\frac{1}{Q_1}(\sin 2\pi \sqrt{\ } \, \mathfrak{Cof} \, 2\pi \sqrt{\ } + \cos 2\pi \sqrt{\ } \, \mathfrak{Sin} \, 2\pi \sqrt{\ })\right)\end{aligned}} \right|_{Q_1 = -\infty}$$

$$= \frac{2\pi\sqrt{\ }\,(\cos 2\pi\sqrt{\ }\,\operatorname{Cof}2\pi\sqrt{\ }+\sin 2\pi\sqrt{\ }\,\operatorname{Sin}2\pi\sqrt{\ })-\dfrac{\alpha d}{2\lambda}\sin 2\pi\sqrt{\ }\,\operatorname{Cof}2\pi\sqrt{\ }}{-2\pi\sqrt{\ }\,(\sin 2\pi\sqrt{\ }\,\operatorname{Sin}2\pi\sqrt{\ }-\cos 2\pi\sqrt{\ }\,\operatorname{Cof}2\pi\sqrt{\ })-\dfrac{\alpha d}{2\lambda}\cos 2\pi\sqrt{\ }\,\operatorname{Sin}2\pi\sqrt{\ }}$$

$$\tan g\,\varepsilon_1=\frac{2\pi\sqrt{\ }\,(\cos 2\pi\sqrt{\ }\,\operatorname{Cof}2\pi\sqrt{\ }+\sin 2\pi\sqrt{\ }\,\operatorname{Sin}2\pi\sqrt{\ })-\dfrac{\alpha d}{2\lambda}\sin 2\pi\sqrt{\ }\,\operatorname{Cof}2\pi\sqrt{\ }}{2\pi\sqrt{\ }\,(\cos 2\pi\sqrt{\ }\,\operatorname{Cof}2\pi\sqrt{\ }-\sin 2\pi\sqrt{\ }\,\operatorname{Sin}2\pi\sqrt{\ })-\dfrac{\alpha d}{2\lambda}\cos 2\pi\sqrt{\ }\,\operatorname{Sin}2\pi\sqrt{\ }}.$$

Läßt man auch in Q_2 die Veränderliche φ der Grenze null zustreben, so e hält man

$$Q_2=\frac{\sin\varphi}{\cos\varphi+\dfrac{\delta_{L_1}^{\max}}{\vartheta_{L_1}^{\max}}}=\frac{0}{1+1}=0$$

und nach Einführung (87)

$$\tan g\,\varepsilon_2=\frac{\sin\varepsilon_2}{\cos\varepsilon_2}=\frac{-2\pi\sqrt{\ }\,(\cos 2\pi\sqrt{\ }\,\operatorname{Sin}2\pi\sqrt{\ }+\sin 2\pi\sqrt{\ }\,\operatorname{Cof}2\pi\sqrt{\ })+\dfrac{\alpha d}{2\lambda}\sin 2\pi\sqrt{\ }\,\operatorname{Sin}2\pi\sqrt{\ }}{2\pi\sqrt{\ }\,(\sin 2\pi\sqrt{\ }\,\operatorname{Cof}2\pi\sqrt{\ }-\cos 2\pi\sqrt{\ }\,\operatorname{Sin}2\pi\sqrt{\ })+\dfrac{\alpha d}{2\lambda}\cos 2\pi\sqrt{\ }\,\operatorname{Cof}2\pi\sqrt{\ }}. \quad\text{(a)}$$

Formt man nun die Gleichung so um, daß $\sin\varepsilon_2$ und $\cos\varepsilon_2$ getrennt stehen, so wird

$$\sin\varepsilon_2\left[2\pi\sqrt{\ }\,(\sin 2\pi\sqrt{\ }\,\operatorname{Cof}2\pi\sqrt{\ }-\cos 2\pi\sqrt{\ }\,\operatorname{Sin}2\pi\sqrt{\ })+\frac{\alpha d}{2\lambda}\cos 2\pi\sqrt{\ }\,\operatorname{Cof}2\pi\sqrt{\ }\right]=$$

$$=\cos\varepsilon_2\left[-2\pi\sqrt{\ }\,(\cos 2\pi\sqrt{\ }\,\operatorname{Sin}2\pi\sqrt{\ }+\sin 2\pi\sqrt{\ }\,\operatorname{Cof}2\pi\sqrt{\ })+\frac{\alpha d}{2\lambda}\sin 2\pi\sqrt{\ }\,\operatorname{Sin}2\pi\sqrt{\ }\right]$$

oder

$$\sin\varepsilon_2\left[2\pi\sqrt{\ }\,(\sin 2\pi\sqrt{\ }\,\operatorname{Cof}2\pi\sqrt{\ }-\cos 2\pi\sqrt{\ }\,\operatorname{Sin}2\pi\sqrt{\ })+\frac{\alpha d}{2\lambda}\cos 2\pi\sqrt{\ }\,\operatorname{Cof}2\pi\sqrt{\ }\right]+$$

$$+\cos\varepsilon_2\left[2\pi\sqrt{\ }\,(\cos 2\pi\sqrt{\ }\,\operatorname{Sin}2\pi\sqrt{\ }+\sin 2\pi\sqrt{\ }\,\operatorname{Cof}2\pi\sqrt{\ })-\frac{\alpha d}{2\lambda}\sin 2\pi\sqrt{\ }\,\operatorname{Sin}2\pi\sqrt{\ }\right]=0.$$

Eine weitere Umordnung ergibt

$$2\pi\sqrt{\ }\,\sin\varepsilon_2(\sin 2\pi\sqrt{\ }\,\operatorname{Cof}2\pi\sqrt{\ }-\cos 2\pi\sqrt{\ }\,\operatorname{Sin}2\pi\sqrt{\ })+$$

$$+2\pi\sqrt{\ }\,\cos\varepsilon_2(\cos 2\pi\sqrt{\ }\,\operatorname{Sin}2\pi\sqrt{\ }+\sin 2\pi\sqrt{\ }\,\operatorname{Cof}2\pi\sqrt{\ })+$$

$$+\frac{\alpha d}{2\lambda}(\sin\varepsilon_2\cos 2\pi\sqrt{\ }\,\operatorname{Cof}2\pi\sqrt{\ }-\cos\varepsilon_2\sin 2\pi\sqrt{\ }\,\operatorname{Sin}2\pi\sqrt{\ })=0.$$

Vergleicht man diesen Ausdruck mit dem Zähler von der Integrationskonstanten A der Gleichung (78), so erkennt man, daß für den hier betrachteten Fall symmetrischer Temperaturschwingungen auf die Plattenränder die beiden Ausdrücke identisch sind. Es wird also mit $\varphi=0$, wie auch die Anschauung erwarten läßt, $A=0$ und demzufolge

$$\vartheta=B\left[\cos(\omega t-\varepsilon_2)\cos 2\pi\xi\sqrt{\ }\,\operatorname{Cof}2\pi\xi\sqrt{\ }-\sin(\omega t-\varepsilon_2)\sin 2\pi\xi\sqrt{\ }\,\operatorname{Sin}2\pi\xi\sqrt{\ }\right].$$

Andererseits ergab sich aus der besonderen Betrachtung (IV A 2) Gl. (58), wenn d mit unter die Wurzel genommen wird,

$$\vartheta=2A\left[\cos(\omega t-\varepsilon)\cos 2\pi\xi\sqrt{\ }\,\operatorname{Cof}2\pi\xi\sqrt{\ }-\sin(\omega t-\varepsilon)\sin 2\pi\xi\sqrt{\ }\,\operatorname{Sin}2\pi\xi\sqrt{\ }\right].$$

Diese beiden Ergebnisse sind mit

$$\varepsilon_2=\varepsilon\quad\text{und}\quad B=2A$$

identisch gleich. Nun liefert aber (51) nach Division mit $\cos\varepsilon$, und wenn d wieder unter die Wurzel genommen wird,

$$\tan g\,\varepsilon_2=\frac{2\pi\sqrt{\ }\,(\cos 2\pi\sqrt{\ }\,\operatorname{Sin}2\pi\sqrt{\ }+\sin 2\pi\sqrt{\ }\,\operatorname{Cof}2\pi\sqrt{\ })-\dfrac{\alpha d}{2\lambda}\sin 2\pi\sqrt{\ }\,\operatorname{Sin}2\pi\sqrt{\ }}{2\pi\sqrt{\ }\,(\cos 2\pi\sqrt{\ }\,\operatorname{Sin}2\pi\sqrt{\ }-\sin 2\pi\sqrt{\ }\,\operatorname{Cof}2\pi\sqrt{\ })-\dfrac{\alpha d}{2\lambda}\cos 2\pi\sqrt{\ }\,\operatorname{Cof}2\pi\sqrt{\ }}. \quad\text{(b)}$$

Damit ist der Beweis erbracht, daß

$$\operatorname{tang} \varepsilon_2 = \operatorname{tang} \varepsilon$$

oder die Phasenverschiebung der Oberflächentemperatur gegenüber der Umgebungstemperatur

$$\varepsilon_2 = \varepsilon$$

ist. Diese Übereinstimmung ließ auch die Lösung (61) ohne weiteres erwarten, denn mit $A = 0$ kann die Phasenverschiebung ε_1 nicht in Erscheinung treten. Der noch ausstehende Beweis für $B = 2\,A$ würde mathematisch zu umständlich werden und wird daher zahlenmäßig durchgeführt.

Gewählt wird entsprechend dem Zahlenbeispiel (VII, 2), Seite 86, eine Plattenstärke $d = 3{,}0$ m. Mit den dort errechneten Hilfswerten ergibt sich

$$\operatorname{tang} \varepsilon = \frac{0{,}5008\,(0{,}9896 + 0{,}2498) - 9 \cdot 0{,}5406}{0{,}5008\,(0{,}9896 - 0{,}2498) - 9 \cdot 0{,}4573} = 1{,}1334$$

und daraus

$$\varepsilon_1 = 0{,}8479; \qquad \cos \varepsilon_1 = 0{,}6616; \qquad \sin \varepsilon_1 = 0{,}7499;$$

$$\varepsilon_2 = \varepsilon = 0{,}1937 \ \text{(Zahlenbeispiel)}; \qquad \cos \varepsilon = 0{,}9813; \qquad \sin \varepsilon = 0{,}1925;$$

$$\varepsilon_2 - \varepsilon_1 = -0{,}6542; \qquad \cos(\varepsilon_2 - \varepsilon_1) = 0{,}7936; \ \sin(\varepsilon_2 - \varepsilon_1) = -0{,}6085;$$

$$2\pi \sqrt{\frac{d^2\omega}{32\,a\,\pi^2}} = 0{,}5008; \qquad\qquad 0{,}5008^2 = 0{,}2508;$$

$$\cos 1{,}0016 = 0{,}5389; \qquad\qquad \mathfrak{Cof}\ 1{,}0016 = 1{,}5449;$$

$$\sin 1{,}0016 = 0{,}8423; \qquad\qquad \mathfrak{Sin}\ 1{,}0016 = 1{,}1776.$$

Mit $\varphi = 0$ wird

$$B = -9\,\vartheta_{L_1}^{\max}\, \frac{0{,}5008\,(0{,}9895 + 0{,}2506)\,0{,}7499 -}{0{,}2508\,(-0{,}6085 \cdot 0{,}8423 + 0{,}7936 \cdot 1{,}1776) +} \cdot$$

$$\frac{-0{,}5008\,(0{,}2506 - 0{,}9895)\,0{,}6616 - 9\,(0{,}5418 \cdot 0{,}7499 - 0{,}4578 \cdot 0{,}6616)}{+4{,}507\,(-0{,}6085 \cdot 0{,}5389 - 0{,}7936 \cdot 1{,}5449) - 40{,}5\,(-0{,}6085 \cdot 0{,}8423 - 0{,}7936 \cdot 1{,}1776)},$$

$$B = -\frac{9\,(-5{,}6721)}{51{,}7059}\,\vartheta_{L_1}^{\max} = 0{,}987\,\vartheta_{L_1}^{\max}.$$

Es soll sein $B = 2\,A$, also

$$A = \frac{B}{2} = 0{,}4935\,\vartheta_{L_1}^{\max},$$

was mit der Integrationskonstanten des Zahlenbeispiels (VII, 2) übereinstimmt.

4. Wärmetheoretische Grundgleichungen für periodische Außentemperaturschwankungen für eine Platte von unendlicher Dicke (Halbraumproblem)[1]. Der Gang der mathematischen Entwicklung ist ähnlich, jedoch weit einfacher als bei der Platte von endlicher Dicke. Unter Zugrundelegung des Bezugssystems der Abb. 26 ist die allgemeine Lösung der Differentialgleichung

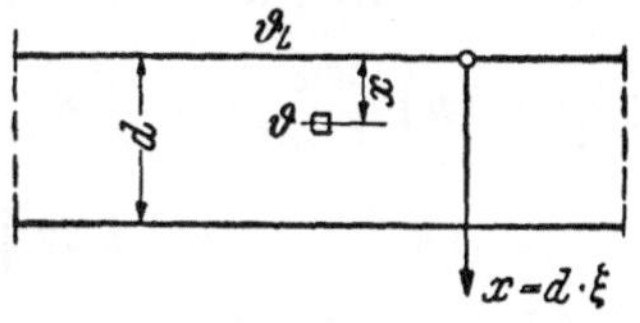

$$\overline{\vartheta}(\xi) = -\frac{a}{d^2\omega\,i}\,\frac{d^2\overline{\vartheta}}{d\xi^2} \tag{89}$$

mit

$$\overline{\vartheta}(\xi) = A\,e^{-2\pi\xi\sqrt{-\frac{d^2\omega i}{4\,a\,\pi^2}}} + B\,e^{+2\pi\xi\sqrt{-\frac{d^2\omega i}{4\,a\,\pi^2}}} \tag{90}$$

Abb. 26. Bezugssystem für das Temperaturfeld im Halbraum infolge periodischer Schwankung der Umgebungstemperatur.

dieselbe wie in (28). Da aber bei der unendlich dicken Platte die periodisch verlaufende Wärmeströmung die Gegenfläche nicht erreichen kann, so bedarf es zur Erfüllung der Randbedingungen nur des ersten Gliedes von (90), so daß

$$B = 0 \tag{91}$$

gesetzt werden kann.

---

[1] Dieses seit langem bekannte Problem wird hier nur der Vollständigkeit halber kurz mitbehandelt. Vgl. z. B. GRÖBER-ERK: Seite 73.

Mit (90) und (91) ergibt sich in ähnlichem Rechnungsgange wie im allgemeinen Falle

$$\vartheta_1(\xi, t) = A\, e^{-2\pi\xi\sqrt{\frac{d^2\omega}{8\,a\pi^2}} - i\left(\omega t - \varepsilon - 2\pi\xi\sqrt{\frac{d^2\omega}{8\,a\pi^2}}\right)} \tag{92}$$

oder unter Verwendung der Sätze von MOIVRE

$$\vartheta_1(\xi,t) = A\, e^{-2\pi\xi\sqrt{\frac{d^2\omega}{8\,a\pi^2}}}\left[\cos\left(\omega t - \varepsilon - 2\pi\xi\sqrt{\frac{d^2\omega}{8\,a\pi^2}}\right) - i\sin\left(\omega t - \varepsilon - 2\pi\xi\sqrt{\frac{d^2\omega}{8\,a\pi^2}}\right)\right]. \tag{93}$$

Durch Vertauschen von i mit $-i$ folgt hieraus eine zweite Lösung

$$\vartheta_2(\xi,t) = A\, e^{-2\pi\xi\sqrt{\frac{d^2\omega}{8\,a\pi^2}}}\left[\cos\left(\omega t - \varepsilon - 2\pi\xi\sqrt{\frac{d^2\omega}{8\,a\pi^2}}\right) + i\sin\left(\omega t - \varepsilon - 2\pi\xi\sqrt{\frac{d^2\omega}{8\,a\pi^2}}\right)\right]. \tag{94}$$

Die Überlagerung von $\tfrac{1}{2}\vartheta_1$ und $\tfrac{1}{2}\vartheta_2$ liefert die reelle Lösung

$$\vartheta(\xi, t) = \tfrac{1}{2}(\vartheta_1 + \vartheta_1) = A\, e^{-2\pi\xi\sqrt{\frac{d^2\omega}{8\,a\pi^2}}}\cos\left(\omega t - \varepsilon - 2\pi\xi\sqrt{\frac{d^2\omega}{8\,a\pi^2}}\right), \tag{95}$$

aus der sich durch Differentiation nach ξ das Temperaturgefälle

$$\frac{\partial\vartheta}{\partial\xi} = A\,2\tau\sqrt{\frac{d^2\omega}{8\,a\pi^2}}\, e^{-2\pi\xi\sqrt{\frac{d^2\omega}{8\,a\pi^2}}}\left[-\cos\left(\omega : - \varepsilon - 2\pi\xi\sqrt{\frac{d^2\omega}{8\,a\pi^2}}\right) + \sin\left(\omega\ - \varepsilon - 2\pi\xi\sqrt{\frac{d^2\omega}{8\,a\pi^2}}\right)\right] \tag{96}$$

ableitet.

Aus den Bedingungsgleichungen

$$\frac{\partial\vartheta}{\partial x} = -\frac{\alpha}{\lambda}(\vartheta_L - \vartheta) \quad \text{für} \quad x = 0$$

oder

$$\frac{\partial\vartheta}{\partial\xi} = -\frac{\alpha d}{\lambda}(\vartheta_L - \vartheta) \quad \text{für} \quad \xi = 0 \tag{97}$$

folgt nach Einsetzen der Werte für ϑ_L, ϑ und $\frac{\partial\vartheta}{\partial\xi}$ für $\xi = 0$ die Identitätsgleichung

$$\frac{\partial\vartheta}{\partial\xi_{(\xi=0)}} = A\,2\pi\sqrt{\frac{d^2\omega}{8\,a\pi^2}}\,[-\cos(\omega t - \varepsilon) + \sin(\omega t - \varepsilon)] \equiv$$

$$\equiv -\frac{\alpha d}{\lambda}\vartheta_L^{\max}\cos\omega t + A\frac{\alpha d}{\lambda}\cos(\omega t - \varepsilon), \tag{98}$$

die mit Hilfe der trigonometrischen Beziehung

$$\cos(\omega t - \varepsilon)\cos\varepsilon - \sin(\omega t - \varepsilon)\sin\varepsilon = \cos\omega t$$

auch in der durchsichtigeren Form

$$\left[A\left(\frac{\alpha d}{\lambda} + 2\pi\sqrt{\frac{d^2\omega}{8\,a\pi^2}}\right) - \frac{\alpha d}{\lambda}\vartheta_L^{\max}\cos\varepsilon\right]\cos(\omega t - \varepsilon) -$$

$$- \left[A\,2\pi\sqrt{\frac{d^2\omega}{8\,a\pi^2}} - \frac{\alpha d}{\lambda}\vartheta_L^{\max}\sin\varepsilon\right]\sin(\omega t - \varepsilon) \equiv 0 \tag{99}$$

geschrieben werden kann.

Da diese Identitätsgleichung für jeden Zeitpunkt erfüllt sein muß, so folgen daraus die beiden Bedingungsgleichungen

$$\left.\begin{aligned} A\left(\frac{\alpha d}{\lambda} + 2\pi\sqrt{\frac{d^2\omega}{8\,a\pi^2}}\right) &= \frac{\alpha d}{\lambda}\vartheta_L^{\max}\cos\varepsilon, \\ A\,2\pi\sqrt{\frac{d^2\omega}{8\,a\pi^2}} &= \frac{\alpha d}{\lambda}\vartheta_L^{\max}\sin\varepsilon. \end{aligned}\right\} \tag{100}$$

Ihre Auflösung liefert

$$\varepsilon = \operatorname{arctang}\frac{1}{1 + \frac{\alpha}{2\pi\lambda}\sqrt{\frac{8\,a\pi^2}{\omega}}} \tag{101}$$

und

$$A = \frac{\vartheta_L^{\max}}{\sqrt{1 + \frac{4\pi\lambda}{\alpha}\sqrt{\frac{\omega}{8a\pi^2}} + \frac{4\pi\lambda}{\alpha}\frac{\omega}{8a\pi^2}}} \tag{102}$$

Wird (102) in (95) eingesetzt, so folgt nach entsprechender Zusammenfassung die gesuchte Temperaturverteilung in der Form

$$\vartheta(\xi, t) = \vartheta_L^{\max} \frac{e^{-2\pi\xi\sqrt{\frac{d^2\,\omega}{8\,a\,\pi^2}}}\cos\left(\omega t - \varepsilon - 2\pi\xi\sqrt{\frac{d^2\,\omega}{8\,a\,\pi^2}}\right)}{\sqrt{1 + \frac{4\pi\lambda}{\alpha}\sqrt{\frac{\omega}{8a\pi^2}} + \frac{4\pi\lambda}{\alpha}\frac{\omega}{8a\pi^2}}} \tag{103}$$

B. Zylinder von unendlicher Längenausdehnung (linearisiertes Problem).

1. Wärmetheoretische Grundgleichungen für Ausgleichsvorgänge in Vollzylindern bei konstanter Umgebungstemperatur unter Berücksichtigung der Abbindewärme. Für den vorliegenden Fall einer achsensymmetrischen radial verlaufenden Wärmeströmung lautet die Wärmeleitungsgleichung in Polarkoordinaten

$$\frac{\partial\vartheta}{\partial t} = a\left(\frac{\partial^2\vartheta}{\partial r^2} + \frac{1}{r}\frac{\partial\vartheta}{\partial r}\right) + \frac{W}{c\gamma} \tag{104}$$

oder, wenn mit $c\gamma$ multipliziert wird,

$$c\gamma\frac{\partial\vartheta}{\partial t} = \lambda\left(\frac{\partial^2\vartheta}{\partial r^2} + \frac{1}{r}\frac{\partial\vartheta}{\partial r}\right) + W. \tag{105}$$

Hierin stellt W wieder die Wärmeentwicklung des Betons beim Abbinden dar, die sich im wärmeisolierten Raum entsprechend $\lambda = 0$ zu

$$W = c\gamma\frac{\partial\vartheta}{\partial t} \tag{106}$$

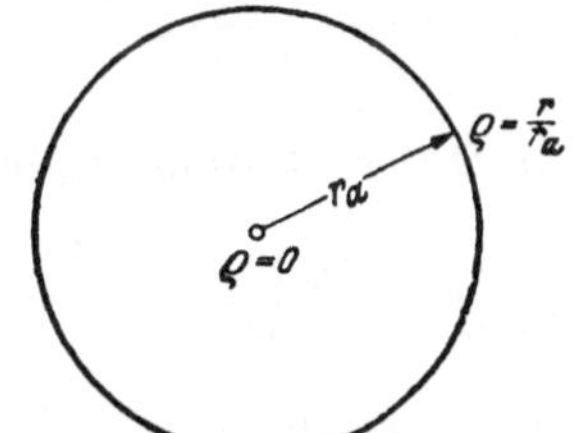

Abb 27 Bezugssystem fur das Temperaturfeld eines unendlich langen Vollzylinders, erzeugt durch Warmequelle.

ergibt. Unter Einführung des fruher bereits benutzten, aus Meßergebnissen gewonnenen Temperaturverteilungsgesetzes

$$\vartheta_{ch} = \vartheta_{ch}^{\max}\left(1 - e^{-\frac{t}{t_0}}\right). \tag{107}$$

folgt aus (106)

$$W = \frac{c\gamma}{t_0}\vartheta_{ch}^{\max}\,e^{-\frac{t}{t_0}} = W_{\max}\,e^{-\frac{t}{t_0}}. \tag{108}$$

Damit lautet die Wärmeleitungsgleichung

$$\left(\frac{\partial^2\vartheta}{\partial r^2} + \frac{1}{r}\frac{\partial\vartheta}{\partial r}\right) - \frac{1}{a}\frac{\partial\vartheta}{\partial t} + \frac{W_{\max}}{\lambda}\,e^{-\frac{t}{t_0}} = 0. \tag{109}$$

Mit den gleichen Annahmen wie im Abschnitt A, 1 gilt das vereinfachte Wärmeuberleitungsgesetz

$$\frac{\partial\vartheta}{\partial r} = -\frac{\alpha}{\lambda}\,(\vartheta - \Theta)\quad(\text{für } \vartheta = \vartheta_0 = \text{Oberflächentemperatur}). \tag{110}$$

Zur Vereinfachung der Rechnung ist es zweckmäßig, an Stelle von r die dimensionslose Veränderliche

$$\varrho = \frac{r}{r_a}$$

einzuführen, womit (109) die Form

$$\left(\frac{\partial^2\vartheta}{\partial\varrho^2} + \frac{1}{\varrho}\frac{\partial\vartheta}{\partial\varrho}\right) - \frac{r_a^2}{a}\frac{\partial\vartheta}{\partial t} + \frac{r_a^2}{\lambda}\,W_{\max}\,e^{-\frac{t}{t_0}} = 0 \tag{109a}$$

annimmt (Abb. 27).

Unter der Voraussetzung, daß $\Theta = 0°C$ beträgt, gewinnt (110) fur die Oberflächen-bedingung $\varrho = 1$ die verkürzte Form

$$\frac{\partial \vartheta}{\partial \varrho} = -\frac{r_a \alpha}{\lambda} \vartheta. \tag{110a}$$

Nach den Ergebnissen der theoretischen Warmelehre kann die allgemeine Lösung von (109a) in der Form

$$\vartheta(\varrho, t) = \frac{t_0 W_{\max}}{c\gamma} e^{-\frac{t}{t_0}} \left[-1 + A J_0\left(\varrho \sqrt{\frac{r_a^2}{a\,t_0}}\right) + B N_0\left(\varrho \sqrt{\frac{r_a^2}{a\,t_0}}\right) \right] +$$
$$+ \sum_{n=1}^{\infty} e^{-\frac{a\,t}{r_a^2} \varphi_n^2} (A_n J_0(\varphi_n \varrho) + B_n N_0(\varphi_n \varrho)] \tag{111}$$

dargestellt werden. Im Falle des hier zugrunde gelegten Vollzylinders müssen die Konstanten B und B_n gleich null gesetzt werden, da die mit N_0 bezeicheten NEUMANNschen Zylinderfunktionen fur $\varrho = 0$ unendlich groß werden.

Damit vereinfacht sich (111) zu

$$\vartheta(\varrho, t) = \frac{t_0 W_{\max}}{c\gamma} e^{-\frac{t}{t_0}} \left[-1 + A J_0\left(\varrho \sqrt{\frac{r_a^2}{a\,t_0}}\right) \right] + \sum_{n=1}^{\infty} e^{-\frac{a\,t}{r_a^2} \varphi_n^2} [A_n J_0(\varphi_n \varrho)]. \tag{112}$$

Durch Differentiation ergibt sich das Temperaturgefalle

$$\left(\frac{\partial \vartheta}{\partial \varrho}\right) = -\frac{t_0 W_{\max}}{c\gamma} e^{-\frac{t}{t_0}} A \sqrt{\frac{r_a^2}{a\,t_0}} J_1\left(\varrho \sqrt{\frac{r_a^2}{a\,t_0}}\right) - \sum_{n=1}^{\infty} e^{-\frac{a\,t}{r_a^2} \varphi_n^2} A_n \varphi_n J_1(\varphi_n \varrho). \tag{113}$$

Am Außenrande, d. h. fur $\varrho = 1$, erhält man

$$\left(\frac{\partial \vartheta}{\partial \varrho}\right)_{\varrho = 1} = -\frac{t_0 W_{\max}}{c\gamma} e^{-\frac{t}{t_0}} A \sqrt{\frac{r_a^2}{a\,t_0}} J_1\left(\sqrt{\frac{r_a^2}{a\,t_0}}\right) - \sum_{n=1}^{\infty} e^{-\frac{a\,t}{r_a^2} \varphi_n^2} A_n \varphi_n J_1(\varphi_n). \tag{114}$$

Die Einführung von (112) und (114) in (110a) liefert die Identitätsgleichung

$$-\frac{t_0 W_{\max}}{c\gamma} e^{-\frac{t}{t_0}} A \sqrt{\frac{r_a^2}{a\,t_0}} J_1\left(\sqrt{\frac{r_a^2}{a\,t_0}}\right) - \sum_{n=1}^{\infty} e^{-\frac{a\,t}{r_a^2} \varphi_n^2} A_n \varphi_n J_1(\varphi_n) \equiv$$
$$\equiv -\frac{r_a \alpha}{\lambda} \frac{t_0 W_{\max}}{c\gamma} e^{-\frac{t}{t_0}} \left[-1 + A J_0\left(\sqrt{\frac{r_a^2}{a\,t_0}}\right) \right] - \frac{r_a \alpha}{\lambda} \sum_{n=1}^{\infty} e^{-\frac{a\,t}{r_a^2} \varphi_n^2} A_n J_0(\varphi_n), \tag{115}$$

aus der durch gliedweises Vergleichen der Exponentialfunktionen das Gleichungssystem

$$A_n \varphi_n J_1(\varphi_n) = \frac{r_a \alpha}{\lambda} A_n J_0(\varphi_n),$$
$$A \sqrt{\frac{r_a^2}{a\,t_0}} J_1\left(\sqrt{\frac{r_a^2}{a\,t_0}}\right) = \frac{r_a \alpha}{\lambda} \left[-1 + A J_0\left(\sqrt{\frac{r_a^2}{a\,t_0}}\right) \right] \quad\Biggr\}\quad (n = 1, 2, 3 \ldots) \tag{116}$$

folgt. Die erste Gleichung ist eine transzendente Gleichung für φ_n, die zweite liefert unmittelbar A. Man erhalt

$$\varphi_n J_1(\varphi_n) = \frac{r_a \alpha}{\lambda} J_0(\varphi), \tag{117}$$

$$A = \frac{\dfrac{r_a \alpha}{\lambda}}{\left[\dfrac{r_a \alpha}{\lambda} J_0\left(\sqrt{\frac{r_a^2}{a\,t_0}}\right) - \sqrt{\frac{r_a^2}{a\,t_0}} J_1\left(\sqrt{\frac{r_a^2}{a\,t_0}}\right) \right]}. \tag{118}$$

Für $t = 0$ besitze der Vollzylinder nun die Übertemperatur $\vartheta = \vartheta_u$ über der Oberflächentemperatur $\vartheta_0 = 0$. In diesem Falle folgt aus (112) die Gleichung

$$\vartheta_u = \frac{t_0\,W_{\max}}{c\gamma}\left[-1 + A\,J_0\left(\varrho\,\sqrt{\frac{r_a^2}{a\,t_0}}\right)\right] + \sum_{n=1}^{\infty} A_n J_0\,(\varphi_n\,\varrho), \tag{119}$$

die als Bestimmungsgleichung für die Konstanten A_n anzusehen ist. Wie in der theoretischen Wärmelehre gezeigt wird, bildet man zur Bestimmung der A_n-Werte in völliger Analogie zur FOURIER-Analyse über der mit $J_0(\varphi_n\,\varrho)$ multiplizierten Gleichung (119) das Integral von 0 bis 1 und erhält

$$\vartheta_u \int_0^1 \varrho\,J_0\,(\varphi_n\,\varrho)\,d\varrho = \frac{t_0\,W_{\max}}{c\gamma}\int_0^1\left[-1 + A\,J_0\left(\varrho\,\sqrt{\frac{r_a^2}{a\,t_0}}\right)\right]\varrho\,J_0\,(\varphi_{\bar{n}}\,\varrho)\,d\varrho\,+$$

$$+ \sum_{n=1}^{\infty} A_n \int_0^1 \varrho\,J_0\,(\varphi_n\varrho)\,J_0\,(\varphi_n\varrho)\,d\varrho. \tag{120}$$

Das auf der linken Seite von (120) auftretende Integral läßt sich unter Heranziehung der für Zylinderfunktionen von der Ordnung O bestehenden Integralformel

$$\int \varphi_{\bar{n}}\,\varrho\,J_0(\varphi_n\,\varrho)\,d\,(\varphi_{\bar{n}}\,\varrho) = \varphi_{\bar{n}}\,\varrho\,J_1(\varphi_{\bar{n}}\,\varrho) \tag{121}$$

leicht bilden. Zunächst folgt aus (121)

$$\vartheta_u \int_0^1 \varrho\,J_0(\varphi_{\bar{n}}\,\varrho)\,d\varrho = \frac{\vartheta_a}{\varphi_{\bar{n}}^2}\,\varphi_{\bar{n}}\,J_1\,(\varphi_{\bar{n}}).$$

Wird hierin die transzendente Bestimmungsgleichung (118) berücksichtigt, die sich mit $n = \bar{n}$ in der Form

$$\varphi_{\bar{n}}\,J_1(\varphi_{\bar{n}}) = \frac{r_a\,\alpha}{\lambda}\,J_0\,(\varphi_{\bar{n}})$$

schreibt, so ergibt sich

$$\vartheta_u \int_0^1 \varrho\,J_0(\varphi_{\bar{n}}\,\varrho)\,d\varrho = \frac{\vartheta_a}{\varphi_{\bar{n}}^2}\,\frac{r_a\,\alpha}{\lambda}\,J_0\,(\varphi_{\bar{n}}). \tag{122}$$

Die rechte Seite von (120) spaltet sich gemäß

$$\frac{t_0\,W_{\max}}{c\gamma}\int_0^1\left[-1 + A\,J_0\left(\varrho\,\sqrt{\frac{r_a^2}{a\,t_0}}\right)\right]\varrho\,J_0\,(\varphi_n\,\varrho)\,d\varrho + \sum_{n=1}^{\infty} A_n \int_0^1 \varrho\,J_0(\varphi_n\,\varrho)\,J_0(\varphi_{\bar{n}}\,\varrho)\,d\varrho =$$

$$= -\frac{t_0\,W_{\max}}{c\gamma}\int_0^1 \varrho\,J_0(\varphi_{\bar{n}}\varrho)\,d\varrho + \frac{t_0\,W_{\max}}{c\gamma}A\int_0^1 \varrho\,J_0\left(\varrho\,\sqrt{\frac{r_a^2}{a\,t_0}}\right)J_0(\varphi_{\bar{n}}\,\varrho)\,d\varrho\,+$$

$$+ \sum_{n=1}^{\infty} A_n \int_0^1 \varrho\,J_0(\varphi_n\,\varrho)\,J_0(\varphi_{\bar{n}}\,\varrho)\,d\varrho \tag{123}$$

$$= -\frac{t_0\,W_{\max}}{c\gamma}\cdot I + \frac{t_0\,W_{\max}}{c\gamma}A\cdot II + \sum_{n=1}^{\infty} A_n\cdot III$$

in drei Integrale auf, die nun der Reihe nach dargestellt werden sollen. Integral I lautet entsprechend (122)

$$I = \int_0^1 \varrho\,J_0(\varphi_{\bar{n}}\,\varrho)\,d\varrho = \frac{1}{\varphi_{\bar{n}}^2}\,\frac{r_a\,\alpha}{\lambda}\,J_0\,(\varphi_{\bar{n}}) \quad \text{für}\ \ n \neq \bar{n}\,;$$

$$= \frac{1}{\varphi_n^2}\,\frac{r_a\,\alpha}{\lambda}\,J_0\,(\varphi_n) \quad \text{für}\ \ n = \bar{n}\,. \tag{124}$$

Die Lösung für das Integral III

$$III = \int\limits_0^1 \varrho\, J_0\left(\varphi_n \varrho\right) J_0\left(\varphi_{\bar{n}}\, \varrho\right) d\varrho$$

läßt sich, wie in der Theorie der Zylinderfunktionen gezeigt wird, durch partielle Integration gewinnen und ergibt für $n \neq \bar{n}$

$$III_{(n \neq \bar{n})} = \frac{-\varphi_n\, J_0\left(\varphi_n\right) J_1\left(\varphi_{\bar{n}}\right) + \varphi_n\, J_1\left(\varphi_n\right) J_0\left(\varphi_{\bar{n}}\right)}{\varphi_n^2 - \varphi_{\bar{n}}^2}. \tag{125}$$

Wird hierin noch die Beziehung (117) verwendet, so folgt

$$III_{(n \neq \bar{n})} = \frac{-\dfrac{r_a \alpha}{\lambda} J_0\left(\varphi_n\right) J_0\left(\varphi_{\bar{n}}\right) + \dfrac{r_a \alpha}{\lambda} J_0\left(\varphi_{\bar{n}}\right) J_0\left(\varphi_n\right)}{\varphi_n^2 - \varphi_{\bar{n}}^2} = 0. \tag{126}$$

Für den Fall $n = \bar{n}$ erhält man

$$III_{(n = \bar{n})} = \tfrac{1}{2} \left\{ [J_0(\varphi_n)]^2 + [J_1(\varphi_n)]^2 \right\} \tag{127}$$

und bei Berücksichtigung von (117)

$$III_{(n = \bar{n})} = \frac{1}{2} \left[1 + \left(\frac{r_a \alpha}{\lambda \varphi_n}\right)^2 \right] J_0^2(\varphi_n). \tag{128}$$

Das Integral II

$$II = \int\limits_0^1 \varrho\, J_0\left(\varrho\, \sqrt{\frac{r_a^2}{a\,t_0}}\right) J_0\left(\varphi_{\bar{n}}\, \varrho\right) d\varrho$$

folgt aus (125), wenn φ_n mit $\sqrt{\dfrac{r_a^2}{a\,t_0}}$ vertauscht wird, zunächst zu

$$II = \frac{-\varphi_{\bar{n}}\, J_0\left(\sqrt{\dfrac{r_a^2}{a\,t_0}}\right) J_1\left(\varphi_{\bar{n}}\right) + \sqrt{\dfrac{r_a^2}{a\,t_0}}\, J_1\left(\sqrt{\dfrac{r_a^2}{a\,t_0}}\right) J_0\left(\varphi_{\bar{n}}\right)}{\dfrac{r_a^2}{a\,t_0} - \varphi_{\bar{n}}^2} \tag{129}$$

und unter Beachtung von (117) zu

$$II = \frac{J_0\left(\varphi_n\right) \left[-\dfrac{r_a \alpha}{\lambda} J_0\left(\sqrt{\dfrac{r_a^2}{a\,t_0}}\right) + \sqrt{\dfrac{r_a^2}{a\,t_0}}\, J_1\left(\sqrt{\dfrac{r_a^2}{a\,t_0}}\right) \right]}{\dfrac{r_a^2}{a\,t_0} - \varphi_{\bar{n}}^2}. \tag{130}$$

Wird noch A aus (119) eingeführt, so ergibt sich das Integral II zu

$$II = -\frac{\dfrac{r_a \alpha}{\lambda} J_0\left(\varphi_{\bar{n}}\right)}{\dfrac{r_a^2 \alpha}{a\,t_0} - \varphi_{\bar{n}}^2}. \tag{131}$$

Nachdem nun die einzelnen Integrale bestimmt sind, werden die Ergebnisse in (123) eingesetzt. Damit lautet die rechte Seite der Gleichung (123)

$$= -\frac{t_0\, W_{\max}}{c\gamma} \frac{1}{\varphi_n^2} \frac{r_a \alpha}{\lambda} J_0\left(\varphi_n\right) - \frac{t_0\, W_{\max}}{c\gamma} \frac{\dfrac{r_a \alpha}{\lambda} J_0\left(\varphi_n\right)}{\dfrac{r_a^2}{a\,t_0} - \varphi_n^2} + \frac{1}{2} A_n \left[1 + \left(\frac{r_a \alpha}{\lambda \varphi_n}\right)^2 \right] J_0^2\left(\varphi_n\right). \tag{132}$$

Die linke Seite ergibt unter Beachtung von (120) und (122)

$$\frac{\vartheta \ddot{u}}{\varphi_n^2} \frac{r_a \alpha}{\lambda} J_0\left(\varphi_n\right). \tag{133}$$

Somit lautet die endgültige Gleichung

$$\frac{\vartheta \ddot{u}}{\varphi_n^2} \frac{r_a \alpha}{\lambda} J_0\left(\varphi_n\right) = -\frac{t_0\, W_{\max}}{c\gamma} \frac{1}{\varphi_n^2} \frac{r_a \alpha}{\lambda} J_0\left(\varphi_n\right) - $$

$$-\frac{t_0\, W_{\max}}{c\gamma} \frac{\dfrac{r_a \alpha}{\lambda} J_0\left(\varphi_n\right)}{\dfrac{r_a^2}{a\,t_0} - \varphi_n^2} + \frac{1}{2} A_n \left[1 + \left(\frac{r_a \alpha}{\lambda \varphi_n}\right)^2 \right] J_0^2\left(\varphi_n\right). \tag{134}$$

Wird nach A_n aufgelöst, so erhält man

$$A_n = \frac{\dfrac{\vartheta_a}{\varphi_n^2}\dfrac{r_a\alpha}{\lambda} + \dfrac{t_0 W_{\max}}{c\gamma}\dfrac{1}{\varphi_n^2}\dfrac{r_a\alpha}{\lambda} + \dfrac{t_0 W_{\max}}{c\gamma}\dfrac{\dfrac{r_a\alpha}{\lambda}}{\dfrac{r_a^2}{a t_0}-\varphi_n^2}}{\dfrac{1}{2}\left[1+\left(\dfrac{r_a\alpha}{\lambda\varphi_n}\right)^2\right]J_0(\varphi_n)} \tag{135}$$

und werden weiter A_n von (135) und A von (118) in (112) berücksichtigt, so ergibt sich schließlich das gesuchte Temperaturfeld

$$\vartheta(\varrho,t) = \frac{t_0 W_{\max}}{c\gamma} e^{-\frac{t}{t_0}}\left[-1 + \frac{\dfrac{r_a\alpha}{\lambda}}{\left[\dfrac{r_a\alpha}{\lambda}J_0\left(\sqrt{\dfrac{r_a^2}{a t_0}}\right)-\sqrt{\dfrac{r_a^2}{a t_0}}J_1\left(\sqrt{\dfrac{r_a^2}{a t_0}}\right)\right]}J_0\left(\varrho\sqrt{\dfrac{r_a^2}{a t_0}}\right)\right] +$$

$$+ \sum_{n=1}^{\infty} e^{-\frac{at}{r_a^2}\varphi_n^2}\frac{\dfrac{r_a\alpha}{\lambda}\left[\dfrac{\vartheta_a}{\varphi_n^2}+\dfrac{t_0 W_{\max}}{c\gamma}\dfrac{1}{\varphi_n^2}+\dfrac{t_0 W_{\max}}{c\gamma}\dfrac{1}{\dfrac{r_a^2}{a t_0}-\varphi_n^2}\right]}{\dfrac{1}{2}\left[1+\left(\dfrac{r_a\alpha}{\lambda\varphi_n}\right)^2\right]J_0(\varphi_n)}J_0(\varphi_n\varrho). \tag{136}$$

Für den besonderen Fall einer fehlenden chemischen Aufheizung vereinfacht sich (136) derart, daß die Störungsfunktion entfällt und dann alle mit $W_{\max}$ behafteten Glieder null werden. Demzufolge ergibt sich die Temperaturverteilung zu

$$\frac{\vartheta}{\vartheta_a} = \sum_{n=1}^{\infty} \frac{2\dfrac{r_a\alpha}{\lambda\varphi_n^2}}{\left[1+\left(\dfrac{r_a\alpha}{\lambda\varphi_n}\right)^2\right]J_0(\varphi_n)}J_0(\varphi_n\varrho)\,e^{-\frac{at}{r_a^2}\varphi_n^2}. \tag{137}$$

Strebt in (136) der Wert für $\varphi_{\bar{n}}$ dem der Wurzel zu $(\varphi_{\bar{n}}\to\sqrt{\ })$, so tritt der unbestimmte Ausdruck $\frac{0}{0}$ auf. In der Umgebung der Singulärstelle zeigt sich dann eine Art Resonanzerscheinung, und es soll deswegen die Lösung von (129)

$$\int_0^1 \varrho J_0\left(\varrho\sqrt{\dfrac{r_a^2}{a t_0}}\right)J_0(\varphi_{\bar{n}}\varrho)\,d\varrho = \frac{-\varphi_{\bar{n}}J_0\left(\sqrt{\dfrac{r_a^2}{a t_0}}\right)J_1(\varphi_{\bar{n}})+\sqrt{\dfrac{r_a^2}{a t_0}}J_1\left(\sqrt{\dfrac{r_a^2}{a t_0}}\right)J_0(\varphi_{\bar{n}})}{\dfrac{r_a^2}{a t_0}-\varphi_{\bar{n}}^2}$$

durch Reihenentwicklungen erfolgen. Wegen der besseren Konvergenz werden die BESSELschen Zylinderfunktionen durch semikonvergente Reihen ausgedrückt.

$$J_0(x) = \sqrt{\frac{2}{\pi x}}\left\{\left[1-\frac{1^2\cdot 3^2}{2!\,(8x)^2}+\frac{1^2\cdot 3^2\cdot 5^2\cdot 7^2}{4!\,(8x)^4}-+\cdots\right]\sin\left(x+\frac{1}{4}\pi\right)+\right.$$
$$\left.+\left[-\frac{1^2}{8x}+\frac{1^2\cdot 3^2\cdot 5^2}{3!\,(8x)^3}-+\cdots\right]\cos\left(x+\frac{1}{4}\pi\right)\right\}$$

$$J_1(x) = \sqrt{\frac{2}{\pi x}}\left\{\left[1-\frac{(4-1)(4-3^2)}{2!\,(8x)^2}+\frac{(4-1)(4-3^2)(4-5^2)(4-7^2)}{4!\,(8x)^4}\right]\sin\left(x+\frac{1}{4}\pi-\frac{1}{2}\pi\right)+\right.$$
$$\left.+\left[-\frac{4-1}{8x}-\frac{(4-1)(4-3^2)(4-5^2)}{3!\,(8x)^3}\right]\cos\left(x+\frac{1}{4}\pi-\frac{1}{2}\pi\right)\right\}$$

oder vereinfacht

$$J_0(x) = \sqrt{\frac{2}{\pi x}}\left\{\left[1-\frac{9}{2!\,(8x)^2}+\frac{9\cdot 25\cdot 49}{4!\,(8x)^4}\right]\sin\left(x+\frac{1}{4}\pi\right)+\left[-\frac{1}{8x}+\frac{9\cdot 25}{3!\,(8x)^3}\right]\cos\left(x+\frac{1}{4}\pi\right)\right\}$$

$$J_1(x) = \sqrt{\frac{2}{\pi x}}\left\{-\left[1+\frac{3\cdot 5}{2!\,(8x)^2}-\frac{3\cdot 5\cdot 21\cdot 45}{4!\,(8x)^4}\right]\cos\left(x+\frac{1}{4}\pi\right)+\right.$$
$$\left.+\left[-\frac{3}{8x}-\frac{3\cdot 5\cdot 21}{3!\,(8x)^3}\right]\sin\left(x+\frac{1}{4}\pi\right)\right\}.$$

Nach Einführung der Argumente $\sqrt{\dfrac{r_a^2}{a\,t_0}}$ und φ_n ergibt sich das Produkt

$$J_0(\sqrt{\ \ }) \, J_1(\varphi_n) = \frac{2}{\pi}\sqrt{\frac{1}{\sqrt{\ }\cdot \varphi_n}}\left\{\left[1 - \frac{9}{2!\,(8\sqrt{\ })^2} + \frac{9\cdot 25\cdot 49}{4!\,(8\sqrt{\ })^4}\right]\sin\left(\sqrt{\ } + \tfrac{1}{4}\pi\right)\right\} +$$

$$+ \left[-\frac{1}{8\sqrt{\ }} + \frac{9\cdot 25}{3!\,(8\sqrt{\ })^3}\right]\cos\left(\sqrt{\ } + \tfrac{1}{4}\pi\right)\right\} \times$$

$$\times\left\{-\left[1 + \frac{3\cdot 5}{2!\,(8\varphi_n)^2} - \frac{3\cdot 5\cdot 21\cdot 45}{4!\,(8\varphi_n)^4}\right]\cos\left(\varphi_n + \tfrac{1}{4}\pi\right) +\right.$$

$$\left. + \left[-\frac{3}{8\varphi_n} - \frac{3\cdot 5\cdot 21}{3!\,(8\varphi_n)^3}\right]\sin\left(\varphi_n + \tfrac{1}{4}\pi\right)\right\}$$

und nach Ausmultiplikation

$$J_0(\sqrt{\ }) \, J_1(\varphi_n) = -\frac{2}{\pi}\sqrt{\frac{1}{\sqrt{\ }\,\varphi_n}}\left\{\left[1 - \frac{9}{2!\,(8\sqrt{\ })^2} + \frac{3\cdot 5}{2!\,(8\varphi_n)^2} + \frac{9\cdot 25\cdot 49}{4!\,(8\sqrt{\ })^4} - \right.\right.$$

$$\left. - \frac{3\cdot 5\cdot 9}{2!\,2!\,(8\sqrt{\ })^2(8\varphi_n)^2} - \frac{3\cdot 5\cdot 21\cdot 45}{4!\,(8\varphi_n)^4}\right]\sin\left(\sqrt{\ } + \tfrac{1}{4}\pi\right)\cos\left(\varphi_n + \tfrac{1}{4}\pi\right) +$$

$$+ \left[\frac{3}{8\varphi_n} - \frac{3\cdot 9}{2!\,(8\sqrt{\ })^2(8\varphi_n)} + \frac{3\cdot 5\cdot 21}{3!\,(8\varphi_n)^3}\right]\sin\left(\sqrt{\ } + \tfrac{1}{4}\pi\right)\sin\left(\varphi_n + \tfrac{1}{4}\pi\right) +$$

$$+ \left[-\frac{1}{8\sqrt{\ }} + \frac{9\cdot 25}{3!\,(8\sqrt{\ })^3} - \frac{3\cdot 5}{2!\,(8\sqrt{\ })(8\varphi_n)^2}\right]\cos\left(\sqrt{\ } + \tfrac{1}{4}\pi\right)\cos\left(\varphi_n + \tfrac{1}{4}\pi\right) +$$

$$\left. + \left[-\frac{3}{(8\sqrt{\ })(8\varphi_n)} + \frac{3\cdot 9\cdot 25}{3!\,(8\sqrt{\ })^3(8\varphi_n)} - \frac{3\cdot 5\cdot 21}{3!\,(8\sqrt{\ })(8\varphi_n)^3}\right]\cos\left(\sqrt{\ } + \tfrac{1}{4}\pi\right)\sin\left(\varphi_n + \tfrac{1}{4}\pi\right)\right\}.$$

Multipliziert man die Gleichung mit $-\varphi_n$ und formt die trigonometrischen Ausdrücke um, so folgt

$$-\varphi_n J_0(\sqrt{\ }) \, J_1(\varphi_n) = \frac{2}{\pi}\sqrt{\frac{1}{\sqrt{\ }\,\varphi_n}}\left\{\left[\varphi_n - \frac{9\,\varphi_n}{2!\,(8\sqrt{\ })^2} + \frac{3\cdot 5\cdot\varphi_n}{2!\,(8\varphi_n)^2} + \frac{9\cdot 25\cdot 49\cdot\varphi_n}{4!\,(8\sqrt{\ })^4} - \right.\right.$$

$$\left. - \frac{3\cdot 5\cdot 9\cdot\varphi_n}{2!\,2!\,(8\sqrt{\ })^2(8\varphi_n)^2} - \frac{3\cdot 5\cdot 21\cdot 45\cdot\varphi_n}{4!\,(8\varphi_n)^4}\right]\frac{1}{2}\left[\sin(\sqrt{\ } - \varphi_n) + \cos(\sqrt{\ } + \varphi_n)\right] +$$

$$+ \left[\frac{3}{8} - \frac{3\cdot 9\cdot\varphi_n}{2!\,(8\sqrt{\ })^2(8\varphi_n)} + \frac{3\cdot 5\cdot 21\cdot\varphi_n}{3!\,(8\varphi_n)^3}\right]\sin\left(\sqrt{\ } + \tfrac{1}{4}\pi\right)\sin\left(\varphi_n + \tfrac{1}{4}\pi\right) +$$

$$+ \left[-\frac{\varphi_n}{8\sqrt{\ }} + \frac{9\cdot 25\cdot\varphi_n}{3!\,(8\sqrt{\ })^3} - \frac{3\cdot 5\cdot\varphi_n}{2!\,(8\sqrt{\ })(8\varphi_n)^2}\right]\cos\left(\sqrt{\ } + \tfrac{1}{4}\pi\right)\cos\left(\varphi_n + \tfrac{1}{4}\pi\right) +$$

$$\left. + \left[-\frac{3\cdot\varphi_n}{(8\sqrt{\ })(8\varphi_n)} + \frac{3\cdot 9\cdot 25\cdot\varphi_n}{3!\,(8\sqrt{\ })^3(8\varphi_n)} - \frac{3\cdot 5\cdot 21\cdot\varphi_n}{3!\,(8\sqrt{\ })(8\varphi_n)^3}\right]\frac{1}{2}\left[-\sin(\sqrt{\ } - \varphi_n) + \cos(\sqrt{\ } + \varphi_n)\right]\right\}.$$

Durch Vertauschung der Argumente kann unter Beachtung der Vorzeichen das zweite Glied des Zählers von (129) sofort hingeschrieben werden

$$+ \sqrt{\ } J_1(\sqrt{\ }) \, J_0(\varphi_n) = -\frac{2}{\pi}\sqrt{\frac{1}{\sqrt{\ }\,\varphi_n}}\left\{\left[\sqrt{\ } - \frac{9\sqrt{\ }}{2!\,(8\varphi_n)^2} + \frac{3\cdot 5\cdot\sqrt{\ }}{2!\,(8\sqrt{\ })^2} + \frac{9\cdot 25\cdot 49\cdot\sqrt{\ }}{4!\,(8\varphi_n)^4} - \right.\right.$$

$$\left. - \frac{3\cdot 5\cdot 9\cdot\sqrt{\ }}{2!\,2!\,(8\varphi_n)^2(8\sqrt{\ })^2} - \frac{3\cdot 5\cdot 21\cdot 45\cdot\sqrt{\ }}{4!\,(8\sqrt{\ })^4}\right]\frac{1}{2}\left[-\sin(\sqrt{\ } - \varphi_n) + \cos(\sqrt{\ } + \varphi_n)\right] +$$

$$+ \left[\frac{3}{8} - \frac{3\cdot 9\cdot\sqrt{\ }}{2!\,(8\varphi_n)^2(8\sqrt{\ })} + \frac{3\cdot 5\,21\cdot\sqrt{\ }}{3!\,(8\sqrt{\ })^3}\right]\sin\left(\varphi_n + \tfrac{1}{4}\pi\right)\sin\left(\sqrt{\ } + \tfrac{1}{4}\pi\right) +$$

$$+ \left[-\frac{\sqrt{\ }}{8\varphi_n} + \frac{9\cdot 25\cdot\sqrt{\ }}{3!\,(8\varphi_n)^3} - \frac{3\cdot 5\cdot\sqrt{\ }}{2!\,(8\varphi_n)(8\sqrt{\ })^2}\right]\cos\left(\varphi_n + \tfrac{1}{4}\pi\right)\cos\left(\sqrt{\ } + \tfrac{1}{4}\pi\right) +$$

$$\left. + \left[-\frac{3\sqrt{\ }}{(8\varphi_n)(8\sqrt{\ })} + \frac{3\cdot 9\cdot 25\cdot\sqrt{\ }}{3!\,(8\varphi_n)^3(8\sqrt{\ })} - \frac{3\cdot 5\cdot 21\cdot\sqrt{\ }}{3!\,(8\varphi_n)(8\sqrt{\ })^3}\right]\frac{1}{2}\left[\sin(\sqrt{\ } - \varphi_n) + \cos(\sqrt{\ } + \varphi_n)\right]\right\}.$$

Die Addition dieser letzten beiden Gleichungen ergibt

$$-\varphi_n J_0(\sqrt{\;})J_1(\varphi_n) + \sqrt{\;}\,J_1(\sqrt{\;})J_0(\varphi_n) =$$

$$= \frac{2}{\pi}\sqrt{\frac{1}{\sqrt{\;}\,\varphi_n}}\left\{\left[(\sqrt{\;}+\varphi_n) - \frac{9}{2!}\left(\frac{\sqrt{\;}}{(8\varphi_n)^2} + \frac{\varphi_n}{(8\sqrt{\;})^2}\right) + \frac{3\cdot5}{2!}\left(\frac{\sqrt{\;}}{(8\sqrt{\;})^2} + \frac{\varphi_n}{(8\varphi_n)^2}\right) + \right.\right.$$

$$\left. + \frac{9\cdot25\cdot49}{4!}\left(\frac{\sqrt{\;}}{(8\varphi_n)^4} + \frac{\varphi_n}{(8\sqrt{\;})^4}\right) - \frac{3\cdot5\cdot9}{2!\,2!}\left(\frac{\sqrt{\;}}{(8\varphi_n)^2(8\sqrt{\;})^2} + \frac{\varphi_n}{(8\sqrt{\;})^2(8\varphi_n)^2}\right) - \right.$$

$$\left. - \frac{3\cdot5\cdot21\cdot45}{4!}\left(\frac{\sqrt{\;}}{(8\sqrt{\;})^4} + \frac{\varphi_n}{(8\varphi_n)^4}\right)\right]\frac{\sin(\sqrt{\;}-\varphi_n)}{2} - $$

$$- \left[(\sqrt{\;}-\varphi_n) - \frac{9}{2!}\left(\frac{\sqrt{\;}}{(8\varphi_n)^2} - \frac{\varphi_n}{(8\sqrt{\;})^2}\right) + \frac{3\cdot5}{2!} + \left(\frac{\sqrt{\;}}{(8\sqrt{\;})^2} - \frac{\varphi_n}{(8\varphi_n)^2}\right) + \right.$$

$$\left. + \frac{9\cdot25\cdot49}{4!}\left(\frac{\sqrt{\;}}{(8\varphi_n)^4} - \frac{\varphi_n}{(8\sqrt{\;})^4}\right) - \frac{3\cdot5\cdot9}{2!\,2!}\left(\frac{\sqrt{\;}}{(8\varphi_n)^2(8\sqrt{\;})^2} - \frac{\varphi_n}{(8\sqrt{\;})^2(8\varphi_n)^2}\right) - \right.$$

$$\left. - \frac{3\cdot5\cdot21\cdot45}{4!}\left(\frac{\sqrt{\;}}{(8\sqrt{\;})^4} - \frac{\varphi_n}{(8\varphi_n)^4}\right)\right]\frac{\cos(\sqrt{\;}+\varphi_n)}{2} + $$

$$+ \left[\frac{3\cdot9}{2!}\left(\frac{\sqrt{\;}}{(8\varphi_n)^2(8\sqrt{\;})} - \frac{\varphi_n}{(8\sqrt{\;})^2(8\varphi_n)}\right) - \right.$$

$$\left. - \frac{3\cdot5\cdot21}{3!}\left(\frac{\sqrt{\;}}{(8\sqrt{\;})^3} - \frac{\varphi_n}{(8\varphi_n)^3}\right)\right]\sin\left(\sqrt{\;}+\frac{1}{4}\pi\right)\sin\left(\varphi_n+\frac{1}{4}\pi\right) + $$

$$+ \left[\frac{1}{8}\left(\frac{\sqrt{\;}}{\varphi_n} - \frac{\varphi_n}{\sqrt{\;}}\right) - \frac{9\cdot25}{3!}\left(\frac{\sqrt{\;}}{(8\varphi_n)^3} - \frac{\varphi_n}{(8\sqrt{\;})^3}\right) + \right.$$

$$\left. + \frac{3\cdot5}{2!}\left(\frac{\sqrt{\;}}{(8\varphi_n)(8\sqrt{\;})^2} - \frac{\varphi_n}{(8\sqrt{\;})(8\varphi_n)^2}\right)\right]\cos\left(\sqrt{\;}+\frac{1}{4}\pi\right)\cos\left(\varphi_n+\frac{1}{4}\pi\right) + $$

$$+ \left[3\left(\frac{\sqrt{\;}}{(8\varphi_n)(8\sqrt{\;})} + \frac{\varphi_n}{(8\sqrt{\;})(8\varphi_n)}\right) - \frac{3\cdot9\cdot25}{3!}\left(\frac{\sqrt{\;}}{(8\varphi_n)^3(8\sqrt{\;})} + \frac{\varphi_n}{(8\sqrt{\;})^3(8\varphi_n)}\right) + \right.$$

$$\left. + \frac{3\cdot5\cdot21}{3!}\left(\frac{\sqrt{\;}}{(8\varphi_n)(8\sqrt{\;})^3} + \frac{\varphi_n}{(8\sqrt{\;})(8\varphi_n)^3}\right)\right]\frac{\sin(\sqrt{\;}-\varphi_n)}{2} + $$

$$+ \left[3\left(\frac{\sqrt{\;}}{(8\varphi_n)(8\sqrt{\;})} - \frac{\varphi_n}{(8\sqrt{\;})(8\varphi_n)}\right) - \frac{3\cdot9\cdot25}{3!}\left(\frac{\sqrt{\;}}{(8\varphi_n)^3(8\sqrt{\;})} - \frac{\varphi_n}{(8\sqrt{\;})^3(8\varphi_n)}\right) + \right.$$

$$\left.\left. + \frac{3\cdot5\cdot21}{3!}\left(\frac{\sqrt{\;}}{(8\varphi_n)(8\sqrt{\;})^3} - \frac{\varphi_n}{(8\sqrt{\;})(8\varphi_n)^3}\right)\right]\frac{\cos(\sqrt{\;}+\varphi_n)}{2}\right\}$$

oder weiter zusammengefaßt und durch $(\sqrt{\;}^2 - \varphi_n^2)$ dividiert

$$\frac{-\varphi_n J_0(\sqrt{\;})J_1(\varphi_n) + \sqrt{\;}\,J_1(\sqrt{\;})J_0(\varphi_n)}{\sqrt{\;}^2 - \varphi_n^2} =$$

$$= \frac{2}{\pi}\sqrt{\frac{1}{\sqrt{\;}\,\varphi_n}}\left\{\left[1 - \frac{9}{2!}\frac{(\sqrt{\;}^2 - \sqrt{\;}\,\varphi_n + \varphi_n^2)}{8^2\sqrt{\;}^2\varphi_n^2} + \frac{3\cdot5}{2}\frac{1}{8^2\sqrt{\;}\,\varphi_n} + \right.\right.$$

$$\left. + \frac{9\cdot25\cdot49}{4!}\frac{(\sqrt{\;}^4 - \sqrt{\;}^3\varphi_n + \sqrt{\;}^2\varphi_n^2 - \sqrt{\;}\varphi_n^3 + \varphi_n^4)}{8^4\sqrt{\;}^4\varphi_n^4} - \frac{3\cdot5\cdot9}{2!\,2!}\frac{1}{8^4\sqrt{\;}^2\varphi_n^2} - \right.$$

$$\left. - \frac{3\cdot5\cdot21\cdot45}{4!}\frac{(\sqrt{\;}^2 - \sqrt{\;}\,\varphi_n + \varphi_n^2)}{8^4\sqrt{\;}^3\varphi_n^3}\right]\frac{1}{2}\frac{(\sin\sqrt{\;}-\varphi_n)}{(\sqrt{\;}-\varphi_n)} - $$

$$- \left[1 - \frac{9}{2!}\frac{(\sqrt{\;}^2 + \sqrt{\;}\,\varphi_n + \varphi_n^2)}{8^2\sqrt{\;}^2\varphi_n^2} - \frac{3\cdot5}{2}\frac{1}{8^2\sqrt{\;}\,\varphi_n} + \right.$$

$$\left. + \frac{9\cdot25\cdot49}{4!}\frac{(\sqrt{\;}^4 + \sqrt{\;}^3\varphi_n + \sqrt{\;}^2\varphi_n^2 + \sqrt{\;}\varphi_n^3 + \varphi_n^4)}{8^4\sqrt{\;}^4\varphi_n^4} - \frac{3\cdot5\cdot9}{2!\,2!}\frac{1}{8^4\sqrt{\;}^2\varphi_n^2} + \right.$$

$$\left. + \frac{3\cdot5\cdot21\cdot45}{4!}\frac{(\sqrt{\;}^2 + \sqrt{\;}\,\varphi_n + \varphi_n^2)}{8^4\sqrt{\;}^3\varphi_n^3}\right]\frac{1}{2}\frac{\cos(\sqrt{\;}+\varphi_n)}{(\sqrt{\;}+\varphi_n)} + $$

$$+ \left[\frac{3\cdot9}{2}\frac{1}{8^3\sqrt{\;}^2\varphi_n^2} - \frac{3\cdot5\cdot21}{3!}\frac{1}{8^3\sqrt{\;}^2\varphi_n^2}\right]\frac{1}{2}\left[\cos(\sqrt{\;}-\varphi_n) + \sin(\sqrt{\;}+\varphi_n)\right] + $$

$$+ \left[\frac{1}{8}\frac{1}{\sqrt{\;}\,\varphi_n} - \frac{9\cdot25}{3!}\frac{\sqrt{\;}^2+\varphi_n^2}{8^3\sqrt{\;}^3\varphi_n^3}\right]\frac{1}{2}\left[\cos(\sqrt{\;}-\varphi_n) - \sin(\sqrt{\;}+\varphi_n)\right] + $$

$$+ \left[\frac{3}{8^2\sqrt{\;}\,\varphi_n} - \frac{3\cdot9\cdot25}{3!}\frac{(\sqrt{\;}^2 - \sqrt{\;}\,\varphi_n + \varphi_n^2)}{8^4\sqrt{\;}^3\varphi_n^3} + \frac{3\cdot5\cdot21}{3!}\frac{1}{8^4\sqrt{\;}^2\varphi_n^2}\right]\frac{1}{2}\frac{\sin(\sqrt{\;}-\varphi_n)}{\sqrt{\;}-\varphi_n} + $$

$$+ \left.\left[\frac{3}{8^2\sqrt{\;}\,\varphi_n} - \frac{3\cdot9\cdot25}{3!}\frac{(\sqrt{\;}^2 + \sqrt{\;}\,\varphi_n + \varphi_n^2)}{8^4\sqrt{\;}^3\varphi_n^3} - \frac{3\cdot5\cdot21}{3!}\frac{1}{8^4\sqrt{\;}^2\varphi_n^2}\right]\frac{1}{2}\frac{\cos(\sqrt{\;}+\varphi_n)}{\sqrt{\;}+\varphi_n}\right\}.$$

Da nur eine Genauigkeit von $^1/_{1000}$ angestrebt wird, so können die Glieder mit der minus vierten Potenz vernachlässigt werden. Demzufolge verkürzt sich der Ausdruck auf

$$\frac{-\varphi_n J_0(\sqrt{\ }) J_1(\varphi_n) + \sqrt{\ } J_1(\sqrt{\ }) J_0(\varphi_n)}{\sqrt{\ }^2 - \varphi_n^2} = \frac{2}{\pi} \sqrt{\frac{1}{\sqrt{\ } \varphi_n}} \left\{ \left[1 - \frac{9}{2!} \frac{(\sqrt{\ }^2 - \sqrt{\ } \varphi_n + \varphi_n^2)}{8^2 \sqrt{\ }^2 \varphi_n^2} + \right. \right.$$

$$\left. + \frac{3 \cdot 5}{2} \frac{1}{8^2 \sqrt{\ } \varphi_n} \right] \frac{1}{2} \frac{\sin(\sqrt{\ } - \varphi_n)}{(\sqrt{\ } - \varphi_n)} - \left[1 - \frac{9}{2!} \frac{(\sqrt{\ }^2 + \sqrt{\ } \varphi_n + \varphi_n^2)}{8^2 \sqrt{\ }^2 \varphi_n^2} - \frac{3 \cdot 5}{2} \frac{1}{8^2 \sqrt{\ } \varphi_n} \right] \frac{1}{2} \frac{\cos(\sqrt{\ } + \varphi_n)}{\sqrt{\ } + \varphi_n} +$$

$$\left. + \left(\frac{1}{8} \frac{1}{\sqrt{\ } \varphi_n} \right) \frac{1}{2} \left[\cos(\sqrt{\ } - \varphi_n) - \sin(\sqrt{\ } + \varphi_n) \right] + \frac{3}{8^2 \sqrt{\ } \varphi_n} \frac{1}{2} \frac{\sin(\sqrt{\ } - \varphi_n)}{\sqrt{\ } - \varphi_n} + \frac{3}{8^2 \sqrt{\ } \varphi_n} \frac{1}{2} \frac{\cos(\sqrt{\ } + \varphi_n)}{\sqrt{\ } + \varphi_n} \right\}$$

oder auch schließlich

$$\frac{-\varphi_n J_0(\sqrt{\ }) J_1(\varphi_n) + \sqrt{\ } J_1(\sqrt{\ }) J_0(\varphi_n)}{\sqrt{\ }^2 - \varphi_n^2} = \frac{2}{\pi} \sqrt{\frac{1}{\sqrt{\ } \varphi_n}} \left\{ \frac{1}{2} \frac{\sin(\sqrt{\ } - \varphi_n)}{\sqrt{\ } - \varphi_n} \left[1 - \frac{9 \sqrt{\ }^2 - 30 \sqrt{\ } \varphi_n + 9 \varphi_n^2}{2 \cdot 8^2 \sqrt{\ }^2 \varphi_n^2} \right] + \right.$$

$$\left. + \frac{1}{2} \frac{\cos(\sqrt{\ } + \varphi_n)}{\sqrt{\ } + \varphi_n} \left[-1 + \frac{9 \sqrt{\ }^2 + 12 \sqrt{\ } \varphi_n + 9 \varphi_n^2}{2 \cdot 8^2 \sqrt{\ }^2 \varphi_n^2} \right] + \frac{1}{2 \cdot 8 \cdot \sqrt{\ } \cdot \varphi_n} \left[\cos(\sqrt{\ } - \varphi_n) - \sin(\sqrt{\ } + \varphi_n) \right] \right\},$$

Zur Bestimmung von A_n werden in (122) und (123) die gefundenen Ausdrücke unter Beachtung des neu gewonnenen Integrals II eingesetzt und man erhält

$$\frac{\vartheta_a}{\varphi_n^2} \frac{r_a \alpha}{\lambda} J_0(\varphi_n) = - \frac{t_0 W_{max}}{c \gamma} \frac{1}{\varphi_n^2} \frac{r_a \alpha}{\lambda} J_0(\varphi_n) +$$

$$+ \frac{t_0 W_{max}}{c \gamma} \frac{\frac{r_a \alpha}{\lambda}}{\left[\frac{r_a \alpha}{\cdot \lambda} J_0(\sqrt{\ }) - \sqrt{\ } J_1(\sqrt{\ }) \right]} \frac{2}{\pi} \sqrt{\frac{1}{\sqrt{\ } \varphi_n}} \left\{ \frac{1}{2} \frac{\sin(\sqrt{\ } - \varphi_n)}{\sqrt{\ } - \varphi_n} \left[1 - \frac{9 \sqrt{\ }^2 - 30 \sqrt{\ } \varphi_n + 9 \varphi_n^2}{2 \cdot 8^2 \sqrt{\ }^2 \varphi_n^2} \right] + \right.$$

$$+ \frac{1}{2} \frac{\cos(\sqrt{\ } + \varphi_n)}{\sqrt{\ } + \varphi_n} \left[-1 + \frac{9 \sqrt{\ }^2 + 12 \sqrt{\ } \varphi_n + 9 \varphi_n^2}{2 \cdot 8^2 \sqrt{\ }^2 \varphi_n^2} \right] +$$

$$\left. + \frac{1}{2 \cdot 8 \sqrt{\ } \varphi_n} \left[\cos(\sqrt{\ } - \varphi_n) - \sin(\sqrt{\ } + \varphi_n) \right] \right\} + \frac{1}{2} A_n \left[1 + \left(\frac{r_a \alpha}{\lambda \varphi_n} \right)^2 \right] J_0^2(\varphi_n).$$

Die Auflösung nach A_n liefert

$$A_n = \frac{\frac{r_a \alpha}{\lambda}}{\frac{1}{2} \left[1 + \left(\frac{r_a \alpha}{\lambda \varphi_n} \right)^2 \right] J_0(\varphi_n)} \left\{ \frac{\vartheta_a}{\varphi_n^2} + \frac{t_0 W_{max}}{c \gamma} \frac{1}{\varphi_n^2} - \right.$$

$$- \frac{t_0 W_{max}}{c \gamma} \frac{\frac{2}{\pi} \sqrt{\frac{1}{\sqrt{\ } \varphi_n}}}{\left[\frac{r_a \alpha}{\lambda} J_0(\sqrt{\ }) - \sqrt{\ } J_1(\sqrt{\ }) \right] J_0(\varphi_n)} \left[\frac{1}{2} \frac{\sin(\sqrt{\ } - \varphi_n)}{\sqrt{\ } - \varphi_n} \left(1 - \frac{9 \sqrt{\ }^2 - 30 \sqrt{\ } \varphi_n + 9 \varphi_n^2}{2 \cdot 8^2 \sqrt{\ }^2 \varphi_n^2} \right) + \right.$$

$$\left. \left. + \frac{1}{2} \frac{\cos(\sqrt{\ } + \varphi_n)}{\sqrt{\ } + \varphi_n} \left(-1 + \frac{9 \sqrt{\ }^2 + 12 \sqrt{\ } \varphi_n + 9 \varphi_n^2}{2 \cdot 8^2 \sqrt{\ }^2 \varphi_n^2} \right) + \frac{1}{2 \cdot 8 \sqrt{\ } \varphi_n} \left(\cos(\sqrt{\ } - \varphi_n) - \sin(\sqrt{\ } + \varphi_p) \right) \right] \right\}.$$

In der Umgebung der Singularstelle ist damit das Temperaturfeld gegeben

$$\vartheta(\varrho, t) = \frac{t_0 W_{max}}{c \gamma} e^{-\frac{t}{t_0}} \left[-1 + \frac{\frac{r_a \alpha}{\lambda}}{\left[\frac{r_a \alpha}{\lambda} J_0\left(\sqrt{\frac{r_a^2}{a t_0}} \right) - \sqrt{\frac{r_a^2}{a t_0}} J_1\left(\sqrt{\frac{r_a^2}{a t_0}} \right) \right]} J_0\left(\varrho \sqrt{\frac{r_a^2}{a t_0}} \right) \right] +$$

$$+ \sum_{n=1}^{\infty} e^{-\frac{a t}{r_a^2} \varphi_n^2} J_0(\varphi_n \varrho) \frac{\frac{r_a \alpha}{\lambda}}{\frac{1}{2} \left[1 + \left(\frac{r_a \alpha}{\lambda \varphi_n} \right)^2 \right] J_0(\varphi_n)} \left\{ \frac{\vartheta_a}{\varphi_n^2} + \frac{t_0 W_{max}}{c \gamma} \frac{1}{\varphi_n^2} - \right.$$

$$- \frac{t_0 W_{max}}{c \gamma} \frac{\frac{2}{\pi} \sqrt{\frac{1}{\sqrt{\ } \varphi_n}}}{\left[\frac{r_a \alpha}{\lambda} J_0(\sqrt{\ }) - \sqrt{\ } J_1(\sqrt{\ }) \right] J_0(\varphi_n)} \left[\frac{1}{2} \frac{\sin(\sqrt{\ } - \varphi_n)}{\sqrt{\ } - \varphi_n} \left(1 - \frac{9 \sqrt{\ }^2 - 30 \sqrt{\ } \varphi_n + 9 \varphi_n^2}{2 \cdot 8^2 \sqrt{\ }^2 \varphi_n^2} \right) + \right.$$

$$+ \frac{1}{2} \frac{\cos(\sqrt{\ } + \varphi_n)}{\sqrt{\ } + \varphi_n} \left(-1 + \frac{9 \sqrt{\ }^2 + 12 \sqrt{\ } \varphi_n + 9 \varphi_n^2}{2 \cdot 8^2 \sqrt{\ }^2 \varphi_n^2} \right) +$$

$$\left. \left. + \frac{1}{2 \cdot 8 \sqrt{\ } \varphi_n} \left(\cos(\sqrt{\ } - \varphi_n) - \sin(\sqrt{\ } + \varphi_n) \right) \right] \right\}. \tag{136a}$$

Im Anschluß möge noch ein kurzer Hinweis für die Berechnung der Eigenwerte der Zylinderfunktionen gebracht werden. Die transzendente Bestimmungsgleichung lautet

$$z_n = \frac{r_a \alpha}{\lambda} \frac{J_0(z)}{J_1'(z)},$$

wobei $\frac{r_a \alpha}{\lambda} = \text{const}$ zu setzen ist. Für eine größere Anzahl von Eienwerten, also mit wachsendem n, wachsen auch die Zahlenwerte entsprechend an. Der Umfang der Tafeln gestattet dann meistens nicht mehr, die Werte der Quotienten $\frac{J_0(z)}{J_1(z)}$ zu entnehmen. In einem solchen Falle ist es vorteilhaft, die Zylinderfunktionen in absteigende Reihen zu entwickeln. Für reelles Argument $z = x$ wird dann

$$J_p(x) = \frac{\lambda(x)}{\sqrt{\tfrac{1}{2}\pi x}} \cos\left[x\,\mu(x) - \left(p + \tfrac{1}{2}\right)\frac{\pi}{2}\right],$$

$$N_p(x) = \frac{\lambda(x)}{\sqrt{\tfrac{1}{2}\pi x}} \sin\left[x\,\mu(x) - \left(p + \tfrac{1}{2}\right)\frac{\pi}{2}\right].$$

In diesen Ausdrücken ist für

$$\lambda(x) = \sqrt{1 + \frac{p^2 - \frac{1}{4}}{2x^2} + \frac{3\left(p^2 - \frac{9}{4}\right)\left(p^2 - \frac{1}{4}\right)}{8x^4} + \frac{5\left(p^2 - \frac{25}{4}\right)\left(p^2 - \frac{9}{4}\right)\left(p^2 - \frac{1}{4}\right)}{16x^6} +}$$

$$\sqrt{+ \frac{35\left(p^2 - \frac{49}{4}\right)\left(p^2 - \frac{25}{4}\right)\left(p^2 - \frac{9}{4}\right)\left(p^2 - \frac{1}{4}\right)}{128x^8} +}$$

$$\sqrt{+ \frac{63\left(p^2 - \frac{81}{4}\right)\left(p^2 - \frac{49}{4}\right)\left(p^2 - \frac{25}{4}\right)\left(p^2 - \frac{9}{4}\right)\left(p^2 - \frac{1}{4}\right)}{256x^{10}} + \cdots}$$

und

$$\mu(x) = 1 + \frac{p^2 - \frac{1}{4}}{2x^2} + \frac{\left(p^2 - \frac{1}{4}\right)\left(p^2 - \frac{25}{4}\right)}{24x^4} + \frac{\left(p^2 - \frac{1}{4}\right)\left(p^4 - \frac{57}{2}p^2 + \frac{1073}{16}\right)}{80x^6} + \cdots$$

zu setzen. Da diese Reihen sehr schnell konvergieren, so genügt es fur große Argumente, z. B. $x > 15$, nur die ersten beiden Glieder zu berücksichtigen, und es folgt dann angenähert

$$\frac{J_0(x)}{J_1(x)} = \sqrt{\frac{1 - \frac{1}{8x^2}}{1 + \frac{3}{8x^2}} \frac{\cos\left[x\left(1 - \frac{1}{8x^2}\right) - \frac{\pi}{4}\right]}{\cos\left[x\left(1 + \frac{3}{8x^2}\right) - \frac{3\pi}{4}\right]}} = \frac{1 - \frac{1}{16x^2}}{1 + \frac{3}{16x^2}} \frac{\cos\left(x - \frac{1}{8x} - \frac{\pi}{4}\right)}{\cos\left(x + \frac{3}{8x} - \frac{3\pi}{4}\right)}$$

oder

$$\frac{J_0(x)}{J_1(x)} = \left(1 - \frac{1}{4x^2}\right) \frac{\cos\left(x - \frac{1}{8x} - \frac{\pi}{4}\right)}{\cos\left(x + \frac{3}{8x} - \frac{3\pi}{4}\right)} = x\,\frac{\lambda}{r_a \alpha}.$$

Spaltet man das Argument auf und führt entsprechend der Abb. 28

$$x = n\pi + \frac{\pi}{2} + \bar{x}$$

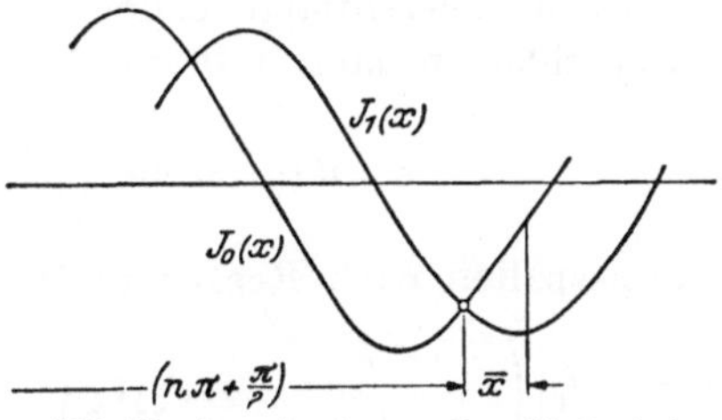

in die Rechnung ein, so folgt nach entsprechender Umformung

Abb 28 Ausschnitt aus dem Verlauf der Zylinderfunktion J_0 und J_1.

$$\frac{J_0(x)}{J_1(x)} = \left(1 - \frac{1}{4\left(n\pi + \frac{\pi}{2} + \bar{x}\right)^2}\right) \frac{\cos\left(\frac{\pi}{4} - \frac{1}{8\left(n\pi + \frac{\pi}{2} + \bar{x}\right)} + \bar{x}\right)}{\cos\left(\frac{\pi}{4} - \frac{3}{8\left(n\pi + \frac{\pi}{2} + \bar{x}\right)} - \bar{x}\right)} = \left(n\pi + \frac{\pi}{2} + \bar{x}\right)\frac{\lambda}{r_a \alpha}.$$

Zur rechnerischen Ermittlung der Eigenwerte sei noch bemerkt: Den genauen Wert wird man der Tafel nicht gleich entnehmen können, sondern wird ihn durch Interpolation bestimmen müssen. Von den so erhaltenen Eigenwerten bildet man zweckmäßig die ersten und zweiten Differenzen und kann dann durch ihre Addition zum vorherigen Eigenwert leicht und schon ziemlich genau den nächsten Eigenwert abschätzen. Durch zwei- oder dreimalige Verbesserung ist man in der Lage, den zu errechnenden Wert in der Genauigkeit der Tafel zu bestimmen.

2. Wärmetheoretische Grundgleichungen für periodische Außentemperaturschwankungen an der Außenleibung dickwandiger zylindrischer Ringkörper oder Vollzylinder[1]. Die eindimensionale Differentialgleichung der Wärmeleitung lautet für den Fall einer achsensymmetrischen, radial verlaufenden Wärmeströmung

$$\frac{\partial \vartheta}{\partial t} = a \left(\frac{\partial^2 \vartheta}{\partial r^2} + \frac{1}{r} \frac{\partial \vartheta}{\partial r} \right) \tag{138}$$

oder nach Einführung der dimensionslosen Veränderlichen $\varrho = \dfrac{r}{r_a}$ (Abb. 29)

$$\frac{\partial \vartheta}{\partial t} = \frac{a}{r_a^2} \left(\frac{\partial^2 \vartheta}{\partial \varrho^2} + \frac{1}{\varrho} \frac{\partial \vartheta}{\partial \varrho} \right). \tag{139}$$

Für periodische Außentemperaturschwankungen empfiehlt sich, ähnlich wie bei dem entsprechenden Plattenfalle, der Lösungsansatz

$$\vartheta (\varrho, t) = \vartheta_1 (\varrho, t) = e^{-i(\omega t - \varepsilon)} \overline{\vartheta} (\varrho) =$$
$$= [\cos (\omega t - \varepsilon) - i \sin (\omega t - \varepsilon)] \overline{\vartheta}(\varrho), \tag{140}$$

der das Temperaturfeld in das Produkt aus einem reinen Ortsfeld und einer periodischen Zeitfunktion aufspaltet. Die Einführung von (140) in (139) liefert für $\overline{\vartheta}$

$$\overline{\vartheta} (\varrho) = - \frac{a}{r_a^2 \, \omega \, i} \left(\frac{d^2 \overline{\vartheta}}{d \varrho^2} + \frac{1}{\varrho} \frac{d \overline{\vartheta}}{d \varrho} \right) \tag{141}$$

oder umgeordnet

$$\frac{d^2 \overline{\vartheta}}{d \varrho^2} + \frac{1}{\varrho} \frac{d \overline{\vartheta}}{d \varrho} + \frac{r_a^2 \, \omega \, i}{a} \overline{\vartheta} (\varrho) = 0. \tag{142}$$

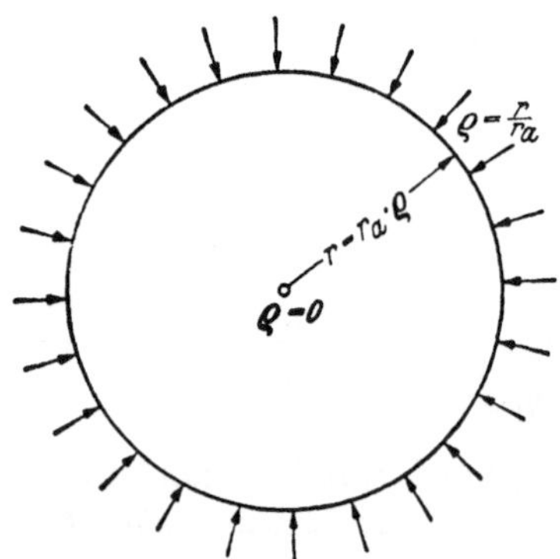

Abb. 29. Bezugssystem für das Temperaturfeld eines unendlich langen Vollzylinders infolge periodischer Schwankung der Umgebungstemperatur.

Diese Differentialgleichung ist ein Sonderfall der BESSELschen Differentialgleichung. Ihre Lösung kann demgemäß durch Zylinderfunktionen geschlossen dargestellt werden. Man erhält zunächst in komplexer Form

$$\overline{\vartheta} (\varrho) = A J_0 \left(\varrho \sqrt{\frac{r_a^2 \, \omega \, i}{a}} \right) + B G_0 \left(\varrho \sqrt{\frac{r_a^2 \, \omega \, i}{a}} \right) \tag{143}$$

und aufgespalten nach Real- und Imaginärteilen

$$\overline{\vartheta} (\varrho) = A J_{01} \left(\varrho \sqrt{\frac{r_a^2 \, \omega}{a}} \right) + i A J_{02} \left(\varrho \sqrt{\frac{r_a^2 \, \omega}{a}} \right) + B G_{01} \left(\varrho \sqrt{\frac{r_a^2 \, \omega}{a}} \right) + i B G_{02} \left(\varrho \sqrt{\frac{r_a^2 \, \omega}{a}} \right). \tag{144}$$

Hierin bezeichnen[2]

J_0 die BESSELsche Zylinderfunktion der nullten Ordnung,
J_{01}, J_{02} die zugehörigen Real- und Imaginärteile;
G_0 die GRAYsche Zylinderfunktion der nullten Ordnung,
G_{01}, G_{02} die zugehörigen Real- und Imaginärteile.

In dem hier vorliegenden Falle eines Vollzylinders muß die Konstante B verschwinden, und es verbleibt

$$\bar{\vartheta}(\varrho) = A\left[J_{01}\left(\varrho\sqrt{\frac{r_a^2\,\omega}{a}}\right) + iJ_{02}\left(\varrho\sqrt{\frac{r_a^2\,\omega}{a}}\right)\right]. \tag{145}$$

Mit (145) nimmt das allgemeine Temperaturfeld (140) die Form

$$\vartheta_1(\varrho, t) = A\left[\cos(\omega t - \varepsilon) - i\sin(\omega t - \varepsilon)\right]\left[J_{01}\left(\varrho\sqrt{\frac{r_a^2\,\omega}{a}}\right) + iJ_{02}\left(\varrho\sqrt{\frac{r_a^2\,\omega}{a}}\right)\right]$$

an, die sich auch in der Form

$$\vartheta_1(\varrho, t) = A\left[J_{01}\left(\varrho\sqrt{\frac{r_a^2\,\omega}{a}}\right)\cos(\omega t - \varepsilon) + J_{02}\left(\varrho\sqrt{\frac{r_a^2\,\omega}{a}}\right)\sin(\omega t - \varepsilon)\right] +$$
$$+ iA\left[J_{02}\left(\varrho\sqrt{\frac{r_a^2\,\omega}{a}}\right)\cos(\omega t - \varepsilon) - J_{01}\left(\varrho\sqrt{\frac{r_a^2\,\omega}{a}}\right)\sin(\omega t - \varepsilon)\right] \tag{146}$$

schreiben läßt. Durch Vertauschen von $+ i$ mit $- i$ ergibt sich die konjugierte Lösung

$$\vartheta_2(\varrho, t) = A\left[J_{01}\left(\varrho\sqrt{\frac{r_a^2\,\omega}{a}}\right)\cos(\omega t - \varepsilon) + J_{02}\left(\varrho\sqrt{\frac{r_a^2\,\omega}{a}}\right)\sin(\omega t - \varepsilon)\right] -$$
$$- iA\left[J_{02}'\left(\varrho\sqrt{\frac{r_a^2\,\omega}{a}}\right)\cos(\omega t - \varepsilon) - J_{01}\left(\varrho\sqrt{\frac{r_a^2\,\omega}{a}}\right)\sin(\omega t - \varepsilon)\right]. \tag{147}$$

Die Überlagerung der Temperaturfelder von (146) und (147) liefert schließlich das reelle Feld

$$\vartheta(\varrho, t) = \frac{1}{2}\vartheta_1 + \frac{1}{2}\vartheta_2 = A\left[J_{01}\left(\varrho\sqrt{\frac{r_a^2\,\omega}{a}}\right)\cos(\omega t - \varepsilon) + J_{02}\left(\varrho\sqrt{\frac{r_a^2\,\omega}{a}}\right)\sin(\omega t - \varepsilon)\right]. \tag{148}$$

Ferner folgt für das dimensionslose Temperaturgefälle

$$\cdot\frac{\partial\vartheta}{\partial\varrho} = -A\sqrt{\frac{r_a^2\,\omega}{a}}\left[J_{11}^*\left(\varrho\sqrt{\frac{r_a^2\,\omega}{a}}\right)\cos(\omega t - \varepsilon) + J_{12}^*\left(\varrho\sqrt{\frac{r_a^2\,\omega}{a}}\right)\sin(\omega t - \varepsilon)\right]. \tag{149}$$

Hierin bezeichnen J_{11}^* und J_{12}^* abkürzend

$$J_{11}^* = \frac{J_{11} - J_{12}}{\sqrt{2}}; \quad J_{12}^* = \frac{J_{11} + J_{12}}{\sqrt{2}}, \tag{150}$$

Zur Bestimmung der in (148) und (149) noch willkürlichen Amplitude A und der Phase ε dient die Wärmeübergangsbedingung

$$\left(\frac{\partial\vartheta}{\partial\varrho}\right)_{\varrho=1} = -\frac{r_a\,\alpha}{\lambda}(\vartheta - \vartheta_L) \quad \text{für } \varrho = 1, \tag{151}$$

in welcher entsprechend der periodisch zugrunde gelegten Außentemperaturverteilung

$$\vartheta_L = -\vartheta_L^{\max}\cos 2\pi\frac{t}{T} = -\vartheta_L^{\max}\cos\omega t$$

zu setzen ist. Bei Heranziehung der Additionstheoreme der Kreisfunktionen läßt sich ϑ_L auch in der Form

$$\vartheta_L = -\vartheta_L^{\max}\cos[\varepsilon + (\omega t - \varepsilon)] = -\vartheta_L^{\max}[\cos\varepsilon\cos(\omega t - \varepsilon) - \sin\varepsilon\sin(\omega t - \varepsilon)] \tag{152}$$

schreiben. Ferner folgt aus (149) für $\varrho = 1$

$$\left(\frac{\partial\vartheta}{\partial\varrho}\right)_{\varrho=1} = -A\sqrt{\frac{r_a^2\,\omega}{a}}\left[J_{11}^*\left(\sqrt{\frac{r_a^2\,\omega}{a}}\right)\cos(\omega t - \varepsilon) + J_{12}^*\left(\sqrt{\frac{r_a^2\,\omega}{a}}\right)\sin(\omega t - \varepsilon)\right]. \tag{153}$$

Die Berücksichtigung von (152) und (153) in (151) liefert

$$-A\sqrt{\frac{r_a^2\,\omega}{a}}\left[J_{11}^*\left(\sqrt{\frac{r_a^2\,\omega}{a}}\right)\cos(\omega\,t-\varepsilon)-J_{12}^*\left(\sqrt{\frac{r_a^2\,\omega}{a}}\right)\sin(\omega\,t-\varepsilon)\right]+$$

$$+\frac{r_a\,\alpha}{\lambda}A\left[J_{01}\left(\sqrt{\frac{r_a^2\,\omega}{a}}\right)\cos(\omega\,t-\varepsilon)+J_{02}\left(\sqrt{\frac{r_a^2\,\omega}{a}}\right)\sin(\omega\,t-\varepsilon)\right]-$$

$$-\frac{r_a\,\alpha}{\lambda}\vartheta_L^{\max}\left[\cos\varepsilon\cos(\omega\,t-\varepsilon)-\sin\varepsilon\sin(\omega\,t-\varepsilon)\right]=0,$$

oder bei entsprechender Ordnung

$$\left[-A\sqrt{\frac{r_a^2\,\omega}{a}}J_{11}^*\left(\sqrt{\frac{r_a^2\,\omega}{a}}\right)+A\frac{r_a\,\alpha}{\lambda}J_{01}\left(\sqrt{\frac{r_a^2\,\omega}{a}}\right)-\frac{r_a\,\alpha}{\lambda}\vartheta_L^{\max}\cos\varepsilon\right]\cos(\omega\,t-\varepsilon)+$$

$$+\left[-A\sqrt{\frac{r_a^2\,\omega}{a}}J_{12}^*\left(\sqrt{\frac{r_a^2\,\omega}{a}}\right)+A\frac{r_a\,\alpha}{\lambda}J_{02}\left(\sqrt{\frac{r_a^2\,\omega}{a}}\right)+\frac{r_a\,\alpha}{\lambda}\vartheta_L^{\max}\sin\varepsilon\right]\sin(\omega\,t-\varepsilon)=0.\quad(154)$$

Diese Identitätsgleichung kann nur erfüllt werden, wenn jede der beiden eckigen Klammern verschwindet. Dies ergibt

$$\tan\varepsilon_1=\frac{\sqrt{\frac{r_a^2\,\omega}{a}}J_{12}^*\left(\sqrt{\frac{r_a^2\,\omega}{a}}\right)-\frac{r_a\,\alpha}{\lambda}J_{02}\left(\sqrt{\frac{r_a^2\,\omega}{a}}\right)}{-\sqrt{\frac{r_a^2\,\omega}{a}}J_{11}^*\left(\sqrt{\frac{r_a^2\,\omega}{a}}\right)+\frac{r_a\,\alpha}{\lambda}J_{01}\left(\sqrt{\frac{r_a^2\,\omega}{a}}\right)},\quad(155)$$

$$A=\frac{\frac{r_a\,\alpha}{\lambda}\vartheta_L^{\max}\sin\varepsilon}{\sqrt{\frac{r_a^2\,\omega}{a}}J_{12}^*\left(\sqrt{\frac{r_a^2\,\omega}{a}}\right)-\frac{r_a\,\alpha}{\lambda}J_{02}\left(\sqrt{\frac{r_a^2\,\omega}{a}}\right)}\quad(156)$$

Wird der gefundene A-Wert in (148) berücksichtigt, so folgt für das gesuchte Temperaturfeld

$$\frac{\vartheta}{\vartheta_L^{\max}}=-\frac{\left[J_{01}\left(\varrho\sqrt{\frac{r_a^2\,\omega}{a}}\right)\cos(\omega\,t-\varepsilon)+J_{02}\left(\varrho\sqrt{\frac{r_a^2\,\omega}{a}}\right)\sin(\omega\,t-\varepsilon)\right]\sin\varepsilon}{J_{02}\left(\sqrt{\frac{r_a^2\,\omega}{a}}\right)-\frac{\lambda}{r_a\,\alpha}\sqrt{\frac{r_a^2\,\omega}{a}}J_{12}^*\left(\sqrt{\frac{r_a^2\,\omega}{a}}\right)}.\quad(157)$$

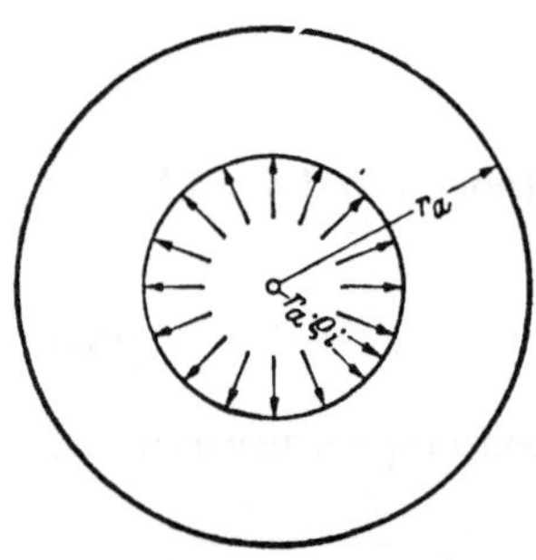

Abb. 30. Bezugssystem für das Temperaturfeld eines unendlich langen zylindrischen Ringkörpers, erzeugt durch periodische Schwankung der Umgebungstemperatur auf die Innenleibung.

3. Wärmetheoretische Grundgleichungen für periodische Außentemperaturschwankungen an der Innenleibung dickwandiger zylindrischer Ringkörper (Abb. 30). Die Wärmeleitungsgleichung ist dieselbe wie im Abschnitt IV B 2. Auch die allgemeine Lösung läßt sich wie dort in Zylinderfunktionen darstellen, jedoch ist entsprechend der vom Innenrande aus verlaufenden Temperaturabklingung die mit J_0 bezeichnete BESSELsche Zylinderfunktion durch eine HANKELsche $H_0^{(1)}$ zu ersetzen. Für diese wird zweckmäßig die gemäß

$$G=\frac{i\,\pi}{2}H^{(1)}\quad(158)$$

mit $H^{(1)}$ verknüpfte GRAYsche Zylinderfunktion benutzt, da für diese sehr weitreichende Zahlentafeln vorhanden sind. Damit erhält man

$$\vartheta(\varrho,t)=B\left[G_{01}\left(\varrho\sqrt{\frac{r_a^2\,\omega}{a}}\right)\cos(\omega\,t-\varepsilon)+G_{02}\left(\varrho\sqrt{\frac{r_a^2\,\omega}{a}}\right)\sin(\omega\,t-\varepsilon)\right],\quad(159)$$

$$\frac{\partial\vartheta}{\partial\varrho}=-B\sqrt{\frac{r_a^2\,\omega}{a}}\left[G_{11}^*\left(\varrho\sqrt{\frac{r_a^2\,\omega}{a}}\right)\cos(\omega\,t-\varepsilon)+G_{12}^*\left(\varrho\sqrt{\frac{r_a^2\,\omega}{a}}\right)\sin(\omega\,t-\varepsilon)\right].\quad(160)$$

Hierin bezeichnen G_{11}^* und G_{12}^* abkürzend

$$G_{11}^* = \frac{G_{11} - G_{12}}{\sqrt{2}} \; ; \quad G_{12}^* = \frac{G_{11} + G_{12}}{\sqrt{2}} \, . \tag{161}$$

B und ε_2 folgen ähnlich wie früher aus der Wärmeübergangsbedingung

$$\frac{\partial \vartheta}{\partial r} = \frac{\alpha}{\lambda} \, (\vartheta - \vartheta_L) \quad \text{für } \varrho = \varrho_i , \tag{162}$$

die nach Einführung von (159) und (160) die Form der Identitätsgleichung

$$\left[-B \sqrt{\frac{r_a^2 \omega}{a}} G_{11}^* \left(\varrho_i \sqrt{\frac{r_a^2 \omega}{a}} \right) - B \frac{r_a \alpha}{\lambda} G_{01} \left(\varrho_i \sqrt{\frac{r_a^2 \omega}{a}} \right) + \frac{r_a \alpha}{\lambda} \vartheta_L^{\max} \cos \varepsilon \right] \cos (\omega t - \varepsilon) +$$

$$+ \left[-B \sqrt{\frac{r_a^2 \omega}{a}} G_{12}^* \left(\varrho_i \sqrt{\frac{r_a^2 \omega}{a}} \right) - B \frac{r_a \alpha}{\lambda} G_{02} \left(\varrho_i \sqrt{\frac{r_a^2 \omega}{a}} \right) - \frac{r_a \alpha}{\lambda} \vartheta_L^{\max} \sin \varepsilon \right] \sin (\omega t - \varepsilon) = 0 \tag{163}$$

annimmt. (163) ist für jeden Wert von t erfüllt, wenn die beiden eckigen Klammern verschwinden. Hieraus folgt

$$\tan \varepsilon = \frac{\sqrt{\frac{r_a^2 \omega}{a}} G_{12}^* \left(\varrho_i \sqrt{\frac{r_a^2 \omega}{a}} \right) + \frac{r_a \alpha}{\lambda} G_{02} \left(\varrho_i \sqrt{\frac{r_a^2 \omega}{a}} \right)}{- \sqrt{\frac{r_a^2 \omega}{a}} G_{11}^* \left(\varrho_i \sqrt{\frac{r_a^2 \omega}{a}} \right) - \frac{r_a \alpha}{\lambda} G_{01} \left(\varrho_i \sqrt{\frac{r_a^2 \omega}{a}} \right)} \, , \tag{164}$$

$$B = \frac{- \frac{r_a \alpha}{\lambda} \vartheta_L^{\max} \sin \varepsilon}{\sqrt{\frac{r_a^2 \omega}{a}} G_{12}^* \left(\varrho_i \sqrt{\frac{r_a^2 \omega}{a}} \right) + \frac{r_a \alpha}{\lambda} G_{02} \left(\varrho_i \sqrt{\frac{r_a^2 \omega}{a}} \right)} \, . \tag{165}$$

Wird der gefundene B-Wert in (159) berücksichtigt, so ergibt sich für das gesuchte Temperaturfeld

$$\frac{\vartheta}{\vartheta_L^{\max}} = - \frac{\left[G_{01} \left(\varrho \sqrt{\frac{r_a^2 \omega}{a}} \right) \cos (\omega t - \varepsilon) + G_{02} \left(\varrho \sqrt{\frac{r_a^2 \omega}{a}} \right) \sin (\omega t - \varepsilon) \right] \sin \varepsilon}{G_{02} \left(\varrho_i \sqrt{\frac{r_a^2 \omega}{a}} \right) + \frac{\lambda}{r_a \alpha} \sqrt{\frac{r_a^2 \omega}{a}} G_{12}^* \left(\varrho_i \sqrt{\frac{r_a^2 \omega}{a}} \right)} \, . \tag{166}$$

V. Chemische Aufheizung und Temperaturausgleich in Betonplatten ohne und mit Berücksichtigung einer zur Zeit $t = 0$ konstanten Übertemperatur ϑ_a.

1. Betrachtungen über die Stoffwerte. In Ermangelung feststehender, ein für allemal gültiger Stoffwerte erscheint es nicht überflüssig, einige Gedanken über ihre Größe und den zu erwartenden Genauigkeitsgrad zwischen den wärmetheoretisch errechneten Werten und der Wirklichkeit voranzustellen.

Die Wärmeübergangszahl α in $\left[\frac{\text{kcal}}{\text{m}^2 \, \text{h} \, ^\circ\text{C}} \right]$ bestimmt sich aus verschiedenen Teileinflüssen wie Wärmeleitung, Wärmemitführung und Wärmestrahlung. Darin treten wieder die Beschaffenheit der Luft, die Windgeschwindigkeit und die Himmelsrichtung mitbestimmend als Veränderliche auf. Dadurch wird es sehr schwierig, einen mit der Wirklichkeit übereinstimmenden α-Wert zu errechnen, so daß man meist auf Versuchsergebnisse angewiesen ist. In den Regeln für die Berechnung des Wärmebedarfs[1] ist für den Wärmeübergang von Luft gegen Beton bei einer Windgeschwindigkeit von etwa $2 \frac{\text{m}}{\text{sek}}$ $\alpha = 20 \frac{\text{kcal}}{\text{m}^2 \, \text{h} \, ^\circ\text{C}}$

---

[1] Regeln für die Berechnung des Wärmebedarfs von Gebäuden und für die Berechnung der Kessel- und Heizkörpergrößen von Heizungsanlagen. E. Schmidt 1929, DIN 4701.

angegeben. Auf Grund von Meßergebnissen an ausgeführten Betonbauten wurde ein um 40% kleinerer Wert, nämlich $\alpha = 12\,\dfrac{\text{kcal}}{\text{m}^2\,\text{h}\,°\text{C}}$ für die nachfolgenden Rechnungen zugrunde gelegt.

Die Wärmeleitzahl λ in $\left[\dfrac{\text{kcal}}{\text{m}^2\,\text{h}\,°\text{C}}\right]$ wird maßgeblich durch den Raumaufbau des Betons beeinflußt, insbesondere durch Kornzusammensetzung, Zuschlagart, Zuschlagform, Zementgehalt und Konsistenz. Je poröser und trockener der Beton ist, um so schlechter ist seine Wärmeleitfähigkeit und um so niedriger λ. Die in der Literatur zu findenden Angaben für die Wärmeleitzahl beruhen meist auf Versuchen an kleineren Probekörpern und bewegen sich um $\lambda = 1$ herum. Sie sind in erster Linie auf Bauglieder geringerer Stärke zugeschnitten, bei denen das Austrocknen verhältnismäßig schnell vor sich geht. Bei großmassigen Betonbauten liegen die λ-Werte, wie man insbesondere aus Meßergebnissen an Staumauern weiß, in der Regel höher, etwa im Bereich von $\lambda = 1,5$ bis $2,5$. Dies ist vor allem, wie schon einleitend betont wurde, auf den großen Feuchtigkeitsgehalt dickwandiger Bauglieder zurückzuführen. Würde man die Wärmeleitzahl nur in Abhängigkeit

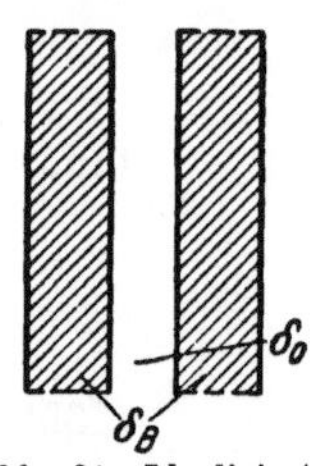

Abb. 31. Idealisierter Querschnitt der Porenanteile in Beton.

von Raumgewicht und Feuchtigkeit betrachten, so könnte auf Grund wärmetechnischer Überlegungen bei völliger Durchnässung und schwersten Zuschlagstoffen der Wert $\lambda = 2,0$ kaum überschritten werden. Wenn trotzdem bei Staumauern höhere Werte gemessen wurden, so ist dies im wesentlichen der mit der Auffüllung des·Staubeckens einsetzenden Durchströmung des Betons zuzuschreiben.

Zur Erläuterung dieser Zusammenhänge möge zunächst für dicke Querschnitte die Wärmeleitfähigkeit von trockenem und nassem Beton einander gegenübergestellt werden. Die Betonmischung sei ziemlich grobkörnig angenommen und Zuschläge und Zement seien im Mittel mit $\lambda = 2,0$ festgelegt. In Abb. 31 sind der Anteil der festen Masse δ_B und der Hohlraumanteil δ_0 schematisch dargestellt. Ferner bedeutet $\lambda_L = 0,02$ die Wärmeleitzahl für Luft und $\lambda_W = 0,5$ die für Wasser. Die Abhängigkeit von der Temperatur soll hier als untergeordnet vernachlässigt und λ konstant angenommen werden.

Die Berücksichtigung der Hohlraumanteile ergibt sich mit den jeweiligen λ-Werten für trockenen Beton

$$\lambda_{\text{trocken}}\,\frac{\lambda_B\,\delta_B + \lambda_L\,\delta_0}{\delta_B + \delta_0}\,,$$

für nassen Beton (wassergesättigt)

$$\lambda_{\text{naß}} = \frac{\lambda_B\,\delta_B + \lambda_W\,\delta_0}{\delta_B + \delta_0}$$

und für das Verhältnis $\lambda_{\text{naß}}/\lambda_{\text{trocken}}$

$$\frac{\lambda_n}{\lambda_t} = \frac{1 + \dfrac{\lambda_W}{\lambda_B}\,\dfrac{\delta_0}{\delta_B}}{1 + \dfrac{\lambda_L}{\lambda_B}\,\dfrac{\delta_0}{\delta_B}}\,.$$

Liegt beispielsweise ein Stampfbeton mit einem Porenanteil von 8 vH vor, so ergibt sich

$$\lambda_{\text{trocken}} = 2,0 \cdot 0,92 + 0,02 \cdot 0,8 = 1,86,$$

$$\lambda_{\text{naß}} = 2,0 \cdot 0,92 + 0,05 \cdot 0,8 = 1,88,$$

$$\frac{\lambda_n}{\lambda_t} = \frac{1,88}{1,86} = 1,01.$$

Auf dieser Rechnungsgrundlage sind somit nur sehr geringe Unterschiede in den λ-Werten zu erwarten.

Erheblich größere Unterschiede ergeben sich bei Mitbetrachtung des Einflusses des Sickerwassers auf die Wärmeleitfähigkeit, wie es bei Schleusen, Staumauern und ähnlichen Wasserbauten in Erscheinung tritt. Für Sickerströmungen in Beton kann mit hinreichender Genauigkeit das DARCYsche Filtergesetz zugrunde gelegt werden, das für eine ebene Durchströmung auf die beiden Bedingungsgleichungen

$$\frac{\partial v_x}{\partial x} + \frac{\partial v_y}{\partial x} = 0, \quad \text{(Kontinuitätsbedingung)}$$

$$\mathfrak{v} = -k \,\text{grad}\left(\frac{p}{\gamma} + z\right) \left[\frac{m}{\text{sek}}\right] \quad \text{(Gleichgewichtsbedingung)}$$

führt. Hierin bezeichnen $\mathfrak{v}$ den Sickergeschwindigkeitsvektor oder die orientierte sekundliche Sickerwassermenge pro Flächeneinheit, v_x und v_y die Komponenten von $\mathfrak{v}$, $\frac{p}{\gamma} + z$ die sogenannte piezometrische Höhe und k die spezifische Durchlässigkeit.

Da eine rechnerische Bestimmung des Wertes von k aussichtslos ist, wird k gewöhnlich auf dem Wege des Versuches bestimmt. Weitere Möglichkeiten der Bestimmung von k liefern Sickerverlustmessungen am Bauwerk selbst. Beispielsweise lauten bei einer Staumauer unter Voraussetzung einer waagerechten Durchströmung und eines näherungsweise überall gleichen Durchlässigkeitsgrades k die DARCY-HATCHschen Gleichungen

$$v_m = k\,\frac{H}{L} = \frac{k}{\gamma}\,\frac{p_w - p_l}{L}\,{}^1.$$

Mit den Bezeichnungen der Abb. 32 ergibt sich für den Dreiecksquerschnitt mit senkrechter Wasserseite bei einem bis zum Rande gefüllten Staubecken und ohne Rückstau

$$p_w = \gamma(H - z), \qquad p_l = 0.$$

Bezeichnet μ das Verhältnis von Basisbreite zu Mauerhöhe, so folgt ferner

$$L = \mu(H - z).$$

Somit erhält man

$$v(x, z) = \frac{k}{\mu} = v_0 = \text{konstant}.$$

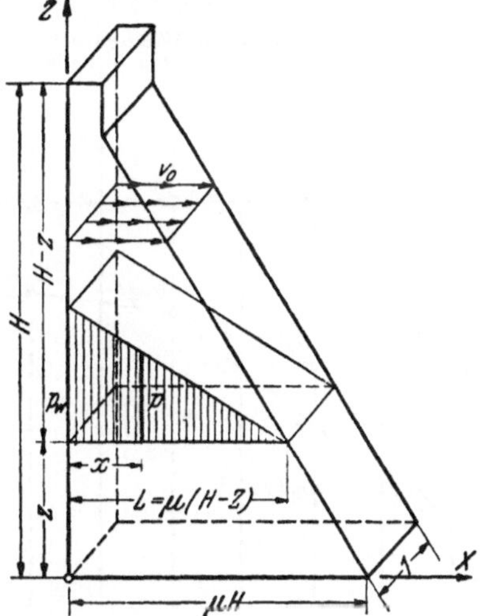

Abb. 32. Querschnitt einer Schwergewichtsmauer zur Untersuchung der Sickerströmung.

Wird v_0 mit der benetzten Fläche F der Staumauer multipliziert, so ergibt sich der Gesamtsickerverlust Q_0 zu

$$Q_0 = \frac{k}{\mu}\,F.$$

Damit ist der Zusammenhang zur Bestimmung der spezifischen Durchlässigkeit k gegeben. Im folgenden sollen die Verhältnisse der Schwarzenbach-Staumauer zum Vergleich herangezogen werden. Die Mauer zeigt bei etwa 400 m Kronenlänge und 60 m Höhe eine parabelförmige Ansichtsfläche von $F = 2/3 \cdot 400 \cdot 60 = 16\,000\ \text{m}^2$. Der gesamte Sickerverlust beträgt auf Grund von Messungen bei Vollstau 1 l/sec, das sind rund 0,225 l/m² h. In diesem Meßergebnis sind aber die Mengen enthalten, die aus Dränage und Entwässerungsleitungen sowie Überwachungsgängen und Prüfschächten hinzukommen. Auch der Einfluß der Fugendurchströmung ist mit einem erheblichen Anteil vertreten. Aus Gegenüberstellungen mit Sondermessungen weiß man, daß die reine Betondurchströmung nur einen Bruchteil von etwa $1/20$ bis $1/30$ des Gesamtwertes beträgt. Eine solche Angabe ist natürlich nur grob, denn die verschiedenen Betongüten oder ausführungstechnischen Besonderheiten wirken sich auf die Durchlässigkeit verschieden aus. Im vorliegenden Beispiel nimmt die Durchlässigkeit den Wert $k = 0{,}01$ l/h an.

---

[1] TÖLKE, FRIEDRICH: Wasserkraftanlagen (Talsperren, Staudämme und Staumauern), Seite 320. Berlin: Springer 1938.

Mit der Kenntnis der spezifischen Durchlässigkeit k gelingt auch die Bestimmung der Wärmeleitzahl λ^* unter Berücksichtigung des konvektiven Anteils. Physikalische Überlegungen führen auf die Gleichung

$$Q = \lambda \frac{\vartheta_1 - \vartheta_2}{d} + \mathfrak{Q}\, c\,(\vartheta_1 - \vartheta_2) = \lambda^* \frac{\vartheta_1 - \vartheta_2}{d},$$

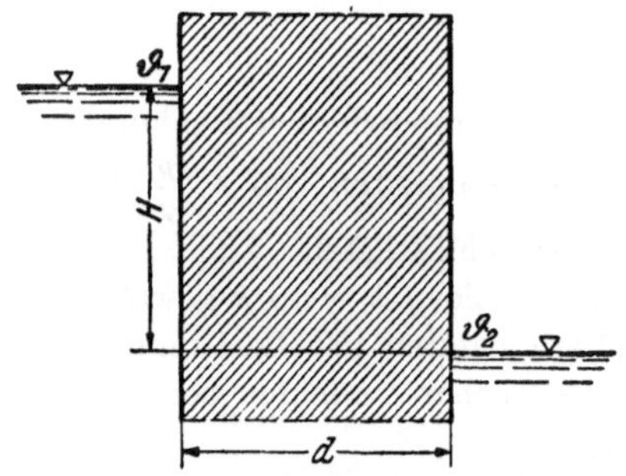

in der

$$Q = \text{Wärmemenge} \left[\frac{\text{kcal}}{\text{m}^2\,\text{h}}\right],$$

$$\mathfrak{Q} = \text{Wasserstrom} \left[\frac{\text{l}}{\text{h}}\right],$$

$$\mathfrak{Q} = k\,\gamma\,\frac{H}{d} = \frac{k\,p}{d}$$

bedeuten (Abb. 33). Durch Auflösung gewinnt man

$$\lambda^* = \lambda + k\,c\,p \quad \left[p = \frac{\text{kg}}{\text{m}^2}\right]$$

oder

$$k = \frac{\lambda^* - \lambda}{c\,p}.$$

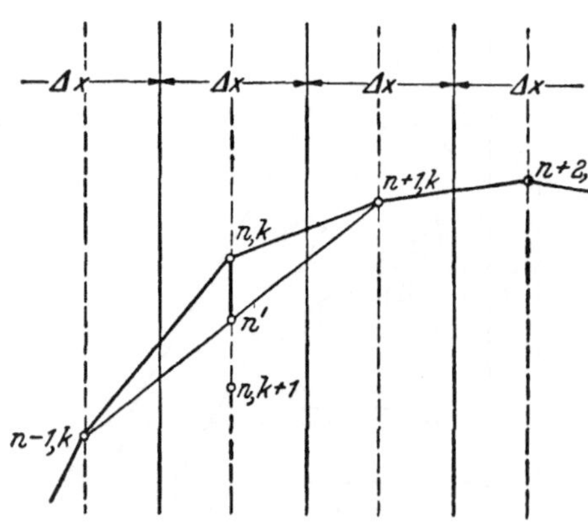

Abb. 33. Wandquerschnitt unter Wasserdruck zur Untersuchung des konvektiven Anteils der Wärmeleitzahl.

Mit den Werten

$$k = 0{,}000\,01 \left[\frac{\text{m}}{\text{h}}\right] \quad \text{und} \quad c = 1 \left[\frac{\text{kcal}}{\text{kg}\,^\circ\text{C}}\right]$$

ergibt sich

H	5	10	20	30	40	50	60	[m]
$\lambda^* - \lambda$	0,05	0,1	0,2	0,3	0,4	0,5	0,6	$\left[\frac{\text{kcal}}{\text{m h}\,^\circ\text{C}}\right]$

Bei einer Druckhöhe von 60 m und einer Wärmeleitfähigkeit von $\lambda_{\text{naß}} = 1{,}9$ errechnet sich $\lambda^* = 2{,}5\,\frac{\text{kcal}}{\text{m h}\,^\circ\text{C}}$. Beim Vorhandensein von Sickerströmungen sind somit erheblich größere Schwankungen in der Wärmeleitzahl zu erwarten.

Abb. 34. Erläuternde Darstellung der Differenzenrechnung (eindimensional).

In Wirklichkeit sind die Verhältnisse erheblich verwickelter, da die sehr langsam verlaufende Wasserströmung das Bestreben hat, sich im Innern dem Temperaturfeld der festen Teile anzugleichen. Demzufolge ist die Temperatur ϑ_2 im zweiten Glied der Wärmeleitungsgleichung eine andere als im ersten. Zur Erzielung einwandfreier Ergebnisse wäre es nötig, die Wechselwirkungen zwischen festen und flüssigen Massenteilen zu berücksichtigen. Die Vorbedingungen hierfür sind aber versuchsweise noch nicht geklärt, so daß es zunächst bei diesem Hinweis verbleiben muß.

Sind genauere Temperaturmessungen vorhanden, so läßt sich die Wärmeleitzahl auch direkt aus der allgemeinen Grundgleichung der Wärmleitung

$$\frac{\partial \vartheta}{\partial t} = \frac{\lambda}{c\,\gamma} \frac{\partial^2 \vartheta}{\partial x^2}$$

bestimmen, die in diesem Falle in eine Differenzengleichung umgeschrieben zu denken ist. Wir beziehen uns hier insbesondere auf eine Arbeit von E. SCHMIDT[1], in der die Bezeichnungen so gewählt sind, daß die Indizes n die Nummern des Längenschnittes und k

[1] SCHMIDT, E.: Über die Anwendung der Differenzenrechnung auf technische Anheiz- und Abkühlungsprobleme. Beiträge zur technischen Mechanik und technischen Physik (FÖPPL-Festschrift). Berlin: Springer 1924. — Einführung in die technische Thermodynamik. Berlin: Springer 1936. — GRÖBER-ERK: Die Grundgesetze der Warmeübertragung. Berlin: Springer 1933.
Anm.: Die Anregung zur Errechnung der Wärmeleitzahlen verdanke ich Herrn Prof. GRÖBER.

die des Zeitschnittes bedeuten. Mit den Bezeichnungen der Abb. 34 ergibt sich dann an der Stelle n der Differenzenquotient nach der Zeit zu

$$\frac{\varDelta \vartheta}{\varDelta t} = \frac{1}{\varDelta t}\,(\vartheta_{n,\,k+1} - \vartheta_{n,\,k})$$

und der Differenzenquotient nach x zu

$$\left(\frac{\varDelta \vartheta}{\varDelta x}\right)_{+} = \frac{1}{\varDelta x}\,(\vartheta_{n+1,\,k} - \vartheta_{n,\,k})$$

bzw. zu

$$\left(\frac{\varDelta \vartheta}{\varDelta x}\right)_{-} = \frac{1}{\varDelta x}\,(\vartheta_{n,\,k} - \vartheta_{n-1,\,k}).$$

Hieraus folgt für den zweiten Differenzenquotienten nach x

$$\frac{1}{\varDelta x}\left[\left(\frac{\varDelta \vartheta}{\varDelta x}\right)_{+} - \left(\frac{\varDelta \vartheta}{\varDelta x}\right)_{-}\right] = \frac{1}{(\varDelta x)^2}\,(\vartheta_{n+1,\,k} - 2\vartheta_{n,\,k} + \vartheta_{n-1,\,k}).$$

Werden in der Wärmeleitungsgleichung die Differentialquotienten durch diese Differenzenquotienten ersetzt, so entsteht die Differenzengleichung

$$\frac{1}{\varDelta t}\,(\vartheta_{n,\,k+1} - \vartheta_{n,\,k}) = \frac{\lambda}{c\,\gamma}\frac{1}{(\varDelta x)^2}\,(\vartheta_{n+1,\,k} - 2\vartheta_{n,\,k} + \vartheta_{n-1,\,k}).$$

Sind in dieser die Temperaturen und die Orts- und Zeitintervalle bekannt, so läßt sich die Wärmeleitzahl berechnen. Man erhält

$$\lambda = c\,\gamma\,\frac{(\varDelta x)^2}{\varDelta t}\,\frac{\vartheta_{n,\,k+1} - \vartheta_{n,\,k}}{\vartheta_{n+1,\,k} - 2\vartheta_{n,\,k} + \vartheta_{n-1,\,k}}\,.$$

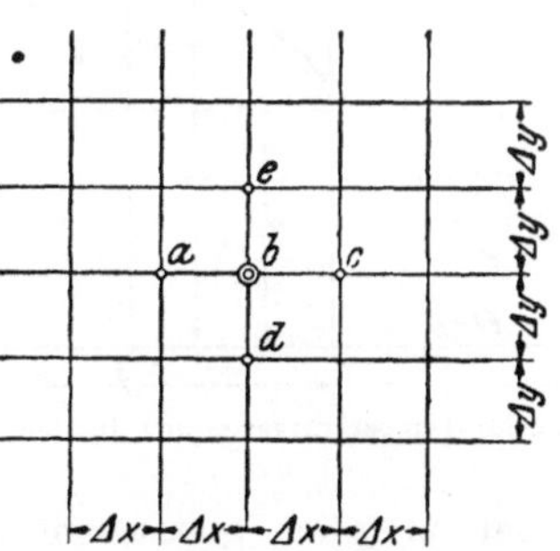

Abb. 35　Netzanordnung zur Differenzenrechnung (zweidimensional).

Dieses Verfahren läßt sich ohne Schwierigkeiten auf ein mehrdimensionales System erweitern. Meistens kann man sich jedoch auf eine zweidimensionale Betrachtung beschränken, da die Abmessungen der Betonbauteile fast immer so beschaffen sind, daß die eine Abmessung gegenüber den beiden anderen sehr groß ausfällt und das Temperaturgefälle in der Richtung der großen Ausdehnung dann gleich Null gesetzt werden kann. Für solche Fälle lautet die Wärmeleitungsgleichung

$$\frac{\partial \vartheta}{\partial t} = \frac{\lambda}{c\gamma}\left(\frac{\partial^2 \vartheta}{\partial x^2} + \frac{\partial^2 \vartheta}{\partial y^2}\right).$$

Bei Anwendung der Differenzenrechnung denkt man sich die Querschnittsfläche mit einem Netz von den Maschenlängen $\varDelta x$ und $\varDelta y$ bedeckt, während die Bezeichnung der Meßstellen entsprechend Abb. 35 vorgenommen wird. Die Änderung der Temperatur des Punktes b für das Zeitintervall $k \ldots k+1$ ergibt sich dann genau wie vor zu

$$\frac{\varDelta \vartheta}{\varDelta t} = \frac{1}{\varDelta t}\,(\vartheta_{b,\,k+1} - \vartheta_{b,\,k}),$$

während sich die zweiten Differenzenquotienten nach x und y gemäß

$$\frac{\varDelta^2 \vartheta}{(\varDelta x)^2} = \frac{1}{(\varDelta x)^2}\,(\vartheta_{a,\,k} - 2\vartheta_{b,\,k} + \vartheta_{c,\,k}),$$

$$\frac{\varDelta^2 \vartheta}{(\varDelta y)^2} = \frac{1}{(\varDelta y)^2}\,(\vartheta_{d,\,k} - 2\vartheta_{b,\,k} + \vartheta_{e,\,k})$$

umschreiben. Mit diesen Ausdrücken geht die Wärmeleitungsgleichung in die Differenzengleichung

$$\frac{1}{\varDelta t}\,(\vartheta_{b,\,k+1} - \vartheta_{b,\,k}) = \frac{\lambda}{c\,\gamma}\left[\frac{1}{(\varDelta x)^2}\,(\vartheta_{a,\,k} - 2\vartheta_{b,\,k} + \vartheta_{c,\,k}) + \frac{1}{(\varDelta y)^2}\,(\vartheta_{d,\,k} - 2\vartheta_{b,\,k} + \vartheta_{e,\,k})\right]$$

über, aus der dann die Wärmeleitzahl zu

$$\lambda = c\,\gamma\,\frac{(\varDelta x)^2\,(\varDelta y)^2}{\varDelta t}\,\frac{\vartheta_{b,\,k+1} - \vartheta_{b,\,k}}{(\varDelta x)^2\,(\vartheta_{d,\,k} - 2\,\vartheta_{b,\,k} + \vartheta_{e,\,k}) + (\varDelta y)^2\,(\vartheta_{a,\,k} - 2\,\vartheta_{b,\,k} + \vartheta_{c,\,k})}$$

folgt. Für den Fall, daß $\varDelta x = \varDelta y$ gewählt wird, vereinfacht sich der Ausdruck zu

$$\lambda = c\,\gamma\,\frac{(\varDelta x)^2}{\varDelta t}\,\frac{\vartheta_{b,\,k+1} - \vartheta_{b,\,k}}{\vartheta_{a,\,k} - 4\,\vartheta_{b,\,k} + \vartheta_{c,\,k} + \vartheta_{d,\,k} + \vartheta_{e,\,k}}\,.$$

Wenn auch die Bestimmung der Wärmeleitzahl aus Temperaturmessungen keine exakte Lösung bietet, so werden doch die Erwartungen, die der Ingenieur an den Genauigkeitsgrad stellt, vollauf erfüllt.

Die dritte hier zu erörtende Stoffkonstante ist die spezifische Wärme $c\,\left[\frac{\text{kcal}}{\text{kg}\,^\circ\text{C}}\right]$. Ähnlich wie die Wärmeleitzahl hängt auch sie von der Porosität, der Feuchtigkeit und dem Raumgewicht des Betons ab und unterliegt daher gewissen Schwankungen. Unter Zugrundelegung eines Raumgewichtes von $\gamma = 2300\;\text{kg/m}^3$ ist sie mit $c = 0{,}27$ in die Zahlenrechnung eingeführt worden.

2. Erläuterungen zur rechnerischen Untersuchung. Um die sich im Beton entwickelnde Wärme möglichst niedrig zu halten und für den Beton unschädlich zu machen, bedient

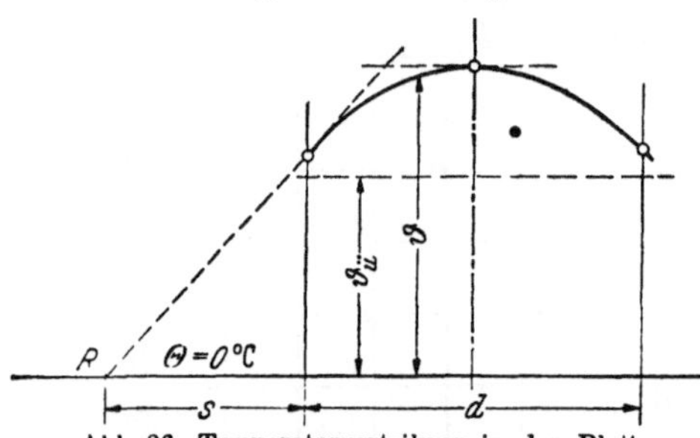

Abb. 36. Temperaturverteilung in der Platte.

man sich zuweilen künstlicher Kühlmaßnahmen. Um solche Fälle mit einzuschließen, ist der Ausgangszustand für die Untersuchungen so gewählt worden, daß zur Zeit $t = 0$ (Augenblick der Zeit der Betonherstellung) zwischen der Randtemperatur und der Körpertemperatur ein Unterschied von ϑ_u° besteht. Zur Vereinfachung der Rechnung wurde der Temperaturhorizont der Randtemperatur auf 0°C gelegt, was im übrigen der Temperatur der Kühlungsflüssigkeit, die sich in der Regel zwischen 0 und 3° bewegt, ziemlich genau entspricht. Es ist natürlich nachträglich stets möglich, den Temperaturhorizont beliebig zu heben oder zu senken, indem eine entsprechende Abszissenverschiebung des gesamten Temperaturfeldes vorgenommen wird.

Um den Verlauf der Betontemperatur ϑ über die Plattendicke darzustellen, empfiehlt es sich nach GRÖBER[1], unter Einführung der relativen Wärmeübergangszahl

$$\frac{\alpha}{\lambda} = h \quad [\text{m}^{-1}]$$

einen Richtpunkt R (Abb. 36) zu errechnen, der im Abstand

$$s = \frac{1}{h} = \frac{\lambda}{\alpha} \quad [\text{m}]$$

von der Plattenaußenfläche liegt. Ist die Oberflächentemperatur und die der Plattenmittelebene errechnet, so ergibt sich das Temperaturgefälle an der Oberfläche, d. h. die Tangentenrichtung der $\vartheta(x)$-Kurve durch geradlinige Verbindung der Ordinate der Oberflächentemperatur mit R; im Mittelschnitt der Platte ist das Temperaturgefälle aus Symmetriegründen null, d. h. die Tangente der $\vartheta(x)$-Kurve ist waagerecht. Wie die Abbildung erkennen läßt, ist es mit diesen vier Bestimmungsstücken leicht möglich, die $\vartheta(x)$-Kurven hinreichend genau zu zeichnen.

Außerdem besteht natürlich die Möglichkeit der punktweisen Berechnung der $\vartheta(x)$-Kurven, von der wegen der größeren Genauigkeit gerade für die vorliegenden Untersuchungen weitgehend Gebrauch gemacht wurde.

Die Rechnung hat gezeigt, daß im Bereiche des thermischen Anlaufs der Einfluß der konstanten Außentemperatur stellenweise von ausschlaggebender Bedeutung ist, so daß theoretisch sehr viele Glieder der Reihe ermittelt werden mußten. Angesichts der Unmög-

---

[1] a. a. O. GRÖBER-ERK: S. 12—13.

lichkeit, hinreichend viele Reihenglieder zu berücksichtigen, liegen die „errechneten" Temperaturen sehr dicker Platten in den ersten Tagen manchmal oberhalb der Werte der chemischen Aufheizung im isolierten Körper, was praktisch natürlich nicht möglich ist. In solchen Fallen können die betreffenden Temperaturwerte ϑ in genügender Annäherung durch den Grenzwert der chemischen Aufheizung im isolierten Körper ersetzt werden. Entsprechend wurde auch beim Zeichnen der Kurven verfahren.

Aus Konvergenzgründen wurde die Genauigkeit der Rechnung teilweise so weit getrieben, bis die Reihenglieder für die Plattendicken

$$d = 0{,}10; \quad 0{,}50; \quad 1{,}00 \quad \text{und} \quad 1{,}50 \text{ m}$$

einen Wert von

$$e^{-\frac{a}{(d/2)^2}\, t\varphi_n^2} = 0{,}000\,005 \sim 0{,}000\,01$$

und für die Plattendicken

$$d = 3{,}00; \quad 6{,}00; \quad 10{,}00 \quad \text{und} \quad 50{,}00 \text{ m}$$

einen Wert von

$$e^{-\frac{a}{(d/2)^2}\, t\varphi_n^2} = 0{,}000\,05 \sim 0{,}000\,1$$

ergaben. Für die praktische Rechnung ist eine solche Genauigkeit natürlich als weit übertrieben zu bezeichnen.

Anschließend sind unter Einhaltung der beiden vorerwähnten Genauigkeitsgrade die Zeiten für den Wärmeausgleich von Platten verschiedener Stärken zusammengestellt. Man kann z. B. daraus erkennen, daß bei dem Absinken der Genauigkeit um nur eine Kommastelle der zeitliche Unterschied bei der 100 m dicken Platte und $\lambda = 1{,}0$ bereits 170 Jahre ausmacht. Wie schon erwähnt, haben diese Feststellungen nur theoretischen Wert. Da sich der Warmeausgleich durch asymptotische Annäherung an die Anfangstemperatur vollzieht, so würde man für die Berechnung von Temperaturspannungen den „praktischen Wärmeausgleich" an einen viel früheren Zeitpunkt verlegen.

Zahlentafel 4.

d (m)	λ	t_1 (Tage)	t_2 (Tage)	d (m)	λ	t_1 (Tage)	t_2 (Tage)
0,10	2,5	1,4	1,2	5,0	2,5	528	427
	2,0	1,5	1,2		2,0	643	520
	1,5	1,5	1,2		1,5	836	676
	1,0	1,6	1,3		1,0	1220	987
0,50	2,5	9,4	7,6	10,0	2,5	1393	1127
	2,0	10,1	8,2		2,0	1711	1384
	1,5	11,4	9,2		1,5	2247	1817
	1,0	13,9	11,3		1,0	3312	2679
1,00	2,5	25,0	20,0	25,0	2,5	8294	6708
	2,0	28,0	23,0		2,0	10299	8330
	1,5	33,0	27,0		1,5	13640	11032
	1,0	44,0	35,0		1,0	20319	16434
1,50	2,5	46,0	38,0	50,0	2,5	32628	26392
	2,0	54,0	43,0		2,0	40625	32858
	1,5	65,0	53,0		1,5	54014	43688
	1,0	90,0	72,0		1,0	80786	65341
3,00	2,5	150,0	121,0	100,0	2,5	129435	104690
	2,0	176,0	142,0		2,0	161536	130654
	1,5	222,0	179,0		1,5	215008	173904
	1,0	319,0	258,0		1,0	322010	260450

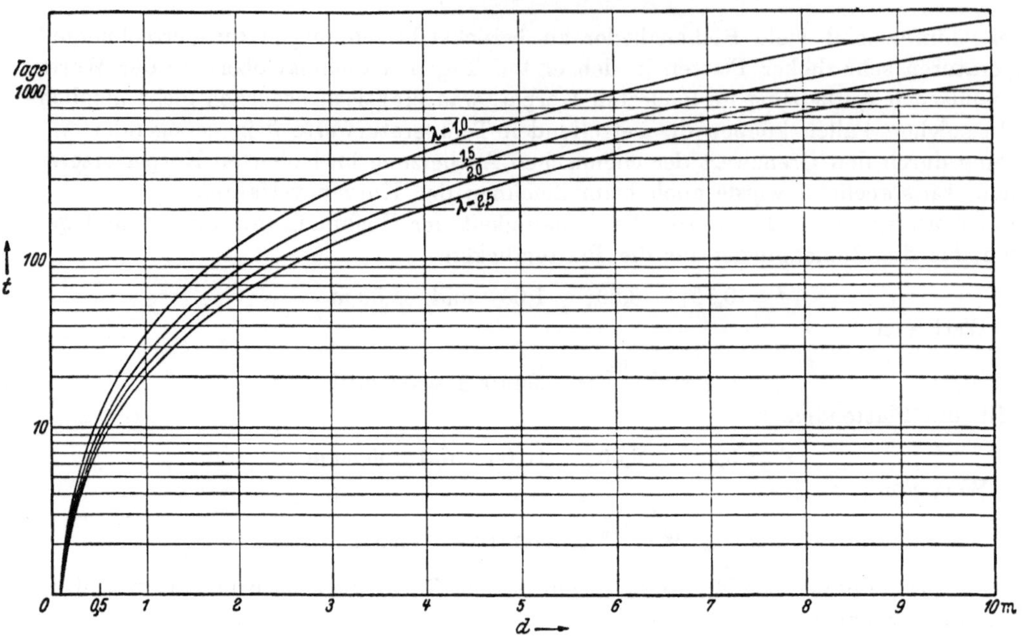

Abb. 37. Völliger Wärmeausgleich der Betontemperatur mit der der Umgebung, bezogen auf einen Temperaturhorizont von 0° C (logarithmischer Zeitmaßstab). Plattendicke bis 10 m.

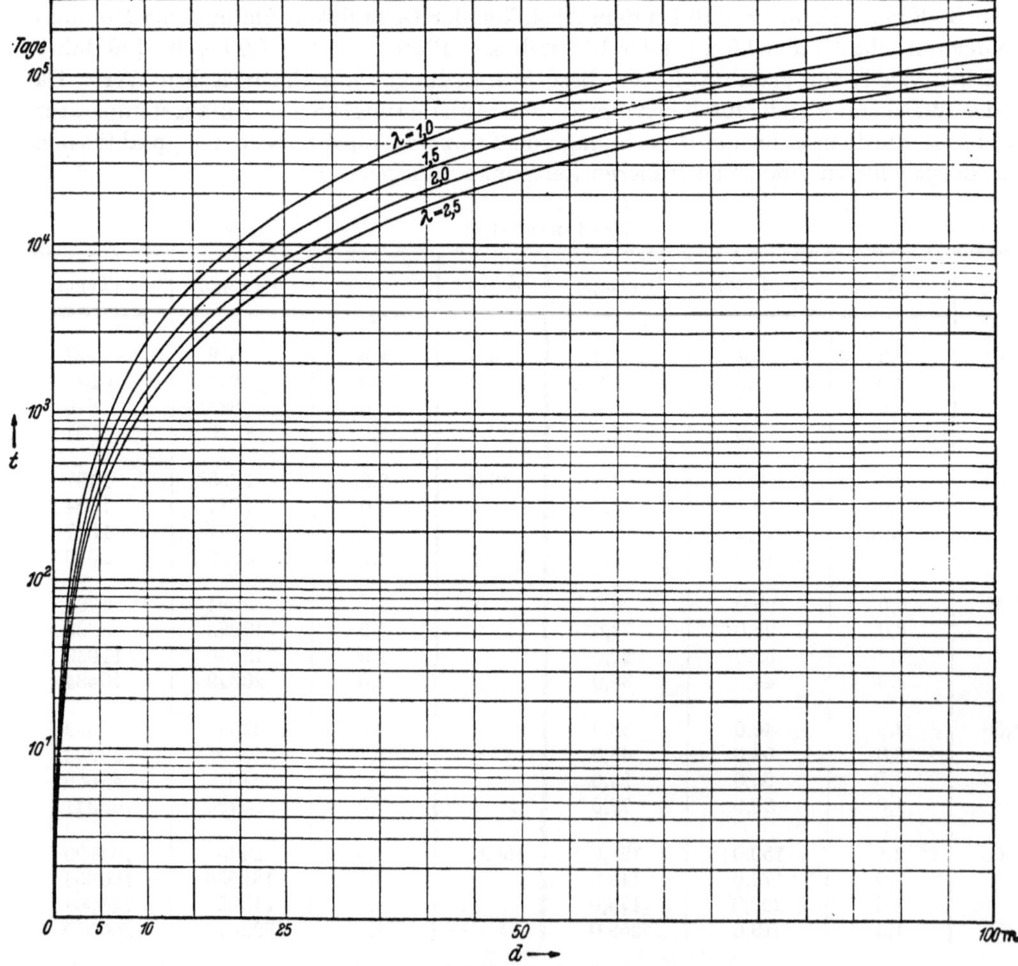

Abb. 38. Völliger Wärmeausgleich der Betontemperatur mit der der Umgebung, bezogen auf einen Temperaturhorizont von 0° C (logarithmischer Zeitmaßstab). Plattendicke bis 100 m.

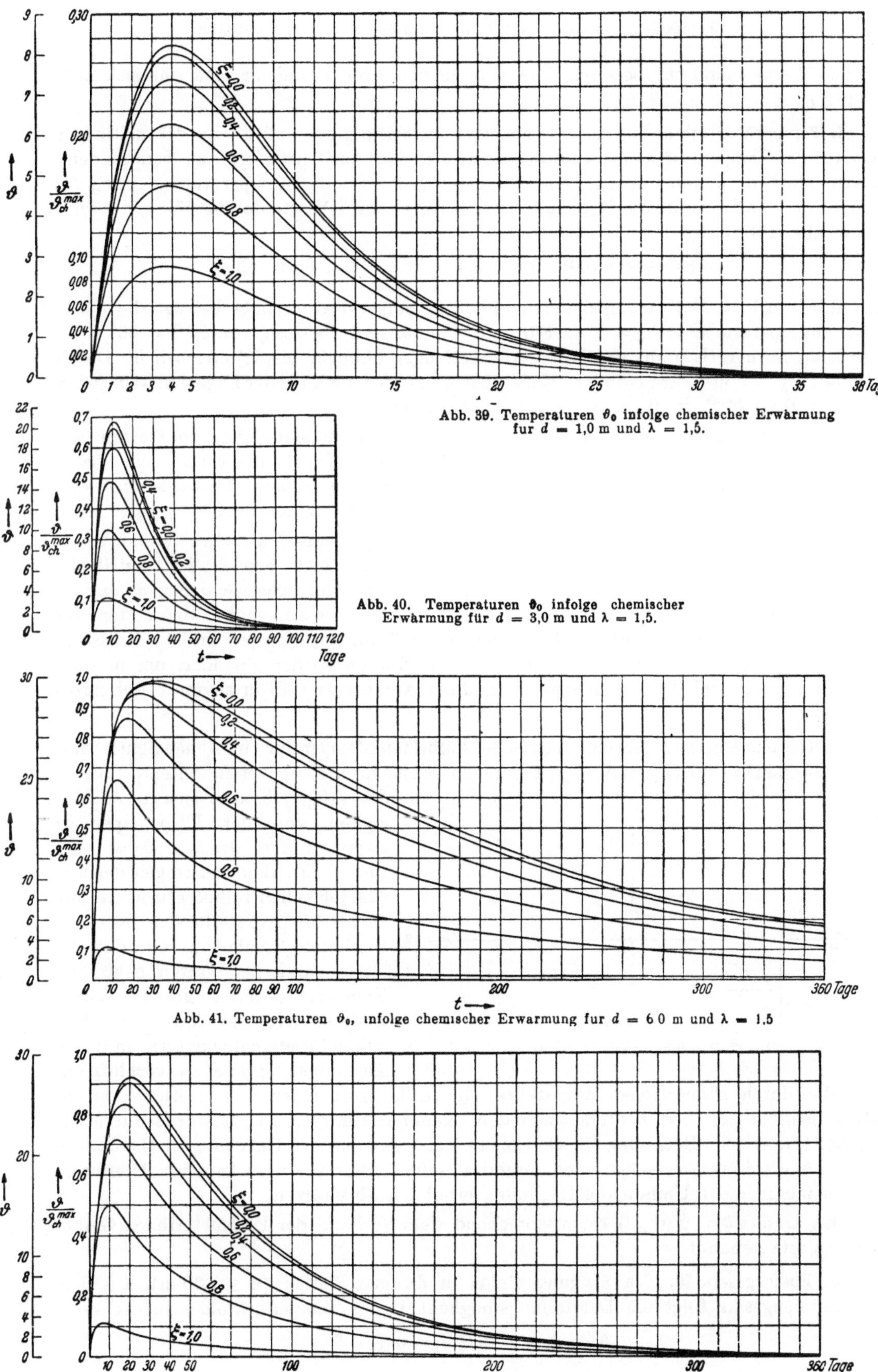

Abb. 39. Temperaturen ϑ_0 infolge chemischer Erwärmung
fur $d = 1,0$ m und $\lambda = 1,5$.

Abb. 40. Temperaturen ϑ_0 infolge chemischer
Erwärmung für $d = 3,0$ m und $\lambda = 1,5$.

Abb. 41. Temperaturen ϑ_0, infolge chemischer Erwärmung fur $d = 6\,0$ m und $\lambda = 1,5$

Abb. 42. Temperaturen ϑ_0, infolge chemischer Erwärmung fur $d = 10,0$ m und $\lambda = 1,5$.

Die Werte t sind zur besseren Übersicht in den Abb. 37 und 38 logarithmisch aufgetragen.

3. Temperaturverlauf aus reiner chemischer Aufheizung ($\vartheta_u = 0$). Um den zeitlichen Verlauf der Temperatur kennenzulernen, erwies es sich zunächst als nötig, verschiedene Plattenstärken zu untersuchen. Zur genaueren Kenntnis der Temperaturverteilung im Innern der Platte wurde die Rechnung jeweils für sieben ξ-Werte durchgeführt, die (vgl. auch Abb. 16) gemäß

$$\xi = \frac{x}{d/2} = 0{,}0; \quad 0{,}2; \quad 0{,}4; \quad 0{,}5; \quad 0{,}6; \quad 0{,}8; \quad 1{,}0$$

gewählt wurden. Entsprechend der Wahl des Temperaturhorizonts beträgt die Oberflächentemperatur $\Theta = \vartheta_u = 0°\,C$. Für eine chemische Aufheizung von $\vartheta_{ch}^{max} = 30°\,C$ ist der Temperaturverlauf aus den Kurvendarstellungen (Abb. 39 bis 42) ersichtlich. Durch eine auf $\vartheta_{ch}^{max} = 30°\,C$ abgestimmte Maßstabsverzerrung ist man in der Lage, auch für jeden anderen Wert ϑ_{ch}^{max} die Betontemperatur ϑ abzulesen.

Der Zweck dieser vier Abbildungen liegt in der Gegenüberstellung von Platten verschiedener Dicke unter sonst gleichen Voraussetzungen. Um für die 1,0 m dicke Platte überhaupt noch etwas ablesen zu können, mußte hier in größerer Maßstab als in den Abb. 40—42 gewählt werden, da sonst das Bild nur etwa 13 mm hoch geworden wäre.

Aus den Kurven der soeben erwähnten Abbildungen mit ξ als Parameter erkennt man, daß die Temperaturen, solange ihr Größtwert noch nicht erreicht ist, verhältnismäßig dicht beieinander liegen. Bei den dicken Platten schmiegen sie sich ganz eng an die Kurve der chemischen Aufheizung im isolierten Körper an, so daß die letztere für einen gewissen Zeitabschnitt die Einhüllende der Temperaturkurven bildet. Nach der Überschreitung des Maximums nähern sich die Kurven wieder einander, um mit zunehmender Zeit schließlich dem Wärmestand der Anfangstemperatur asymptotisch zuzustreben.

4. Geradliniengesetz für die chemische Aufheizungstemperatur in Abhängigkeit von einer konstanten Übertemperatur ϑ_u. Die rechnerische Ermittlung der Betontemperaturen $\vartheta = f(\vartheta_u, t)$ bewegt sich in Abhängigkeit von der Übertemperatur zwischen den Grenzen $\vartheta_u = -50$ und $+50°$. Beim Auftragen der aus (20) folgenden Temperaturwerte mit ϑ_u als Abszisse stellte sich das überraschende Ergebnis heraus, daß die zu konstanten t-Werten gehörigen Temperaturkurven gerade Linien bildeten (Abb. 43 und später 59).

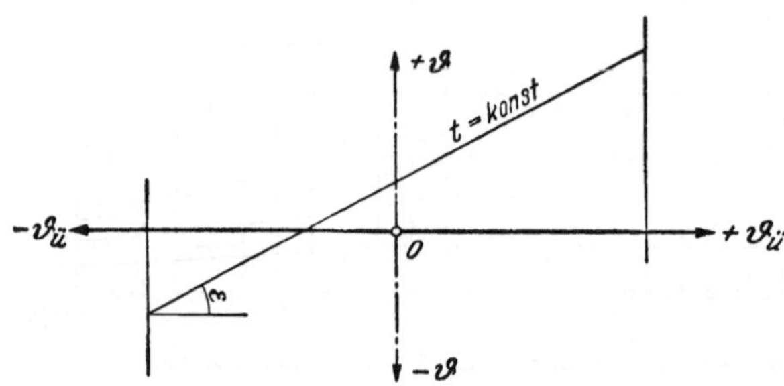

Abb. 43. Geradliniengesetz für konstante Zeiten.

Diese Gesetzmäßigkeit war in ihrem Genauigkeitsgrade so verblüffend, daß die durch Proportionen angestellte Kontrolle trotz einer langen Zwischenrechnung noch in der vierten Stelle nach dem Komma stimmte. Damit wurde durch die genaue numerische Rechnung ein Gesetz entdeckt, das aus der Gleichung mathematisch nicht ohne weiteres zu ersehen oder zumindest sehr schwer zu entwickeln ist. Hierdurch war es möglich, den Umfang der Rechnung erheblich abzukürzen.

Das Gesetz $\vartheta = \vartheta(\vartheta_u, t)$ sei entsprechend dem Verlaufe der Parameterlinien Geradliniengesetz genannt.

5. Potenzgesetz für den Steigungswinkel in dünnen Platten ($d \leq 1{,}00$ m). Aus dem Geradliniengesetz folgt die Darstellungsmöglichkeit des Temperaturfeldes in der Form

$$\vartheta(\vartheta_u, \xi, t) = \vartheta_0(\xi, t) + \varphi(\xi, t)\,\vartheta_u. \tag{1}$$

Hierin bezeichnet gemäß Abb. 43 $\vartheta_0\,(\xi, t)$ das Temperaturfeld für $\vartheta_u = 0$. Um die für $\vartheta_{ch}^{max} = 30°\,C$ durchgeführte Rechnung auch für andere ϑ_{ch}^{max}-Werte nutzbar zu machen, sei fortan ϑ durch die dimensionslose Veränderliche $\overline{\vartheta} = \vartheta / \vartheta_{ch}^{max}$ ersetzt. Bezeichnet man weiter den Tangentenwinkel der Geraden $\vartheta = \vartheta(\vartheta_u, t)$ mit ε, so folgt das Temperaturfeld in der Form

$$\vartheta\,(\vartheta_u, \xi, t) = \overline{\vartheta}\,(0, \xi, t)\,\vartheta_{ch}^{max'} + \vartheta_u\,\tan g\,\varepsilon\,(\xi, t). \tag{2}$$

Betrachtet man nun den Verlauf von tang ε in Abhängigkeit von der Zeit unter Zugrundelegung logarithmischer Maßstabe (Abb. 44), so ergeben sich, wenigstens für Plattenstarken

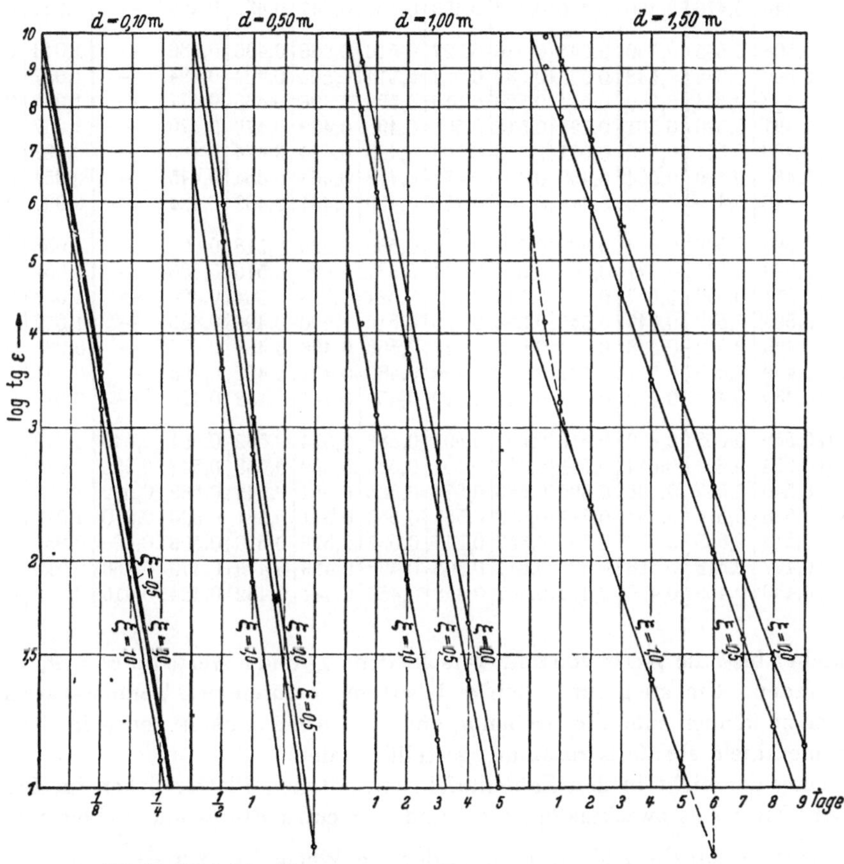

Abb 44. Faktor der Übertemperatur in Form von log tang ε für $d = 1{,}0$ m.

bis hinauf zu 1 m, für die einzelnen ξ-Werte stets gerade Linien. Es besteht also das weitere Geradliniengesetz

$$\tan g\,\varepsilon = \mu_1\,\mu_2^t \quad (t = \text{Anzahl der Tage}). \tag{3}$$

Die Kennzahlen μ_1 und μ_2 können aus den gemäß

$$\log\,\tan g\,\varepsilon = \log\mu_1 + t\,\log\mu_2$$

logarithmisch aufgetragenen tang ε (t)-Kurven unmittelbar als Ordinate und Steigung an der Stelle $t = 0$ entnommen werden. Bezüglich der Abhängigkeit der Kennzahlen von ξ zeigt sich, daß μ_2 als praktisch unabhängig von ξ angesehen werden kann, selbstverstandlich unter der Voraussetzung gleichbleibender λ-Werte (Abb. 44).

Auf Grund dieser einfachen Gesetzmäßigkeiten war es möglich, für Platten bis zu 1 m Dicke das Temperaturfeld weitgehend in Zahlentafeln zu erfassen. So können aus

Zahlentafel 5.
$$d = 0,10\,\text{m}.$$

λ	ξ $\diagdown$ t	$^1/_8$	$^1/_4$	$^3/_8$	$^1/_2$	$^5/_8$	$^3/_4$	$^7/_8$	1	$1^1/_8$	$1^1/_4$	$1^3/_8$	$1^1/_2$	μ_1	μ_2
2,5	0,0	0,377	0,499	0,533	0,538	0,532	0,523	0,514	0,504	0,494	0,484	0,474	—	1,037	0,3423
	0,2	0,375	0,496	0,530	0,535	0,529	0,521	0,511	0,501	0,491	0,481	0,472	—	1,026	0,3423
	0,4	0,372	0,491	0,525	0,529	0,524	0,515	0,506	0,496	0,486	0,477	0,467	—	1,019	0,3423
	0,5	0,368	0,486	0,519	0,524	0,519	0,510	0,501	0,491	0,481	0,472	0,462	—	1,008	0,3423
	0,6	0,361	0,478	0,511	0,516	0,510	0,502	0,493	0,483	0,474	0,464	0,455	—	0,996	0,3423
	0,8	0,350	0,463	0,495	0,499	0,494	0,486	0,477	0,468	0,459	0,450	0,441	—	0,965	0,3423
	1,0	0,337	0,446	0,476	0,480	0,475	0,468	0,459	0,450	0,441	0,432	0,424	—	0,924	0,3423
2,0	0,0	0,382	0,508	0,545	0,550	0,545	0,536	0,527	0,516	0,506	0,496	0,486	—	1,043	0,3493
	0,2	0,380	0,506	0,542	0,548	0,543	0,534	0,524	0,514	0,504	0,494	0,484	—	1,037	0,3493
	0,4	0,375	0,498	0,534	0,540	0,534	0,526	0,516	0,506	0,496	0,486	0,477	—	1,020	0,3493
	0,5	0,368	0,491	0,526	0,531	0,526	0,518	0,508	0,498	0,489	0,479	0,470	—	1,007	0,3493
	0,6	0,366	0,486	0,521	0,526	0,521	0,513	0,503	0,493	0,484	0,474	0,465	—	0,992	0,3493
	0,8	0,350	0,466	0,499	0,504	0,499	0,491	0,482	0,473	0,464	0,454	0,445	—	0,954	0,3493
	1,0	0,334	0,443	0,475	0,480	0,475	0,467	0,459	0,450	0,441	0,432	0,424	—	0,904	0,3493
1,5	0,0	0,392	0,526	0,566	0,574	0,569	0,560	0,550	0,539	0,529	0,518	0,508	—	1,058	0,3606
	0,2	0,390	0,523	0,564	0,571	0,566	0,557	0,544	0,537	0,526	0,516	0,506	—	1,051	0,3606
	0,4	0,378	0,511	0,550	0,557	0,553	0,544	0,534	0,524	0,514	0,504	0,494	—	1,029	0,3606
	0,5	0,375	0,503	0,542	0,549	0,545	0,536	0,526	0,516	0,506	0,496	0,486	—	1,012	0,3606
	0,6	0,368	0,493	0,532	0,538	0,534	0,526	0,516	0,506	0,496	0,486	0,477	—	0,992	0,3606
	0,8	0 349	0,469	0,505	0,511	0,507	0,499	0,490	0,480	0,471	c,462	0,453	—	0,941	0,3606
	1,0	0,328	0,439	0,473	0,479	0,475	0,467	0,459	0,450	0,441	0,432	0,424	—	0,877	0,3606
1,0	0,0	0,410	0,559	0,608	0,619	0,616	0,607	0,597	0,585	0,574	0,562	0,551	0,540	1,079	0,3829
	0,2	0,406	0,554	0,603	0,614	0,611	0,602	0,591	0,580	0,569	0,558	0,547	0,536	1,069	0,3829
	0,4	0,397	0,540	0,587	0,598	0,595	0,586	0,576	0,565	0,554	0,543	0,532	0,522	1,036	0,3829
	0,5	0,388	0,528	0,574	0,584	0,581	0,573	0,563	0,552	0,541	0,531	0,520	0,510	1,013	0,3829
	0,6	0,377	0,513	0,558	0,568	0,565	0,557	0,547	0,537	0,526	0,516	0,506	0,496	0,984	0,3829
	0,8	0,351	0,477	0,518	0,528	0,525	0,517	0,508	0,498	0,489	0,479	0,470	0,460	0,912	0,3829
	1,0	0,317	0,430	0,468	0,476	0,473	0,467	0,458	0,450	0,441	0,432	0,424	0,415	0,822	0,3829

den Zahlentafeln 5 bis 7 die Werte von $\bar{\vartheta}$ für verschiedene λ- und t-Werte für $\Theta = \vartheta_u = 0°\text{C}$ entnommen werden. Um auch fur beliebige Übertemperaturen den Temperaturverlauf schnell angeben zu können, sind die Größen μ_1 und μ_1 in Abhängigkeit von ξ in den vorerwähnten Zahlentafeln ebenfalls zusammengestellt worden.

Zur Erfassung der nicht in den Zahlentafeln enthaltenen Plattendicken im Bereich von 0,10 bis 1,00 m ist es zweckmäßig, für λ und $\xi = $ const die ϑ- und μ-Werte aufzutragen. Als Beispiel soll die Abb. 45 dienen, der die Werte $\lambda = 2,5\,\dfrac{\text{kcal}}{\text{m h °C}}$ und $\xi = 0,5$ zugrunde liegen. Der Gebrauch dieser Schaubilder ist sehr einfach. Abb. 45a liefert für $\vartheta_u = 0°\,\text{C}$ die Temperatur ϑ bzw. $\bar{\vartheta}$. In Abb. 45b kann man für jede Plattenstärke zwischen 0,10 und 1,00 m die Werte μ_1 und μ_2 abgreifen.

Beispiel 1. Der Beton einer 1 m dicken Platte sei bei einer Übertemperatur von $\vartheta_u = 50°\,\text{C}$ eingebracht worden. Die Wärmeentwicklung beim Abbinden entspreche einer chemischen Aufheizung im isolierten Raum von $\vartheta_{ch}^{max} = 30°\,\text{C}$. Wie groß ist unter Zugrundelegung einer Wärmeleitzahl $\lambda = 1,5$ die Temperatur in Plattenmitte nach 5 Tagen?

Aus der Zahlentafel entnehmen wir für $\vartheta_u = 0$ zunächst für $\xi = 0,0$ und $t = 5$ die Temperatur

$$\vartheta_0 = 8{,}038°\text{C}.$$

Ferner liefert die zu $\lambda = 1,5$ gehörige Zahlentafel 7 fur μ_1 und μ_2 an der Stelle $\xi = 0$ die Werte

$$\mu_1 = 1{,}229, \quad \mu_2 = 0{,}6893.$$

Zahlentafel 6.
$$d = 0,50\,\mathrm{m}.$$

λ	$\xi \backslash t$	$^1/_2$	1	2	3	4	6	8	10	12	μ_1	μ_2
2,5	0,0	1,878	2,731	3,079	2,828	2,466	1,807	1,314	—	—	1,135	0,2717
	0,2	1,854	2,692	3,033	2,785	2,428	1,780	1,294	—	—	1,116	0,2717
	0,4	1,778	2,572	2,893	2,656	2,315	1,697	1,234	—	—	1,059	0,2717
	0,5	1,723	2,484	2,791	2,561	2,232	1,636	1,189	—	—	1,017	0,2717
	0,6	1,650	2,373	2,663	2,443	2,129	1,561	1,134	—	—	0,967	0,2717
	0,8	1,463	2,091	2,340	2,146	1,870	1,370	0,996	—	—	0,843	0,2717
	1,0	1,128	1,721	1,923	1,763	1,536	1,126	0,818	—	—	0,689	0,2717
2,0	0,0	1,937	2,875	3,324	3,094	2,715	1,998	1,454	1,056	—	1,154	0,2990
	0,2	1,910	2,829	3,268	3,041	2,668	1,964	1,429	1,038	—	1,132	0,2990
	0,4	1,825	2,687	3,097	2,881	2,527	1,860	1,353	0,982	—	1,066	0,2990
	0,5	1,757	2,578	2,967	2,759	2,419	1,781	1,295	0,941	—	1,017	0,2990
	0,6	1,677	2,449	2,812	2,614	2,292	1,687	1,227	0,891	—	0,957	0,2990
	0,8	1,457	2,109	2,412	2,240	1,963	1,445	1,051	0,763	—	0,812	0,2990
	1,0	1,157	1,666	1,901	1,764	1,546	1,137	0,827	0,601	—	0,635	0,2990
1,5	0,0	2,018	3,084	3,705	3,525	3,129	2,323	1,693	1,230	—	1,175	0,3418
	0,2	1,985	3,025	3,630	3,453	3,064	2,275	1,658	1,205	—	1,148	0,3418
	0,4	1,887	2,852	3,409	3,239	2,874	2,133	1,555	1,130	—	1,068	0,3418
	0,5	1,811	2,729	3,242	3,079	2,731	2,027	1,477	1,073	—	1,007	0,3418
	0,6	1,714	2,558	3,040	2,884	2,557	1,898	1,383	1,005	—	0,938	0,3418
	0,8	1,453	2,137	2,522	2,389	2,117	1,571	1,145	0,832	—	0,765	0,3418
	1,0	1,081	1,577	1,855	1,755	1,555	1,153	0,840	0,610	—	0,557	0,3418
1,0	0,0	2,122	3,407	4,370	4,333	3,946	2,998	2,200	1,602	1,164	1,213	0,4151
	0,2	2,089	3,336	4,268	4,228	3,850	2,924	2,146	1,562	1,135	1,179	0,4151
	0,4	1,979	3,115	3,957	3,913	3,560	2,703	1,983	1,444	1,049	1,078	0,4151
	0,5	1,891	2,946	3,724	3,677	3,343	2,538	1,862	1,355	0,985	1,004	0,4151
	0,6	1,779	2,738	3,440	3,391	3,081	2,337	1,715	1,248	0,907	0,916	0,4151
	0,8	1,453	2,182	2,708	2,659	2,413	1,829	1,341	0,976	0,709	0,702	0,4151
	1,0	0,969	1,432	1,762	1,726	1,564	1,185	0,869	0,633	0,460	0,448	0,4151

Damit folgt der gesuchte Temperaturwert zu

$$\vartheta = \vartheta_0 + \vartheta_u\,\mu_1\,\mu_2^t$$
$$\vartheta = 8,038 + 50 \cdot 1,229 \cdot 0,6893^5 = 17,6^\circ\mathrm{C}.$$

Beträgt die Umgebungstemperatur nicht 0°, sondern 5° C, so vergrößert sich der Ordinatenwert entsprechend zu

$$\vartheta = 17,6 + 5,0 = 22,6^\circ\mathrm{C}.$$

Beispiel 2. Es ist die Maximaltemperatur im Viertelpunkt einer 0,50 m dicken Betonplatte unter Zugrundelegung einer anfänglichen Übertemperatur $\vartheta_u = 50^\circ$ C und einer Wärmeleitzahl $\lambda = 2,5\ \dfrac{\mathrm{kcal}}{\mathrm{m\,h\,^\circ C}}$ zu bestimmen.

Aus der Abb. 45a lesen wir zunächst für $\vartheta_u = 0$ die Maximaltemperatur $\vartheta_0^{\max} = 2,8^\circ$ C ab, die, wie man sieht, nach 2 Tagen auftritt. Ferner entnehmen wir der Abb. 45 b

$$\mu_1 = 1,017 \quad \text{und} \quad \mu_2 = 0,272.$$

Damit wird

$$\vartheta_{\max} = 2,8 + 50 \cdot 1,017 \cdot 0,272^2$$
$$\vartheta_{\max} = 2,8 + 3,8 = 6,6^\circ\mathrm{C}.$$

Würde die maximale chemische Aufheizuug statt $\vartheta_{ch}^{\max} = 30^\circ$ C nur 25° C betragen, so wäre

$$\vartheta_{\max} = \frac{25}{30} \cdot 2,8 + 3,8 = 6,1^\circ\mathrm{C}.$$

6. Temperaturverlauf in dicken Platten mit $d \geq 1{,}00\,\mathrm{m}$. Bei Plattenstärken $d \geq 1{,}00\,\mathrm{m}$, für die das zweite Geradliniengesetz nicht mehr gilt und die Auswertung daher auf Grund des Gesetzes

$$\vartheta(\vartheta_u, \xi, t) = \bar{\vartheta}(0, \xi, t) \cdot \vartheta_{ch}^{\max'} + \vartheta_u \tan\varepsilon(\xi, t)$$

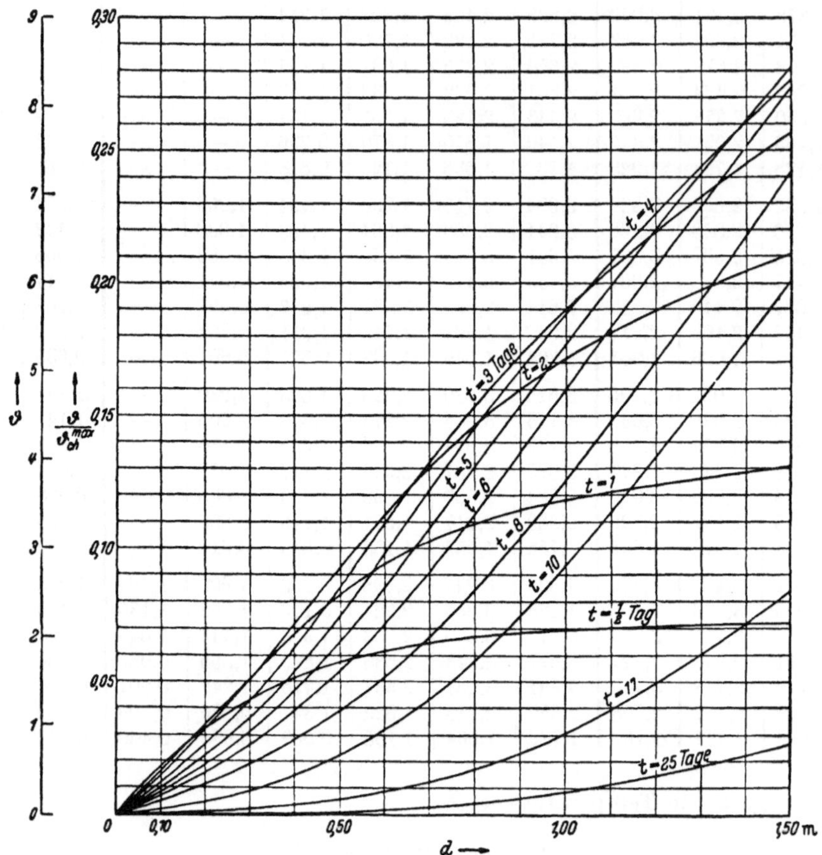

Abb. 45a. Temperaturen $\vartheta_0\,(d, t)$ für $\lambda = 2{,}5$ und $\xi = 0{,}5$.

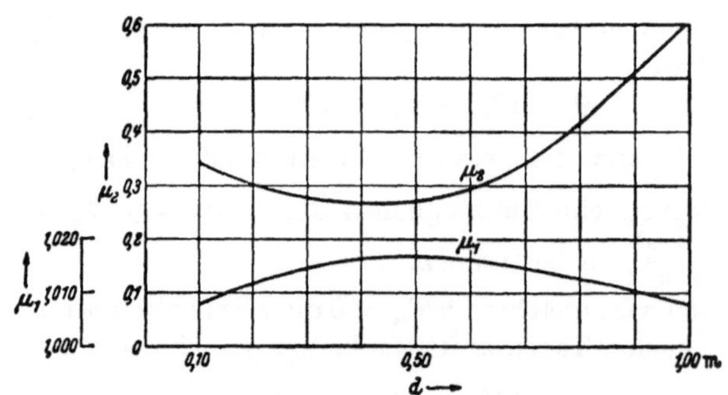

Abb. 45b. Beizahlen für den Einfluß der Übertemperatur.

erfolgen muß, wurden die Ergebnisse, um von den durchgerechneten Plattendicken unabhängig zu werden, in einem Satz von 56 Kurvenschaubildern (Abb. 82 bis 137) zusammengefaßt, und zwar so, daß aus zwei jeweils zusammengehörigen Abbildungen einmal $\vartheta_0\,(\xi, t)$, d. h. die lediglich von $\vartheta_{ch}^{\max}$ abhängige Temperatur, und einmal $\tan\varepsilon\,(\xi, t)$, d. h. die mit der anfänglichen Übertemperatur ϑ_u zu multiplizierende Feldfunktion entnommen werden kann. Der Gültigkeitsbereich dieser Schaubilder schließt auch die unter Ziffer 5

Zahlentafel 7.

$$d = 1{,}00\,\text{m}.$$

λ	ξ \\ t	1	2	3	4	5	6	7	9	12	17	25	—	—	μ_1	μ_2
2,5	0,0	3,966	5,917	6,585	6,556	6,161	5,600	4,986	3,811	2,437	1,112	0,310	—	—	1,192	0,6100
	0,2	3,903	5,799	6,445	6,412	6,024	5,474	4,874	3,725	2,382	1,086	0,303	—	—	1,163	0,6100
	0,4	3,700	5,436	6,021	5,980	5,612	5,097	4,536	3,465	2,215	1,010	0,282	—	—	1,073	0,6100
	0,5	3,540	5,160	5,700	5,654	5,303	4,815	4,284	3,272	2,091	0,953	0,266	—	—	1,008	0,6100
	0,6	3,339	4,822	5,310	5,260	4,929	4,473	3,979	3,038	1,941	0,885	0,247	—	—	0,927	0,6100
	0,8	2,779	3,937	4,309	4,255	3,981	3,609	3,208	2,447	1,563	0,712	0,199	—	—	0,739	0,6100
	1,0	1,972	2,763	3,012	2,969	2,775	2,514	2,233	1,703	1,087	0,496	0,138	—	—	0,509	0,6100

λ	ξ \\ t	1	2	3	4	5	6	7	9	12	17	28	—	—	μ_1	μ_2
2,0	0,0	4,074	6,246	7,119	7,220	6,896	6,356	5,725	4,456	2,898	1,338	0,232	—	—	1,211	0,6444
	0,2	4,007	6,112	6,954	7,046	6,727	6,198	5,582	4,344	2,824	1,304	0,226	—	—	1,177	0,6444
	0,4	3,796	5,702	6,455	6,525	6,221	5,727	5,155	4,009	2,605	1,202	0,208	—	—	1,076	0,6444
	0,5	3,626	5,390	6,079	6,135	5,843	5,376	4,837	3,759	2,442	1,127	0,195	—	—	1,002	0,6444
	0,6	3,407	5,002	5,618	5,658	5,383	4,949	4,450	3,457	2,245	1,036	0,180	—	—	0,914	0,6444
	0,8	2,781	3,980	4,430	4,443	4,216	3,870	3,476	2,697	1,750	0,807	0,140	—	—	0,701	0,6444
	1,0	1,852	2,606	2,885	2,884	2,732	2,505	2,249	1,743	1,131	0,521	0,090	—	—	0,447	0,6444

λ	ξ \\ t	1	2	3	4	5	6	7	9	12	17	25	33	—	μ_1	μ_2
1,5	0,0	4,231	6,734	7,902	8,225	8,038	7,558	6,929	5,551	3,722	1,766	0,503	0,140	—	1,229	0,6893
	0,2	4,166	6,582	7,703	8,009	7,820	7,350	6,737	5,395	3,616	1,716	0,488	0,136	—	1,190	0,6893
	0,4	3,949	6,111	7,100	7,355	7,168	6,728	6,160	4,928	3,300	1,565	0,445	0,124	—	1,075	0,6893
	0,5	3,770	5,748	6,644	6,865	6,680	6,264	5,732	4,581	3,066	1,454	0,414	0,115	—	0,990	0,6893
	0,6	3,531	5,294	6,081	6,265	6,085	5,699	5,211	4,161	2,783	1,319	0,375	0,105	—	0,892	0,6893
	0,8	2,818	4,077	4,622	4,730	4,576	4,275	3,902	3,109	2,076	0,982	0,279	0,078	—	0,651	0,6893
	1,0	1,703	2,404	2,701	2,751	2,655	2,476	2,257	1,795	1,198	0,567	0,161	0,045	—	0,371	0,6893

λ	ξ \\ t	1	2	3	4	5	6	7	9	12	17	25	33	44	μ_1	μ_2
1,0	0,0	4,262	7,209	8,850	9,606	9,744	9,480	8,966	7,585	5,437	2,788	0,847	0,243	0,042	1,250	0,7551
	0,2	4,211	7,048	8,615	9,331	9,453	9,190	8,687	7,343	5,260	2,696	0,819	0,235	0,041	1,205	0,7551
	0,4	4,030	6,540	7,897	8,500	8,581	8,322	7,853	6,624	4,737	2,424	0,736	0,211	0,037	1,073	0,7551
	0,5	3,863	6,135	7,345	7,871	7,924	7,671	7,231	6,089	4,349	2,223	0,675	0,194	0,035	0,976	0,7551
	0,6	3,628	5,618	6,658	7,098	7,123	6,881	6,477	5,444	3,881	1,982	0,601	0,173	0,030	0,862	0,7551
	0,8	2,845	4,170	4,835	5,093	5,075	4,880	4,577	3,830	2,721	1,385	0,419	0,120	0,021	0,590	0,7551
	1,0	1,465	2,065	2,355	2,460	2,438	2,336	2,186	1,823	1,291	0,656	0,198	0,057	0,010	0,274	0,7551

vorweggenommenen Plattenstärken mit ein und erstreckt sich auf Plattenstärken von 0,10 bis 50,00 m. Für die ganz dicken Platten von 10,00 bis 50,00 m wurden die Schaubilder auf die alleinige Wärmeleitzahl von $\lambda = 2{,}0$ beschränkt, die bei derartigen Dicken erfahrungsgemäß vorzuherrschen pflegt.

Eine so weitgehende Ausdehnung des Plattenstärkenbereiches erschien notwendig, da gerade die Temperaturfelder sehr dicker Platten im Vordergrunde des praktischen Interesses stehen. Andererseits entstanden dadurch beträchtliche rechnerische Schwierigkeiten.

Bei der 50,00 m dicken Betonplatte, die mit einer Wärmeleitfähigkeit von $\lambda = 2,0 \frac{\text{kcal}}{\text{m h °C}}$ durchgerechnet wurde, war es, obwohl der erste Zeitschnitt bei 10 Tagen angenommen und die Rechnung auf über 30 Eigenwerte erstreckt wurde, trotz der Leistungsfähigkeit der elektrischen Rechenmaschine nicht möglich, die Reihenentwicklungen entsprechend weit auszudehnen. Die Wärmeentwicklung verhält sich in einer so dicken Platte bereits nahezu wie im Halbraum und folgt, von kleinen Randzonen abgesehen, während des ersten halben Jahres ausschließlich den Gesetzen der chemischen Aufheizung im isolierten Körper. Für die Randzonen, in denen eine schnellere Anpassung an die Oberflächentemperatur stattfindet, wurde im Einklang mit den durch Messungen gewonnenen Erfahrungen das Temperaturfeld der 10 m dicken Platte zugrunde gelegt. Hierdurch wurden die mathematischen Schwierigkeiten in verhältnismäßig einfacher Weise gemeistert. Um den gesamten zeitlichen Wärmeverlauf vor Augen zu haben, wurde für die 50 m dicke Platte neben der normalen Darstellung in linearem Zeitmaß (Abb. 46) auch diejenige in logarithmischem Zeitmaß aufgetragen (Abb. 47). Auch die Abb. 48, in welcher der Temperaturverlauf mit der Zeit als Parameter über der Plattendicke als Abszisse aufgetragen wurde, ist geeignet, den Blick für die hier vorliegenden Verhältnisse in nicht zu unterschätzendem Maße zu weiten.

Beispiel 3. Die Aufgabe ist die gleiche wie die des Beispiels 1, nur sollen jetzt zur Bestimmung der Betontemperatur die allgemeinen Kurventafeln Abb. 96/97 benutzt werden. Man findet aus Abb. 96 für $d = 1,0$ m und $t = 5$ Tage $\vartheta_0 = 8,10°$ C. Abb. 97 liefert für dieselben Voraussetzungen $\varepsilon = 0,19$. Für eine Übertemperatur von $\vartheta_{\ddot{u}} = 50°$ beträgt somit die Temperatur im Beton nach 5 Tagen

$$\vartheta = \vartheta_0 + \vartheta_{\ddot{u}} \tan \varepsilon$$
$$\vartheta = 8,10 + 50 \cdot 0,19 = 17,6 \text{ °C}.$$

Das ist dasselbe Ergebnis, wie es im Rechnungsgang der Aufgabe 1 erhalten wurde.

Beispiel 4. Eine Betonwand von 10 m Dicke soll mit einem Zementgehalt von 250 kg/m³ Fertigbeton ausgeführt werden. Die Wärmeleitzahl ist zu $\lambda = 2,0$ angenommen. Gefragt ist nach dem Temperaturverlauf über den Querschnitt der Wand zu einer Zeit, in der das Temperaturmaximum in Wandmitte auftritt. Der Temperaturhorizont, an den die Angleichung erstrebt wird, soll mit 0°C angenommen werden, die Umgebungstemperatur zur Zeit des Betonierens betrage einmal + 25° C und einmal − 25°.

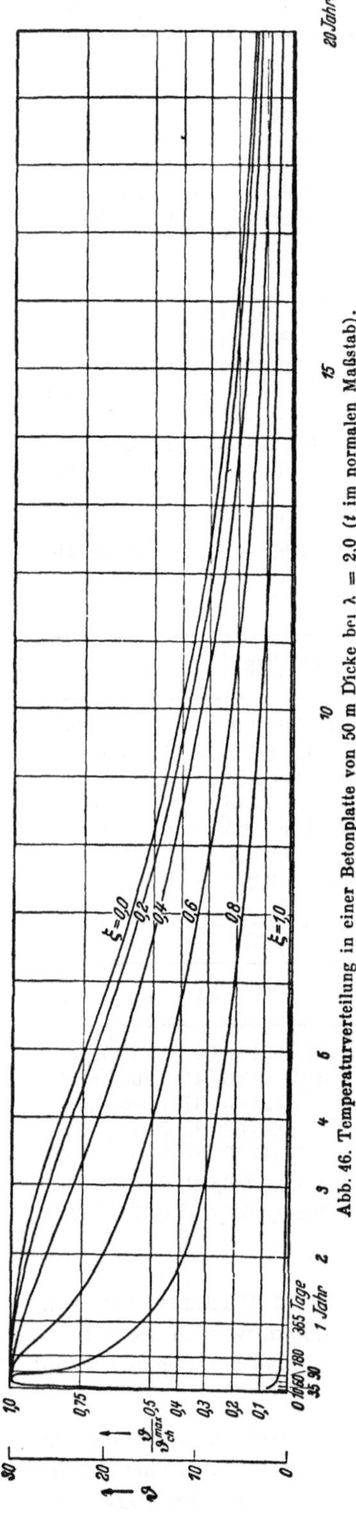

Abb. 46. Temperaturverteilung in einer Betonplatte von 50 m Dicke bei $\lambda = 2,0$ (t im normalen Maßstab).

In Kapitel II wurde darauf hingewiesen, daß man für 100 kg Portlandzement eine Wärmeentwicklung von etwa 18°C annehmen kann. Damit würde sich für 250 kg Portlandzement eine chemische Erwärmung $\vartheta_{ch}^{max'} = 45°C$ ergeben. Die Zeit des auftretenden

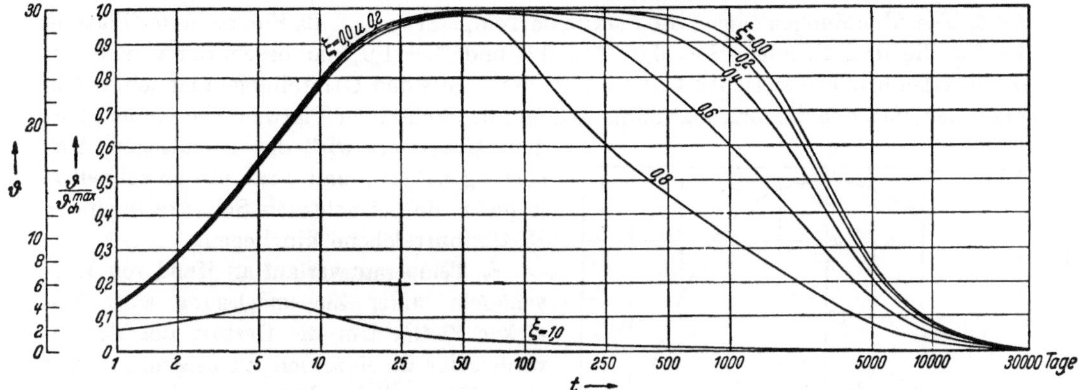

Abb 47. Temperaturverteilung in einer Betonplatte von 50 m Dicke bei λ = 2,0 (t im logarithmischen Maßstab).

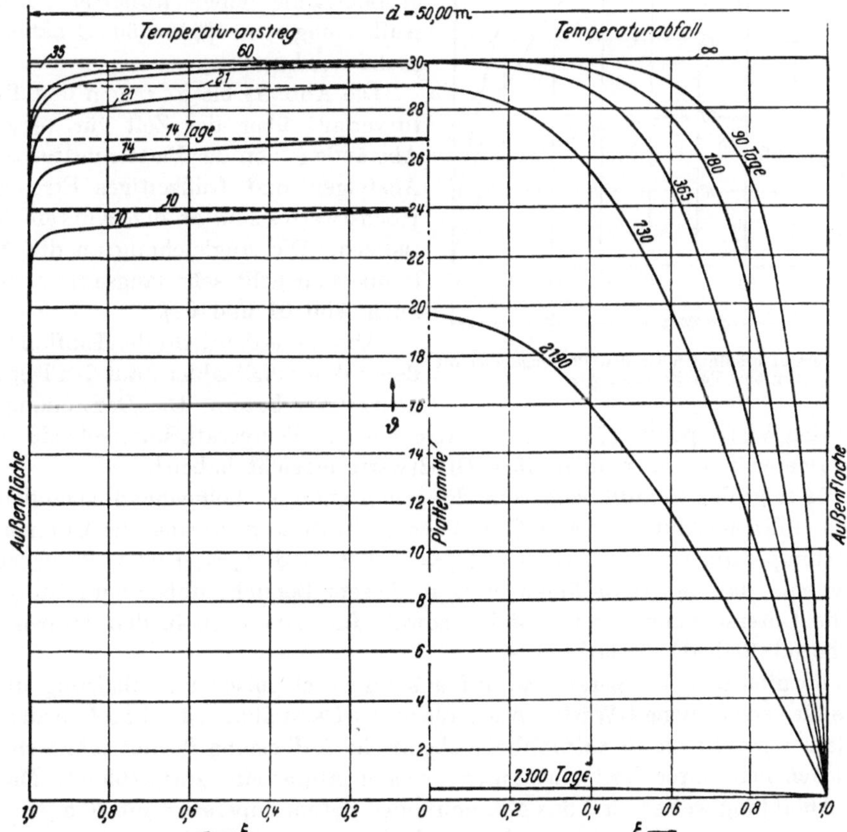

Abb. 48. Temperaturverteilung über den Querschnitt einer 50 m dicken Platte bei λ = 2,0.

Maximums läßt sich am besten aus den im Abschnitt 9 näher erläuterten Abbildungen bestimmen. Nach Abb. 150 ergibt sich für $\lambda = 2{,}0$, $d = 10$ m und $\vartheta = 1{,}0\,\vartheta_{max}$ der Temperaturhöchstwert nach $t = 28$ Tagen. Nun entnehmen wir den Abb. 110/111 die Werte ϑ und tang ε durch Zwischenschalten und tragen gemäß

$$\vartheta = \bar{\vartheta}\,\vartheta_{ch}^{max'} + \vartheta_u\,\text{tang}\,\varepsilon$$

das Temperaturfeld auf (Abb. 49).

7. Höchsttemperaturen in Abhängigkeit von der Plattendicke aus reiner chemischer Aufheizung ($\vartheta_u = 0$). In vielen Fällen interessiert man sich nicht so sehr für die Temperatur zu einer bestimmten Zeit, als vielmehr für das auftretende Maximum der Temperatur. Derartige Auftragungen sind in den Abb. 50 bis 53 für $\lambda = 1,0$, 1,5, 2,0 und 2,5 zusammengestellt. Die Abbildungen zeigen die maximale Temperatur ϑ_{max} als Funktion der Plattendicke für die drei Schnitte $\xi = 0,0$; $\xi = 0,5$ und $\xi = 1,0$; sie beschränken sich auf Plattenstärkenbereiche zwischen 0,10 und 10,00 m. Aus den Darstellungen ist sehr schön zu erkennen, daß sich die Maximaltemperaturen mit wachsender Plattendicke immer mehr dem Grenzwert ϑ_{ch}^{max} der chemischen Aufheizung nähern, und zwar um so schneller, je mehr die betrachteten Schnitte nach der Plattenmittelebene hin liegen.

8. Temperaturverlauf an Hand von Kurventafeln unter Zugrundelegung einer 3 m dicken Platte. Um die Gestalt der Temperaturfelder im einzelnen zu zeigen, soll hier eine 3,0 m dicke Betonplatte unter Zugrundelegung einer isolierten chemischen Aufheizung von $\vartheta_{ch}^{max} = 30°$ C näher untersucht werden.

Die Abb. 54 bis 57 zeigen den Temperaturverlauf über der Zeit für verschiedene Abstände ξ von der Plattenmitte. Schnelles Ansteigen und frühzeitiges Erreichen des Höchstwertes sind an den Kurven charakteristisch. Die Angleichung an die Anfangstemperatur geht sehr langsam vor sich (vgl. auch Abb. 61 und 62).

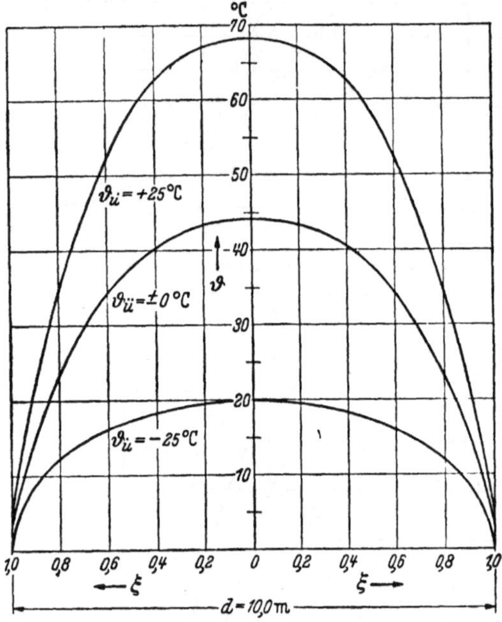

Abb. 49. Temperaturverteilung über den Plattenquerschnitt (Ergebnis des Beispiels 4).

Abb. 58 verdeutlicht den Einfluß verschiedener Wärmeleitzahlen λ auf den Temperaturanstieg im Beton. Die Darstellung bezieht sich auf den Viertelpunkt ($\xi = 0,5$), in welchem die Temperaturunterschiede zwischen den Parameterlinien noch nicht ihre Größtwerte erreicht haben[1].

Abb. 59 zeigt das Geradliniengesetz, das schon unter V, 4 eingehend behandelt wurde. Um seine Gültigkeit auf breitester Grundlage nachzuweisen, wurden die Untersuchungen auf Übertemperaturbereiche zwischen $\vartheta_u = -50°C$ und $\vartheta_u = +50°C$ ausgedehnt, mit dem Ergebnis, daß das Geradliniengesetz in diesem Bereiche unbedingte Gültigkeit besitzt. Die Untersuchungen gelten daher sowohl für Baustellen in den Tropen als auch für solche nördlich des Polarkreises.

Abb. 60 gibt den Temperaturverlauf aus reiner chemischer Aufheizung über ξ als Abszisse für verschiedene t-Werte. Auch aus dieser Darstellung ist sehr schön zu erkennen, wie in den ersten Tagen die tatsächliche chemische Aufheizung ϑ_{ch} nur sehr wenig, später aber beträchtlich hinter der isolierten chemischen Aufheizung zurückbleibt. Man ersieht aus der Abbildung weiter, daß das Maximum der Betontemperatur mit 20,5° C nach etwa 11 Tagen auftritt. Unter den hier geltenden Voraussetzungen erreicht also $\vartheta_{max} \sim \frac{2}{3} \vartheta_{ch}^{max}$. Derartige Überlegungen und Vergleiche lassen sich noch erweitern und sind für verschiedene Plattendicken in den Kurventafeln 138 bis 161 ausgewertet.

Abb. 61 soll veranschaulichen, wie sich der Einfluß der Übertemperatur im Laufe der Zeit verliert. Die Kurven sind für $\xi = 0,5$ gezeichnet und bis zu 90 Tagen ausgedehnt. Bis zu dieser Zeit hat praktisch die Angleichung an den Temperaturhorizont für alle

---

[1] Die Maximalwerte treten bei $\xi = 0,0$ auf (vgl. auch Abb. 50 bis 53).

zwischen — 50° C und + 50° C liegenden anfänglichen Übertemperaturen stattgefunden; das gilt besonders für tiefe anfängliche Übertemperaturen.

Abb. 62 zeigt eine räumliche Darstellung des Temperaturfeldes. In ihr kommt der gesamte zeitliche Ablauf des Aufheizungsvorganges der Platte vorzüglich zur Geltung. Insbesondere hebt sich die Steilheit der Aufheizung und die starke Dämpfung der Angleichung an die Außentemperatur heraus. Derartige perspektivische Darstellungen des Temperaturfeldes sind außerordentlich anschaulich und sehr geeignet, eine umfassende Vorstellung von dem Verlauf der Wärmevorgänge im Beton zu vermitteln.

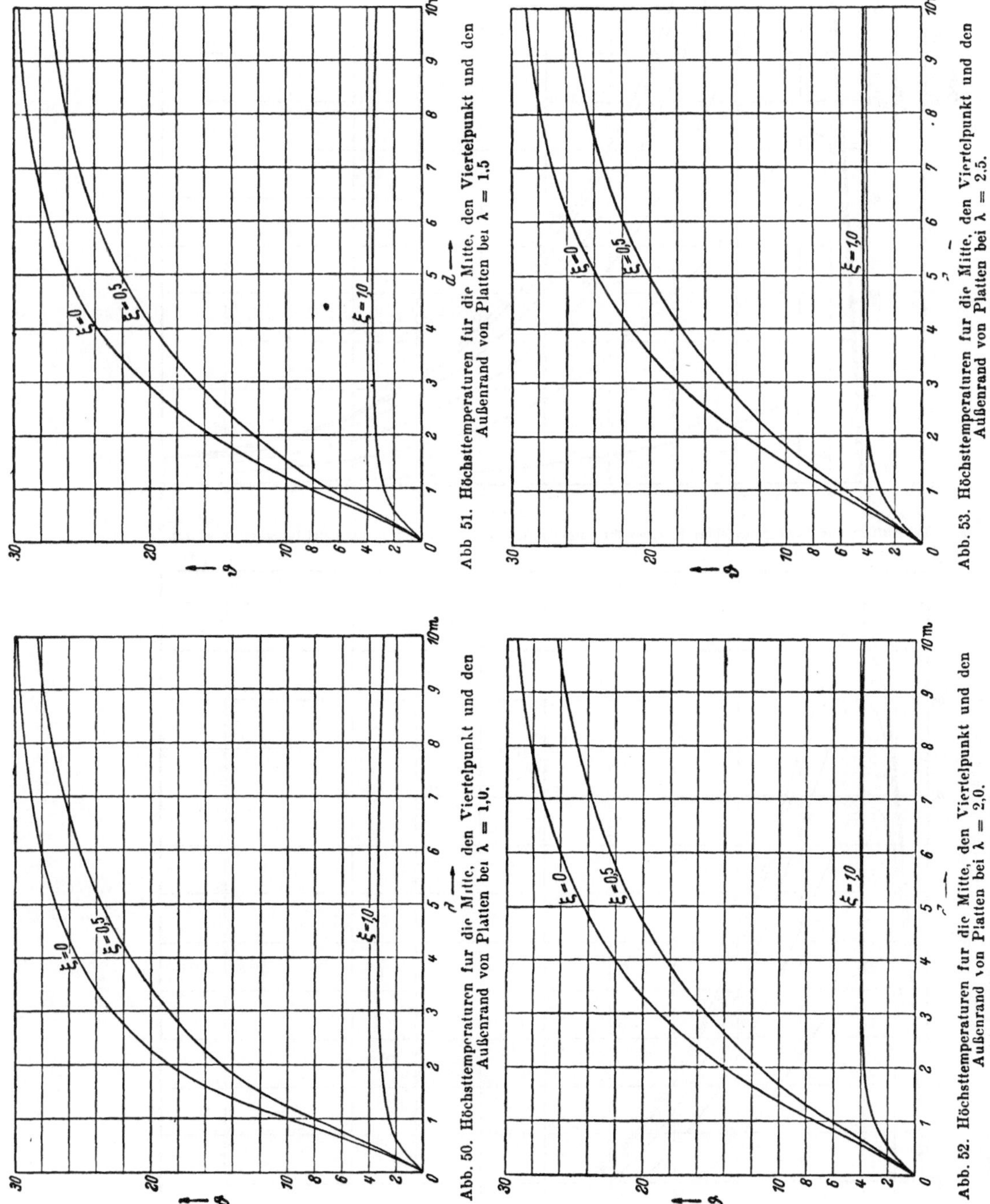

Abb. 51. Höchsttemperaturen für die Mitte, den Viertelpunkt und den Außenrand von Platten bei $\lambda = 1.5$.

Abb. 53. Höchsttemperaturen für die Mitte, den Viertelpunkt und den Außenrand von Platten bei $\lambda = 2.5$.

Abb. 50. Höchsttemperaturen für die Mitte, den Viertelpunkt und den Außenrand von Platten bei $\lambda = 1.0$.

Abb. 52. Höchsttemperaturen für die Mitte, den Viertelpunkt und den Außenrand von Platten bei $\lambda = 2.0$.

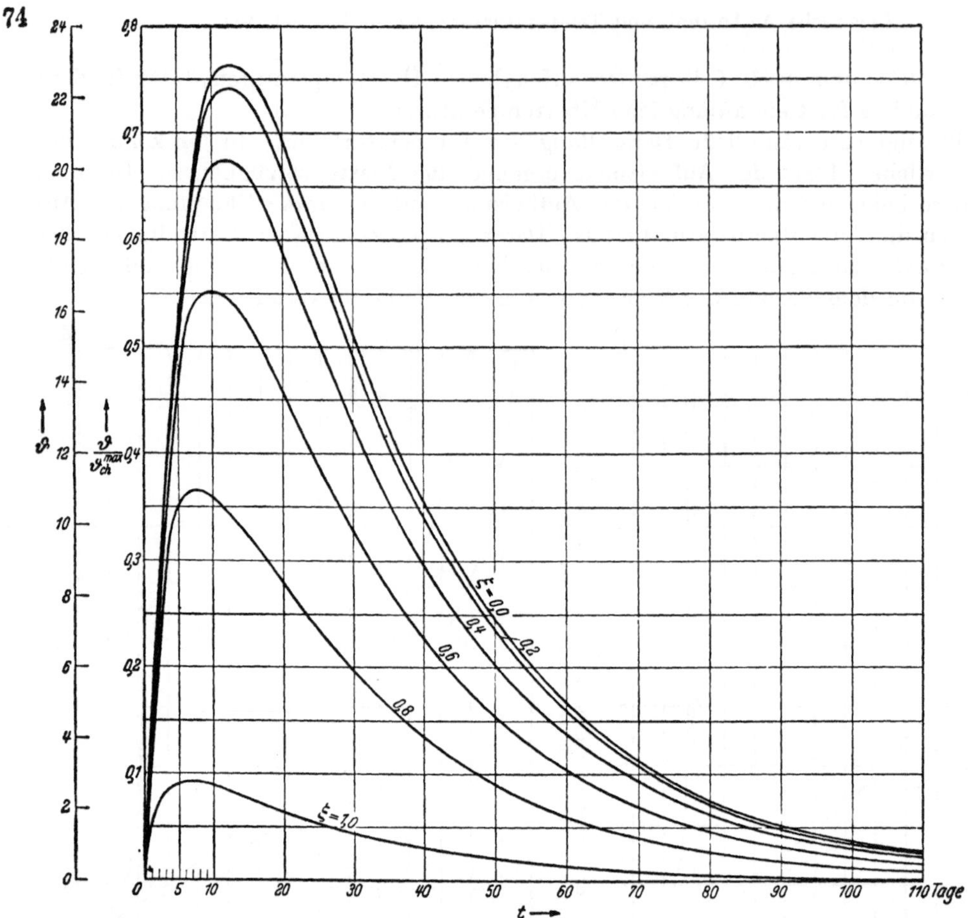

Abb. 54. Aufbau des Temperaturfeldes in einer 3 m dicken Betonplatte bei einer Wärmeleitfähigkeit λ = 1,0.

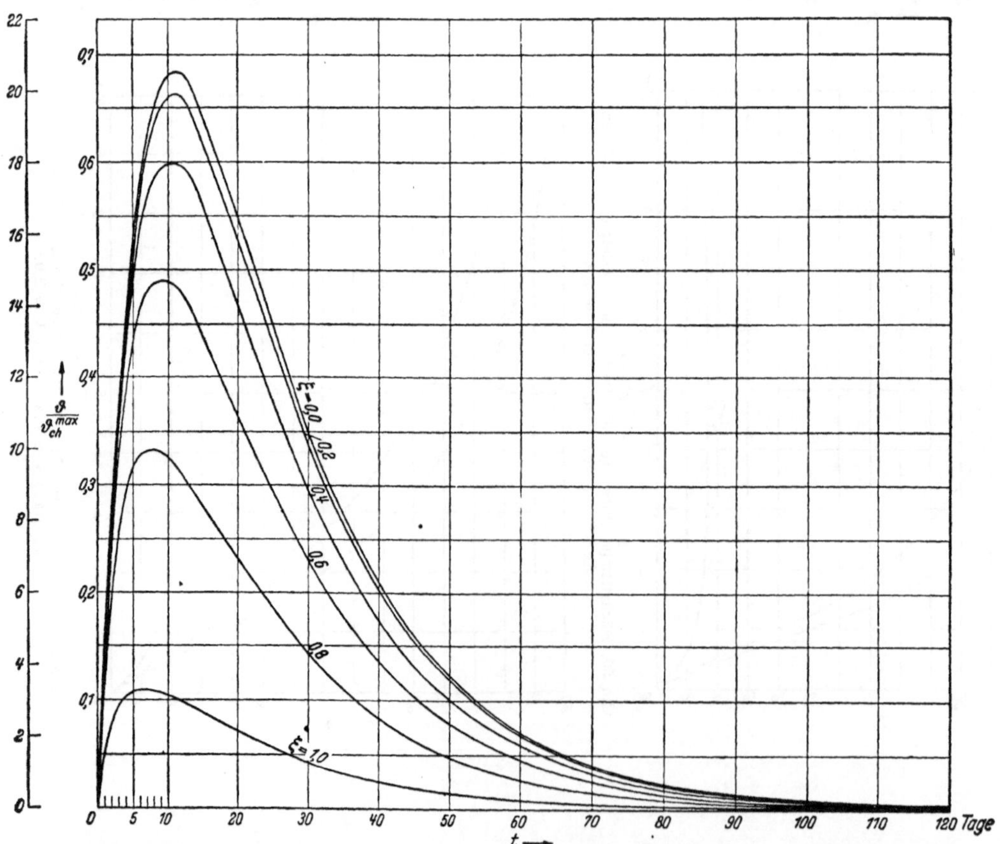

Abb. 55. Aufbau des Temperaturfeldes in einer 3 m dicken Betonplatte bei einer Wärmeleitfähigkeit λ = 1,5.

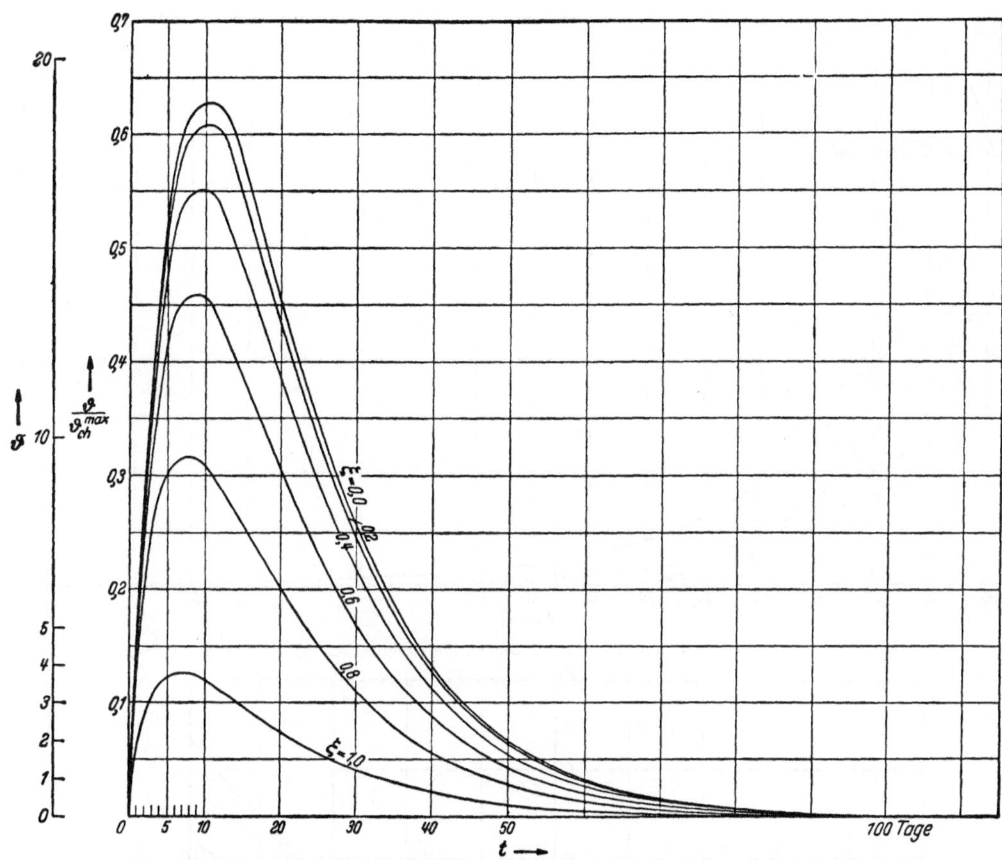

Abb. 56. Aufbau des Temperaturfeldes in einer 3 m dicken Betonplatte bei einer Wärmeleitfähigkeit $\lambda = 2,0$.

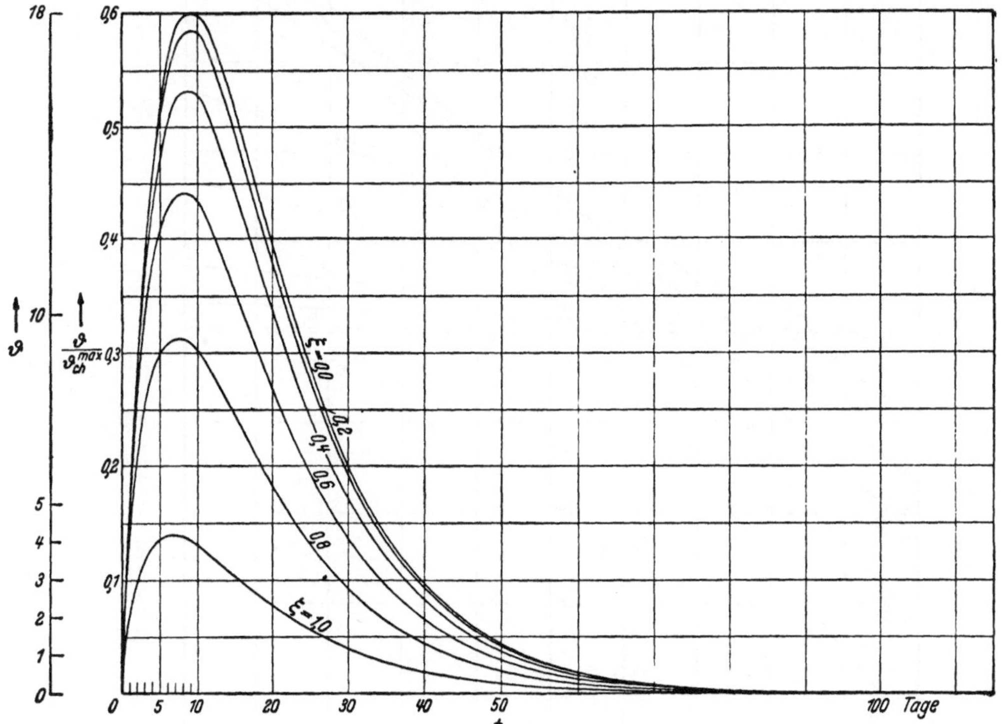

Abb. 57. Aufbau des Temperaturfeldes in einer 3 m dicken Betonplatte bei einer Wärmeleitfähigkeit $\lambda = 2,5$.

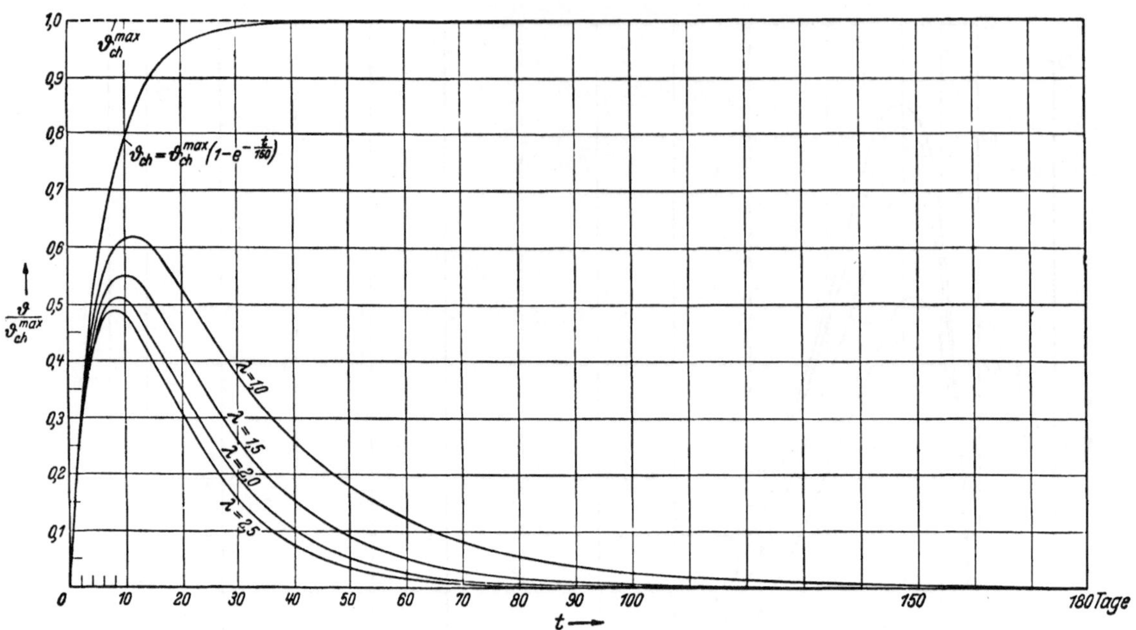

Abb. 58 Abbindetemperaturen im Viertelpunkt einer 3 m dicken Betonplatte bei verschiedenen λ-Werten

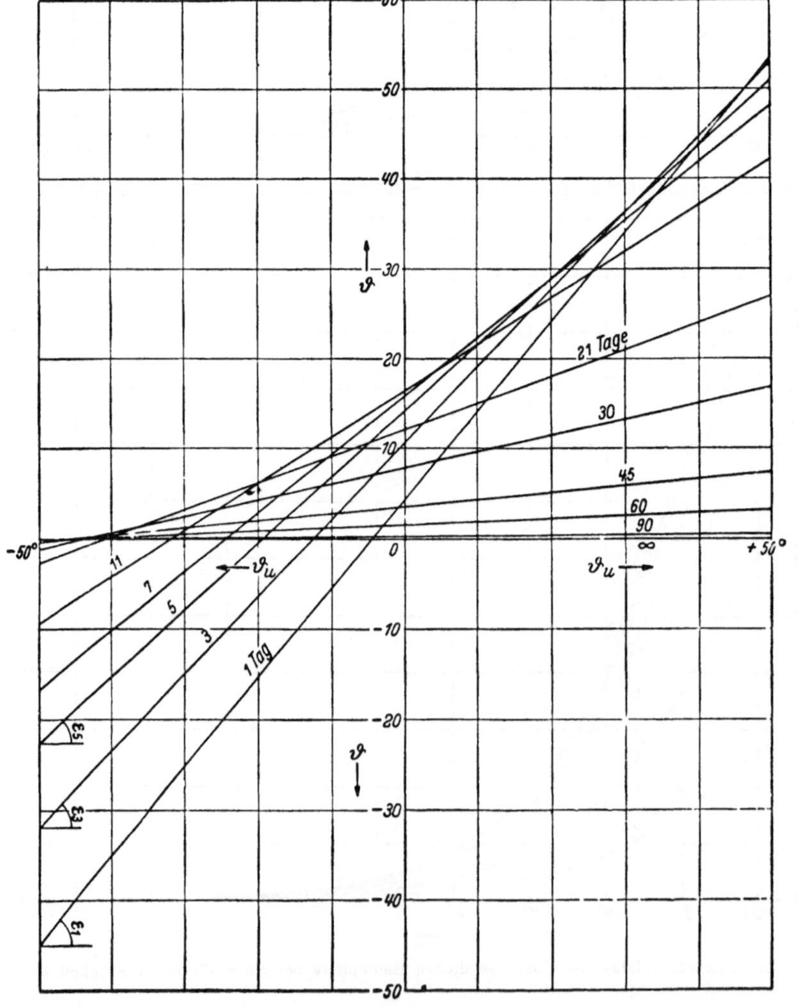

Abb 59 Geradliniengesetz, dargestellt für den Viertelpunkt einer 3 m dicken Betonplatte bei λ = 1 5.

9. Abklingungszeit als Funktion des Temperaturrückstandes. In praktischen Anwendungsfallen verfolgt man den Temperaturverlauf der chemischen Aufheizung des Betons nicht bis zu seiner völligen Angleichung an die Umgebungstemperatur. Man fragt vielmehr nach derjenigen Abklingungszeit, bei der noch on bestimmter Anteil der entstandenen Hochsttemperatur vorhanden ist. Fur solche Falle gestatten die Kurventafeln der Abb. 138 bis 161 ein schnelles Ablesen der gesuchten Werte, und zwar einmal in Abhangigkeit von

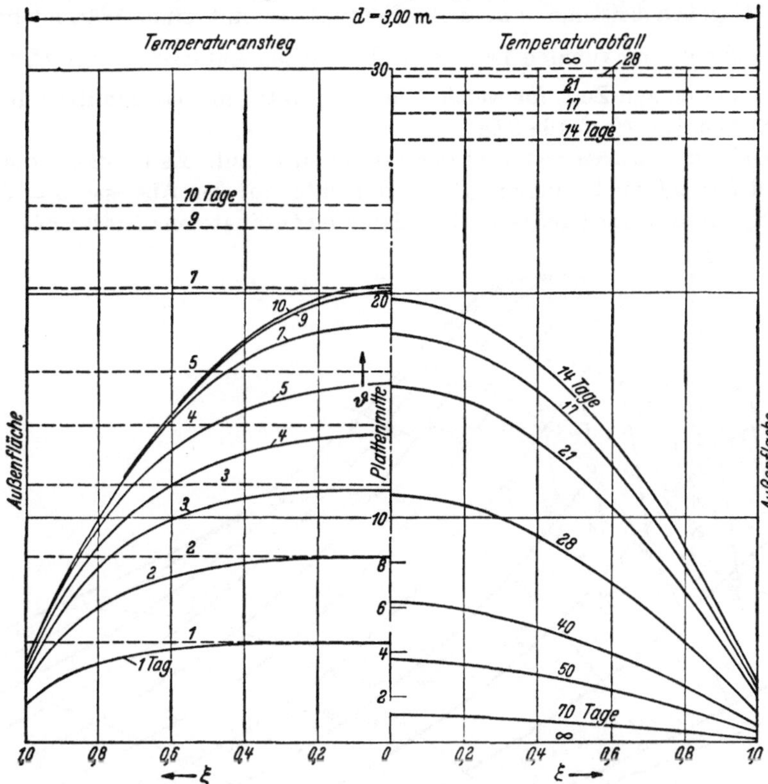

Abb 60 Temperaturverlauf uber den Querschnitt einer 3 m dicken Betonplatte bei $\lambda = 1{,}5$ und $\theta_u = 0^\circ$ C.

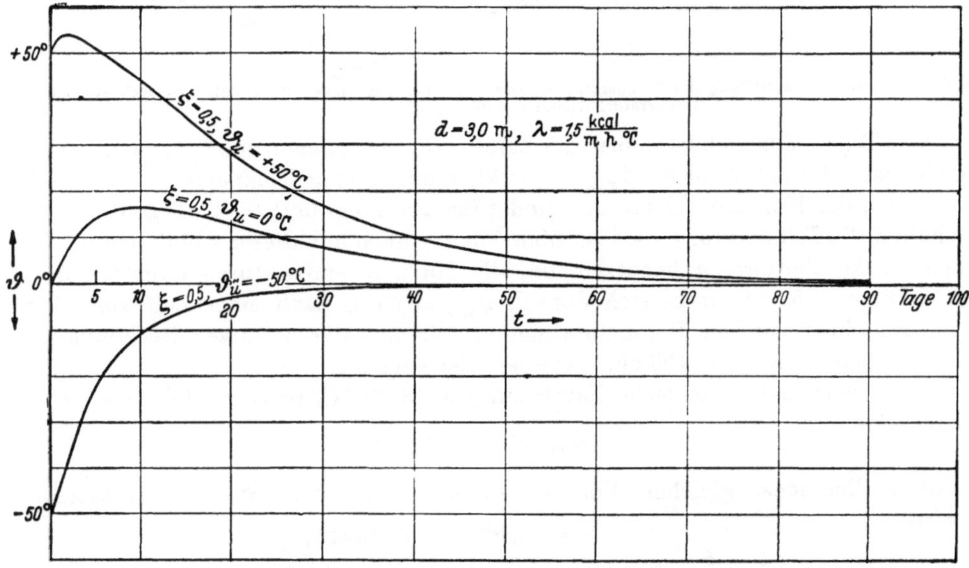

Abb 61 Einfluß der Übertemperatur auf die Abbindetemperatur im Beton, dargestellt für eine 3 m dicke Platte bei $\lambda = 1{,}5$.

der Wärmeleitzahl λ und einmal in Abhängigkeit vom Ort ξ. Die Zahlentafeln gelten für je einen Wert dieser beiden Veränderlichen und sind so eingerichtet, daß als Abszisse die Plattenstärke und als Ordinate in logarithmischer Teilung die Anzahl der Tage aufgetragen sind. Die Kurven beziehen sich auf den Temperaturhorizont von $0°$ C und beschreiben die Temperaturen in Ab ständen von $^1/_{10}\,\vartheta_{max}$ zwischen den Grenzen 0,1 und $1,0\,\vartheta_{max}$. Am besten wird ein Beispiel die Handhabung der Kurvenblätter erläutern.

Beispiel 5. Gegeben sei eine 5 m dicke Betonplatte mit einer Wärmeleitfähigkeit $\lambda = 2,0\,\dfrac{\text{kcal}}{\text{m h}° \text{C}}$ und einer maximalen isolierten chemischen Aufheizung von $\vartheta_{ch}^{max} = 30°$ C. Gefragt sei nach derjenigen Zeit, für welche die Temperatur in Plattenmitte nur noch ein Fünftel ihres maximalen Wertes beträgt.

Die höchsten Temperaturen treten in der Plattenmitte auf. Es ist daher die Abb. 150 für $\lambda = 2,0$ und $\xi = 0,0$ zu benutzen. Die Senkrechte auf der Abszisse $d = 5,0$ m mit der Kurve $0,2\,\vartheta_{max}$ zum Schnitt gebracht und dafür im Ordinatenmaßstab links abgelesen

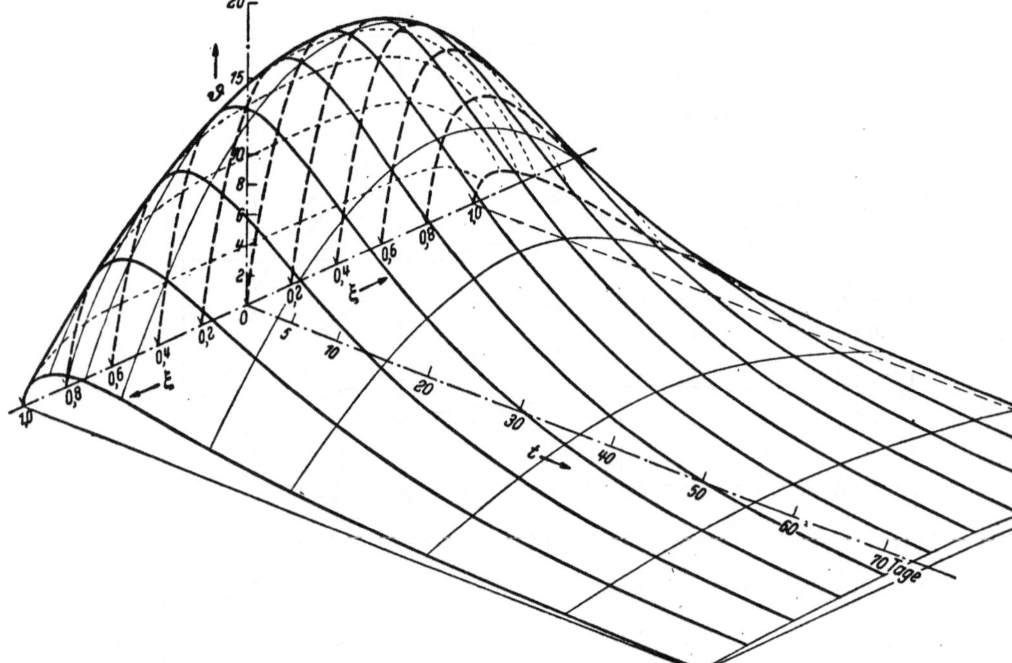

Abb. 62 Isometrische Darstellung der Temperaturverteilung in einer 3 m dicken Betonplatte, bezogen auf den Temperaturhorizont von $0°$ C bei $\lambda = 1,5$.

ergibt $t = 85$ Tage. Zugleich kann man der Zahlentafel entnehmen, daß ϑ_{max} nach 15 Tagen zu erwarten ist. Will man für $0,2\,\vartheta_{max}$ die wirklich auftretende Temperatur haben, so bedient man sich der Kurventafel 110 und findet für $d = 5,0$ m und $t = 85$ Tage durch Zwischenschalten die Temperatur $\vartheta \sim 5°$ C. Man könnte auch aus dieser Abbildung die Umhüllungslinie der Zeitkurven benutzen, um die Maximaltemperaturen unmittelbar abzulesen. Für $d = 5,0$ m ergibt sich danach $\vartheta_{max} = 25°$ C nach einer Zeit von 11 bis 18 Tagen, gerechnet von der Betoneinbringung. Wie aus dieser kurzen Rechnung festzustellen ist, liefert die Tafel 150 eine genauere Zeitangabe.

Würde die maximale chemische Erwärmung nicht $30°$ C, sondern $\vartheta_{ch}^{max} = 45°$ C betragen, so wäre

$$\vartheta = \frac{45}{30} \cdot 5 = 7,5°\text{C}.$$

Beispiel 6. Bei sonst gleichen Voraussetzungen möge jetzt $\vartheta_u = 20°$ C betragen. Dann wird

$$\vartheta = \bar{\vartheta}_0\,\vartheta_{ch}^{max'} + \vartheta_u \tang\varepsilon,$$

$$\vartheta = \frac{5}{30} \cdot 45 + 20 \cdot 0,14 = 7,5 + 2,8 = 10,3°\text{C}.$$

VI. Chemische Aufheizung und Temperaturausgleich in Betonvollzylindern ohne und mit Berücksichtigung einer zur Zeit $t=0$ konstanten Übertemperatur ϑ_a.

Der Betonzylinder steht in wärmetechnischer Hinsicht der Platte an Bedeutung nicht viel nach. Selbst dann, wenn die wärmetechnisch zu untersuchenden Bauglieder keinen Kreisquerschnitt aufweisen, sind sie oftmals näherungsweise als Zylinder anzusehen. Die Stützenquerschnitte und Baublockformen bei Staumauern oder ähnlichen Bauten aus Massenbeton weisen häufig quadratischen Querschnitt auf. Durch Einbeschreibung eines Kreises entstehen in den Ecken des Quadrates Zwickel, deren äußere Anstrahlungsflächen im Verhältnis zu ihrem Querschnitt sehr groß sind. Demzufolge kann man in solchen Fällen, ohne nennenswerte Fehler zu begehen, den quadratischen Querschnitt durch den kreisförmigen ersetzen.

Ein Vergleich zwischen dem Formelausdruck (20) für die Platte mit dem (136) für den Zylinder läßt eine Verwandtschaft im Aufbau erkennen, so daß man im Zylinder eine Temperaturverteilung erwarten darf, die derjenigen in der Platte ähnlich ist. Die Kurven der in den Abb. 162 bis 173 aufgetragenen Temperaturen als Funktion des Durchmessers lassen die Richtigkeit dieser Annahme erkennen.

Temperaturfelder einer 3 m dicken Platte in Gegenüberstellung zu denen eines 3 m dicken Zylinders. Es ist sehr nützlich, die durch chemische Erwärmung hervorgerufenen Temperaturfelder von Platte und Zylinder gegenüberzustellen. Für den Vergleich wird die Plattendicke gleich dem Zylinderdurchmesser mit 3 m gewählt. Da das Verhältnis der Abkühlungsflächen in diesem Falle 2 : 9,4 beträgt, so war von vornherein zu erwarten, daß der Zylinder die Spitzentemperatur der Platte nicht erreichen und die Temperaturangleichung erheblich schneller herbeiführen würde.. Die unter gleichen Voraussetzungen durchgeführten und in den Zahlentafeln 8 und 9 niedergelegten Rechnungsergebnisse bestätigen diese Vermutung. Das gleiche zeigen auch die Abb. 63 bis 66, nach welchen die maximale Betontemperatur für die Platte mit $\vartheta_{max} = 20{,}6°$ C nach 11,5 Tagen und für den Zylinder mit 17,4° C nach 8 Tagen auftritt, und nach welchen die Angleichung an die Außentemperatur beim Zylinder nur die Hälfte der für die Platte erforderlichen Zeit benötigt. Ebenso gilt das für die Platte gefundene Geradliniengesetz auch für den Zylinder, nur mit dem Unterschied, daß die tang-ε-Kurven im letzteren Falle eine flachere Neigung aufweisen. Es steht ferner zu vermuten, daß sich Verhältniswerte finden lassen, die es gestatten, den in den Abb. 82 bis 137 niedergelegten Verlauf der ϑ_0- und tang ε-Werte der Platte unmittelbar auf den Zylinder umzurechnen.

In der Zahlentafel 8 und 9 sind die durch Rechnung gefundenen Temperaturen für eine 3 m dicke Platte und einen Zylinder von 3 m Durchmesser enthalten. Die Rechnung verlangt, besonders bei größeren Stärken, für den Zeitabschnitt der ersten Tage nach dem Betonieren die Berücksichtigung einer großen Zahl von Eigenwerten. Im Hinblick auf die Erfordernisse der Praxis, die der Genauigkeit in diesem frühesten Zeitabschnitt keine allzu große Bedeutung beimißt, konnte von einer unnötig langwierigen Rechnung Abstand genommen werden, die um so mehr, als bei dickeren Platten oder Zylindern der Verlauf der Temperaturkurve in der ersten Zeit mit derjenigen im adiabatischen Raum identisch ist. Aus diesem Grunde schien es gerechtfertigt, sich für den zeitlichen Anfangsbereich die umfangreiche Rechenarbeit zu ersparen und statt dessen eine kleine Streuung der Temperaturwerte in Kauf zu nehmen.

Wenn in der Tafel ein Temperaturwert ϑ den entsprechenden im isolierten Raum überschreitet, so ist das in Wirklichkeit nicht möglich. Deswegen sind derartige Werte durch einen Stern (*) gekennzeichnet und durch den betreffenden in der Zahlentafel 10 ent-

Zahlentafel 8. $\lambda = 1,5\,\dfrac{\text{kcal}}{\text{m h}\,°\text{C}}$; $d = 3,00\,\text{m}$; $\vartheta_a = 0°\,\text{C}$; $\vartheta_{c_1}^{\max} = 30°\,\text{C}$.

Platte.

ξ \ t	1	3	5	7	11	21	30	45	60	75	90	120	180	222	
0,0	4,382	11,230	15,943	18,791	20,542	15,836	10,441	4,740	2,088	0,913	0,399	0,076	0,003	0,001	ϑ
	0,99932	0,98320	0,92571	0,84699	0,68752	0,39689	0,24146	0,10550	0,04610	0,02014	0,00879	0,00168	0,00006	0,00001	tang ε
0,2	4,387	11,185	15,725	18,387	19,907	15,221	10,016	4,543	2,001	0,875	0,382	0,073	0,003	0,001	ϑ
	0,99901	0,96807	0,89765	0,81563	0,65935	0,38031	0,23136	0,10109	0,04418	0,01929	0,00842	0,00161	0,00006	0,00001	tang ε
0,4	4,393	10,941	14,916	17,041	17,951	13,406	8,770	3,968	1,746	0,764	0,333	0,064	0,002	0,001	ϑ
	0,99514	0,90853	0,80843	0,72131	0,57681	0,33196	0,20194	0,08824	0,03855	0,01684	0,00735	0,00140	0,00005	0,00001	tang ε
0,5	4,389	10,636	14,156	15,909	16,441	12,073	7,866	3,552	1,563	0,684	0,298	0,057	0,002	0,001	ϑ
	0,98509	0,85120	0,73766	0,65072	0,51684	0,29702	0,18068	0,07895	0,03451	0,01508	0,00658	0,00127	0,00005	0,00001	tang ε
0,6	4,359	10,103	13,056	14,395	14,554	10,481	6,795	3,062	1,346	0,589	0,257	0,049	0,002	0,001	ϑ
	0,95699	0,76884	0,64828	0,56532	0,44587	0,25586	0,15564	0,06801	0,02972	0,01298	0,00567	0,00109	0,00004	0,00001	tang ε
0,8	3,934	7,830	9,425	9,958	9,590	6,607	4,234	1,897	0,833	0,364	0,159	0,030	0,001	0	ϑ
	0,76153	0,51685	0,41533	0,35509	0,27669	0,15837	0,09633	0,04209	0,01839	0,00803	0,00350	0,00067	0,00003	0	tang ε
1,0	1,693	2,843	3,219	3,284	3,041	2,019	1,281	0,571	0,251	0,110	0,048	0,009	0,001	0	ϑ
	0,26328	0,16178	0,12701	0,10756	0,08333	0,04764	0,02898	0,01266	0,00553	0,00242	0,00105	0,00020	0,00001	0	tang ε

Zahlentafel 9.   **Zylinder.**

ξ \ t	1	3	5	7	9	11	18	25	30	45	60	75	90	120	
0,0	5,028*	11,751*	15,741	17,316	17,226	16,137	10,111	5,296	3,167	0,858	0,099	0,016	0,002	0	ϑ
	1,00537	0,95484	0,80592	0,64279	0,50418	0,39268	0,16226	0,06694	0,03567	0,00691	0,00080	0,00012	0,00002	0	tang ε
0,2	4,992*	11,633*	15,413	16,821	16,649	15,544	9,682	5,060	3,023	0,774	0,096	0,016	0,002	0	ϑ
	1,00311	0,93226	0,77347	0,61388	0,48018	0,37375	0,15439	0,06370	0,03387	0,00658	0,00077	0,00012	0,00002	0	tang ε
0,4	4,925*	11,205	14,337	15,289	14,910	13,783	8,440	4,337	2,608	0,662	0,081	0,015	0,002	0	ϑ
	0,99588	0,85196	0,67622	0,52866	0,41144	0,31971	0,13196	0,05441	0,02895	0,00561	0,00065	0,00012	0,00002	0	tang ε
0,5	4,745*	10,672	13,350	14,024	13,554	12,442	7,529	3,887	2,309	0,586	0,073	0,013	0,002	0	ϑ
	0,98207	0,78225	0,60381	0,46756	0,36274	0,28157	0,11651	0,04792	0,02548	0,00495	0,00059	0,00009	0,00002	0	tang ε
0,6	4,663*	9,992	12,114	12,488	11,917	10,857	6,475	3,321	1,967	0,495	0,061	0,010	0,002	0	ϑ
	0,94658	0,69042	0,51762	0,39701	0,30701	0,23804	0,09804	0,04050	0,02152	0,00418	0,00049	0,00008	0,00002	0	tang ε
0,8	3,598	7,083	8,113	8,079	7,536	6,761	3,917	1,984	1,168	0,291	0,036	0,006	0	0	ϑ
	0,72173	0,53383	0,30982	0,23364	0,17961	0,13900	0,05715	0,02362	0,01456	0,00243	0,00029	0,00005	0,00003	0	tang ε
1,0	1,662	2,597	2,765	2,644	2,405	2,120	1,187	0,590	0,346	0,086	0,010	0,002	0	0	ϑ
	0,22972	0,13007	0,09073	0,06788	0,05205	0,04239	0,01657	0,00684	0,00364	0,00071	0,00008	0,00002	0	0	tang ε

* Siehe Bemerkung auf S. 79.

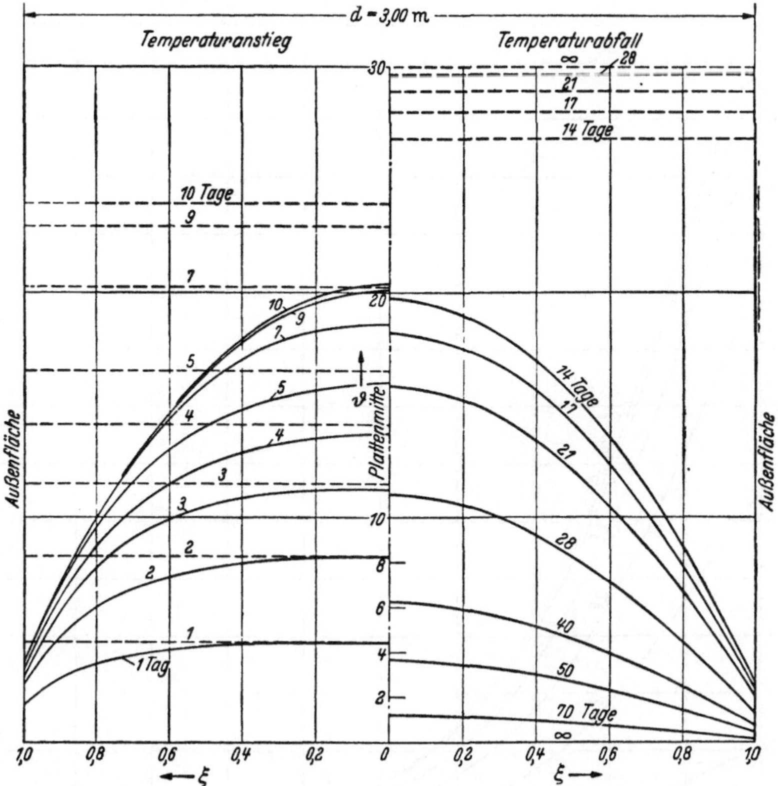

Abb. 63. Temperaturverlauf über den Querschnitt einer 3 m dicken Betonplatte bei $\lambda = 1,5$ und $\vartheta_a = 0^\circ$ C.

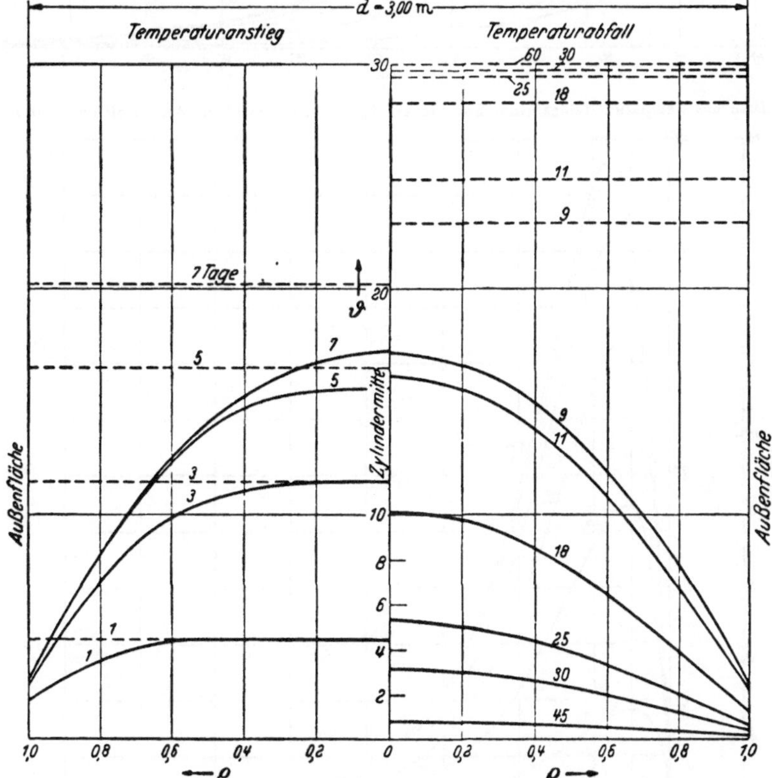

Abb. 64. Temperaturverlauf über den Durchmesser eines 3 m dicken Betonvollzylinders bei $\lambda = 1,5$ und $\vartheta_a = 0^\circ$ C.

Hirschfeld, Temperaturverteilung.   6

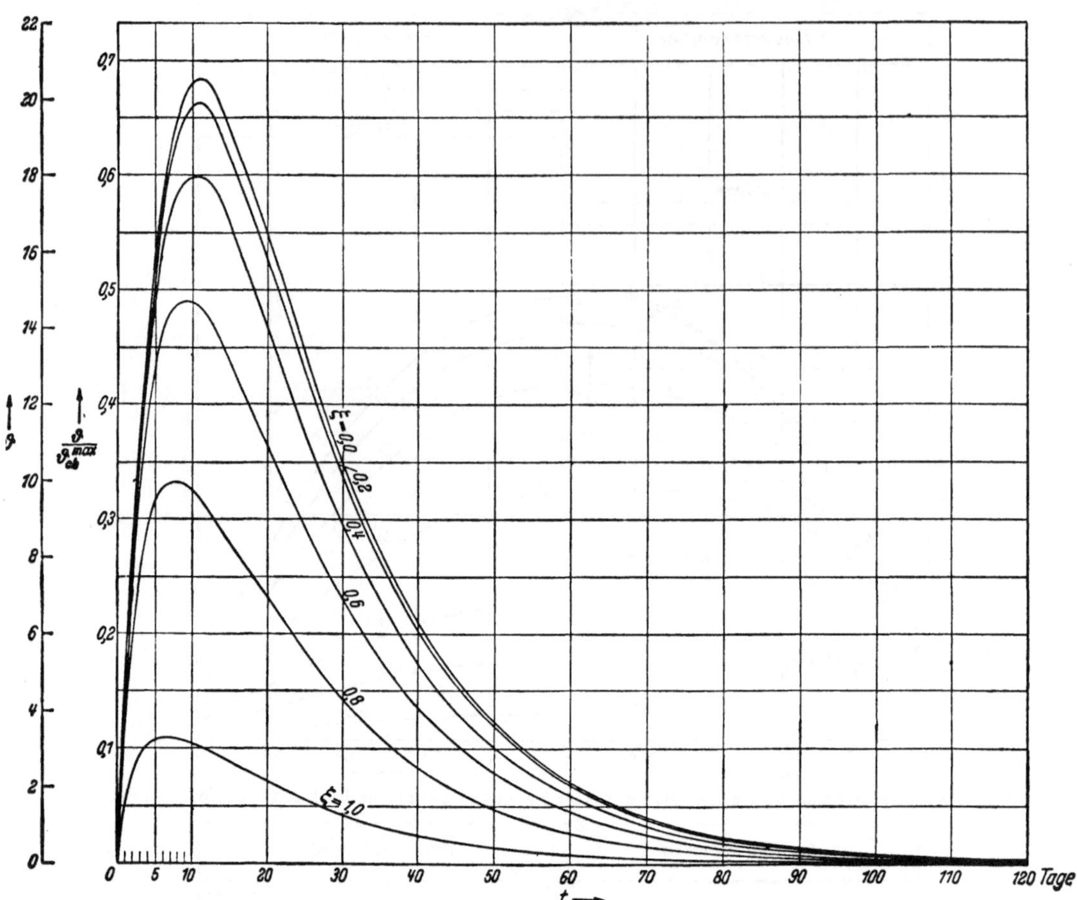

Abb. 65. Aufbau des Temperaturfeldes einer 3 m dicken Betonplatte, bei einer Wärmeleitfähigkeit $\lambda = 1{,}5$.

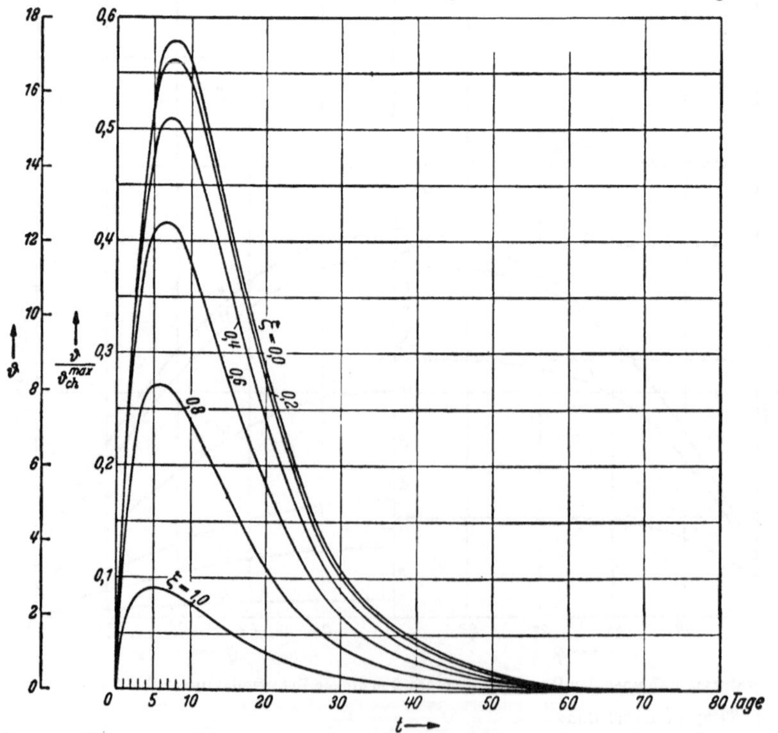

Abb. 66. Aufbau des Temperaturfeldes eines 3 m dicken Betonvollzylinders bei einer Wärmeleitfähigkeit $\lambda = 1{,}5$.

haltenen Wert der Temperatur im adiabatischen Raum zu ersetzen. Es handelt sich hier also nicht um eine unzulässige Näherungsrechnung, sondern lediglich um eine auf Grund der Erkenntnis durchgeführte Angleichung an den wahrscheinlichen Temperaturwert der chemischen Aufheizung.

Zahlentafel 10.

Temperaturwerte ϑ_{ch} im isolierten Raum infolge einer chemischen Aufheizung $\vartheta_{ch}^{\max} = 30°$ C.

t Tage	ϑ_{ch}	t	ϑ_{ch}	t	ϑ_{ch}	t	ϑ_{ch}
$^1/_2$	2,3064	6	18,5133	12	25,6017	25	29,4504
1	4,4358	7	20,2116	13	26,8062	28	29,6601
2	8,2155	8	21,6588	17	28,0239	30	29,7531
3	11,4366	9	22,8921	18	28,3161	45	29,9775
4	14,1813	10	23,9400	21	28,9578	60	29,9980
5	16,5201	11	24,8387	24	29,3553	75	29,9998

VII. Beispiele für den Temperaturverlauf in plattenförmigen und zylindrischen Körpern bei periodischen Schwankungen der Umgebungstemperatur.

1. Plattenförmige Körper als Einrandproblem. Die Gestalt des Temperaturfeldes ist durch (103) beschrieben

$$\frac{\vartheta}{\vartheta_L^{\max}} = \frac{e^{-2\pi\xi\sqrt{\frac{d^2\,\omega}{8\,a\,\pi^2}}}\cos\left(\omega\,t - \varepsilon - 2\pi\,\xi\,\sqrt{\frac{d^2\,\omega}{8\,a\,\pi^2}}\right)}{\sqrt{1 + \frac{4\pi\lambda}{\alpha}\sqrt{\frac{\omega}{8\,a\,\pi^2}} + \frac{4\pi\lambda}{\alpha}\frac{\omega}{8\,a\,\pi^2}}}.$$

Mit den Werten

$$\omega = \frac{2\pi}{T} = \frac{2\pi}{8760} = 0,7173 \cdot 10^{-3}; \quad \gamma = 2300, \quad c = 0,27; \quad \lambda = 2,0;$$

$$\alpha = 12,0; \qquad a = \frac{\lambda}{c\,\gamma} = \frac{2,0}{0,27 \cdot 2300} = 3,2206 \cdot 10^{-3}; \qquad d = 20,0 \text{ m}$$

wird

$$\varepsilon = \arctan \frac{1}{1 + \frac{\alpha}{2\pi\lambda}\sqrt{\frac{8\,a\,\pi^2}{\omega}}} = \arctan \frac{1}{1 + \frac{12,0}{2\pi\,2,0}\sqrt{\frac{8 \cdot 3,2206 \cdot 10^{-3} \cdot \pi^2}{0,7173 \cdot 10^{-3}}}},$$

$$\varepsilon = 0,0527;$$

$$\frac{1}{\sqrt{1 + \frac{4\pi\lambda}{\alpha}\sqrt{\frac{\omega}{8\,a\,\pi^2}} + \frac{4\pi\lambda}{\alpha}\frac{\omega}{8\,a\,\pi^2}}} =$$

$$= \frac{1}{\sqrt{1 + \frac{4\pi \cdot 2,0}{12,0}\sqrt{\frac{0,7173 \cdot 10^{-3}}{8 \cdot 3,2206 \cdot 10^{-3} \cdot \pi^2}} + \frac{4\pi \cdot 2,0}{12,0}\frac{0,7173 \cdot 10^{-3}}{8 \cdot 3,2206 \cdot 10^{-3} \cdot \pi^2}}} = \frac{1}{1,057} = 0,94607;$$

$$\sqrt{\frac{d^2\,\omega}{8\,a\,\pi^2}} = d\sqrt{\frac{\omega}{8\,a\,\pi^2}} = 20\sqrt{\frac{0,7173 \cdot 10^{-3}}{8 \cdot 3,2206 \cdot 10^{-3}\,\pi^2}} = 1,0622,$$

und damit gewinnt (103) die Form

$$\frac{\vartheta}{\vartheta_L^{\max}} = 0{,}94607\, e^{-2\pi\,\cdot\,1{,}0622\,\xi}\cos\left(2\pi\frac{t}{T} - 0{,}0527 - 2\pi\cdot 1{,}0622\,\xi\right).$$

An der Plattenoberfläche weist die Temperatur den Amplitudenwert $\vartheta_0^{\max} = 0{,}946\,\vartheta_L^{\max}$ auf und bleibt damit um rund 5 vH unter der Umgebungstemperatur zurück. Gleichzeitig stellt sich eine Phasenverschiebung um den Winkel 0,0527 ein, die sich in einem Nacheilen der Betontemperatur gegenüber der Umgebungstemperatur von $\frac{365}{6{,}2832}\cdot 0{,}0527$ = 3,06 Tagen äußert. Trägt man die gefundenen Temperaturwerte (Zahlentafel 11) von

Zahlentafel 11. Werte für $\frac{\vartheta}{\vartheta_L^{\max}}$.

Monate:	0 6	1 7	2 8	3 9	4 10	5 11	6 12
$\frac{\vartheta_L}{\vartheta_L^{\max}}$	$\pm 1{,}0000$	$\pm 0{,}8660$	$\pm 0{,}5000$	$\pm 0{,}0000$	$\mp 0{,}5000$	$\mp 0{,}8660$	$\mp 1{,}0000$
ξ							
0,000	$\pm 0{,}9447$	$\pm 0{,}8431$	$\pm 0{,}5155$	$\pm 0{,}0499$	$\mp 0{,}4292$	$\mp 0{,}7933$	$\mp 0{,}9447$
0,025	$\pm 0{,}7814$	$\pm 0{,}7640$	$\pm 0{,}5418$	$\pm 0{,}1744$	$\mp 0{,}2396$	$\mp 0{,}5895$	$\mp 0{,}7814$
0,050	$\pm 0{,}6278$	$\pm 0{,}6713$	$\pm 0{,}5350$	$\pm 0{,}2554$	$\mp 0{,}0927$	$\mp 0{,}4160$	$\mp 0{,}6278$
0,075	$\pm 0{,}4879$	$\pm 0{,}5733$	$\pm 0{,}5050$	$\pm 0{,}3014$	$\pm 0{,}0170$	$\mp 0{,}2719$	$\mp 0{,}4879$
0,100	$\pm 0{,}3649$	$\pm 0{,}4761$	$\pm 0{,}4597$	$\pm 0{,}3201$	$\pm 0{,}0948$	$\mp 0{,}1560$	$\mp 0{,}3649$
0,150	$\pm 0{,}1718$	$\pm 0{,}2999$	$\pm 0{,}3476$	$\pm 0{,}3022$	$\pm 0{,}1758$	$\pm 0{,}0023$	$\mp 0{,}1718$
0,200	$\pm 0{,}0454$	$\pm 0{,}1617$	$\pm 0{,}2347$	$\pm 0{,}2448$	$\pm 0{,}1893$	$\pm 0{,}0831$	$\mp 0{,}0454$
0,250	$\mp 0{,}0267$	$\pm 0{,}0650$	$\pm 0{,}1393$	$\pm 0{,}1763$	$\pm 0{,}1661$	$\pm 0{,}1113$	$\pm 0{,}0267$
0,300	$\mp 0{,}0594$	$\pm 0{,}0050$	$\pm 0{,}0682$	$\pm 0{,}1130$	$\pm 0{,}1276$	$\pm 0{,}1080$	$\pm 0{,}0594$
0,350	$\mp 0{,}0668$	$\mp 0{,}0265$	$\pm 0{,}0208$	$\pm 0{,}0626$	$\pm 0{,}0875$	$\pm 0{,}0891$	$\pm 0{,}0668$
0,400	$\mp 0{,}0599$	$\mp 0{,}0385$	$\mp 0{,}0068$	$\pm 0{,}0267$	$\pm 0{,}0531$	$\pm 0{,}0652$	$\pm 0{,}0599$
0,450	$\mp 0{,}0468$	$\mp 0{,}0385$	$\mp 0{,}0199$	$\pm 0{,}0040$	$\pm 0{,}0269$	$\pm 0{,}0425$	$\pm 0{,}0468$
0,500	$\mp 0{,}0326$	$\mp 0{,}0324$	$\mp 0{,}0235$	$\mp 0{,}0083$	$\pm 0{,}0092$	$\pm 0{,}0241$	$\pm 0{,}0326$
0,550	$\mp 0{,}0202$	$\mp 0{,}0241$	$\mp 0{,}0216$	$\mp 0{,}0133$	$\mp 0{,}0014$	$\pm 0{,}0108$	$\pm 0{,}0202$
0,600	$\mp 0{,}0105$	$\mp 0{,}0160$	$\mp 0{,}0172$	$\mp 0{,}0137$	$\mp 0{,}0066$	$\pm 0{,}0023$	$\pm 0{,}0105$
0,650	$\mp 0{,}0039$	$\mp 0{,}0093$	$\mp 0{,}0121$	$\mp 0{,}0118$	$\mp 0{,}0082$	$\mp 0{,}0025$	$\pm 0{,}0039$
0,700	$\pm 0{,}0001$	$\mp 0{,}0044$	$\mp 0{,}0076$	$\mp 0{,}0089$	$\mp 0{,}0078$	$\mp 0{,}0045$	$\mp 0{,}0001$
0,750	$\pm 0{,}0021$	$\mp 0{,}0011$	$\mp 0{,}0041$	$\mp 0{,}0060$	$\mp 0{,}0062$	$\mp 0{,}0048$	$\mp 0{,}0021$
0,800	$\pm 0{,}0029$	$\pm 0{,}0007$	$\mp 0{,}0016$	$\mp 0{,}0035$	$\mp 0{,}0045$	$\mp 0{,}0042$	$\mp 0{,}0029$
0,850	$\pm 0{,}0027$	$\pm 0{,}0015$	$\mp 0{,}0001$	$\mp 0{,}0017$	$\mp 0{,}0028$	$\mp 0{,}0032$	$\mp 0{,}0027$
0,900	$\pm 0{,}0023$	$\pm 0{,}0017$	$\pm 0{,}0007$	$\mp 0{,}0005$	$\mp 0{,}0016$	$\mp 0{,}0023$	$\mp 0{,}0023$
0,950	$\pm 0{,}0017$	$\pm 0{,}0015$	$\pm 0{,}0010$	$\pm 0{,}0002$	$\mp 0{,}0007$	$\mp 0{,}0014$	$\mp 0{,}0017$
1,000	$\pm 0{,}0011$	$\pm 0{,}0012$	$\pm 0{,}0010$	$\pm 0{,}0005$	$\mp 0{,}0001$	$\mp 0{,}0007$	$\mp 0{,}0011$

der ξ-Achse aus auf und verbindet die zu gleichen Zeiten gehörigen Werte durch Kurven, so ergibt sich der aus Abb. 67 ersichtliche Verlauf. Zur Anpassung an den Jahresverlauf wurde dem Werte $t = 0$ der 15. Juli zugeordnet und die harmonische Schwingung der Umgebungstemperatur vor Kopf eingezeichnet. Projiziert man die Ordinaten der zu gleichen Zeitpunkten gehörigen Umgebungstemperatur auf die Oberflächentemperatur, so ist die durch den Wärmeübergang bedingte Amplitudenverminderung der Umgebungstemperatur sehr schön zu erkennen. Für die Extremwerte, am 15. Juli und 15. Januar, beträgt sie etwa 5 vH. Die Darstellung zeigt weiter, wie zwischen dem 15. Januar und dem 15. Juli ein Nachhinken der Betontemperatur und zwischen dem 15. Juli und dem 15. Januar ein Voreilen gegenüber der Umgebungstemperatur stattfindet.

Will man z. B. für eine jahreszeitliche Schwankung den Schwingungsausschlag der Temperatur für eine größte Schwingungsweite von 12,5° in einem Abstand von 5,00 m unter der Plattenoberfläche haben, so ergibt sich unter Benutzung von Abb. 67

$$\vartheta = 0{,}17\cdot 12{,}5 = 2{,}1^\circ\,\mathrm{C}.$$

Geht man dagegen von der vereinfachenden Annahme einer periodischen Schwankung der Oberflächentemperatur aus und bedient sich zu ihrer Bestimmung der Abb 68[1], so erhält man

$$\vartheta = 0{,}187 \cdot 12{,}5 = 2{,}3°C.$$

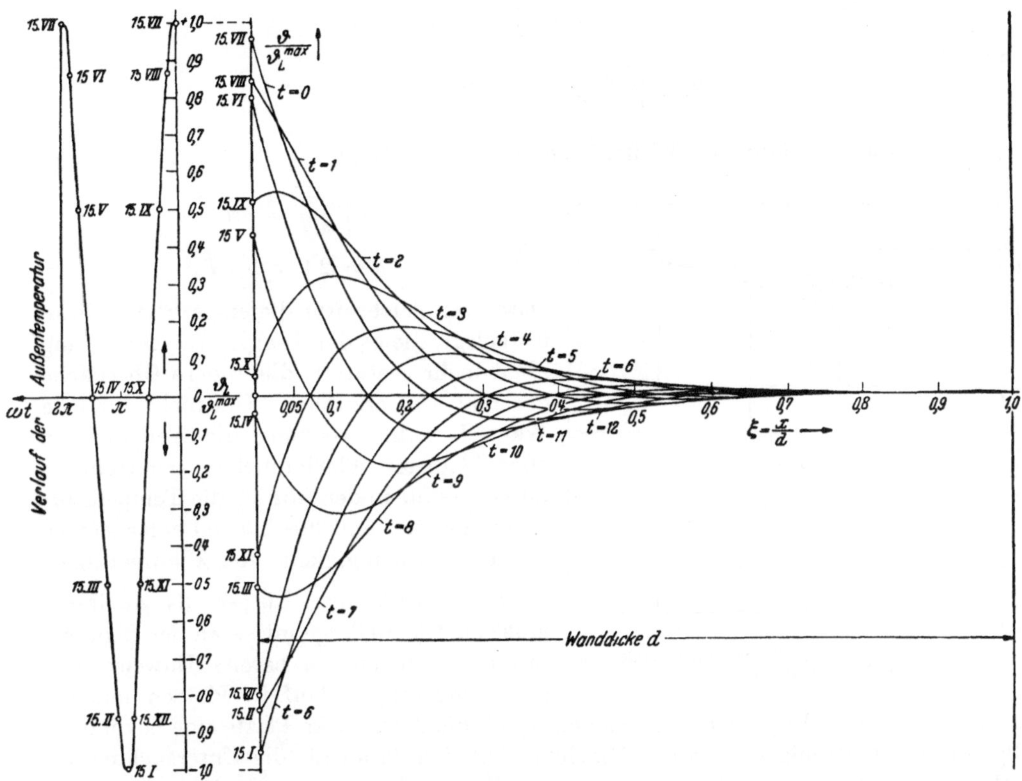

Abb 67 Temperaturverlauf in einer 20 m dicken Betonplatte hervorgerufen durch jahreszeitliche Schwankungen der Außentemperatur

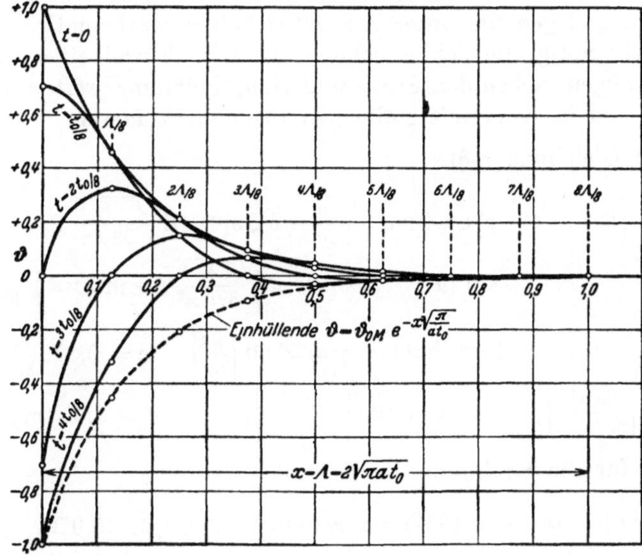

Abb 68 Gestalt der Temperaturwellen im unendlich dicken Körper Abszisse Eindringtiefe x (Einheit gleich der Wellenlänge) Ordinate Temperatur ϑ (Nach Gröber)

---

[1] Die Abb. 68 ist Grober-Erk entnommen.

Die Kurvendarstellung ist so eingerichtet, daß die Eindringtiefe der Temperatur identisch ist mit der Einheit der Wellenlänge, d. i. der Abstand zweier sich um den Phasenwinkel ε unterscheidender benachbarter gleichphasiger Punkte. Führt man in das letzte Zählerglied der Gl. (103)

$$\omega = \frac{2\pi}{T}$$

ein, so wird

$$2\pi\,\xi\,\sqrt{\frac{d^2\omega}{8\,a\,\pi^2}} = d \cdot \xi\,\sqrt{\frac{\pi}{a\,T}}\,.$$

Für $\xi = 1$ ergibt sich dann die Wellenlänge aus der Bedingung

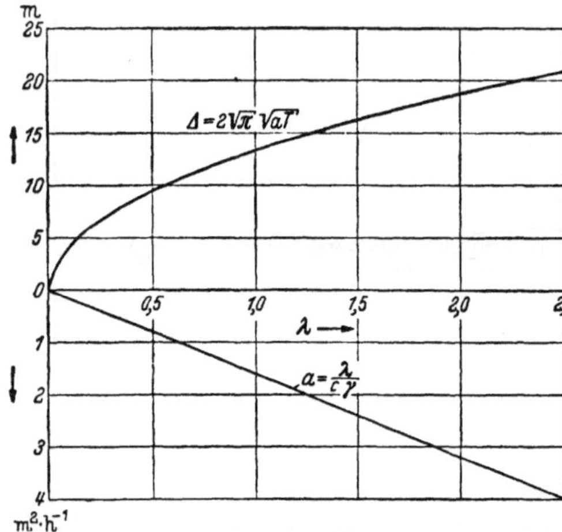

Abb. 69. Wellenlängen und Temperaturleitzahlen in Abhängigkeit von λ.

$$d\,\sqrt{\frac{\pi}{a\,T}} = 2\pi$$
oder
$$d = 2\,\sqrt{\pi}\,\sqrt{a\,T}\,.$$

Damit ist gleichzeitig diejenige Plattendicke festgelegt, die es der Temperaturschwingung nicht mehr gestattet, die andere Oberfläche der Platte zu erreichen. Um nicht für jede Wärmeleitzahl aufs neue die Wellenlängen oder kleinsten Plattendicken ermitteln zu müssen, sind in der Abb. 69 die Temperaturleitfähigkeiten und die Längen einer ganzen Welle in Abhängigkeit von λ aufgetragen.

2. Plattenförmige Körper als Zweirandproblem. Die Meßergebnisse an der Cignana-Staumauer geben u. a. bereits Hinweise über den Temperaturverlauf in Platten mäßiger Dicke (Abb. 13/14).   Da in der vorliegenden Arbeit die 3,0 m dicke Platte eine bevorzugte Stellung einnahm, wenigstens in der Hinsicht, daß sich daran für die Untersuchung die verschiedenartigsten Betrachtungen und Darstellungen knüpften, so soll auch für den vorliegenden Fall einer zu beiden Plattenseiten symmetrisch wirkenden Umgebungstemperatur von periodischer Schwankung die Platte mit $d = 3,0$ m als Beispiel gewählt werden. Der Rechnung liegen die unter A 2 entwickelten mathematischen Ausdrücke zugrunde. Es ist nicht nötig, die Zahlenrechnung in ihren Einzelheiten wiederzugeben, und es mag daher genügen, neben den Stoff- und Hauptrechnungswerten die Ergebnisse in einer Zahlentafel und in Kurvendarstellungen zusammenzufassen.

Setzt man in die Gleichung (58)

$$\vartheta = 2\,A\left[\cos(\omega t - \varepsilon)\cos 2\pi d\,\sqrt{\frac{\omega}{32\,a\,\pi^2}}\,\xi\,\mathfrak{Co}\mathfrak{f}\,2\pi d\,\sqrt{\frac{\omega}{32\,a\,\pi^2}}\,\xi - \right.$$
$$\left. - \sin(\omega t - \varepsilon)\sin 2\pi d\,\sqrt{\frac{\omega}{32\,a\,\pi^2}}\,\xi\,\mathfrak{Sin}\,2\pi d\,\sqrt{\frac{\omega}{32\,a\,\pi^2}}\cdot\xi\right]$$

und

$$\omega = \frac{2\pi}{T} = 0,7173\cdot 10^{-3}\ [\text{h}^{-1}], \qquad \gamma = 2300\left[\frac{\text{kg}}{\text{m}^3}\right], \qquad c = 0,27\left[\frac{\text{kcal}}{\text{kg}\,^\circ\text{C}}\right],$$
$$\lambda = 2,0\left[\frac{\text{kcal}}{\text{m h}\,^\circ\text{C}}\right], \qquad \alpha = 12,0\left[\frac{\text{kcal}}{\text{m}^2\,\text{h}\,^\circ\text{C}}\right], \qquad d = 3,00\ [\text{m}]$$

ein, so gewinnt (58) für die Rechnung die Gestalt

$$\frac{\vartheta}{\vartheta_L^{\max}} = 0,987\,[\cos(\omega t - 0,1937)\cos 2\pi\,(0,0797\cdot\xi)\,\mathfrak{Co}\mathfrak{f}\,2\pi\,(0,0797\cdot\xi) - $$
$$- \sin(\omega t - 0,1937)\sin 2\pi\,(0,0797\cdot\xi)\,\mathfrak{Sin}\,2\pi\,(0,0797\cdot\xi)]\,.$$

Damit ergeben sich die in der nachstehenden Zahlentafel 12 enthaltenen Werte $\vartheta_L\vartheta_L^{\max}$.

In der Abb. 70 ist für die Plattenmitte und die Deckflachen je eine ganze Wellenlänge der Temperaturschwingung gezeichnet. Aus dem Vergleich der Kurve $\xi = 0,0$ mit dem Verlauf der Lufttemperatur ersieht man neben dem Nacheilen der Betontemperatur von etwa $\frac{\pi}{6}$ $[\omega t]$ ein gleichzeitiges Zuruckbleiben von $\vartheta_j'\vartheta_L^{\max} \sim 0,2$. Die Kurven der anderen Schnitte ξ fur betten sich in den Raum zwischen den gezeichneten Grenzkurven ein und

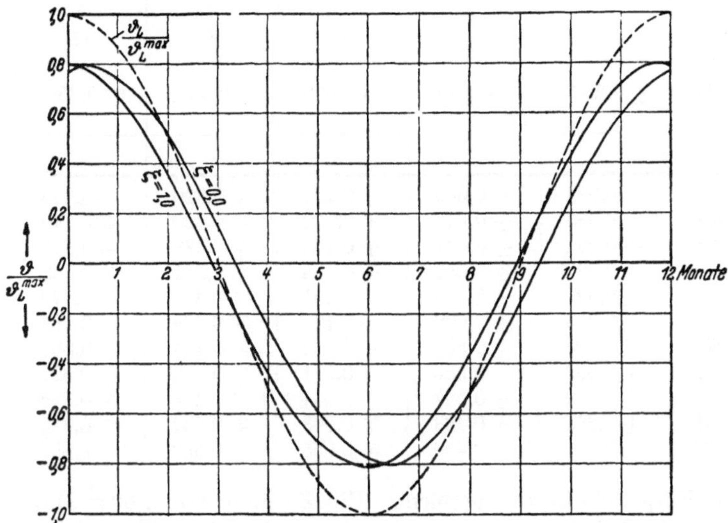

Abb 70 Temperaturverlauf in einer 3 m dicken Betonplatte infolge klimatischer Schwankungen der Außentemperatur bei $\lambda = 2,0$

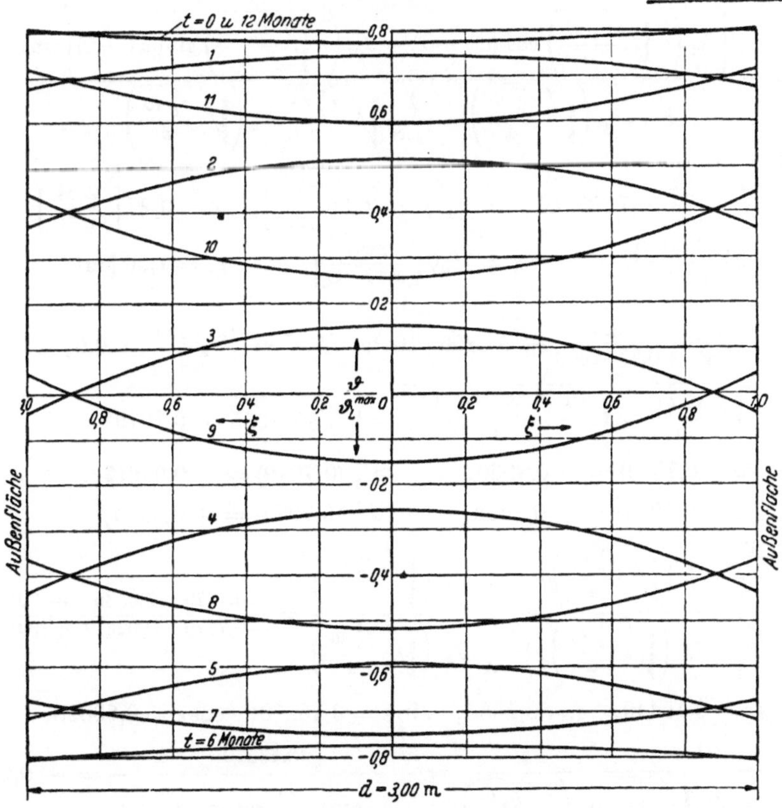

Abb 71. Temperaturverlauf uber den Querschnitt einer 3 m dicken Betonplatte infolge klimatischer Schwankungen der Außentemperatur bei $\lambda = 2,0$.

sind wegen der geringen gegenseitigen Abstände nicht aufgetragen. Außer dieser Darstellung zeigt Abb. 71 den Verlauf der Betontemperaturen über die Plattendicke. Als Einheit der Parameter ist das Produkt aus ωt gewählt und für zwölf gleiche Zeitabschnitte eines Jahres wiedergegeben.

Zahlentafel 12. $\vartheta/\vartheta_L^{max}$.

t_{Monate}	0 6	1 7	2 8	3 9	4 10	5 11	6 12
$\dfrac{\vartheta_L}{\vartheta_L^{max}}$	$\pm\,1{,}0000$	$\pm\,0{,}8660$	$\pm\,0{,}5000$	$0{,}0000$	$\mp\,0{,}5000$	$\mp\,0{,}8660$	$\mp\,1{,}0000$
ξ							
0,0	$\pm\,0{,}966$	$\pm\,0{,}934$	$\pm\,0{,}649$	$\pm\,0{,}190$	$\mp\,0{,}320$	$\mp\,0{,}744$	$\mp\,0{,}966$
0,1	$\pm\,0{,}967$	$\pm\,0{,}933$	$\pm\,0{,}647$	$\pm\,0{,}188$	$\mp\,0{,}322$	$\mp\,0{,}745$	$\mp\,0{,}967$
0,2	$\pm\,0{,}968$	$\pm\,0{,}931$	$\pm\,0{,}641$	$\pm\,0{,}180$	$\mp\,0{,}329$	$\mp\,0{,}750$	$\mp\,0{,}968$
0,3	$\pm\,0{,}970$	$\pm\,0{,}926$	$\pm\,0{,}632$	$\pm\,0{,}168$	$\mp\,0{,}341$	$\mp\,0{,}758$	$\mp\,0{,}970$
0,4	$\pm\,0{,}972$	$\pm\,0{,}921$	$\pm\,0{,}619$	$\pm\,0{,}151$	$\mp\,0{,}357$	$\mp\,0{,}770$	$\mp\,0{,}972$
0,5	$\pm\,0{,}975$	$\pm\,0{,}913$	$\pm\,0{,}602$	$\pm\,0{,}129$	$\mp\,0{,}378$	$\mp\,0{,}784$	$\mp\,0{,}975$
0,6	$\pm\,0{,}978$	$\pm\,0{,}904$	$\pm\,0{,}581$	$\pm\,0{,}102$	$\mp\,0{,}404$	$\mp\,0{,}801$	$\mp\,0{,}978$
0,7	$\pm\,0{,}982$	$\pm\,0{,}892$	$\pm\,0{,}556$	$\pm\,0{,}071$	$\mp\,0{,}433$	$\mp\,0{,}821$	$\mp\,0{,}982$
0,8	$\pm\,0{,}986$	$\pm\,0{,}878$	$\pm\,0{,}527$	$\pm\,0{,}034$	$\mp\,0{,}468$	$\mp\,0{,}845$	$\mp\,0{,}986$
0,9	$\pm\,0{,}991$	$\pm\,0{,}852$	$\pm\,0{,}493$	$\mp\,0{,}008$	$\mp\,0{,}507$	$\mp\,0{,}870$	$\mp\,0{,}991$
1,0	$\pm\,0{,}996$	$\pm\,0{,}844$	$\pm\,0{,}456$	$\mp\,0{,}055$	$\mp\,0{,}550$	$\mp\,0{,}899$	$\mp\,0{,}996$

3. Zylindrische Körper als Einrandproblem. Ein Zylinder von $3{,}00$ m Durchmesser sei dem Einfluß einer sich über das Jahr erstreckenden periodischen Temperaturschwankung unterworfen. Die Gestalt des Temperaturfeldes ist durch (157) gegeben

$$\frac{\vartheta}{\vartheta_L^{max}} = -\frac{\left[J_{01}\!\left(\varrho\sqrt{\dfrac{r_a^2\,\omega}{a}} \right) \cos(\omega t - \varepsilon) + J_{02}\!\left(\varrho\sqrt{\dfrac{r_a^2\,\omega}{a}} \right) \sin(\omega t - \varepsilon) \right] \sin\varepsilon}{J_{02}\!\left(\sqrt{\dfrac{r_a^2\,\omega}{a}} \right) - \dfrac{\lambda}{r_a\,\alpha}\sqrt{\dfrac{r_a^2\,\omega}{a}}\, J_{12}^{*}\!\left(\sqrt{\dfrac{r_a^2\,\omega}{a}} \right)}\,.$$

Mit den Werten

$$\omega = \frac{2\pi}{T} = \frac{2\pi}{8760}\,0{,}7173\cdot 10^{-3}\,[\text{h}^{-1}],\quad \gamma = 2300\left[\frac{\text{kg}}{\text{m}^3}\right],\quad c = 0{,}27\left[\frac{\text{kcal}}{\text{kg}\,^\circ\text{C}}\right],$$

$$\lambda = 2{,}0\left[\frac{\text{kcal}}{\text{m h}\,^\circ\text{C}}\right],\qquad \alpha = 12{,}0\left[\frac{\text{kcal}}{\text{m}^2\,\text{h}\,^\circ\text{C}}\right],\qquad r_a = 1{,}50\,[\text{m}]$$

erhält man

$$a = \frac{\lambda}{c\,\gamma} = \frac{2{,}0}{0{,}27\cdot 2300} = 3{,}2206\cdot 10^{-3},\qquad \frac{r_a\cdot\alpha}{\lambda} = \frac{1{,}5\cdot 12{,}0}{2{,}0} = 9{,}0,$$

$$\sqrt{\frac{r_a^2\,\omega}{a}} = \sqrt{\frac{1{,}5^2\cdot 0{,}7173\cdot 10^{-3}}{3{,}2206\cdot 10^{-3}}} = \sqrt{0{,}5011255} = 0{,}7079,$$

$$J_{01}(0{,}7079) = +\,0{,}9960,\qquad J_{11}^{*}(0{,}7079) = +\,0{,}02217,$$

$$J_{02}(0{,}7079) = -\,0{,}1252,\qquad J_{12}^{*}(0{,}7079) = +\,0{,}3585,$$

$$\tan\varepsilon = \frac{\sqrt{\dfrac{r_a^2\,\omega}{a}}\,J_{12}^{*}\!\left(\sqrt{\dfrac{r_a^2\,\omega}{a}} \right) - \dfrac{r_a\,\alpha}{\lambda}\,J_{02}\!\left(\sqrt{\dfrac{r_a^2\,\omega}{a}} \right)}{-\sqrt{\dfrac{r_a^2\,\omega}{a}}\,J_{11}^{*}\!\left(\sqrt{\dfrac{r_a^2\,\omega}{a}} \right) + \dfrac{r_a\,\alpha}{\lambda}\,J_{01}\!\left(\sqrt{\dfrac{r_a^2\,\omega}{a}} \right)} = \frac{0{,}7079\cdot 0{,}3585 + 9{,}0\cdot 0{,}1252}{-0{,}7079\cdot 0{,}02217 + 9{,}0\cdot 0{,}9960},$$

$$\tan\varepsilon = 0{,}15449,\quad \varepsilon = 0{,}1533,\quad \sin\varepsilon = 0{,}15270,\quad \cos\varepsilon = 0{,}98828,$$

$$\frac{\sin\varepsilon}{J_{02}\!\left(\sqrt{\dfrac{r_a^2\,\omega}{a}} \right) - \dfrac{\lambda}{r_a\,\alpha}\sqrt{\dfrac{r_a^2\,\omega}{a}}\, J_{12}^{*}\!\left(\sqrt{\dfrac{r_a^2\,\omega}{a}} \right)} = \frac{0{,}15270}{-0{,}1252 - \dfrac{1}{9{,}0}\,0{,}7079\cdot 0{,}3585} = -\,0{,}99544.$$

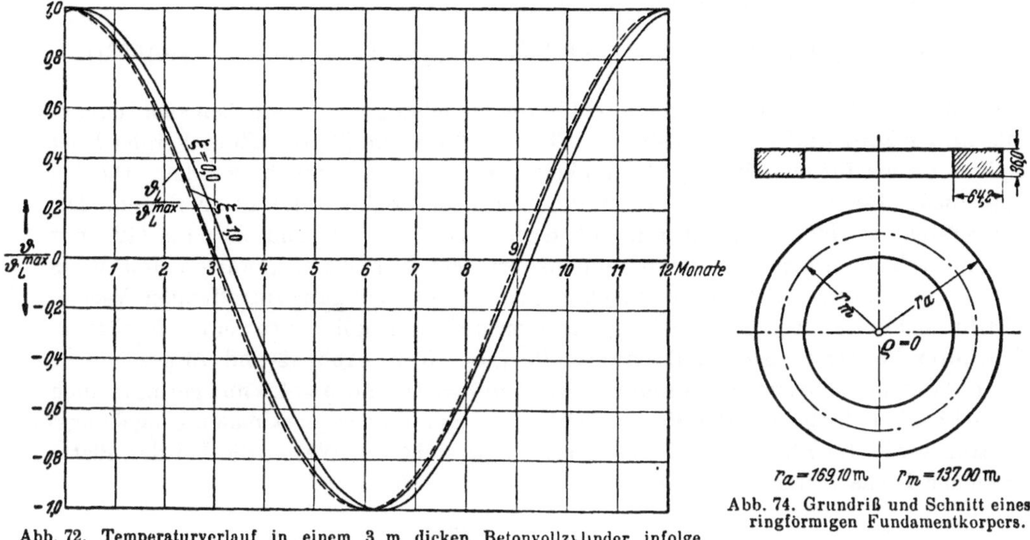

Abb. 72. Temperaturverlauf in einem 3 m dicken Betonvollzylinder infolge
klimatischer Schwankungen der Außentemperatur bei $\lambda = 2{,}0$.

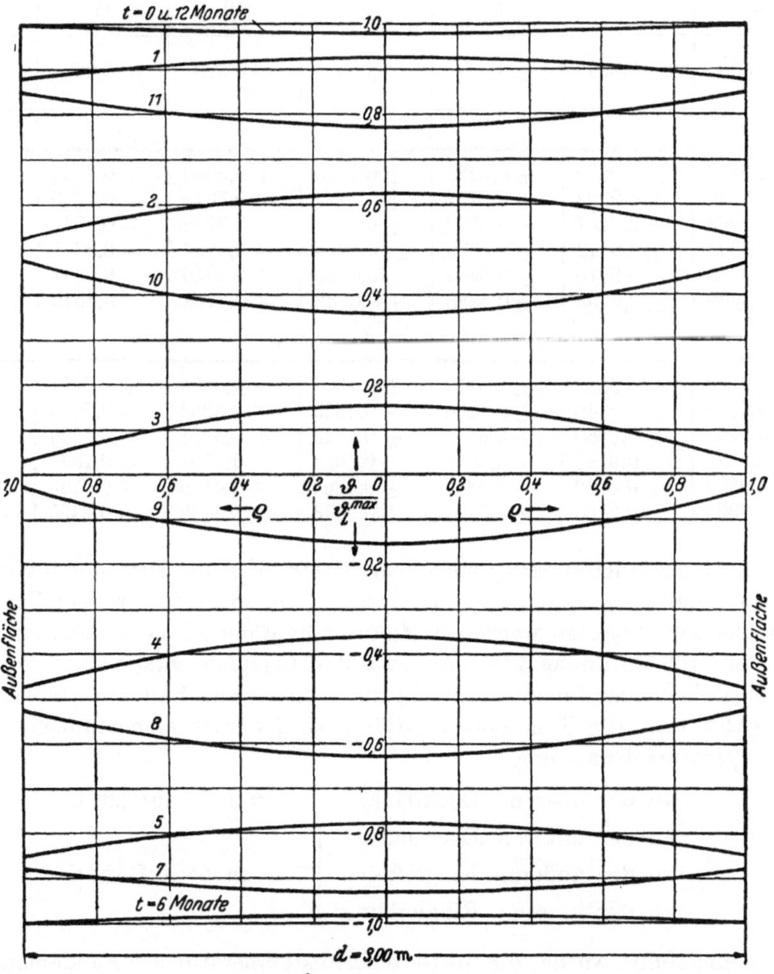

Abb. 74. Grundriß und Schnitt eines
ringförmigen Fundamentkorpers.

$r_a = 169{,}10\,\mathrm{m} \qquad r_m = 137{,}00\,\mathrm{m}$

Abb. 73. Temperaturverlauf über den Durchmesser eines 3 m dicken Betonvollzylinders infolge klimatischer Schwankungen der Außentemperatur bei $\lambda = 2{,}0$.

Für die Durchführung der Rechnung lautet dann (157)

$$\frac{\vartheta}{\vartheta_L^{\max}} = 0{,}99544\,[J_{01}\,(0{,}7079 \cdot \varrho)\cos(\omega t - 0{,}1533) + J_{02}\,(0{,}7079 \cdot \varrho)\sin(\omega t - 0{,}1533)].$$

Führt man die Veränderlichen ϱ und ωt in die Gleichung ein, so ergeben sich schließlich die in der Zahlentafel 13 aufgeführten Temperaturen im Beton. Zum Vergleich ist der Zylinder auch für eine Wärmeleitfähigkeit von $\lambda = 1{,}5$ untersucht worden. Die Ergebnisse dieser Rechnung sind in dem unteren Teil der Zahlentafel 13 zu finden. Die Gegenüberstellung der Temperaturen auf Grund von $\lambda = 2{,}0$ und $\lambda = 1{,}5$ läßt nur kleine Unterschiede erkennen, so daß nennenswerte Fehler nicht zu erwarten sind, wenn einmal die Temperaturermittlung eines Zylinders mit einer nicht ganz zutreffenden Wärmeleitzahl durchgeführt wird. Um den Temperaturverlauf eindringlicher zu veranschaulichen, wurden unter Verwendung der Zahlenwerte für $\lambda = 2{,}0$ die Abb. 72 und 73 gezeichnet. Wie man daraus ersieht, ist die Streuung zwischen $\varrho = 0{,}0$ und $\varrho = 1{,}0$ nur gering. Auch das Zurückbleiben der maximalen Betontemperatur gegenüber der maximalen Umgebungstemperatur sowie die Phasenverschiebung erreichen nicht die Werte, die bei der Platte von gleicher Dicke festgestellt wurden.

Zahlentafel 13. $\vartheta/\vartheta_L^{\max}$ $\lambda = 2{,}0$

t_{Monate}	0 6	1 7	2 8	3 9	4 10	5 11	6 12
$\dfrac{\vartheta_L}{\vartheta_L^{\max}}$	$\pm\,1{,}000$	$\pm\,0{,}866$	$\pm\,0{,}500$	$0{,}000$	$\mp\,0{,}500$	$\cdot\ \mp\,0{,}866$	$\mp\,1{,}000$
ϱ							
0,0	$\pm\,0{,}9838$	$\pm\,0{,}9279$	$\pm\,0{,}6235$	$\pm\,0{,}1520$	$\mp\,0{,}3602$	$\mp\,0{,}7759$	$\mp\,0{,}9838$
0,2	$\pm\,0{,}9846$	$\pm\,0{,}9262$	$\pm\,0{,}6197$	$\pm\,0{,}1471$	$\mp\,0{,}3649$	$\mp\,0{,}7790$	$\mp\,0{,}9846$
0,4	$\pm\,0{,}9868$	$\pm\,0{,}9207$	$\pm\,0{,}6079$	$\pm\,0{,}1323$	$\mp\,0{,}3788$	$\mp\,0{,}7883$	$\mp\,0{,}9868$
0,6	$\pm\,0{,}9902$	$\pm\,0{,}9112$	$\pm\,0{,}5882$	$\pm\,0{,}1074$	$\mp\,0{,}4020$	$\mp\,0{,}8037$	$\mp\,0{,}9902$
0,8	$\pm\,0{,}9943$	$\pm\,0{,}8976$	$\pm\,0{,}5604$	$\pm\,0{,}0730$	$\mp\,0{,}4340$	$\mp\,0{,}8247$	$\mp\,0{,}9943$
1,0	$\pm\,0{,}9988$	$\pm\,0{,}8792$	$\pm\,0{,}5238$	$\pm\,0{,}0282$	$\mp\,0{,}4751$	$\mp\,0{,}8510$	$\mp\,0{,}9988$

$\lambda = 1{,}5$

ϱ							
0,0	$\pm\,0{,}9717$	$\pm\,0{,}9369$	$\pm\,0{,}6513$	$\pm\,0{,}1907$	$\mp\,0{,}3202$	$\mp\,0{,}7461$	$\mp\,0{,}9717$
0,2	$\pm\,0{,}9730$	$\pm\,0{,}9348$	$\pm\,0{,}6464$	$\pm\,0{,}1843$	$\mp\,0{,}3263$	$\mp\,0{,}7504$	$\mp\,0{,}9730$
0,4	$\pm\,0{,}9766$	$\pm\,0{,}9280$	$\pm\,0{,}6313$	$\pm\,0{,}1648$	$\mp\,0{,}3451$	$\mp\,0{,}7634$	$\mp\,0{,}9766$
0,6	$\pm\,0{,}9823$	$\pm\,0{,}9168$	$\pm\,0{,}6060$	$\pm\,0{,}1322$	$\mp\,0{,}3761$	$\mp\,0{,}7845$	$\mp\,0{,}9823$
0,8	$\pm\,0{,}9893$	$\pm\,0{,}8999$	$\pm\,0{,}5697$	$\pm\,0{,}0863$	$\mp\,0{,}4195$	$\mp\,0{,}8136$	$\mp\,0{,}9893$
1,0	$\pm\,0{,}9968$	$\pm\,0{,}8768$	$\pm\,0{,}5223$	$\pm\,0{,}0273$	$\mp\,0{,}4742$	$\mp\,0{,}8495$	$\mp\,0{,}9968$

4. Untersuchung eines ringförmigen Fundamentkörpers. Für die Planungen von Betonkonstruktionen aus dem Wasserbau und für Staumauern, sowie für größere Fundamentkörper zeitgemäßer Zweckbauten werden in Zukunft häufiger Abmessungen zu erwarten sein, wie sie in der Größenordnung dem hier gewählten Beispiele entsprechen. Aus diesem Grunde soll nachstehend der für eine Ausführung vorgesehene Fundamentkörper untersucht werden (Abb. 74). Die Temperatureinflüsse sind derart angenommen, daß eine periodische Temperaturschwankung

an der oberen Deckfläche	von 0° auf 20° C
an der unteren Deckfläche ⎫	
an der äußeren Ringleibung ⎬ von 5° auf 15° C	
an der inneren Ringleibung ⎭	

in die Rechnung eingeführt wurde; die mittlere Jahrestemperatur des Fundamentkörpers wurde mit 10° C zugrunde gelegt.

Zunächst seien die allgemeinen und wiederkehrenden Werte der Rechnung vorangestellt.

$$\omega = \frac{2\pi}{T} = 0,7177 \cdot 10^{-3} \; [\text{h}^{-1}], \qquad \gamma = 2300 \left[\frac{\text{kg}}{\text{m}^3}\right], \qquad c = 0,27 \left[\frac{\text{kcal}}{\text{kg}\,°\text{C}}\right],$$

$$\lambda = 2,5 \left[\frac{\text{kcal}}{\text{m}\,\text{h}\,°\text{C}}\right], \qquad \alpha = 12,0, \left[\frac{\text{kcal}}{\text{m}^2\,\text{h}\,°\text{C}}\right], \qquad d = 36,00 \; [\text{m}],$$

$$a = \frac{\lambda}{c\gamma} = \frac{2,5}{0,27 \cdot 2300} = 4,0258 \cdot 10^{-3} \left[\frac{\text{m}^2}{\text{h}}\right].$$

a) Periodische Temperatureinwirkung auf die obere Deckfläche. Das Temperaturfeld wurde in (103) ausgedrückt

$$\frac{\vartheta}{\vartheta_L^{\max}} = \frac{e^{-2\pi d\sqrt{\frac{\omega}{8a\pi^2}}\,\xi} \cos\left(\omega t - \varepsilon - 2\pi d\sqrt{\frac{\omega}{8a\pi^2}}\,\xi\right)}{\sqrt{1 + \frac{4\pi\lambda}{\alpha}\sqrt{\frac{\omega}{8a\pi^2}} + \frac{4\pi\lambda}{\alpha}\frac{\omega}{8a\pi^2}}}.$$

Unter Berücksichtigung der vorangestellten Werte ergibt sich

$$\varepsilon = \text{arc tang} \frac{1}{1 + \frac{\alpha}{2\pi\lambda}\sqrt{\frac{8a\pi^2}{\omega}}} = \text{arc tang} \frac{1}{1 + \frac{12,0}{2\pi\cdot 2,5}\sqrt{\frac{8\cdot 4,0258\cdot 10^{-3}\cdot\pi^2}{0,7173\cdot 10^{-3}}}},$$

$$\varepsilon = \text{arc tang} \frac{1}{17,09} = 0,0585,$$

$$\sqrt{1 + \frac{4\pi\lambda}{\alpha}\sqrt{\frac{\omega}{8a\pi^2}} + \frac{4\pi\lambda}{\alpha}\frac{\omega}{8a\pi^2}} = \sqrt{1 + \frac{4\pi\cdot 2,5}{12,0}\sqrt{\frac{0,7173\cdot 10^{-3}}{8\cdot 4,0258\cdot 10^{-3}\cdot\pi^2}} + \frac{4\pi\cdot 2,5}{12,0}\frac{0,7173\cdot 10^{-3}}{8\cdot 4,0258\cdot 10^{-3}\cdot\pi^2}}.$$

$$\sqrt{} = 1,078; \qquad \frac{1}{1,078} = 0,928,$$

$$d\sqrt{\frac{\omega}{8a\pi^2}} = 36,0\sqrt{0,2255\cdot 10^{-2}} = 1,7096.$$

Damit läßt sich (103) wie folgt schreiben:

$$\frac{\vartheta}{\vartheta_L^{\max}} = 0,928\, e^{-2\pi\cdot 1,710\,\xi} \cos\left(2\pi\frac{t}{T} - 0,0585 - 2\pi\cdot 1,7096\,\xi\right)$$

oder auch

$$\frac{\vartheta}{\vartheta_L^{\max}} = 0,928\, e^{-2\pi\cdot 1,710\,\xi} \cos\left[2\pi\left(\frac{t}{T} - 0,0093 - 1,7096\,\xi\right)\right].$$

Der Amplitudenwert 0,928 besagt, daß die Betontemperatur an der oberen Deckfläche um etwa 7 vH unter der Umgebungstemperatur bleibt. Außerdem stellt sich, wie der Phasenwinkel $\varepsilon = 0,0585$ zeigt, ein Nacheilen der Betontemperatur gegenüber der Umgebungstemperatur von rund 3,5 Tagen ein.

Aus Gründen der Platzersparnis mußte von einer geschlossenen Wiedergabe der Rechnung abgesehen werden. In der nachstehenden Tafel 14 sind die Ergebnisse der zahlenmäßigen Auswertung zusammengestellt und in der Abb. 75 veranschaulicht. Man ersieht aus der Abbildung, daß die durch die Einwirkung der Außenluft hervorgerufene Temperatur im Beton praktisch schon abgeklungen ist, noch bevor sie die Fundamentmitte erreicht hat. Entsprechend der Meßaufzeichnungen in der Abb. 7 soll auch hier der 15. Januar als kältester Tag des Jahres angenommen werden.

b) Periodische Temperatureinwirkung auf die untere Deckfläche. Die Fundamentabmessungen und Stoffwerte sind, von der unteren Deckfläche aus betrachtet, genau dieselben wie unter a. Da sich die Temperatureinflüsse beider Deckflächen in der Fundamentmitte praktisch nicht mehr bemerkbar machen, so können auch die Einwirkungen aus beiden Richtungen, ohne daß sie sich überlagern, getrennt untersucht werden. Die im vorigen Abschnitt gewonnenen und dimensionslos geschriebenen Ergebnisse gelten auch für die vorliegende Betrachtung der Temperatureinwirkung auf die untere Deckfläche. Es müssen nur die als Ordinaten dargestellten Temperaturen entsprechend der vorgegebenen Außentemperaturschwankung zwischen 5° und 15° C umgeschrieben werden (Abb. 76).

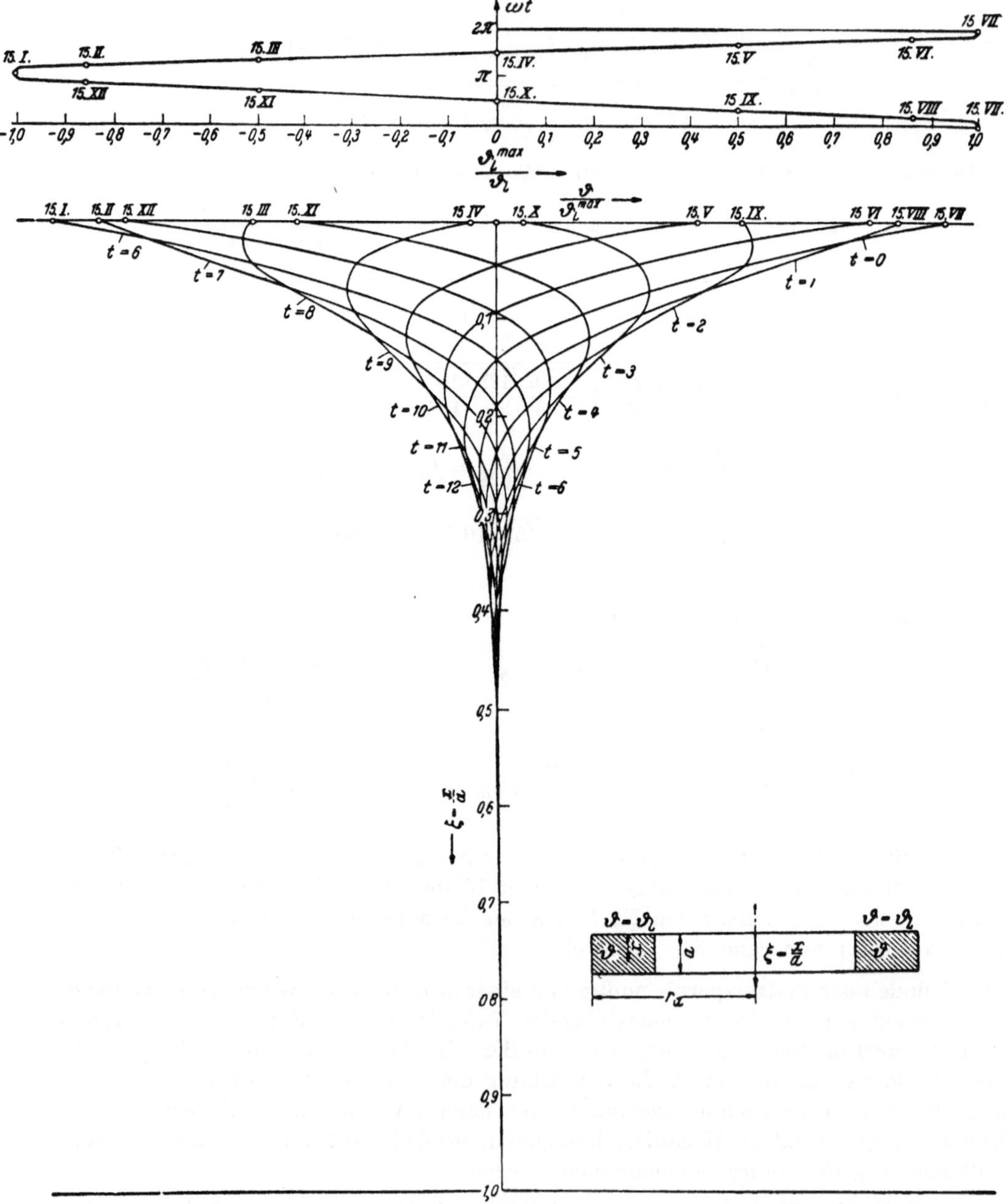

Abb. 75. Temperaturverlauf im Fundamentkörper infolge periodisch schwankender Außentemperatur auf die Deckfläche ($\lambda = 2{,}5$).

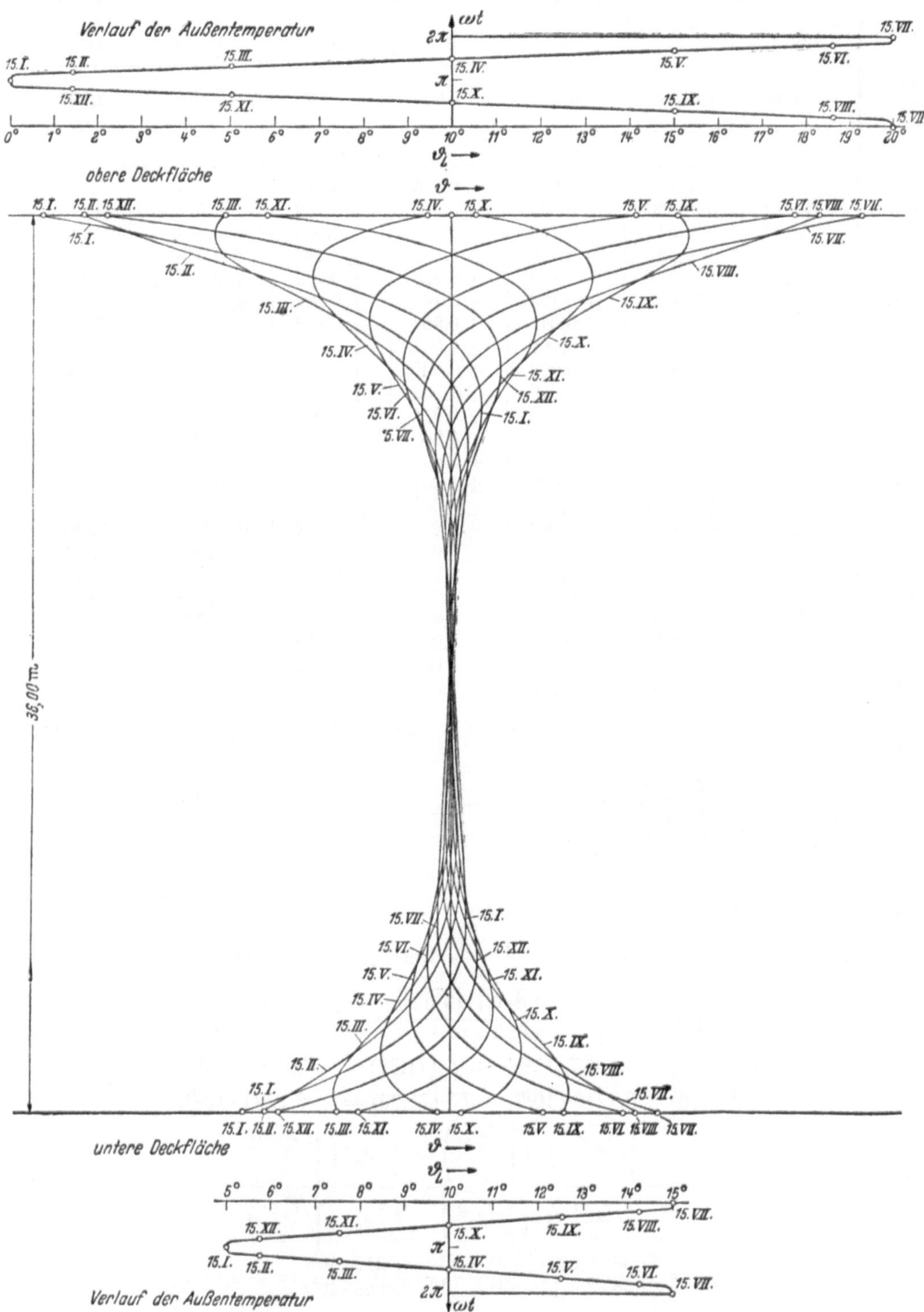

Abb. 76. Temperaturverlauf im Fundamentkörper bei einer periodisch wirkenden Außentemperaturschwankung von 0°
auf 20° C auf die obere und 0° auf 15° C auf die untere Deckfläche ($\lambda = 2{,}5$).

Zahlentafel 14. $\vartheta/\vartheta_L^{\max}$.

t_{Monate}	0 6	1 7	2 8	3 9	4 10	5 11	6 12
$\dfrac{\vartheta_L}{\vartheta_L^{\max}}$	$\pm\,1{,}000$	$\pm\,0{,}866$	$\pm\,0{,}500$	$0{,}000$	$\mp\,0{,}500$	$\mp\,0{,}866$	$\mp\,1{,}000$
ξ							
0,000	$\pm\,0{,}926$	$\pm\,0{,}830$	$\pm\,0{,}510$	$\pm\,0{,}055$	$\mp\,0{,}416$	$\mp\,0{,}776$	$\mp\,0{,}926$
0,025	$\pm\,0{,}672$	$\pm\,0{,}696$	$\pm\,0{,}534$	$\pm\,0{,}228$	$\mp\,0{,}139$	$\mp\,0{,}468$	$\mp\,0{,}672$
0,050	$\pm\,0{,}449$	$\pm\,0{,}542$	$\pm\,0{,}489$	$\pm\,0{,}305$	$\pm\,0{,}039$	$\mp\,0{,}238$	$\mp\,0{,}449$
0,075	$\pm\,0{,}269$	$\pm\,0{,}391$	$\pm\,0{,}408$	$\pm\,0{,}315$	$\pm\,0{,}139$	$\mp\,0{,}076$	$\mp\,0{,}269$
0,100	$\pm\,0{,}141$	$\pm\,0{,}261$	$\pm\,0{,}318$	$\pm\,0{,}288$	$\pm\,0{,}182$	$\pm\,0{,}027$	$\mp\,0{,}141$
0,150	$\mp\,0{,}019$	$\pm\,0{,}077$	$\pm\,0{,}150$	$\pm\,0{,}185$	$\pm\,0{,}169$	$\pm\,0{,}108$	$\pm\,0{,}019$
0,200	$\mp\,0{,}064$	$\mp\,0{,}013$	$\pm\,0{,}043$	$\pm\,0{,}087$	$\pm\,0{,}108$	$\pm\,0{,}100$	$\pm\,0{,}064$
0,250	$\mp\,0{,}059$	$\mp\,0{,}038$	$\mp\,0{,}008$	$\pm\,0{,}024$	$\pm\,0{,}050$	$\pm\,0{,}063$	$\pm\,0{,}059$
0,300	$\mp\,0{,}005$	$\mp\,0{,}035$	$\mp\,0{,}023$	$\mp\,0{,}005$	$\pm\,0{,}014$	$\pm\,0{,}029$	$\pm\,0{,}005$
0,350	$\mp\,0{,}005$	$\mp\,0{,}021$	$\mp\,0{,}018$	$\mp\,0{,}009$	$\pm\,0{,}003$	$\pm\,0{,}007$	$\pm\,0{,}005$
0,400	$\mp\,0{,}004$	$\mp\,0{,}009$	$\mp\,0{,}013$	$\mp\,0{,}012$	$\mp\,0{,}008$	$\mp\,0{,}002$	$\pm\,0{,}004$
0,450	$\mp\,0{,}001$	$\mp\,0{,}004$	$\mp\,0{,}007$	$\mp\,0{,}009$	$\mp\,0{,}006$	$\mp\,0{,}003$	$\mp\,0{,}001$
0,500	$\pm\,0{,}003$	$\pm\,0{,}001$	$\mp\,0{,}001$	$\mp\,0{,}003$	$\mp\,0{,}004$	$\mp\,0{,}004$	$\mp\,0{,}003$
0,550	$\pm\,0{,}003$	$\pm\,0{,}003$	$\pm\,0{,}002$	$\pm\,0{,}001$	$\mp\,0{,}001$	$\mp\,0{,}003$	$\mp\,0{,}003$
0,600	$\pm\,0{,}002$	$\pm\,0{,}003$	$\pm\,0{,}003$	$\pm\,0{,}003$	$\pm\,0{,}002$	$\mp\,0{,}000$	$\mp\,0{,}002$
0,650	$\pm\,0{,}001$	$\pm\,0{,}001$	$\pm\,0{,}002$	$\pm\,0{,}002$	$\pm\,0{,}002$	$\mp\,0{,}002$	$\mp\,0{,}001$
0,700	$\pm\,0{,}001$	$\pm\,0{,}001$	$\pm\,0{,}001$	$\pm\,0{,}001$	$\pm\,0{,}000$	$\mp\,0{,}000$	$\mp\,0{,}001$
0,750	$0{,}000$	$0{,}000$	$0{,}000$	$0{,}000$	$0{,}000$	$0{,}000$	$0{,}000$
0,800	$0{,}000$	$0{,}000$	$0{,}000$	$0{,}000$	$0{,}000$	$0{,}000$	$0{,}000$
0,850	$0{,}000$	$0{,}000$	$0{,}000$	$0{,}000$	$0{,}000$	$0{,}000$	$0{,}000$
0,900	$0{,}000$	$0{,}000$	$0{,}000$	$0{,}000$	$0{,}000$	$0{,}000$	$0{,}000$
0,950	$0{,}000$	$0{,}000$	$0{,}000$	$0{,}000$	$0{,}000$	$0{,}000$	$0{,}000$
1,000	$0{,}000$	$0{,}000$	$0{,}000$	$0{,}000$	$0{,}000$	$0{,}000$	$0{,}000$

c) **Periodische Einwirkung auf die äußere Zylinderleibung.** Das Temperaturfeld wird durch (157) festgelegt

$$\frac{\vartheta}{\vartheta_L^{\max}} = -\frac{\left[J_{01}\left(\varrho\sqrt{\frac{r_a^2\omega}{a}}\right)\cos(\omega t - \varepsilon) + J_{02}\left(\varrho\sqrt{\frac{r_a^2\omega}{a}}\right)\sin(\omega t - \varepsilon)\right]\sin\varepsilon}{J_{02}\left(\sqrt{\frac{r_a^2\omega}{a}}\right) - \frac{\lambda}{r_a\alpha}\sqrt{\frac{r_a^2\omega}{a}}\,J_{12}^*\left(\sqrt{\frac{r_a^2\omega}{a}}\right)}.$$

Mit den Stoff- und Zahlenwerten ergibt sich

$$r_a = 169{,}10\ [\mathrm{m}], \qquad \frac{r_a\alpha}{\lambda} = \frac{169{,}10\cdot 12{,}0}{2{,}5} = 812, \qquad a = 4{,}0258\cdot 10^{-3},$$

$$\sqrt{\frac{r_a^2\omega}{a}} = \sqrt{\frac{169{,}10^2\cdot 0{,}7173\cdot 10^{-3}}{4{,}0258\cdot 10^{-3}}} = 71{,}38,$$

$$J_{01}(71{,}38) = 3{,}8665\cdot 10^{20}, \qquad J_{11}^*(71{,}38) = -\,3{,}2167\cdot 10^{20},$$

$$J_{02}(71{,}38) = 0{,}7210\cdot 10^{20}, \qquad J_{12}^*(71{,}38) = 2{,}2294\cdot 10^{20},$$

$$\tan\varepsilon = \frac{\sqrt{\frac{r_a^2\omega}{a}}\,J_{12}^*\left(\sqrt{\frac{r_a^2\omega}{a}}\right) - \frac{r_a\alpha}{\lambda}J_{02}\left(\sqrt{\frac{r_a^2\omega}{a}}\right)}{-\sqrt{\frac{r_a^2\omega}{a}}\,J_{11}^*\left(\sqrt{\frac{r_a^2\omega}{a}}\right) + \frac{r_a\alpha}{\lambda}J_{01}\left(\sqrt{\frac{r_a^2\omega}{a}}\right)}$$

$$\tan\varepsilon = \frac{71{,}38\cdot 2{,}2294\cdot 10^{20} - 812\cdot 0{,}7210\cdot 10^{20}}{71{,}38\cdot 3{,}2167\cdot 10^{20} + 812\cdot 3{,}8665\cdot 10^{20}} = -\,0{,}1265;$$

$$\varepsilon = -\,0{,}1259; \qquad \sin\varepsilon = -\,0{,}1255; \qquad \cos\varepsilon = +\,0{,}9920;$$

$$\frac{\sin\varepsilon}{J_{02}\left(\sqrt{\frac{r_a^2\omega}{a}}\right) - \frac{\lambda}{r_a\alpha}\sqrt{\frac{r_a^2\omega}{a}}J_{12}^*\left(\sqrt{\frac{r_a^2\omega}{a}}\right)} = \frac{-0{,}1255}{\left(0{,}7210 - \frac{71{,}38\cdot 2{,}2294}{812}\right)10^{20}} = -\,0{,}240\cdot 10^{-20};$$

und (157) nimmt folgende Foim an:

$$\frac{\vartheta}{\vartheta_L^{\max}} = 0{,}240 \cdot 10^{-20}\left[J_{01}\left(71{,}38\,\varrho\right)\cos\left(\omega\,t + 0{,}1259\right) + J_{02}\left(71{,}38\,\varrho\right)\sin\left(\omega\,t + 0{,}1259\right)\right].$$

Auf die weitere zahlenmaßige Auswertung kann hier verzichtet werden; sie gestaltet sich sehr umstandlich, da die auftretenden Zylinderfunktionen nicht mehr aus Zahlentafeln[1] entnommen werden konnen, sondern einzeln berechnet werden mussen. Die Ergebnisse der Zahlenrechnung sind in der Zahlentafel 15 zusammengestellt.

Werden die gefundenen Werte von der ϱ-Achse aus aufgetragen und die zu gleichen Zeiten gehorigen Temperaturordinaten durch Kurven verbunden, so ergibt sich der aus Abb. 77/78 ersichtliche Temperaturverlauf. Der Charakter der Abklingung ist etwa der gleiche wie im Falle der Temperatureinwirkung von einer Deckflache aus. Ähnlich wie in Abb. 76 wurde dem Wert $l = 0$ der 15. Juli zugeordnet und die Außentemperaturwelle

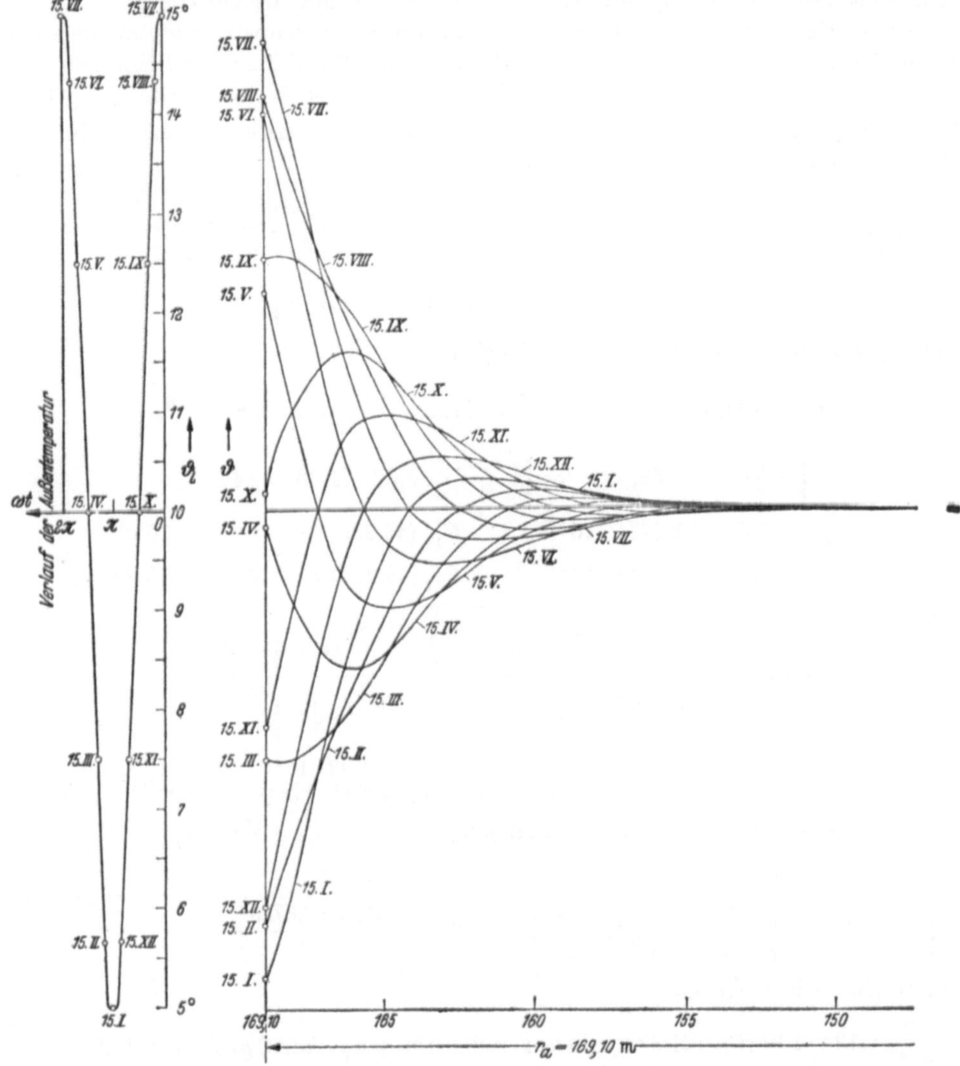

Abb 77. Temperaturverlauf im Fundamentkorper bei einer periodischen Schwankung der Umgebungstemperatur von 5° auf 15° C auf die außere Zylinderleibung ($\lambda = 2{,}5$)

<hr>

[1] TOLKE, F.: BESSELsche und HANKELsche Zylinderfunktionen nullter bis dritter Ordnung vom Argument $r\sqrt{\imath}$. Stuttgart: Konrad Wittwer 1936.

Zahlentafel 15. $\vartheta/\vartheta_L^{\max}$.

t_{Monate}	0 6	1 7	2 8	3 9	4 10	5 11	6 12
$\dfrac{\vartheta_L}{\vartheta_L^{\max}}$	$\pm\,1{,}000$	$\pm\,0{,}866$	$\pm\,0{,}500$	$0{,}000$	$\mp\,0{,}500$	$\mp\,0{,}866$	$\mp\,1{,}000$
ϱ							
0,90	$\pm\,0{,}002$	$\mp\,0{,}001$	$\mp\,0{,}004$	$\mp\,0{,}006$	$\mp\,0{,}006$	$\mp\,0{,}005$	$\mp\,0{,}002$
0,92	$\mp\,0{,}010$	$\mp\,0{,}016$	$\mp\,0{,}017$	$\mp\,0{,}014$	$\mp\,0{,}007$	$\pm\,0{,}002$	$\pm\,0{,}010$
0,94	$\mp\,0{,}044$	$\mp\,0{,}036$	$\mp\,0{,}019$	$\pm\,0{,}003$	$\pm\,0{,}025$	$\pm\,0{,}040$	$\pm\,0{,}044$
0,96	$\mp\,0{,}060$	$\pm\,0{,}005$	$\pm\,0{,}068$	$\pm\,0{,}113$	$\pm\,0{,}128$	$\pm\,0{,}109$	$\pm\,0{,}060$
0,98	$\pm\,0{,}182$	$\pm\,0{,}317$	$\pm\,0{,}366$	$\pm\,0{,}317$	$\pm\,0{,}184$	$\pm\,0{,}001$	$\mp\,0{,}182$
1,00	$\pm\,0{,}943$	$\pm\,0{,}836$	$\pm\,0{,}504$	$\pm\,0{,}037$	$\mp\,0{,}439$	$\mp\,0{,}798$	$\mp\,0{,}943$

vor Kopf eingezeichnet. Die größte Amplitudenverminderung der Oberflächentemperatur gegenüber der Umgebungstemperatur, die bei der Temperatureinwirkung von einer Deckfläche aus 7 vH betrug, beläuft sich hier auf 6 vH. Das Nachhinken und Voreilen gegenüber der Umgebungstemperatur vollzieht sich in ähnlicher Weise wie in der Abb. 76.

d) Periodische Temperatureinwirkung auf die innere Zylinderleibung. Die Temperaturverteilung ist gegeben durch (166)

$$\frac{\vartheta}{\vartheta_L^{\max}} = - \frac{\left[G_{01}\left(\vartheta\sqrt{\dfrac{r_a^2\,\omega}{a}}\right)\cos(\omega t - \varepsilon) + G_{02}\left(\varrho\sqrt{\dfrac{r_a^2\,\omega}{a}}\right)\sin(\omega t - \varepsilon)\right]\sin\varepsilon}{G_{02}\left(\varrho_i\sqrt{\dfrac{r_a^2\,\omega}{a}}\right) + \dfrac{\lambda}{r_a\alpha}\sqrt{\dfrac{r_a^2\,\omega}{a}}\,G_{12}^*\left(\varrho_i\sqrt{\dfrac{r_a^2\,\omega}{a}}\right)}\,.$$

Werden die folgenden Zahlenwerte berücksichtigt

$$r_i = 104{,}90\ [\text{m}], \qquad \frac{r_a\alpha}{\lambda} = 812, \qquad a = 4{,}0258\cdot10^{-3},$$

$$\sqrt{\frac{r_a^2\,\omega}{a}} = 71{,}38, \qquad \varrho_i\sqrt{\frac{r_i^2\,\omega}{a}} = 0{,}62\cdot71{,}38 = 44{,}255,$$

$$G_{01}(44{,}255) = 4{,}6761\cdot10^{-15}, \qquad G_{11}^*(44{,}255) = 4{,}2728\cdot10^{-15},$$

$$G_{02}(44{,}255) = 1{,}2843\cdot10^{-15}, \qquad G_{12}^*(44{,}255) = -2{,}8725\cdot10^{-15},$$

$$\tan\varepsilon = \frac{\sqrt{\dfrac{r_a^2\,\omega}{a}}\,G_{12}^*\left(\varrho_i\sqrt{\dfrac{r_a^2\,\omega}{a}}\right) + \dfrac{r_a\alpha}{\lambda}\,G_{02}\left(\varrho_i\sqrt{\dfrac{r_a^2\,\omega}{a}}\right)}{-\sqrt{\dfrac{r_a^2\,\omega}{a}}\,G_{11}^*\left(\varrho_i\sqrt{\dfrac{r_a^2\,\omega}{a}}\right) - \dfrac{r_a\alpha}{\lambda}\,G_{01}\left(\varrho_i\sqrt{\dfrac{r_a^2\,\omega}{a}}\right)},$$

$$\tan\varepsilon = \frac{-71{,}38\cdot2{,}8725\cdot10^{-15} + 812\cdot1{,}2843\cdot10^{-15}}{-71{,}38\cdot4{,}2728\cdot10^{-15} - 812\cdot4{,}6761\cdot10^{-15}} = -0{,}2043,$$

$$\varepsilon = 0{,}2015, \qquad \sin\varepsilon = -0{,}2001, \qquad \cos\varepsilon = +0{,}9798,$$

$$\frac{\sin\varepsilon}{G_{02}\left(\varrho_i\sqrt{\dfrac{r_a^2\,\omega}{a}}\right) + \dfrac{\lambda}{r_a\alpha}\sqrt{\dfrac{r_a^2\,\omega}{a}}\,G_{12}^*\left(\varrho_i\sqrt{\dfrac{r_a^2\,\omega}{a}}\right)} = \frac{-0{,}2001}{\left(1{,}2843 - \dfrac{71{,}38\cdot2{,}8725}{812}\right)10^{-15}} = -0{,}1940\cdot10^{15},$$

so nimmt (166) die Form an:

$$\frac{\vartheta}{\vartheta_L^{\max}} = 0{,}194\cdot10^{15}\left[G_{01}(71{,}38\,\varrho)\cos(\omega t + 0{,}2015) + G_{02}(71{,}38\,\varrho)\sin(\omega t + 0{,}2015)\right].$$

Auf die Wiedergabe der umständlichen Zahlenrechnung soll hier aus den gleichen Gründen wie im Abschnitt c verzichtet werden. Die Ergebnisse der Rechnung sind in der Zahlentafel 16 enthalten.

Zahlentafel 16. $\vartheta/\vartheta_L^{max}$

t_{Monate}	0 6	1 7	2 8	3 9	4 10	5 11	6 12
$\dfrac{\vartheta_L}{\vartheta_L^{max}}$	$\pm\,1{,}000$	$\pm\,0{,}866$	$\pm\,0{,}500$	$0{,}000$	$\mp\,0{,}500$	$\mp\,0{,}866$	$\mp\,1{,}000$
ϱ							
0,62	$\pm\,0{,}939$	$\pm\,0{,}844$	$\pm\,0{,}523$	$\pm\,0{,}063$	$\mp\,0{,}415$	$\mp\,0{,}782$	$\mp\,0{,}939$
0,63	$\pm\,0{,}475$	$\pm\,0{,}564$	$\pm\,0{,}501$	$\pm\,0{,}305$	$\pm\,0{,}027$	$\mp\,0{,}258$	$\mp\,0{,}475$
0,64	$\pm\,0{,}164$	$\pm\,0{,}293$	$\pm\,0{,}345$	$\pm\,0{,}304$	$\pm\,0{,}181$	$\pm\,0{,}010$	$\mp\,0{,}164$
0,66	$\mp\,0{,}064$	$\pm\,0{,}001$	$\pm\,0{,}066$	$\pm\,0{,}113$	$\pm\,0{,}129$	$\pm\,0{,}111$	$\pm\,0{,}064$
0,68	$\mp\,0{,}025$	$\mp\,0{,}000$	$\pm\,0{,}025$	$\pm\,0{,}044$	$\pm\,0{,}051$	$\pm\,0{,}044$	$\pm\,0{,}025$
0,70	$\mp\,0{,}014$	$\mp\,0{,}022$	$\mp\,0{,}025$	$\pm\,0{,}020$	$\mp\,0{,}011$	$\pm\,0{,}002$	$\pm\,0{,}014$

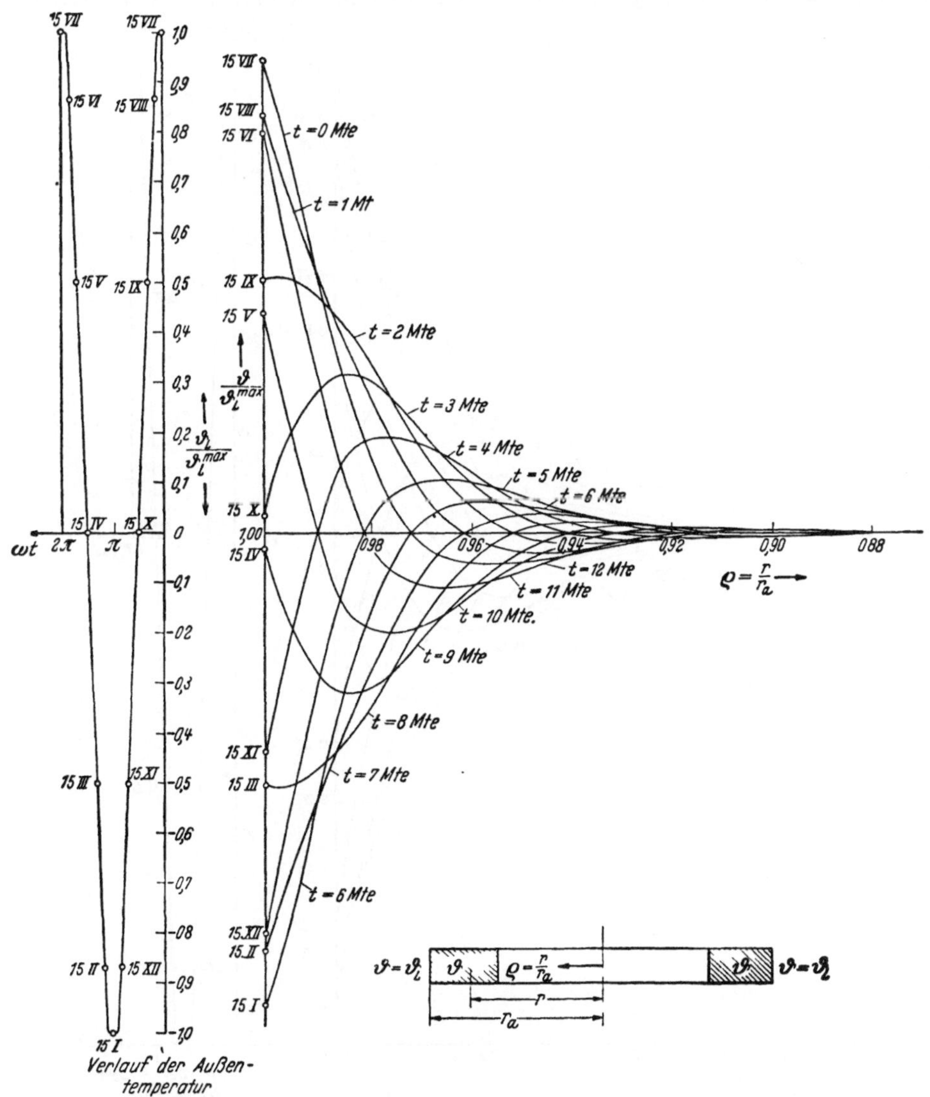

Abb 78 Temperaturverlauf im Fundamentkörper bei einer periodischen Schwankung der Umgebungstemperatur auf die äußere Zylinderleibung in dimensionsloser Darstellung ($\lambda = 2{,}5$)

Trägt man diese Zahlenwerte von der ϱ-Achse aus auf, so ergibt sich der aus Abb. 79/80 ersichtliche Temperaturverlauf. Er zeigt im wesentlichen die gleichen Züge wie derjenige einer Temperatureinwirkung auf die äußere Zylinderleibung.

e) Zusammenwirken der periodischen Temperatureinflüsse auf die gesamte Oberfläche des Fundamentringes. Auf Grund der Schwankung der Umgebungstemperatur zwischen 0° und 20° C an der oberen bzw. zwischen 5° und 15° C an den übrigen Randflächen wurde die mittlere Jahrestemperatur des Fundamentkörpers mit 10° C angenommen. Es wurde bereits darauf hingewiesen, daß sich der Eirfluß einer auf die Deckflächen wirkenden Temperaturschwankung in der Mitte des Fundamentkörpers praktisch nicht mehr bemerkbar macht (Abb. 76). Ähnlich liegen die Verhältnisse bei den gleichzeitig auftretenden Temperatureinwirkungen auf die Zylinderleibungen. Die Abb. 77/80 lassen erkennen, daß der Temperaturabfall bis etwa zu den Viertelpunkten der Ringbreite vordringt und das Gebiet von Abszisse 123 bis 148 vollständig, bzw. das von Abszisse 117 bis 153 praktisch unberührt läßt. Man ist also in der Lage, die Einzelwirkungen unmittelbar zu überlagern. Eine Ausnahme bilden lediglich die Eckbereiche, da

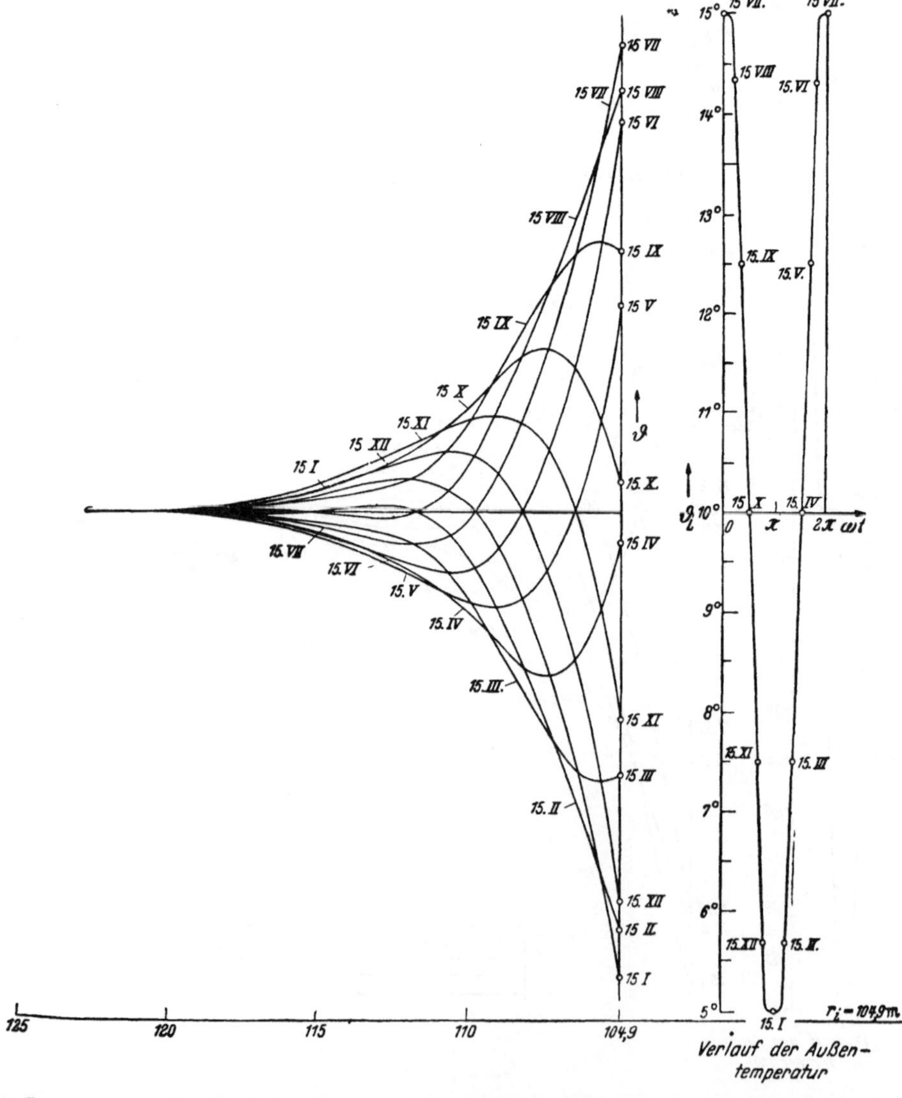

Abb. 79. Temperaturverlauf im Fundamentkörper bei einer periodischen Schwankung der Umgebungstemperatur von 5° auf 15° C auf die innere Zylinderleibung ($\lambda = 2,5$).

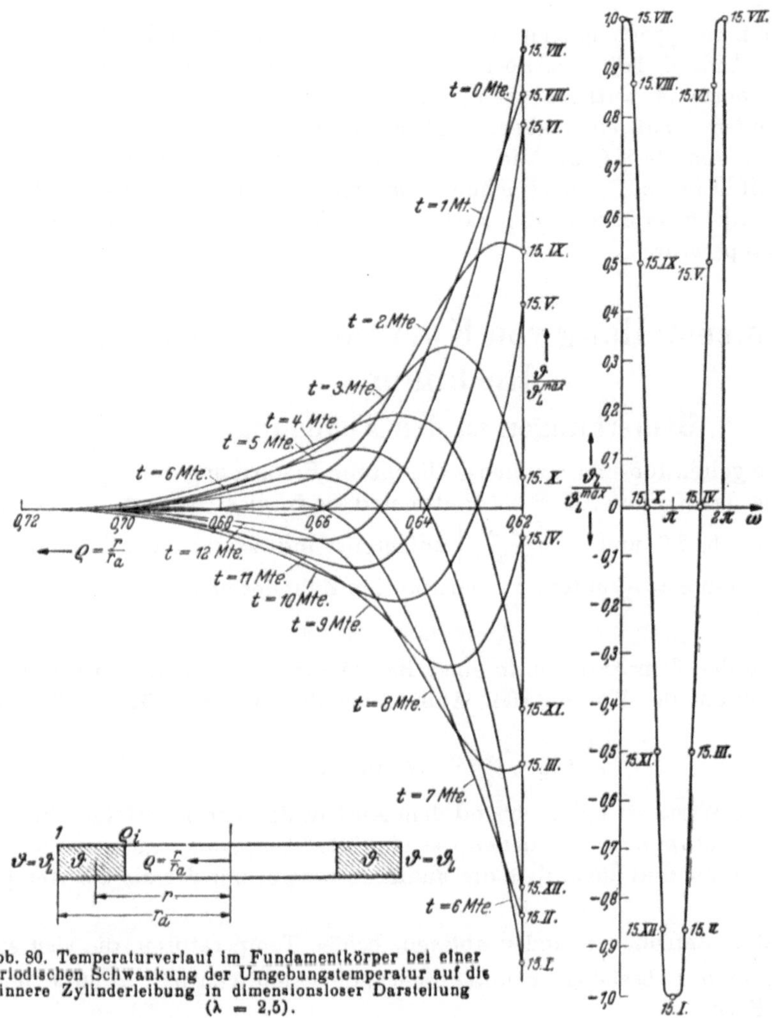

Abb. 80. Temperaturverlauf im Fundamentkörper bei einer periodischen Schwankung der Umgebungstemperatur auf die innere Zylinderleibung in dimensionsloser Darstellung ($\lambda = 2{,}5$).

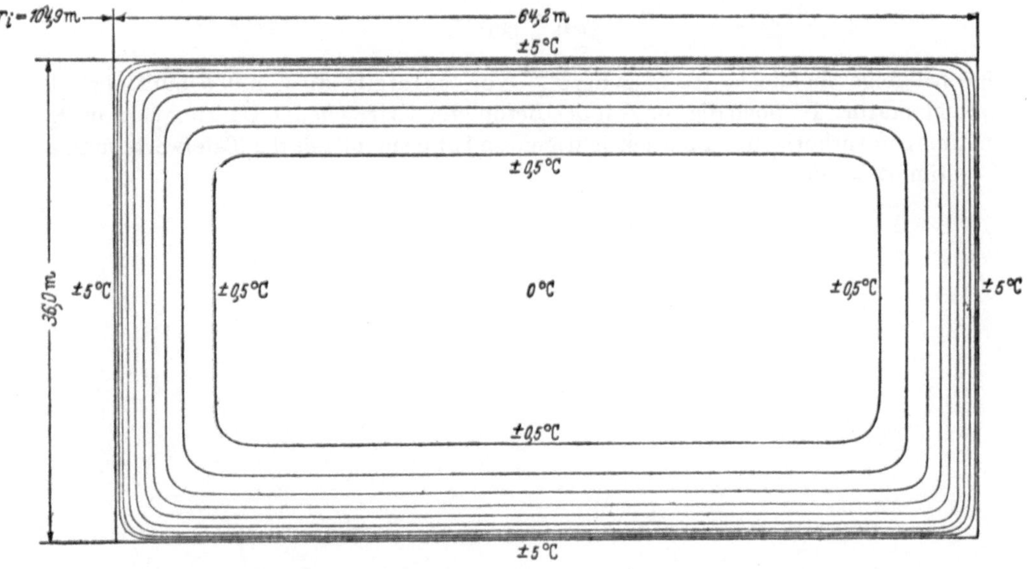

Abb. 81. Kurven gleicher Höchsttemperatur in Stufen von 0,5° C bei einer periodischen Temperatureinwirkung auf die gesamte Außenfläche von + 5° C Jahresschwankung, bezogen auf Jahresmitteltemperatur ($\lambda = 2{,}5$).

sich dort die Temperaturverteilungen von den zusammenstoßenden Flächen gegenseitig beeinflussen. Der Einfluß läßt sich aber leicht abschätzen, besonders dann, wenn man sich auf die Größtwerte der zeitlichen Temperaturschwankungen beschränkt.

Für den besonderen Fall einer allseitig gleichen periodischen Schwankung der Umgebungstemperatur von $\pm 5°$ C um die Jahresdurchschnittstemperatur sind in Abb. 81 Isothermen, gestaffelt in 0,5° C, eingezeichnet. Der innerhalb der $\pm 0,5°$ C-Kurve liegende Teil des Fundamentkörpers unterliegt praktisch keinerlei Temperatureinwirkungen durch die Umgebungstemperatur.

VII. Zusammenstellung von Kurventafeln für die praktische Rechnung.

Bemerkungen zu den Abbildungen.

Die Tafelwerte gelten für eine maximale chemische Erwärmung von $\vartheta_{ch}^{max} = 30°$ C bei völliger Isolierung des Körpers. Für die Platte sind sie in vier Gruppen für die Wärmeleitzahlen $\lambda = 1,0,\ 1,5,\ 2,0$ und $2,5 \left[\dfrac{\text{kcal}}{\text{m h °C}}\right]$ aufgeteilt und weiter nach den dimensionslosen Plattenordinaten $\xi = \dfrac{x}{d}$ unterschieden; für den Zylinder erstrecken sie sich nur auf $\lambda = 2,0$ bei $\varrho = \dfrac{r}{r_a}$.

Die Ermittlung der Temperaturen in einer Betonplatte oder einem Betonzylinder erfolgt unter Verwendung der Kurventafeln Abb. 82 bis 137 und Abb. 162 bis 173 nach der Gleichung

$$\vartheta = \overline{\vartheta}\,\vartheta_{ch}^{max'} + \vartheta_u \tang \varepsilon.$$

Die Auftragung der Werte ist entsprechend dem Aufbau der Formel erfolgt. Es gehören immer zwei Tafeln zusammen, von denen die eine die Temperatur aus der chemischen Erwärmung des Betons, und die andere die Funktion tang ε, mit der die Übertemperatur behaftet ist, liefert.

Aus der ϑ-Tafel kann man ϑ und $\overline{\vartheta}$ ablesen, beides Temperaturen, die sich auf den Temperaturhorizont 0° C beziehen, ϑ unter Zugrundelegung von $\vartheta_{ch}^{max} = 30°$ C und $\overline{\vartheta}$ in dimensionsloser Form

$$\overline{\vartheta} = \frac{\vartheta}{\vartheta_{ch}^{max}} = \frac{\vartheta}{30°}.$$

Liegt eine beliebige chemische Aufheizung $\vartheta_{ch}^{max'}$ vor, so ergibt diese mit $\overline{\vartheta}$ multipliziert die Betontemperatur. Ist noch die zur Zeit des Betonierens herrschende Übertemperatur ϑ_u über dem Temperaturhorizont zu berücksichtigen, so kann sie mittels der Tafelwerte tang ε schnell bestimmt werden.

Temperaturen in Betonplatten für Plattendicken bis zu 10 m infolge der Abbindewärme, bezogen auf den Temperaturhorizont von 0° C bei $\lambda = 1{,}0$.
Hierzugehörig die Abb. 82, 84, 86, 88, 90, 92. 94.

Einfluß der Übertemperatur durch den Ausdruck tang ε in Abhängigkeit von der Plattendicke bei $\lambda = 1{,}0$.
Hierzugehörig die Abb. 83, 85, 87, 89, 91, 93, 95.

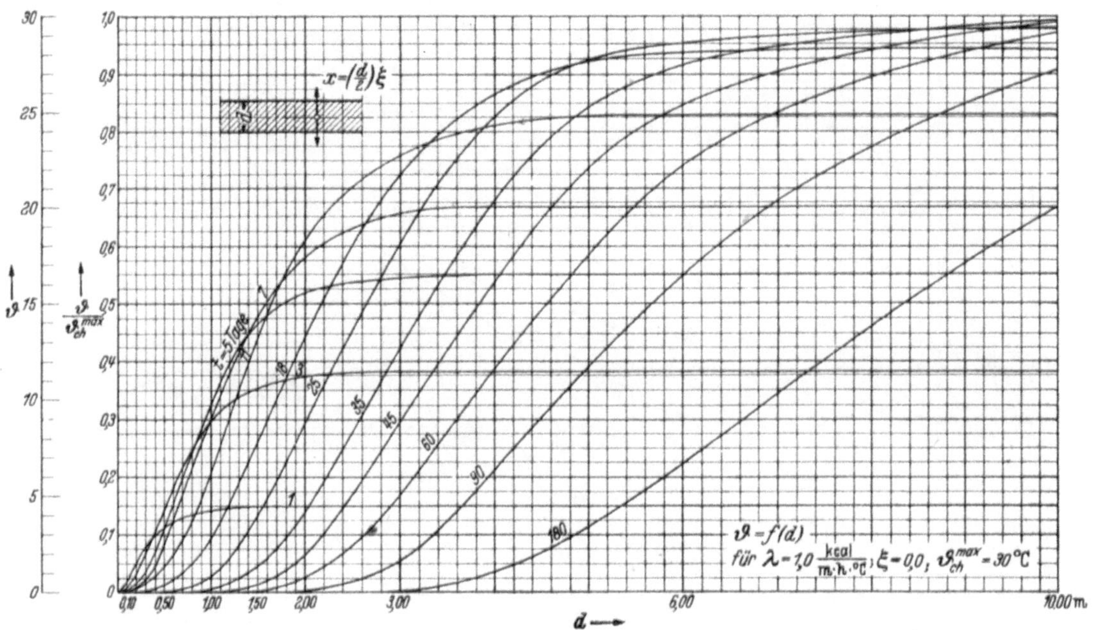

Abb. 82.

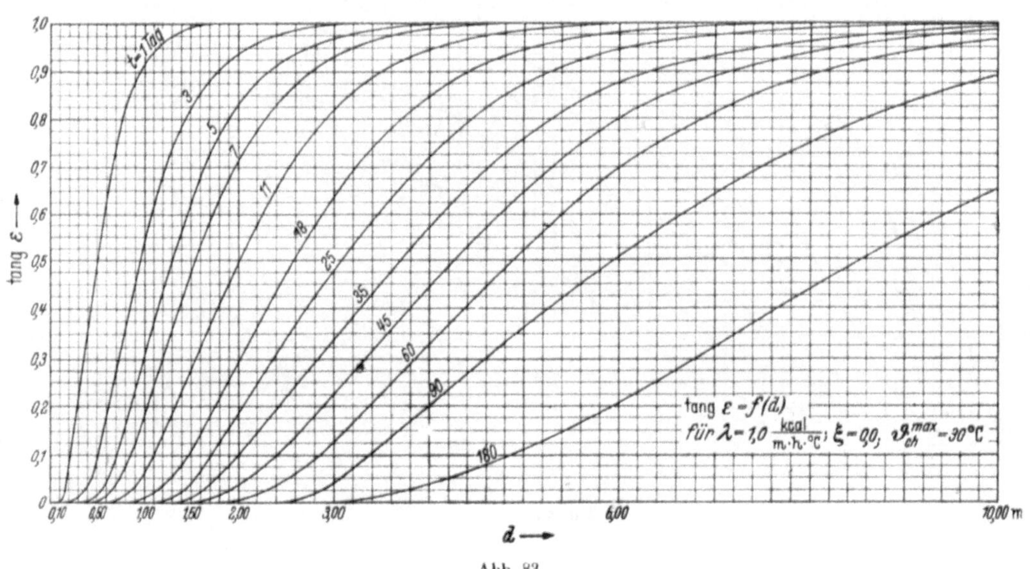

Abb. 83.

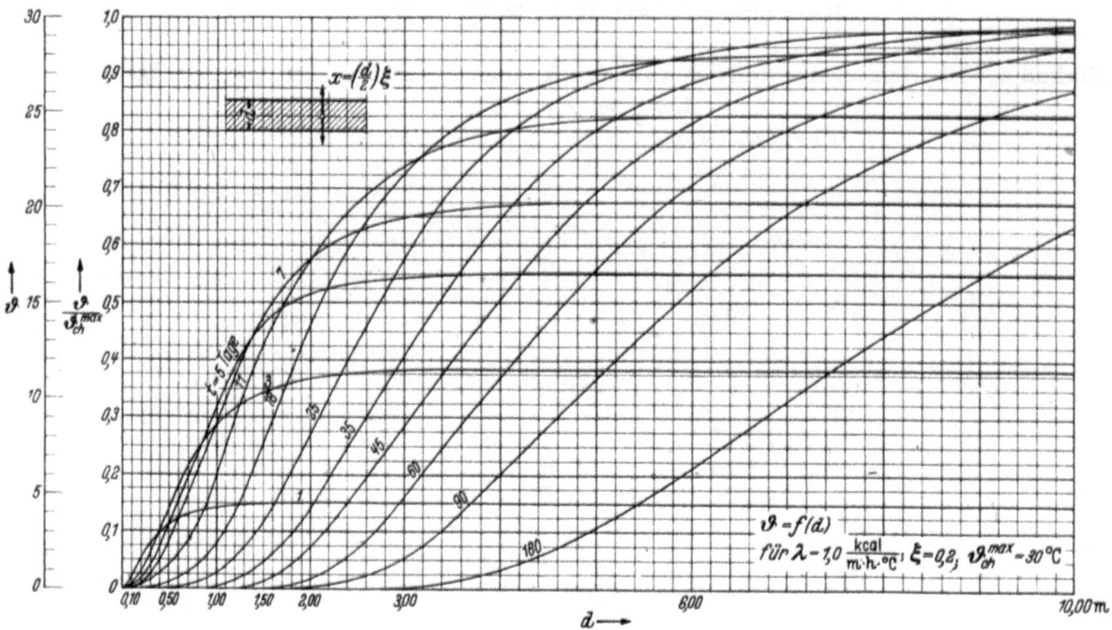

Abb. 84.

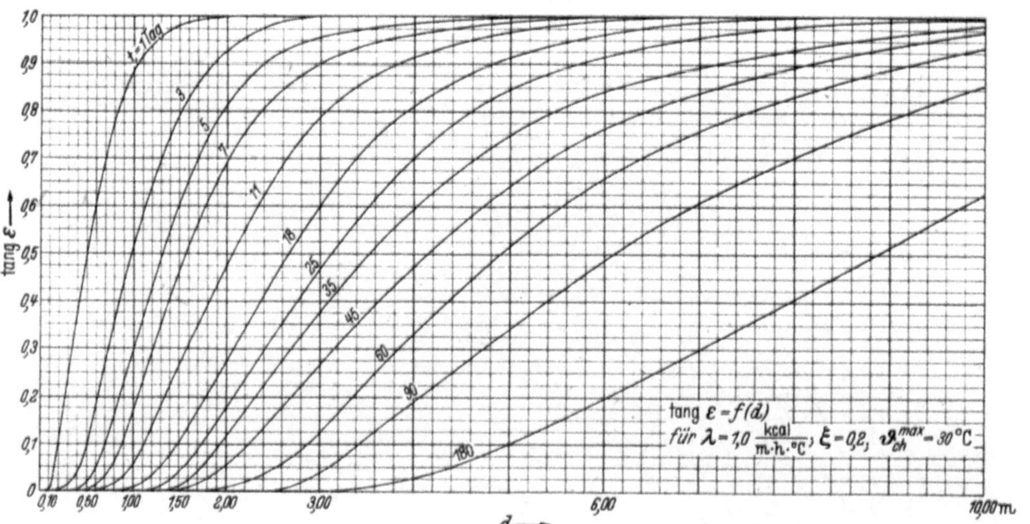

Abb. 85.

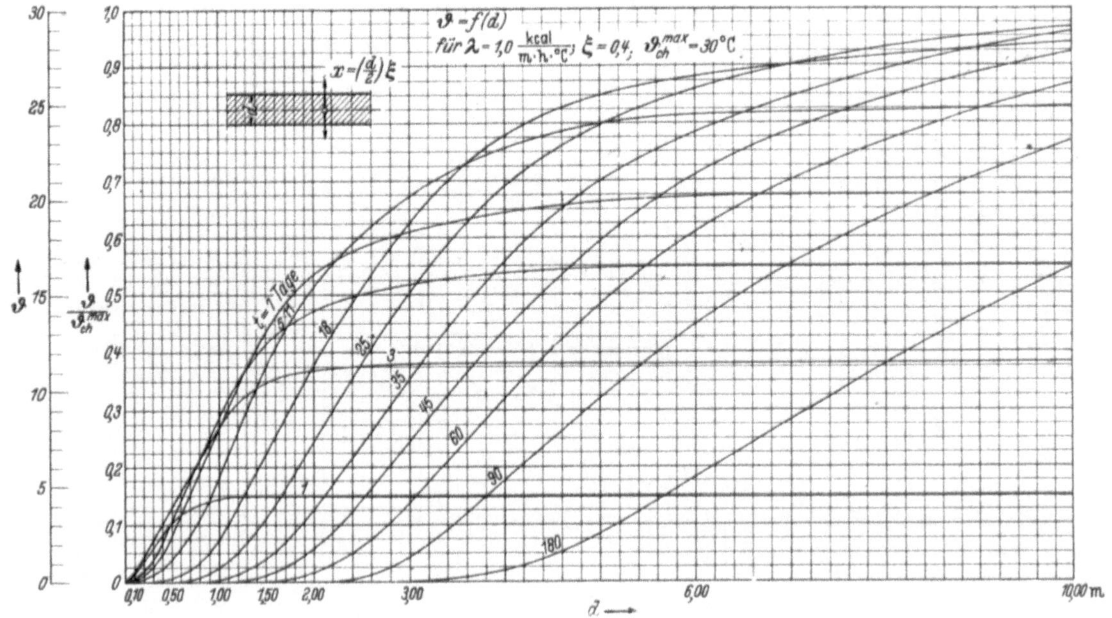

Abb. 86.

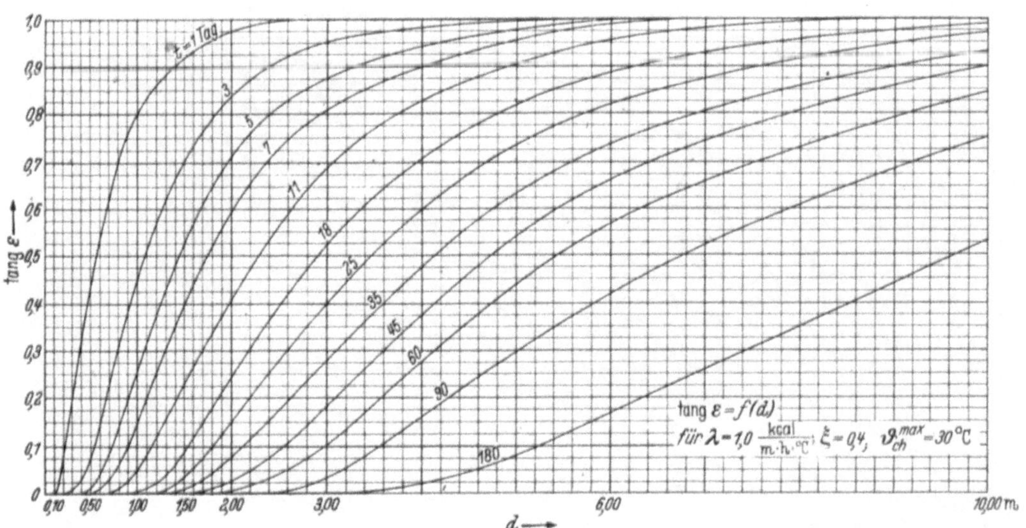

Abb. 87.

$\vartheta = f(d)$
für $\lambda = 1,0 \frac{kcal}{m \cdot h \cdot °C}$; $\xi = 0,5$; $\vartheta_{ch}^{max} = 30°C$
$x = \left(\frac{d}{2}\right)\xi$
$t = 7$ Tage

Abb. 88.

$t = 1$ Tag
tang $\varepsilon = f(d)$
für $\lambda = 1,0 \frac{kcal}{m \cdot h \cdot °C}$; $\xi = 0,5$; $\vartheta_{ch}^{max} = 30°C$

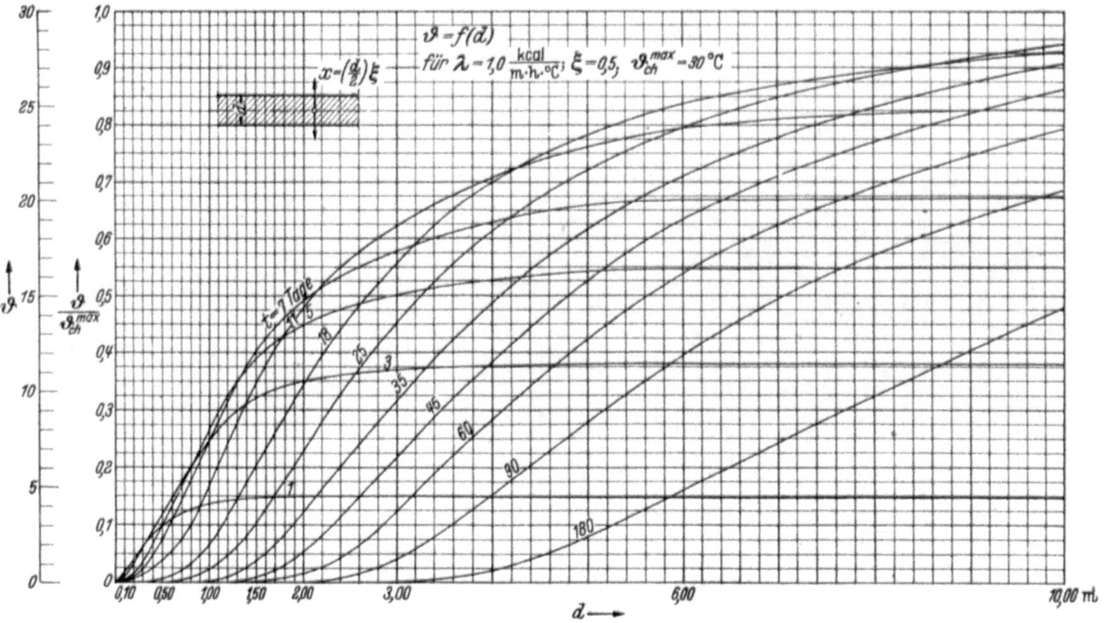

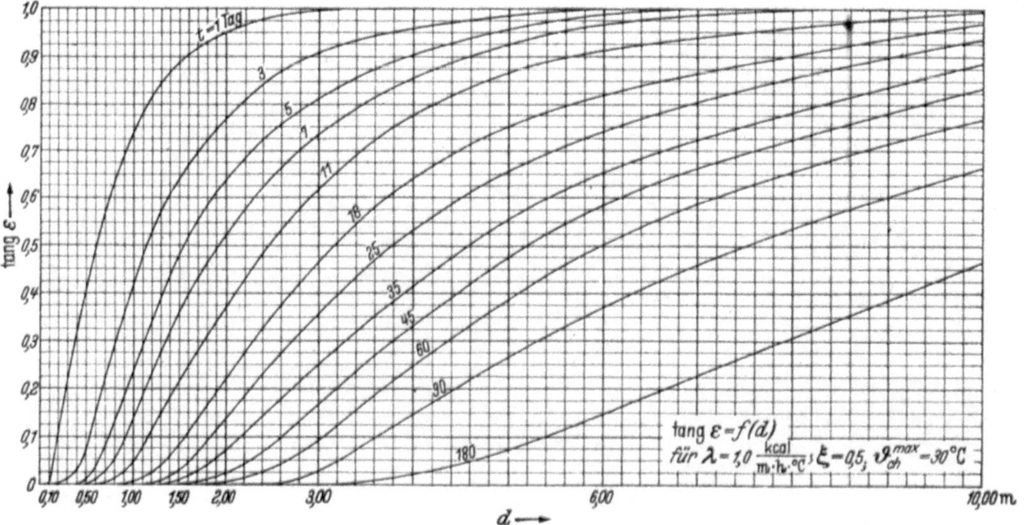

Abb. 89.

$\vartheta = f(d)$
für $\lambda = 1{,}0 \frac{kcal}{m \cdot h \cdot °C}$; $\xi = 0{,}6$; $\vartheta_{ch}^{max} = 30\,°C$
$x = \left(\frac{d}{2}\right)\xi$
$t = 1$ Tage
11
3
18
25
35
45
60
90
180
$d \longrightarrow$

Abb. 90.

$t = 1$ Tag
3
6
7
11
18
25
35
45
60
90
180
tang ε
tang $\varepsilon = f(d)$
für $\lambda = 1{,}0 \frac{kcal}{m \cdot h \cdot °C}$; $\xi = 0{,}6$; $\vartheta_{ch}^{max} = 30\,°C$
$d \longrightarrow$

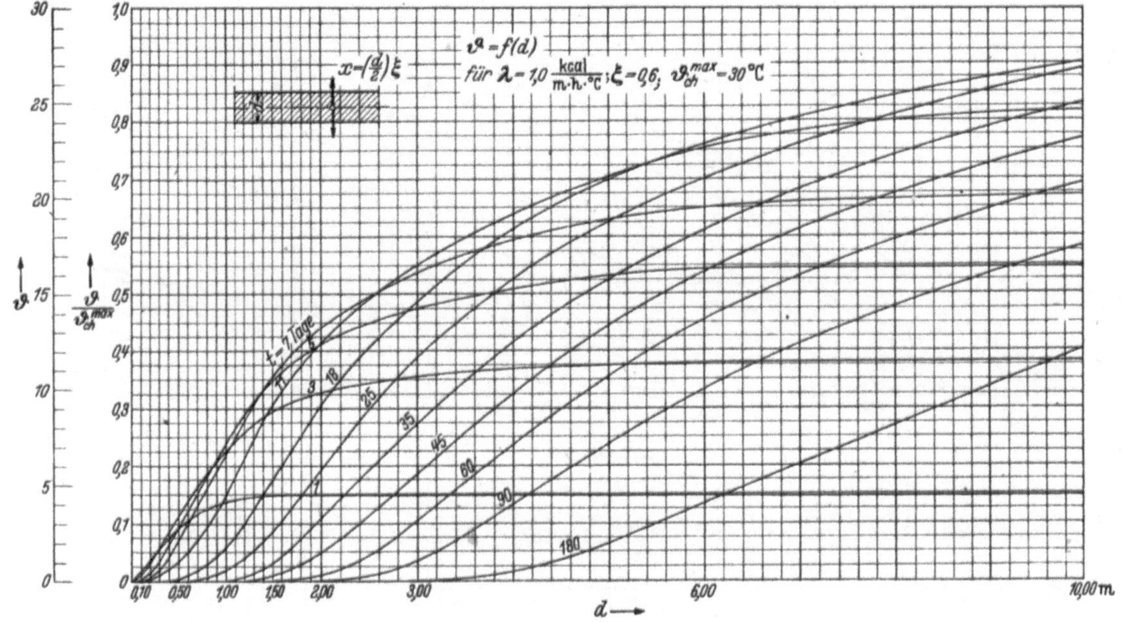

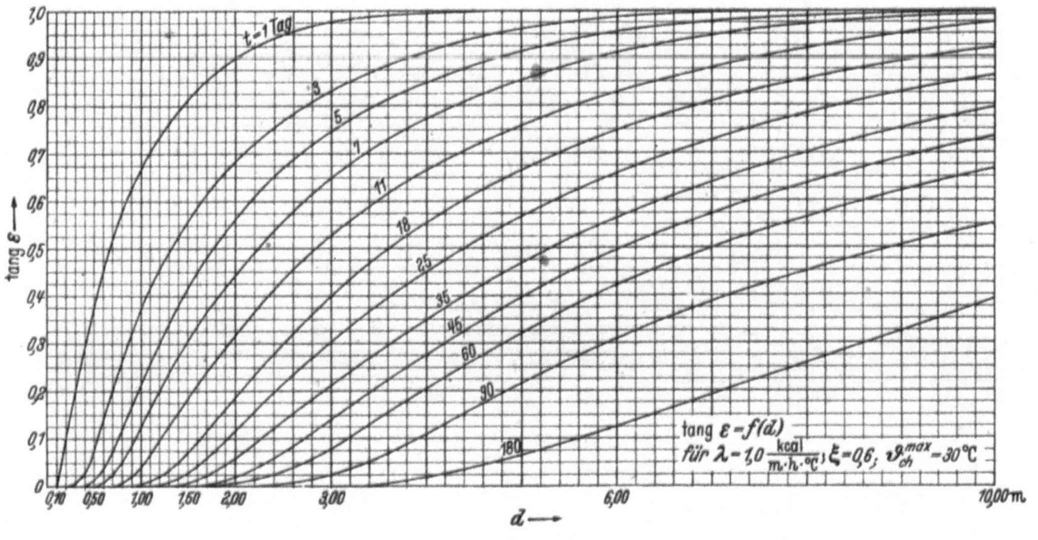

Abb. 91.

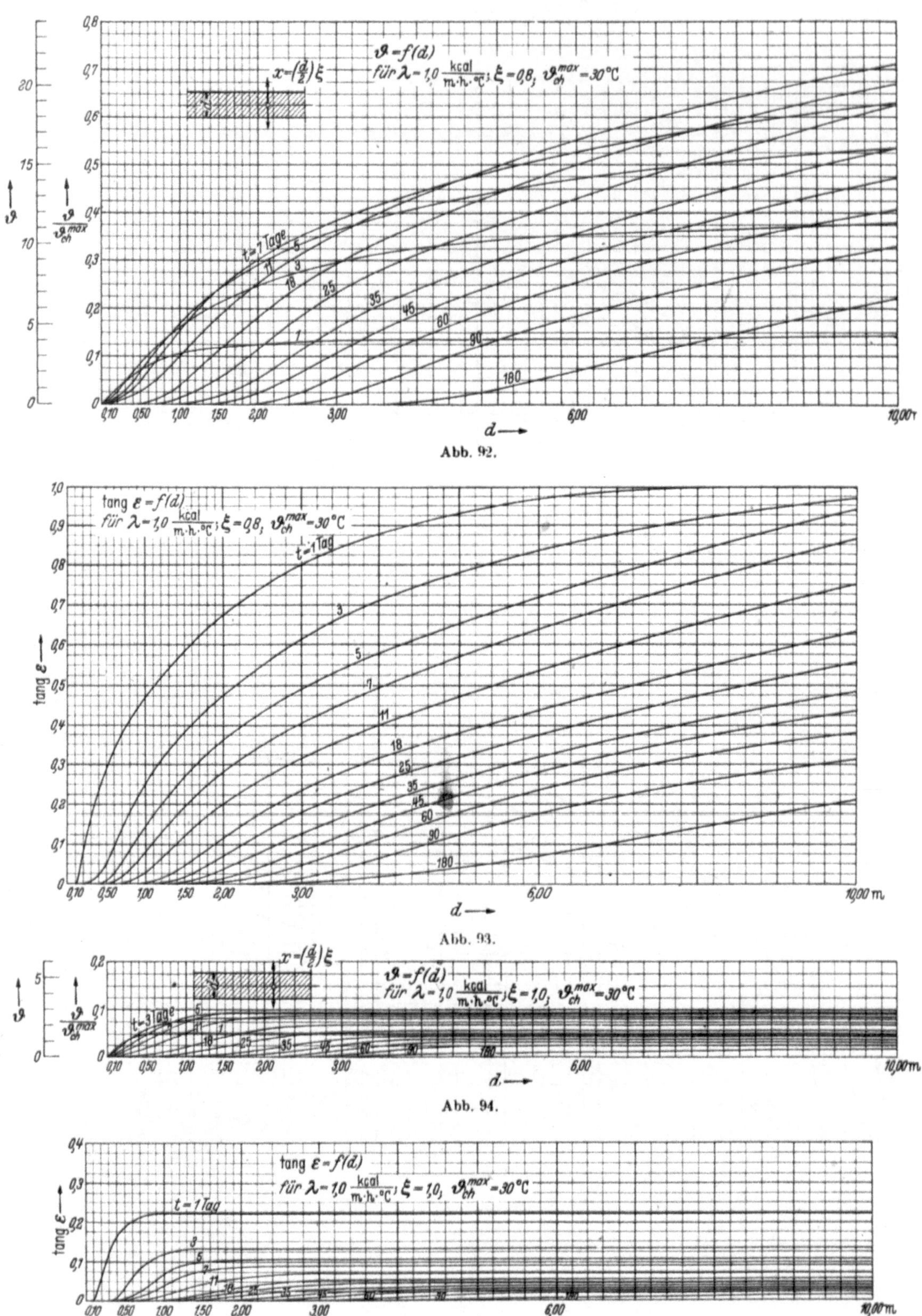

Abb. 92.

Abb. 93.

Abb. 94.

Abb. 95.

Temperaturen in Betonplatten für Plattendicken bis zu 10 m infolge der Abbindewärme, bezogen auf den Temperaturhorizont von $0°$ C bei $\lambda = 1{,}5$.
Hierzugehörig die Abb. 96, 98, 100, 102, 104, 106, 108.

Einfluß der Übertemperatur durch den Ausdruck tang ε in Abhängigkeit von der Plattendicke bei $\lambda = 1{,}5$.
Hierzugehörig die Abb. 97, 99, 101, 103, 105, 107, 109.

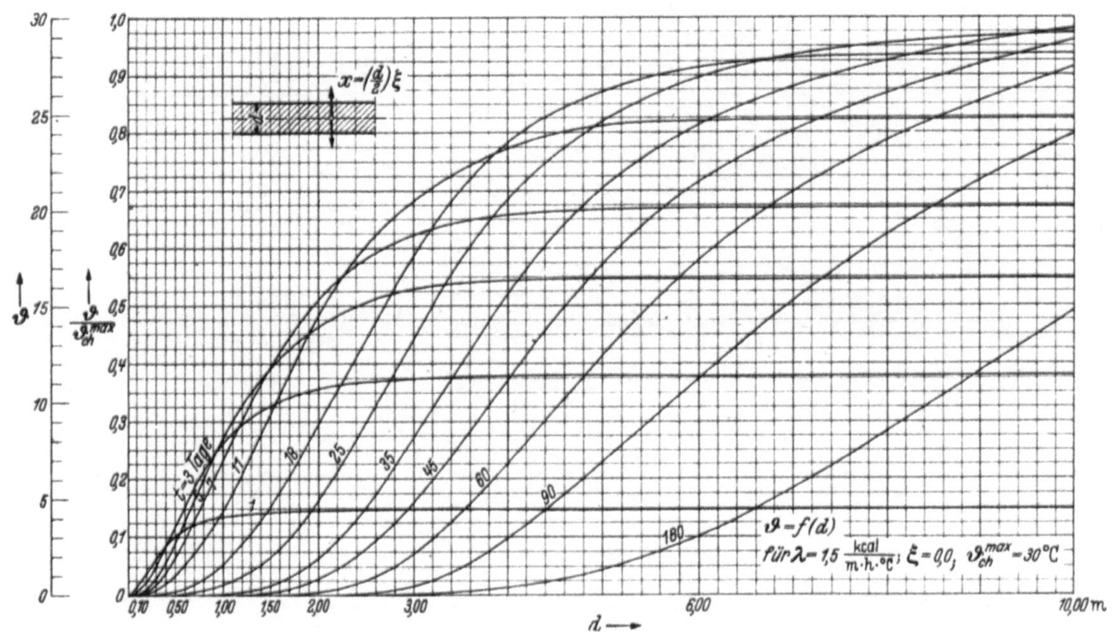

Abb. 96.

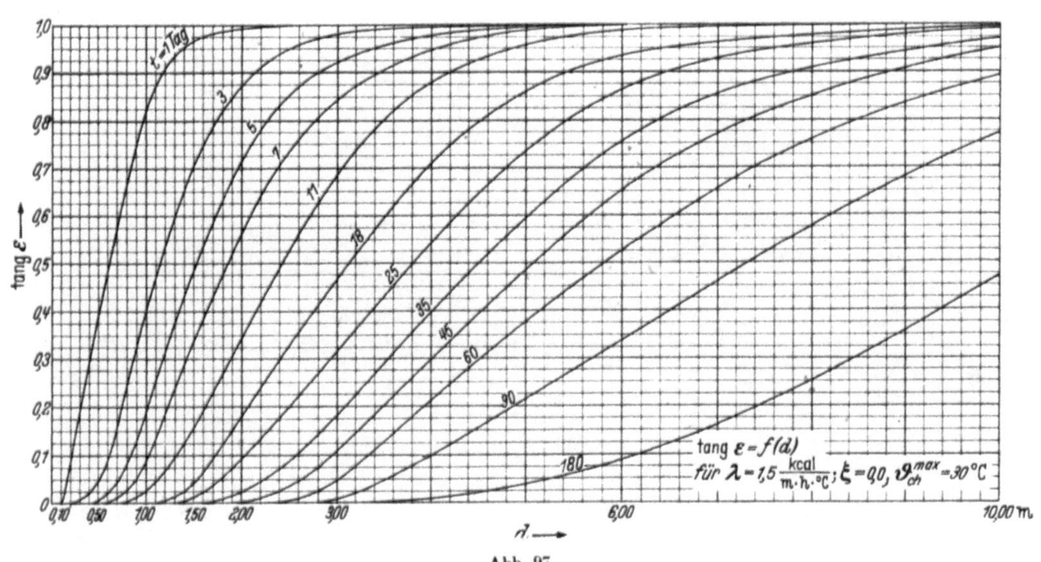

Abb. 97.

x = (d/2) ξ
ϑ = f(d)
für λ = 1,5 kcal/m·h·°C; ξ = 0,2, ϑ_ch^max = 30°C
d →

Abb. 98.

tang ε = f(d)
für λ = 1,5 kcal/m·h·°C; ξ = 0,2, ϑ_ch^max = 30°C
d →

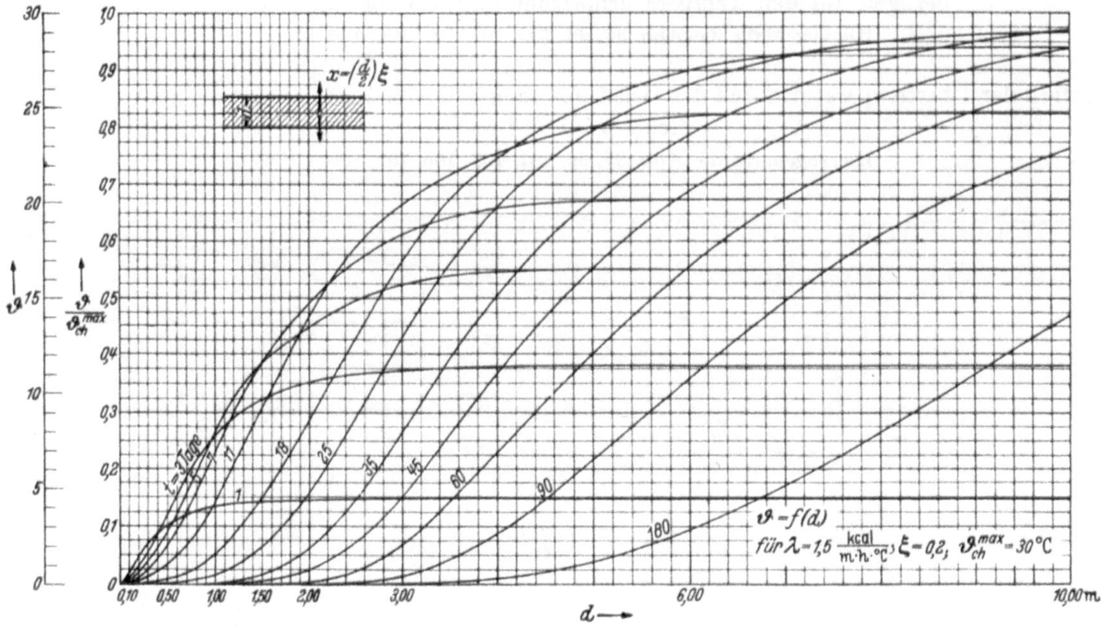

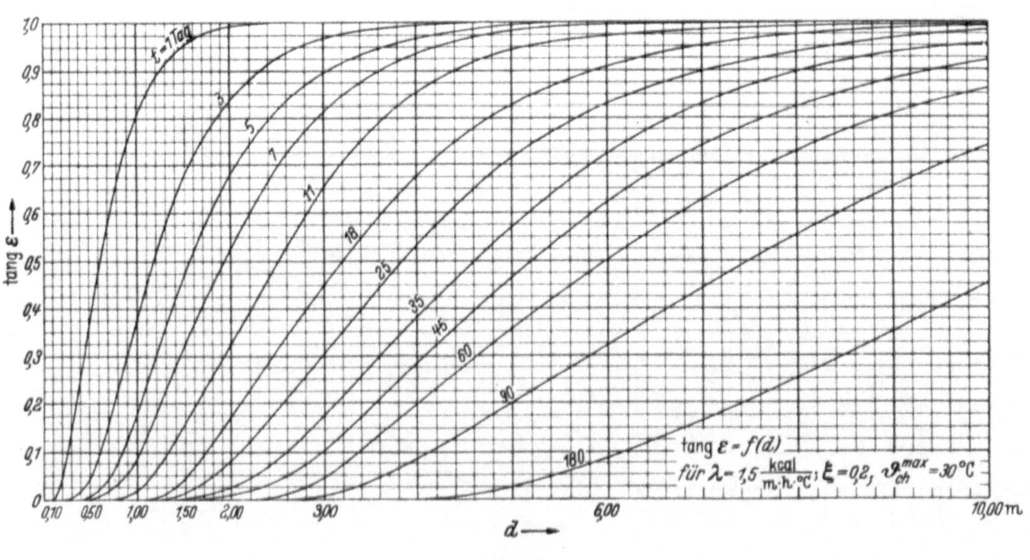

Abb. 99.

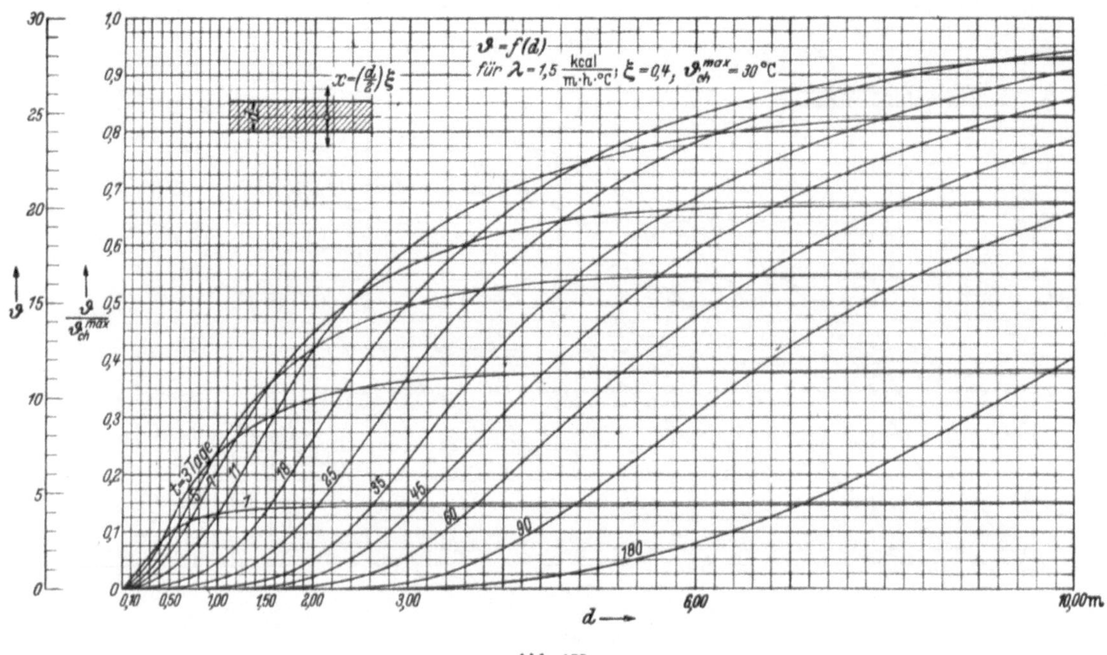

Abb. 100.

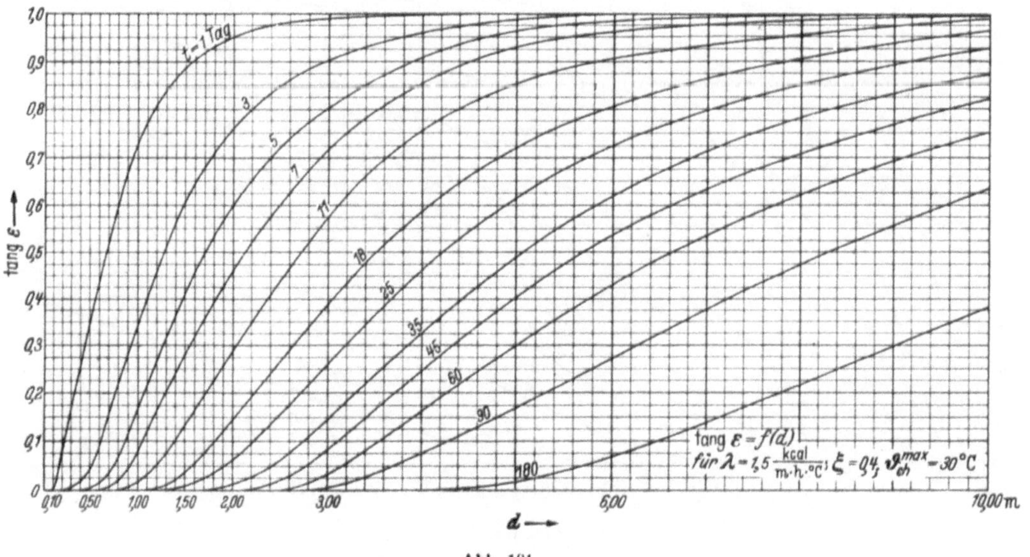

Abb. 101.

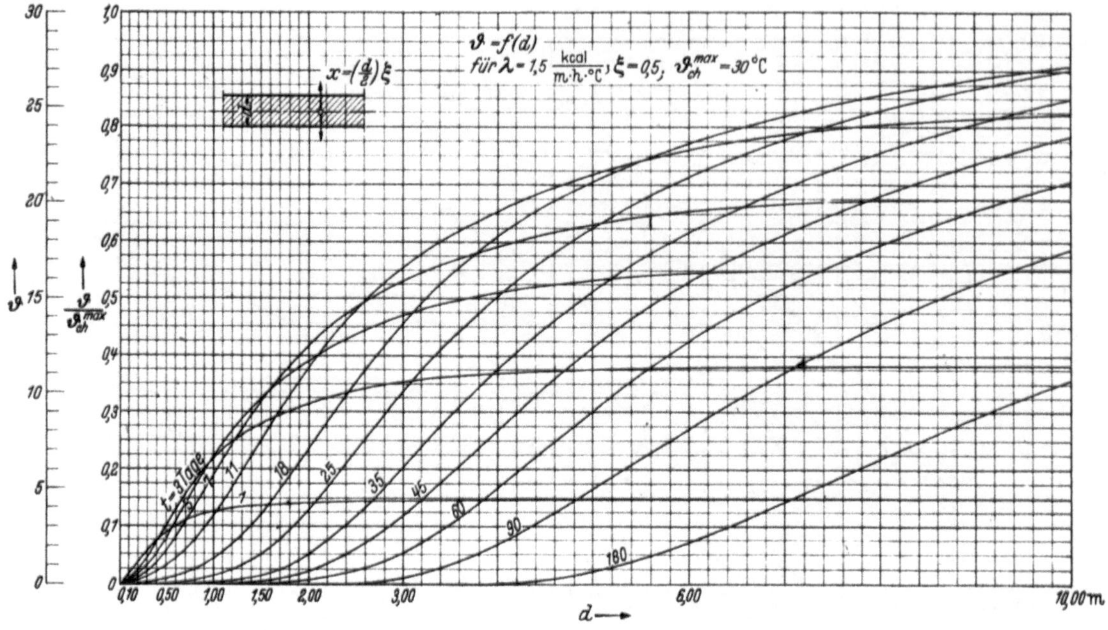

Abb. 102.

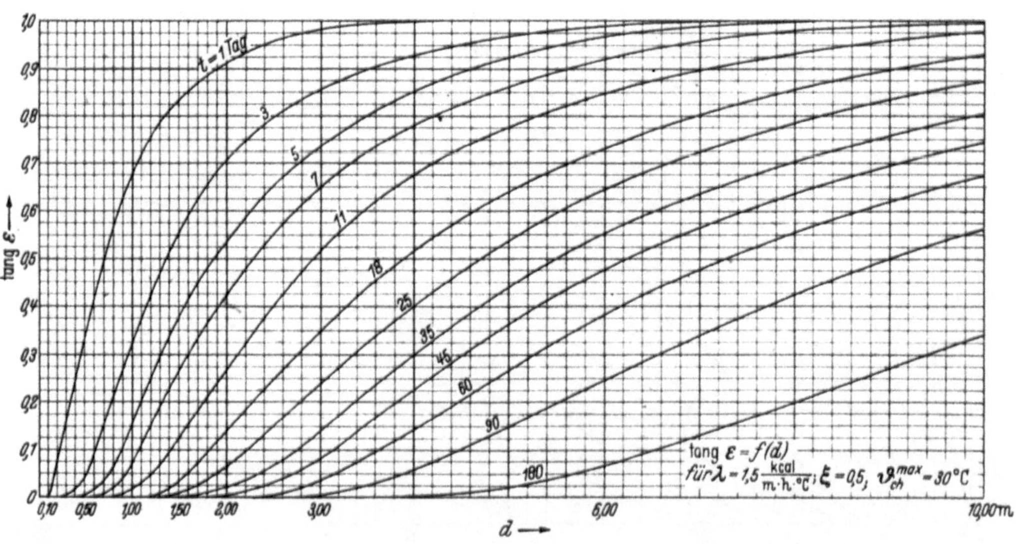

Abb. 103.

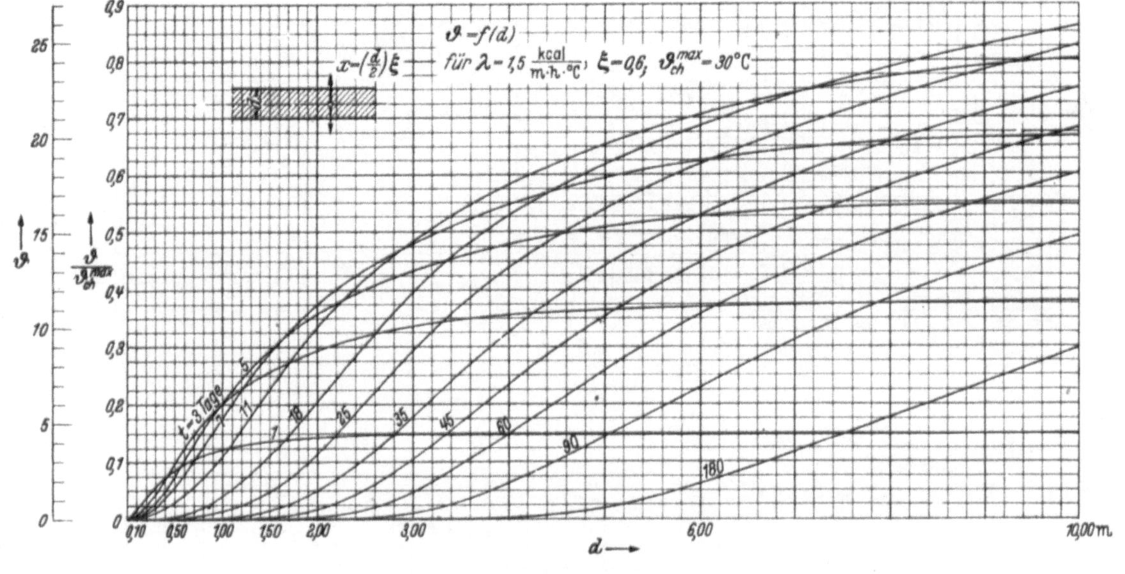

Abb. 104.

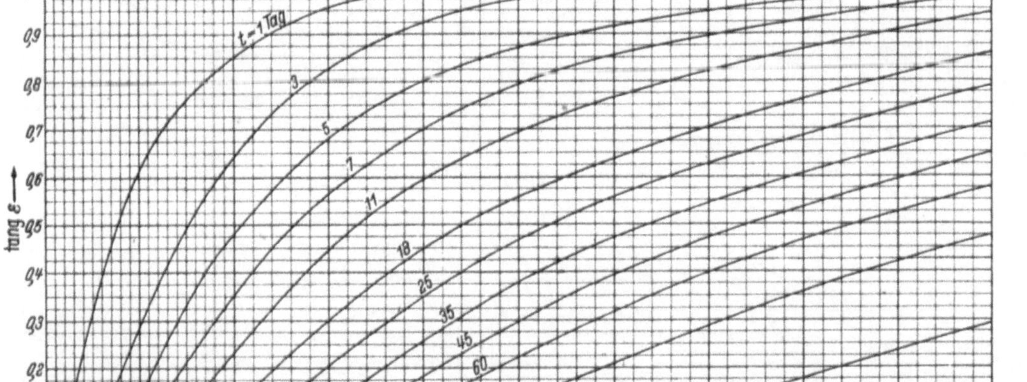

Abb. 105.

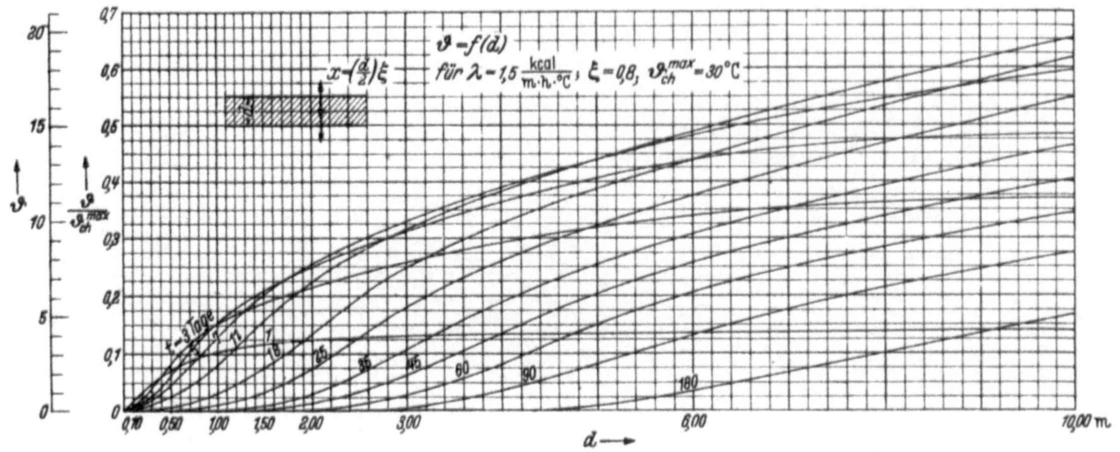

Abb. 106.

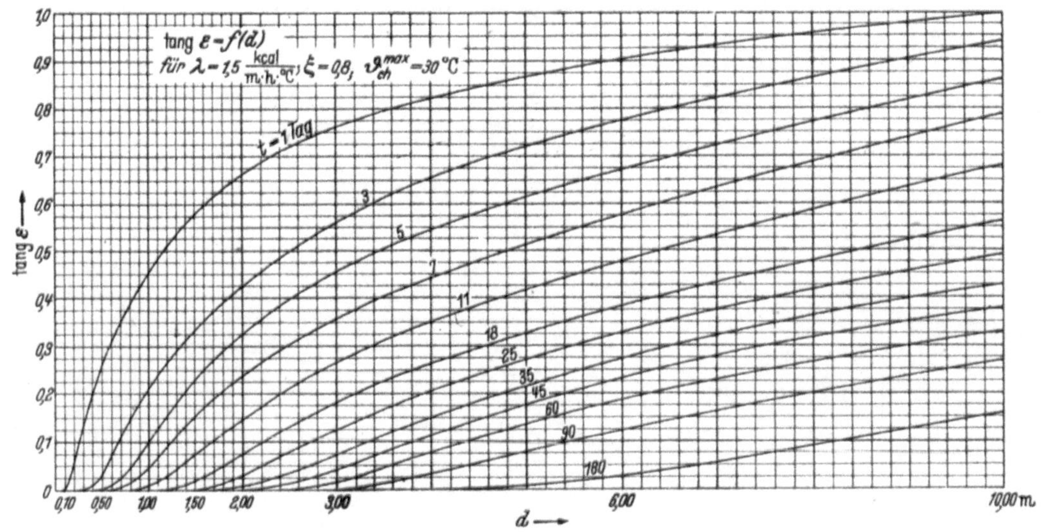

Abb. 107.

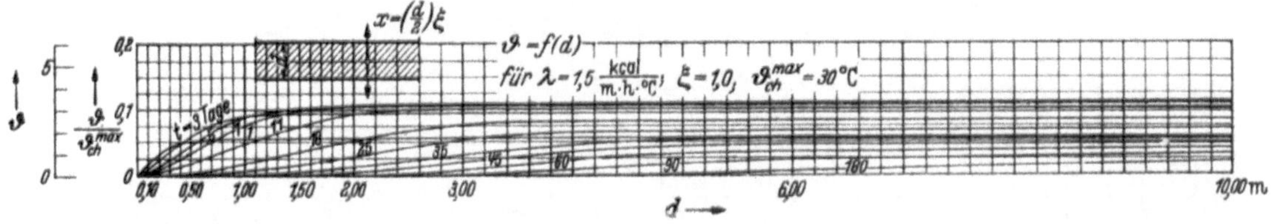

Abb. 108.

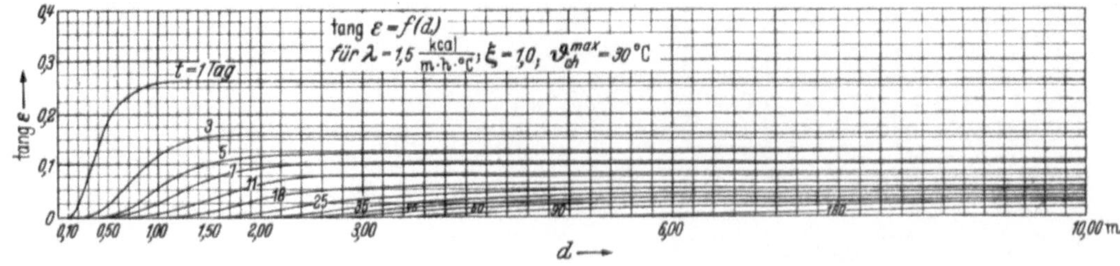

Abb. 109.

Temperaturen in Betonplatten für Plattendicken bis zu 10 m infolge der Abbindewärme,
bezogen auf den Temperaturhorizont von 0° C bei $\lambda = 2{,}0$.
Hierzugehörig die Abb. 110, 112, 114, 116, 118, 120, 122.

Einfluß der Übertemperatur durch den Ausdruck tang ε in Abhangigkeit von der Plattendicke bei $\lambda = 2{,}0$.
Hierzugehörig die Abb. 111, 113, 115, 117, 119, 121, 123.

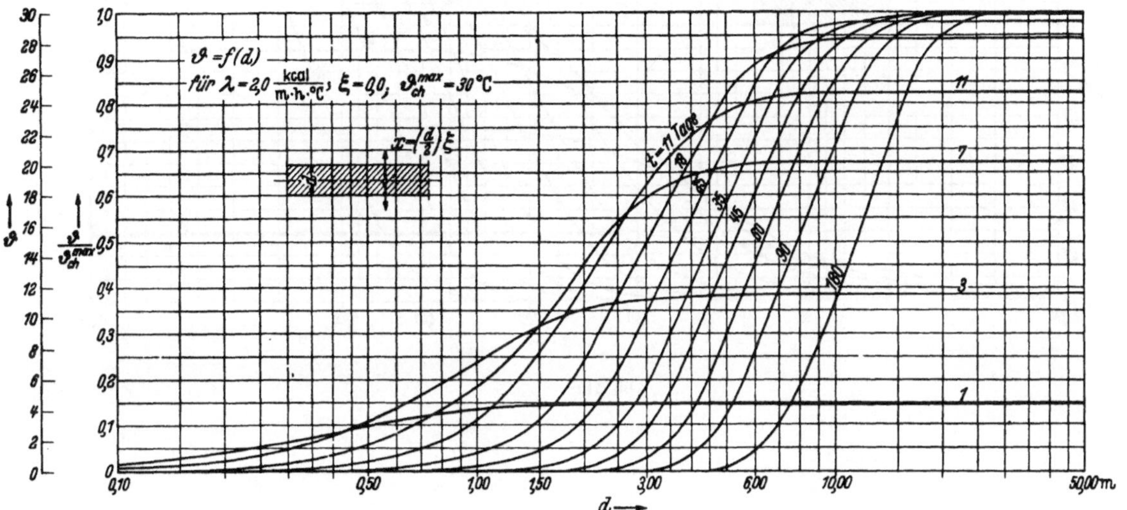

Abb. 110.

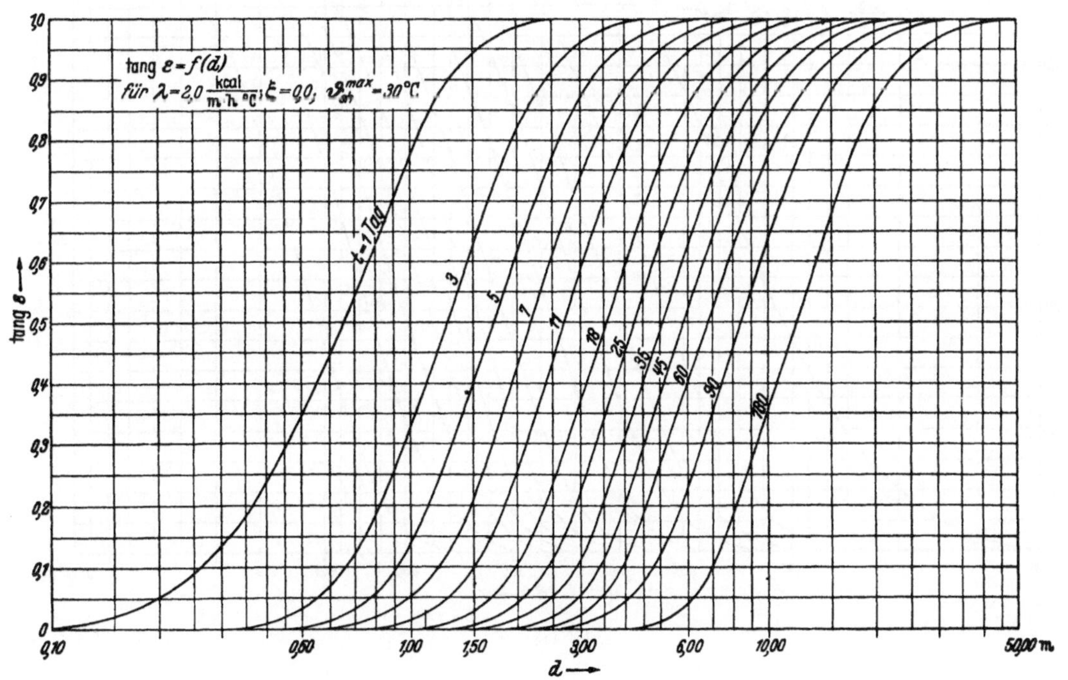

Abb. 111.

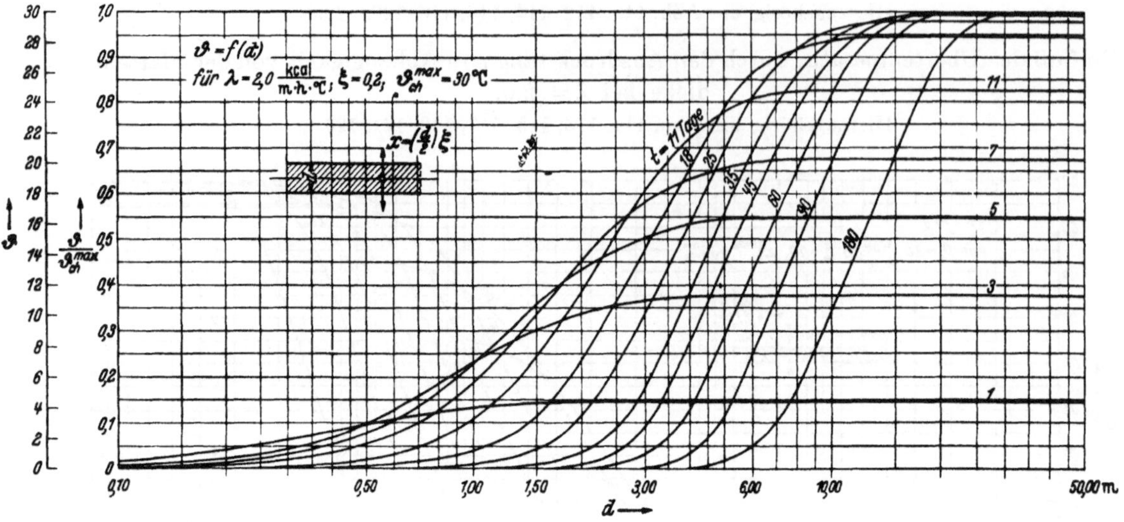

Abb. 112

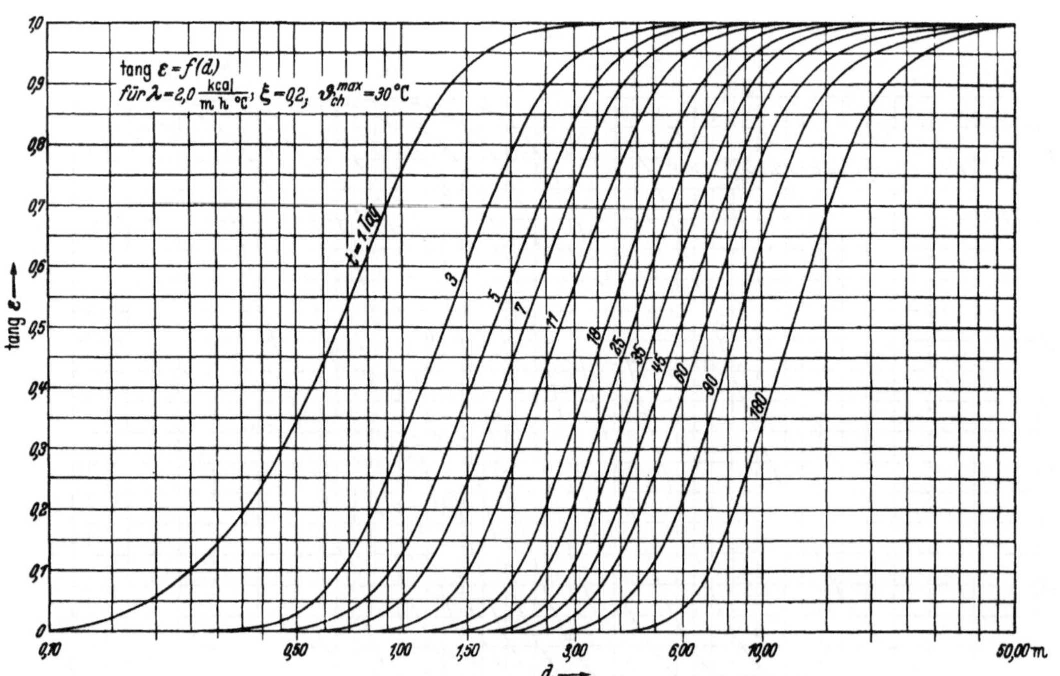

Abb. 113.

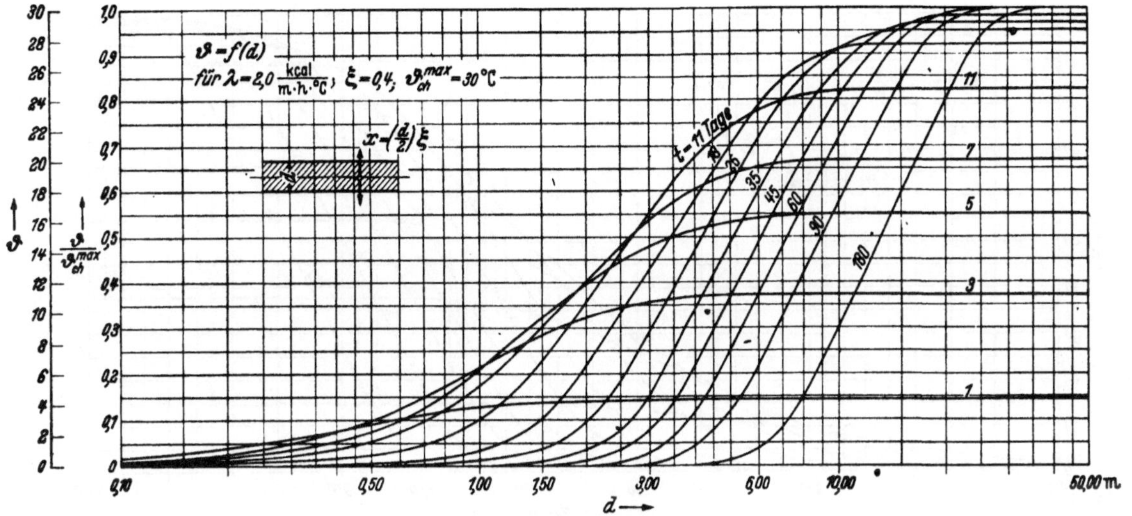

Abb. 114.

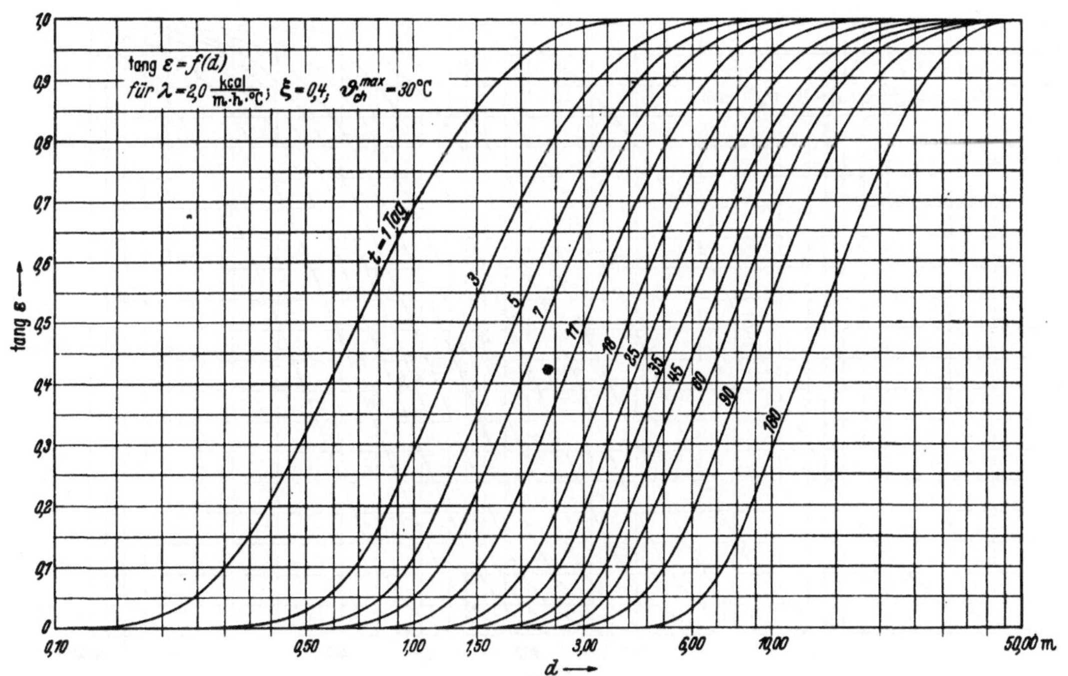

Abb. 115.

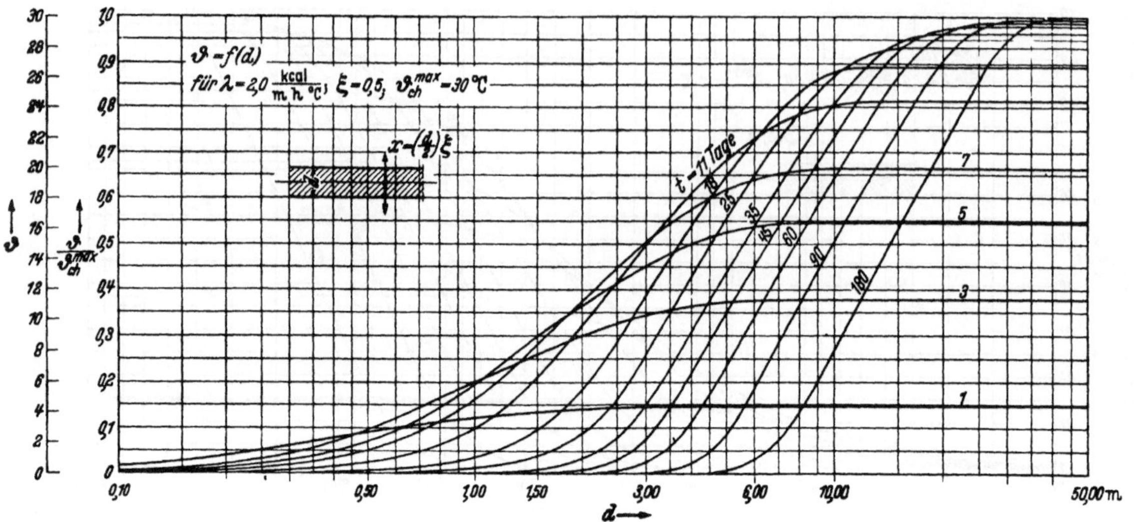

Abb 116.

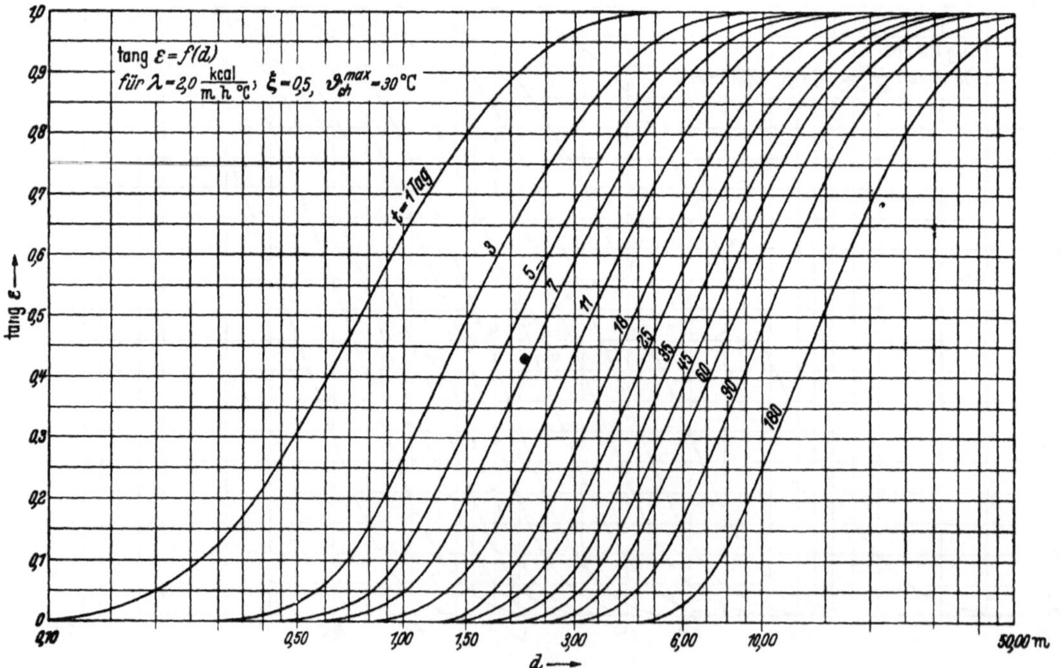

Abb 117.

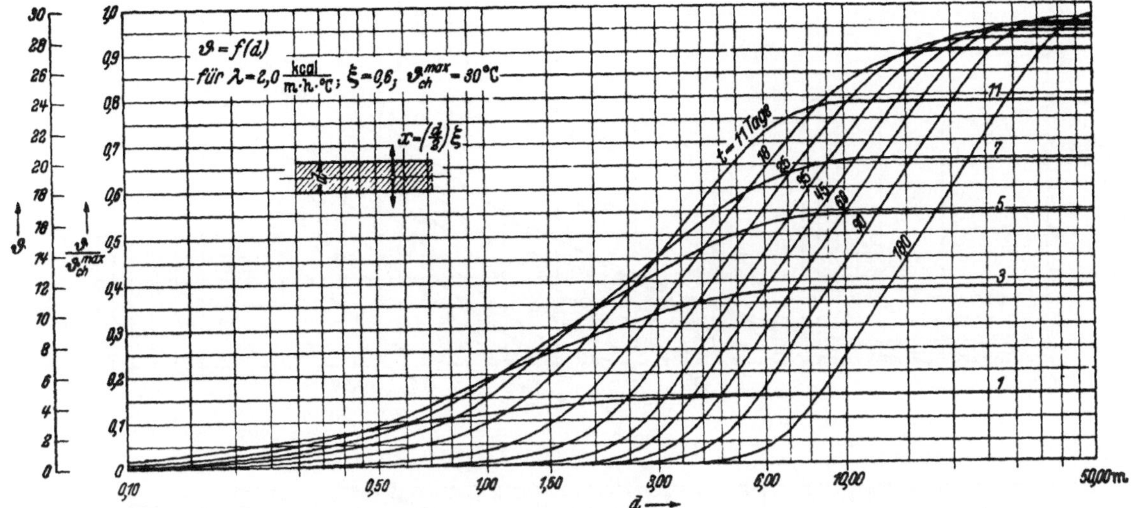

Abb. 118.

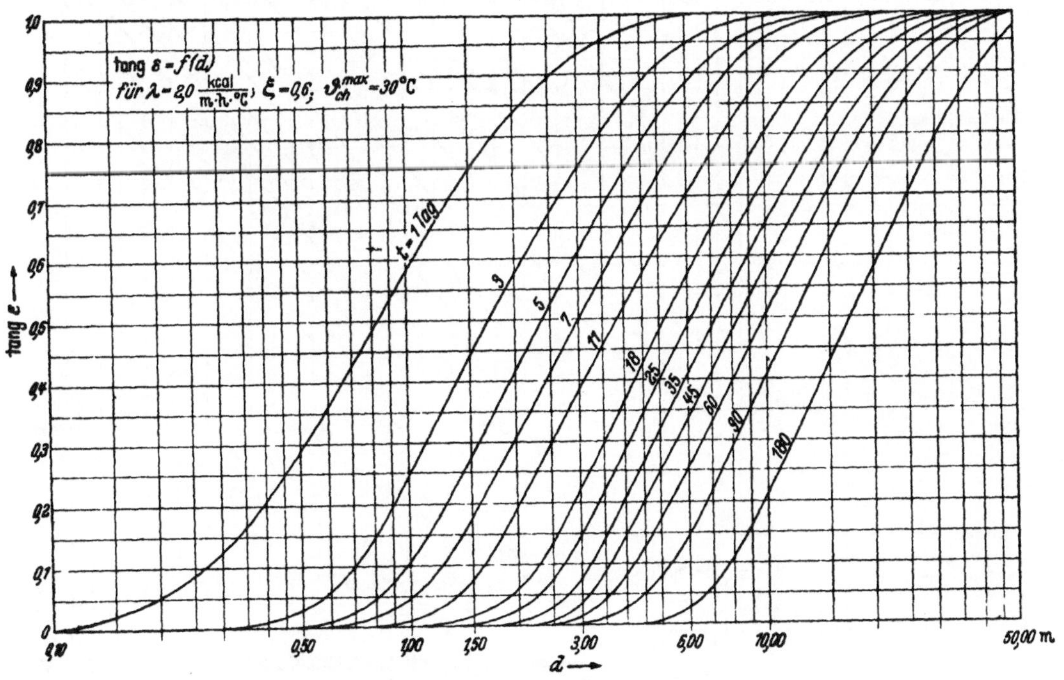

Abb. 119.

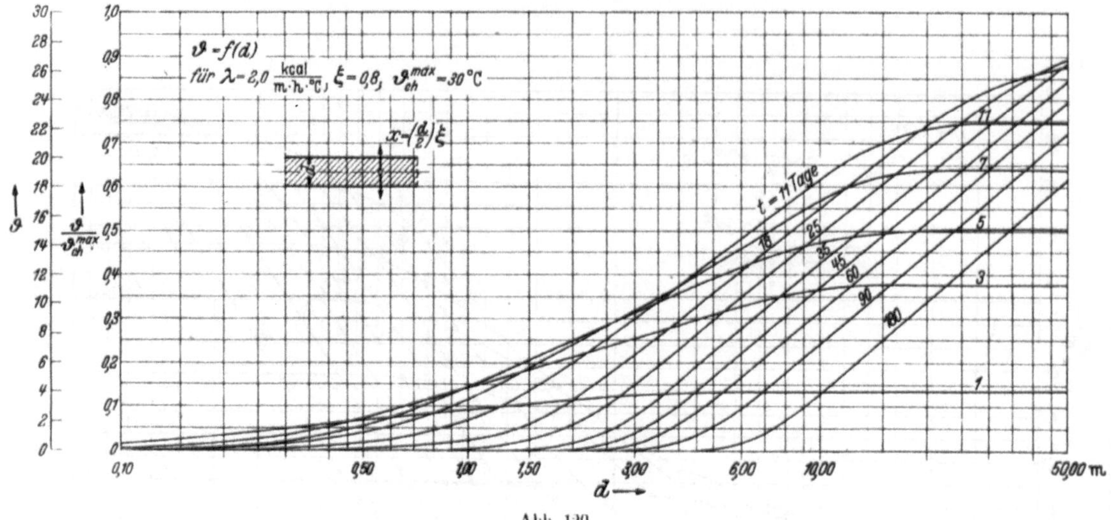

Abb. 120.

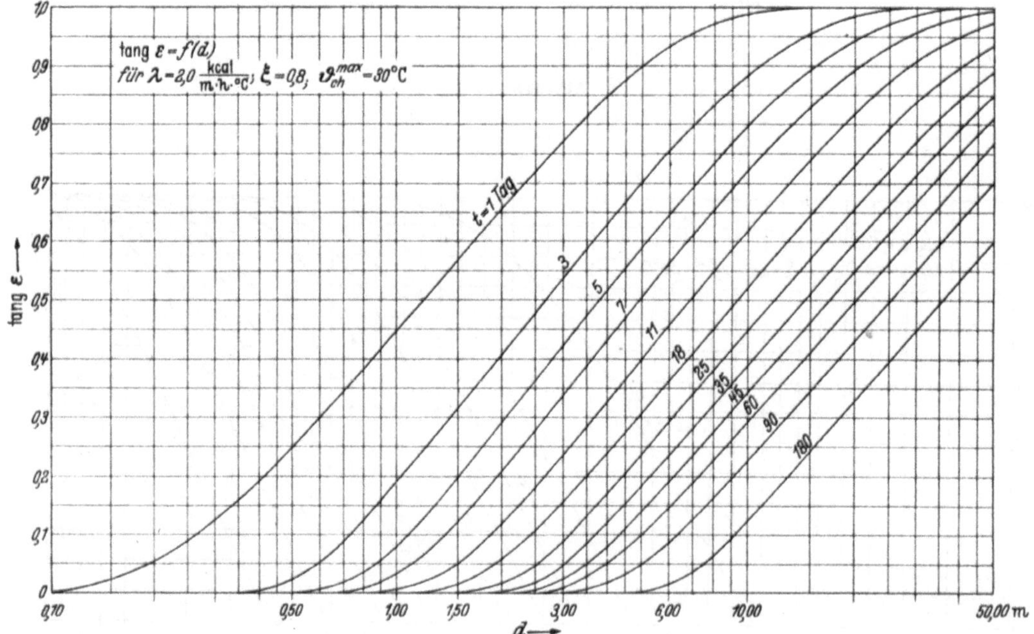

Abb. 121.

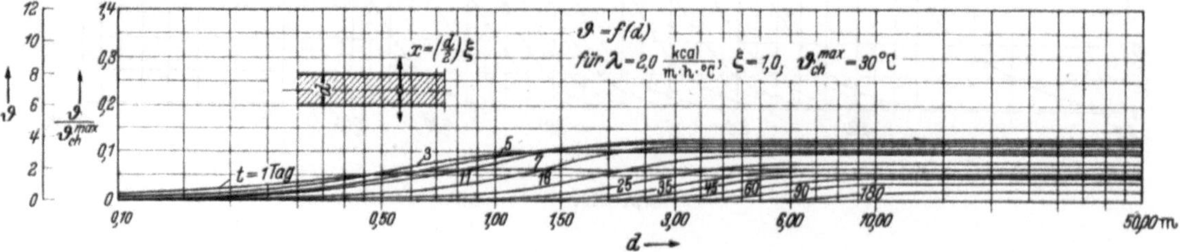

Abb. 122.

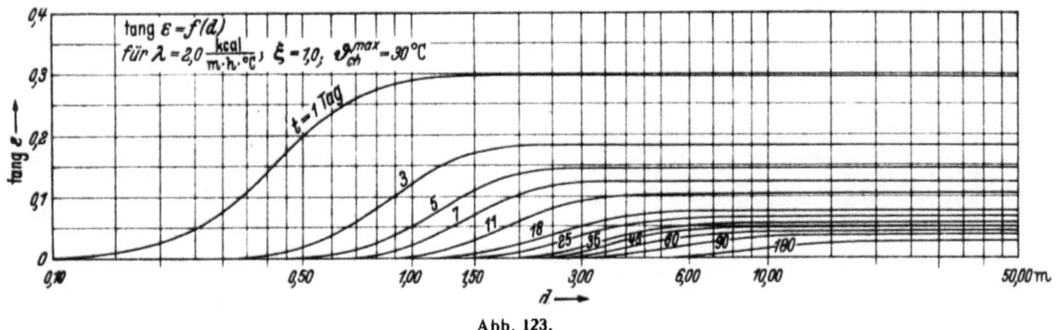

Abb. 123.

Temperaturen in Betonplatten für Plattendicken bis zu 10 m infolge der Abbindewärme,
bezogen auf den Temperaturhorizont von 0° C bei $\lambda = 2{,}5$.
Hierzugehörig die Abb. 124, 126, 128, 130, 132, 134, 136.

Einfluß der Übertemperatur durch den Ausdruck tang ε in Abhängigkeit von der Plattendicke bei $\lambda = 2{,}5$.
Hierzugehörig die Abb. 125, 127, 129, 131, 133, 135, 137.

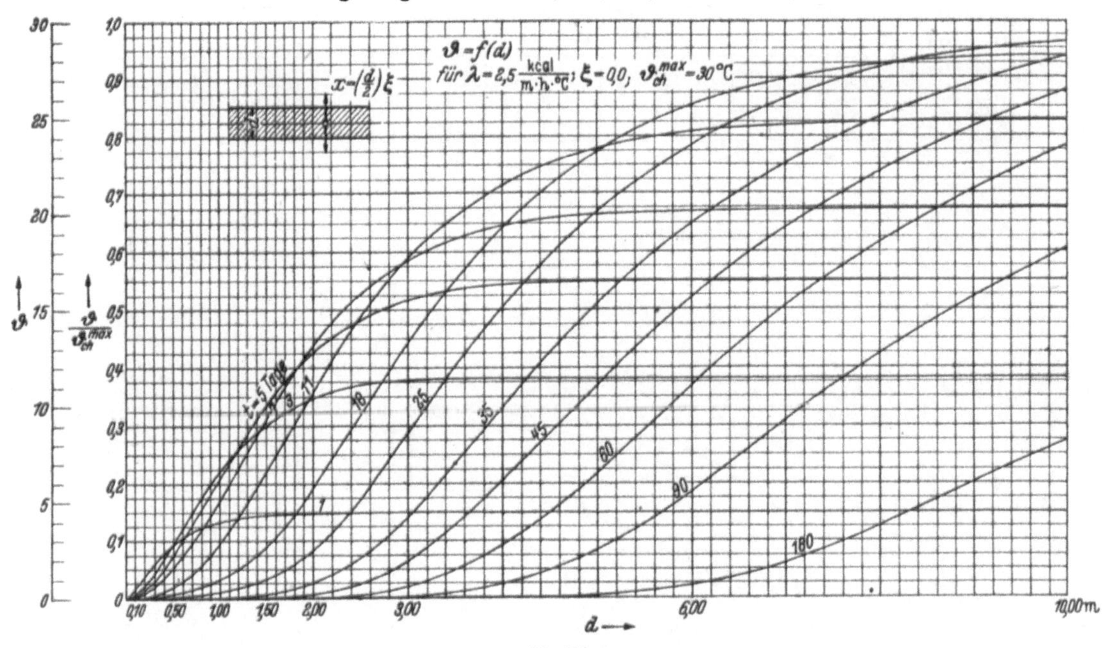

Abb. 124.

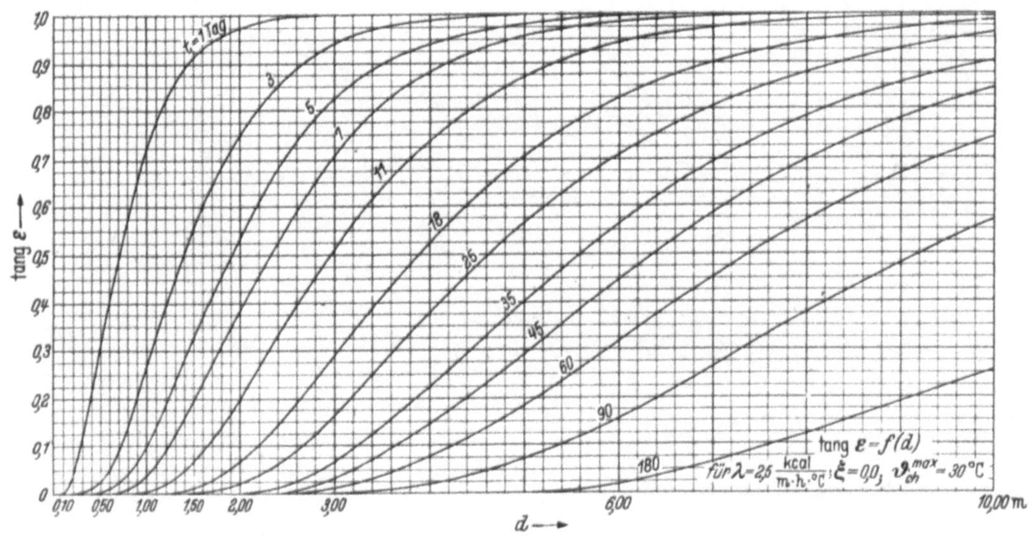

Abb. 125.

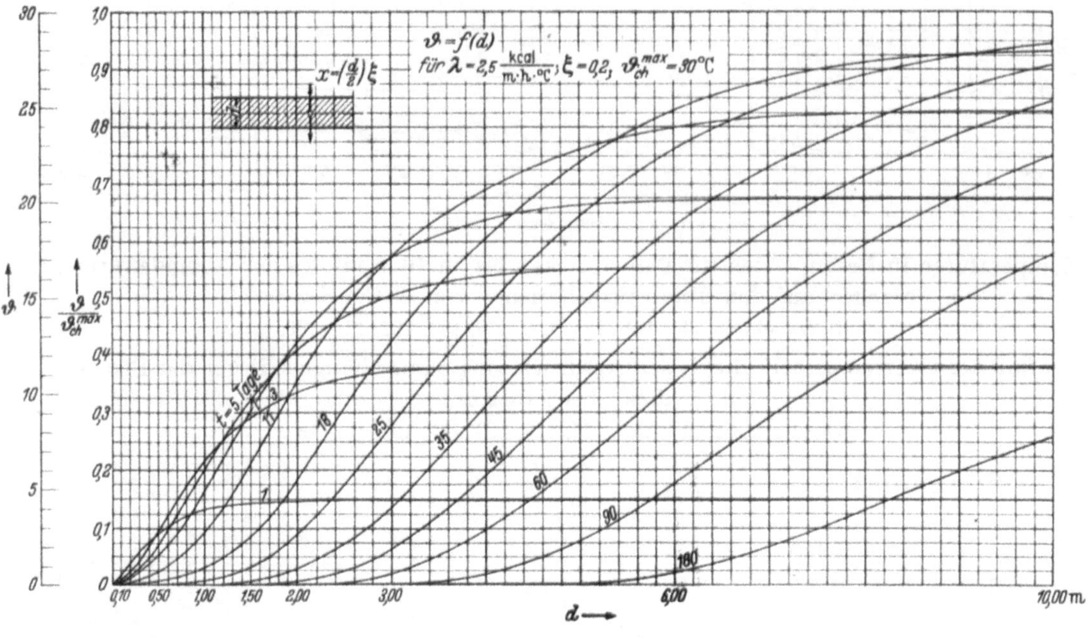

Abb. 126.

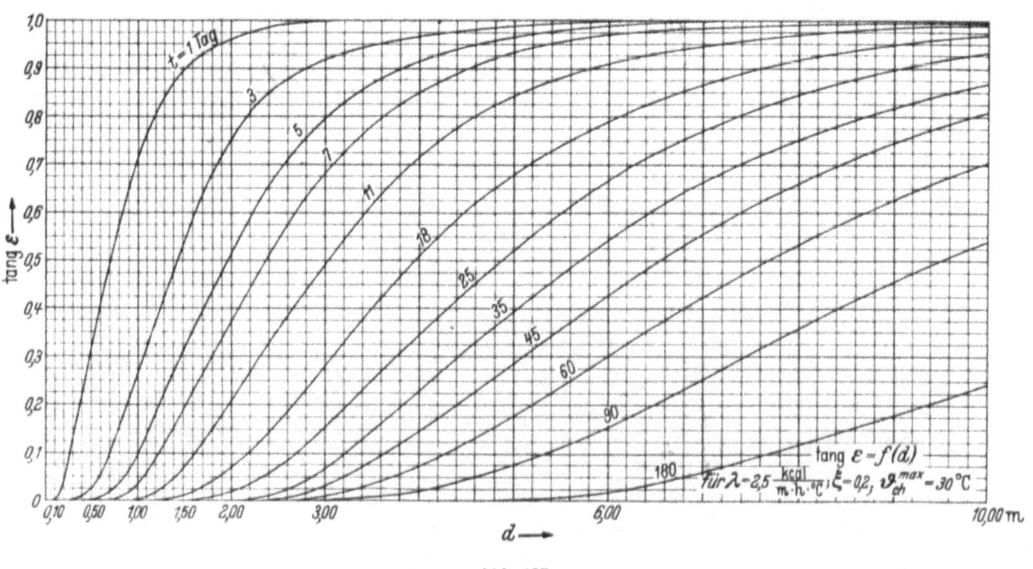

Abb. 127.

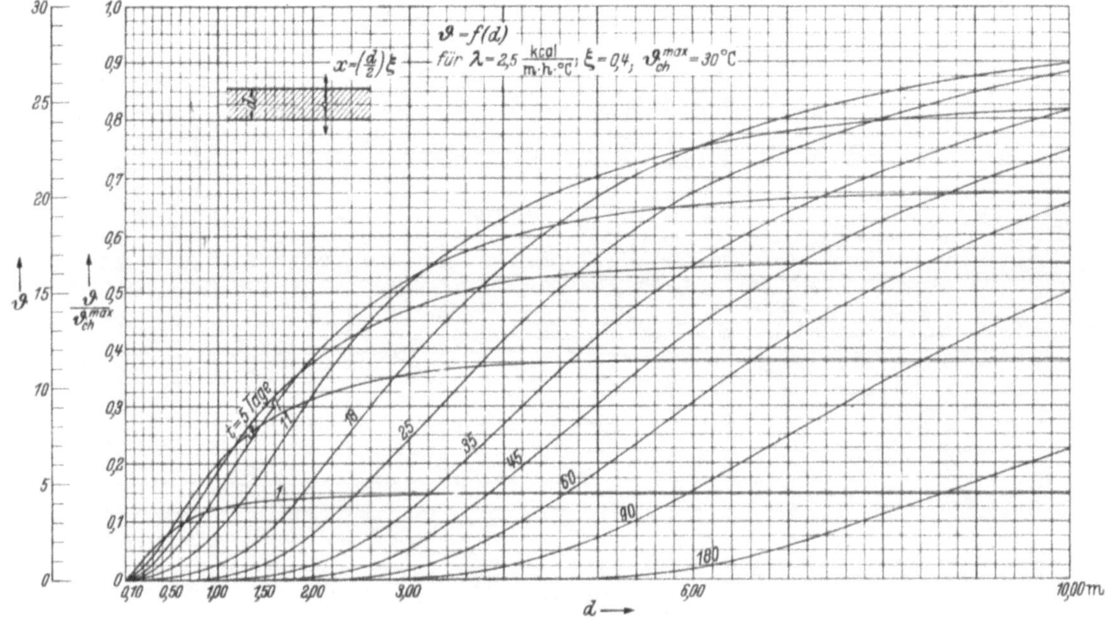

Abb. 128.

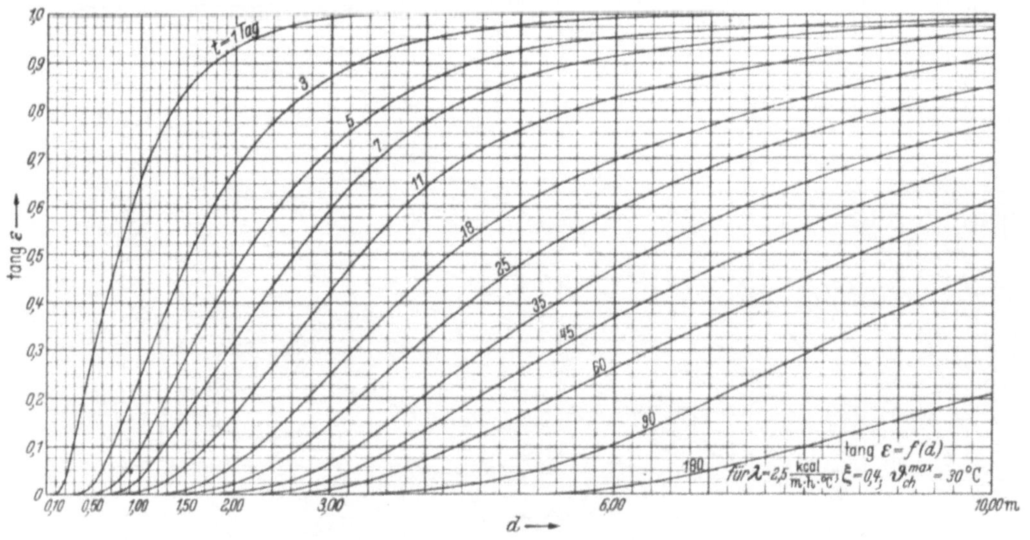

Abb. 129.

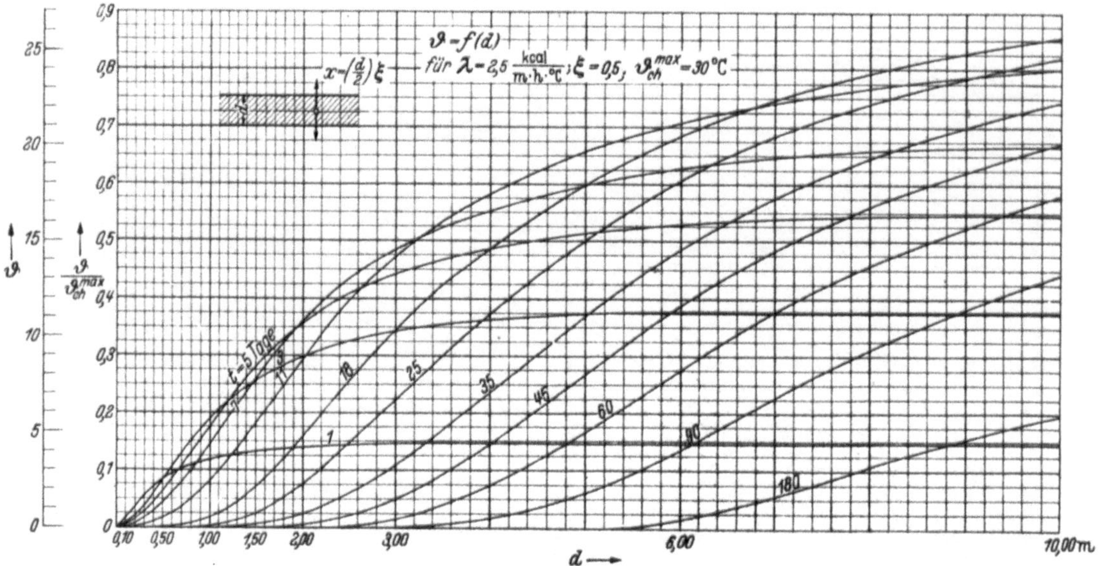

Abb. 130.

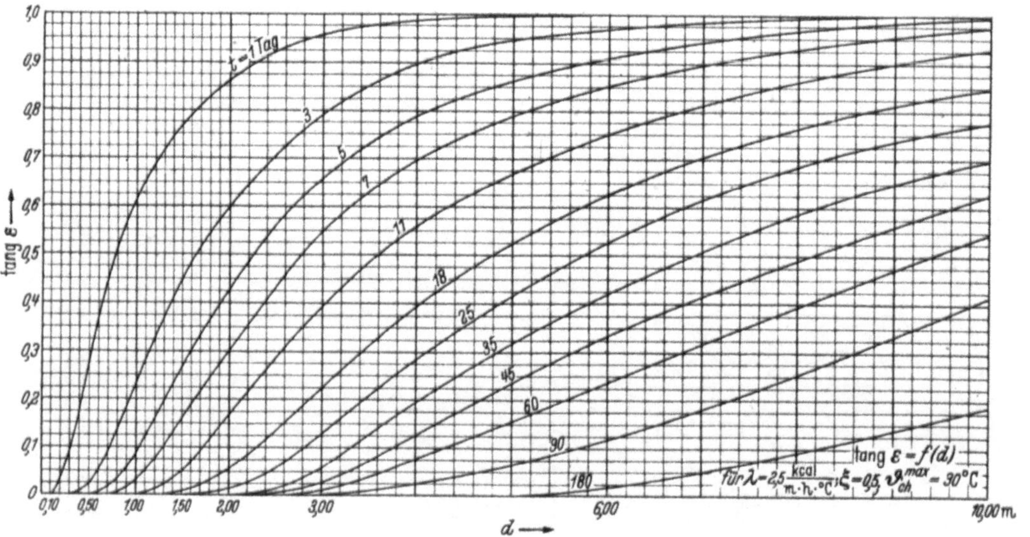

Abb. 131.

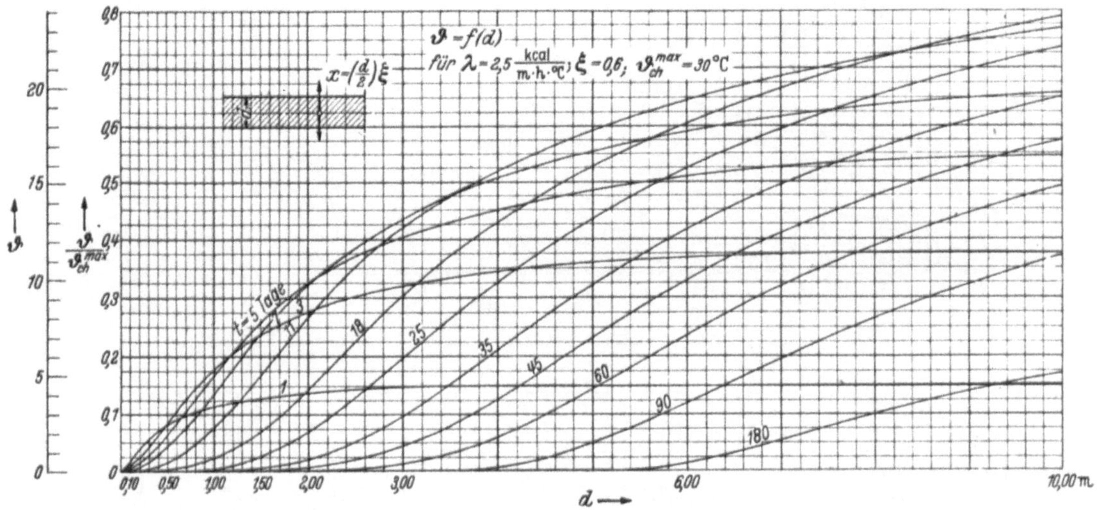

Abb. 132.

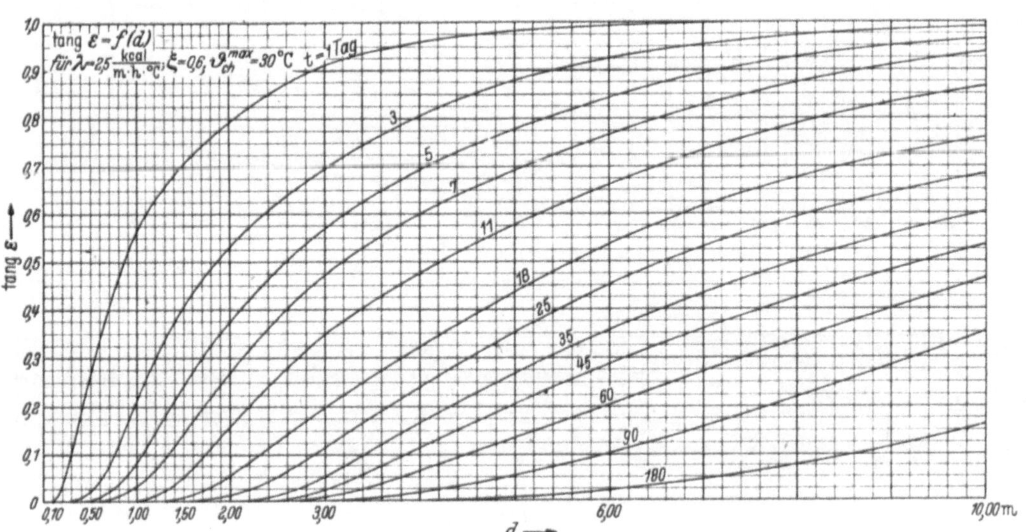

Abb. 133.

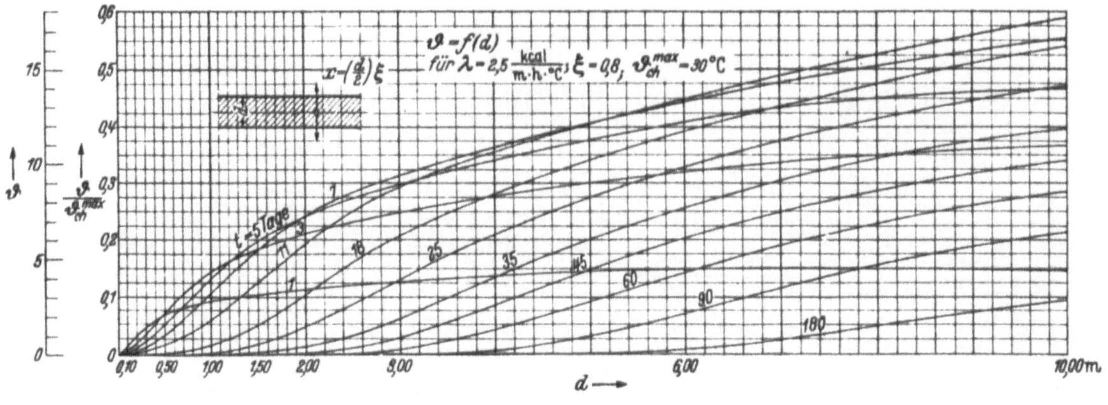

Abb. 134.

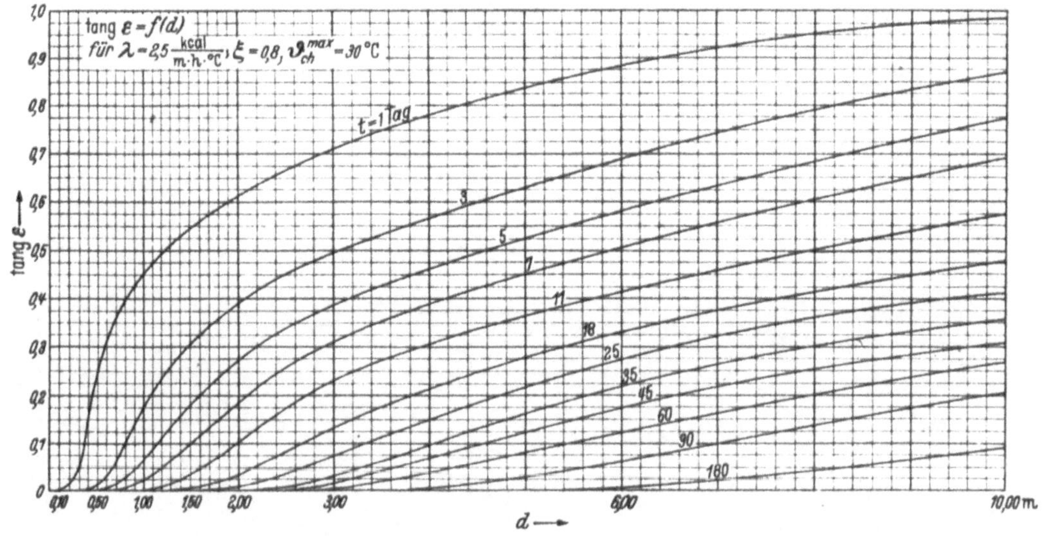

Abb. 135.

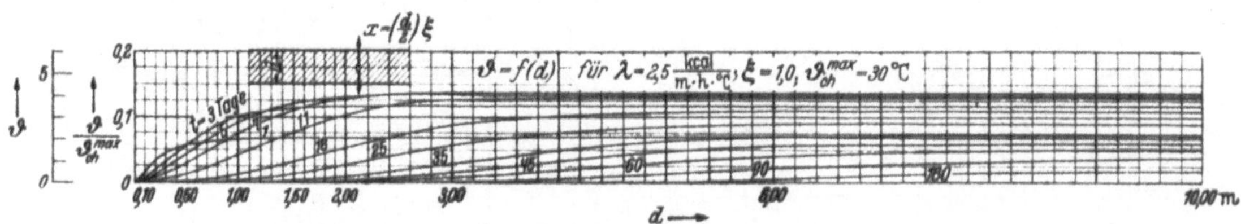

Abb. 136.

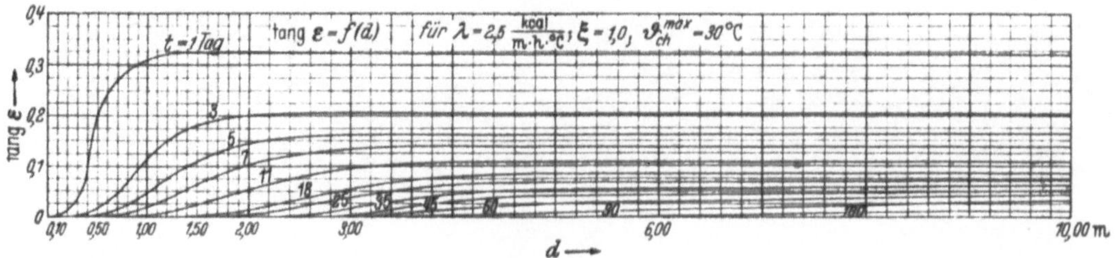

Abb. 137.

Anzahl der Tage, die von der Betoneinbringung bis zum Auftreten des Tempeiatur-
höchstwertes oder eines Wertes in Zehntel-Unterteilung verstrichen sind, in Abhängigkeit
von der Plattendicke für $\lambda = 1{,}0$.
Hierzugehörig die Abb. 138—143.

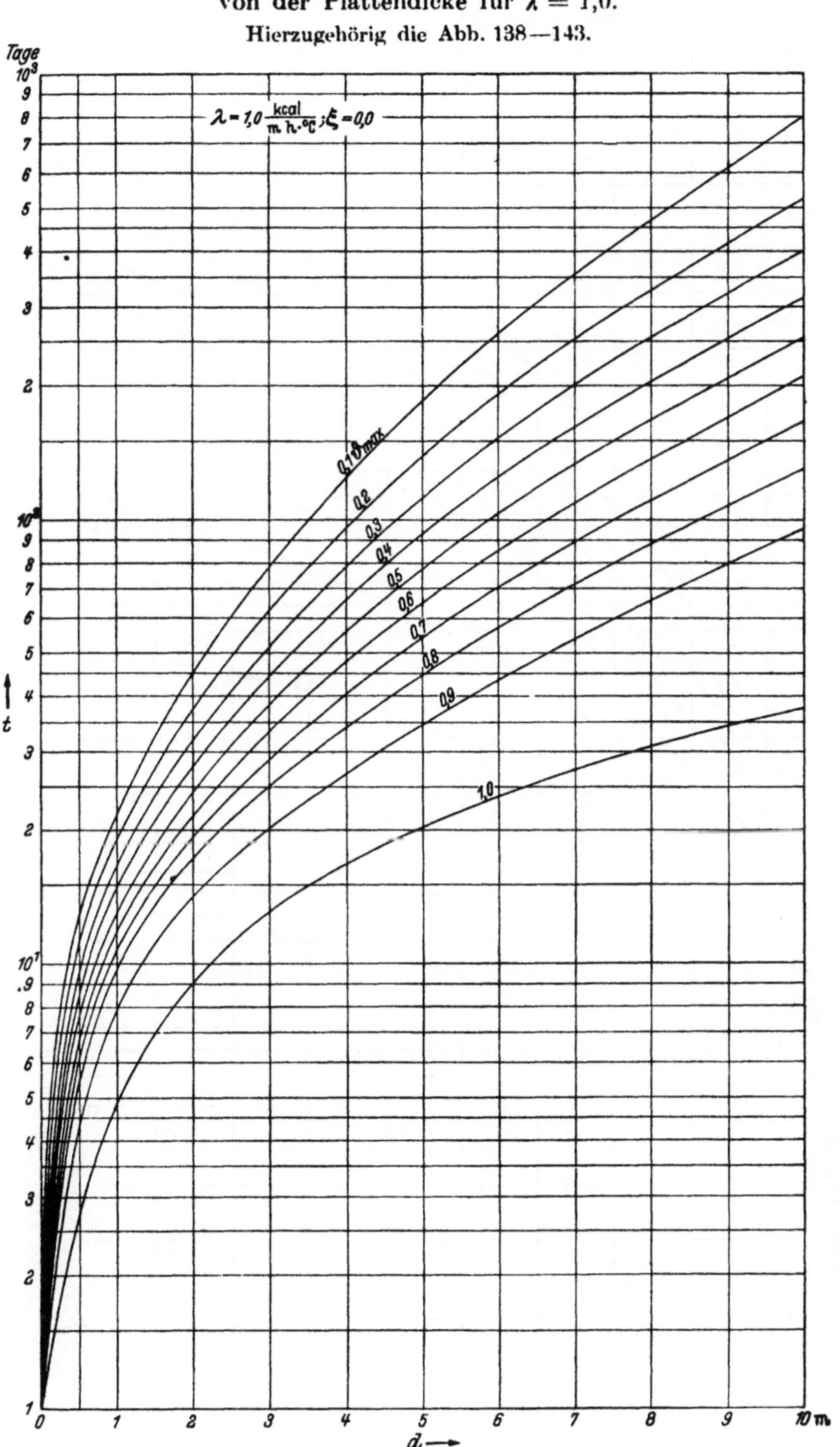

Abb 138

Kurventafeln für die praktische Rechnung.

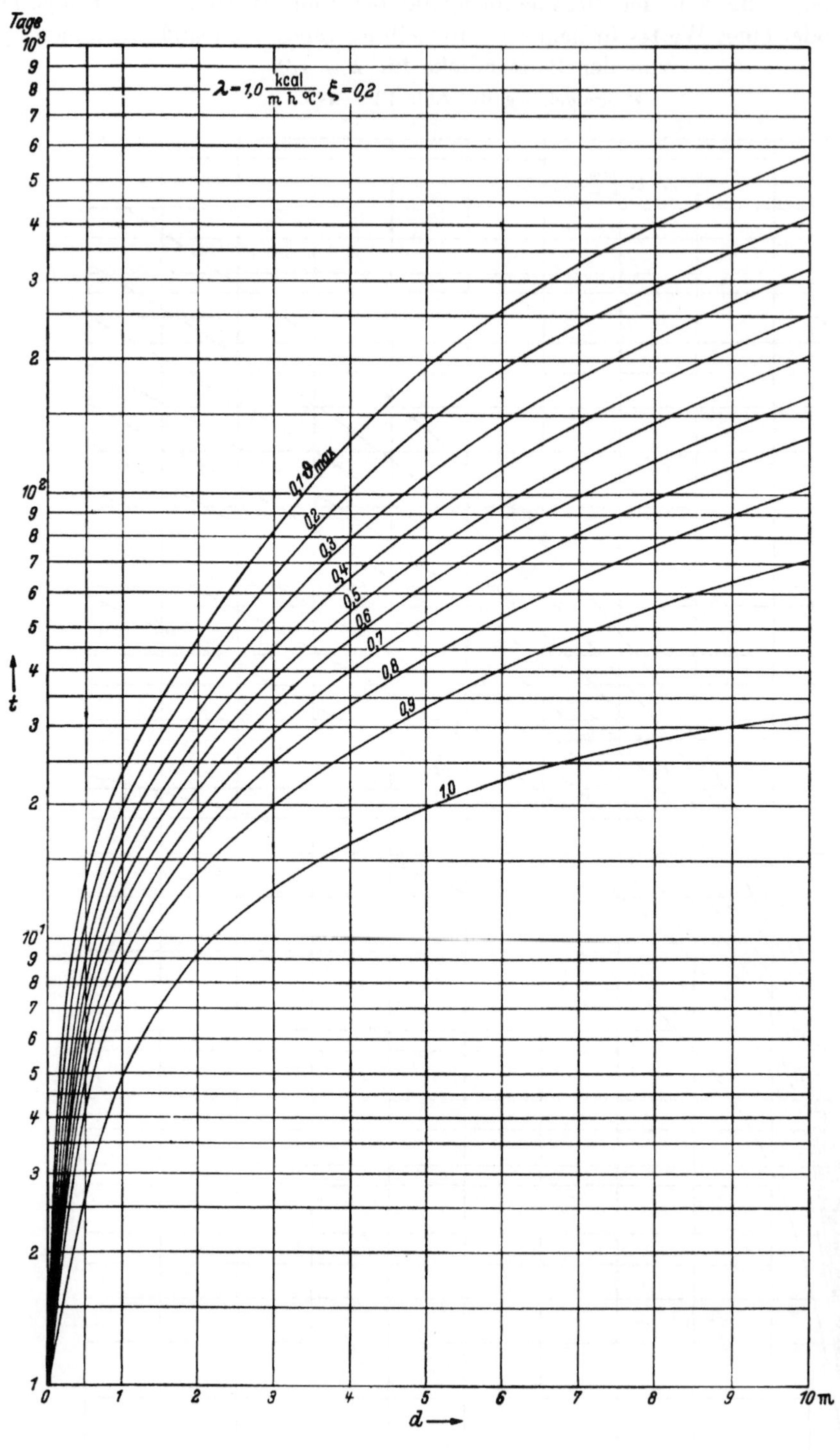

Abb. 139

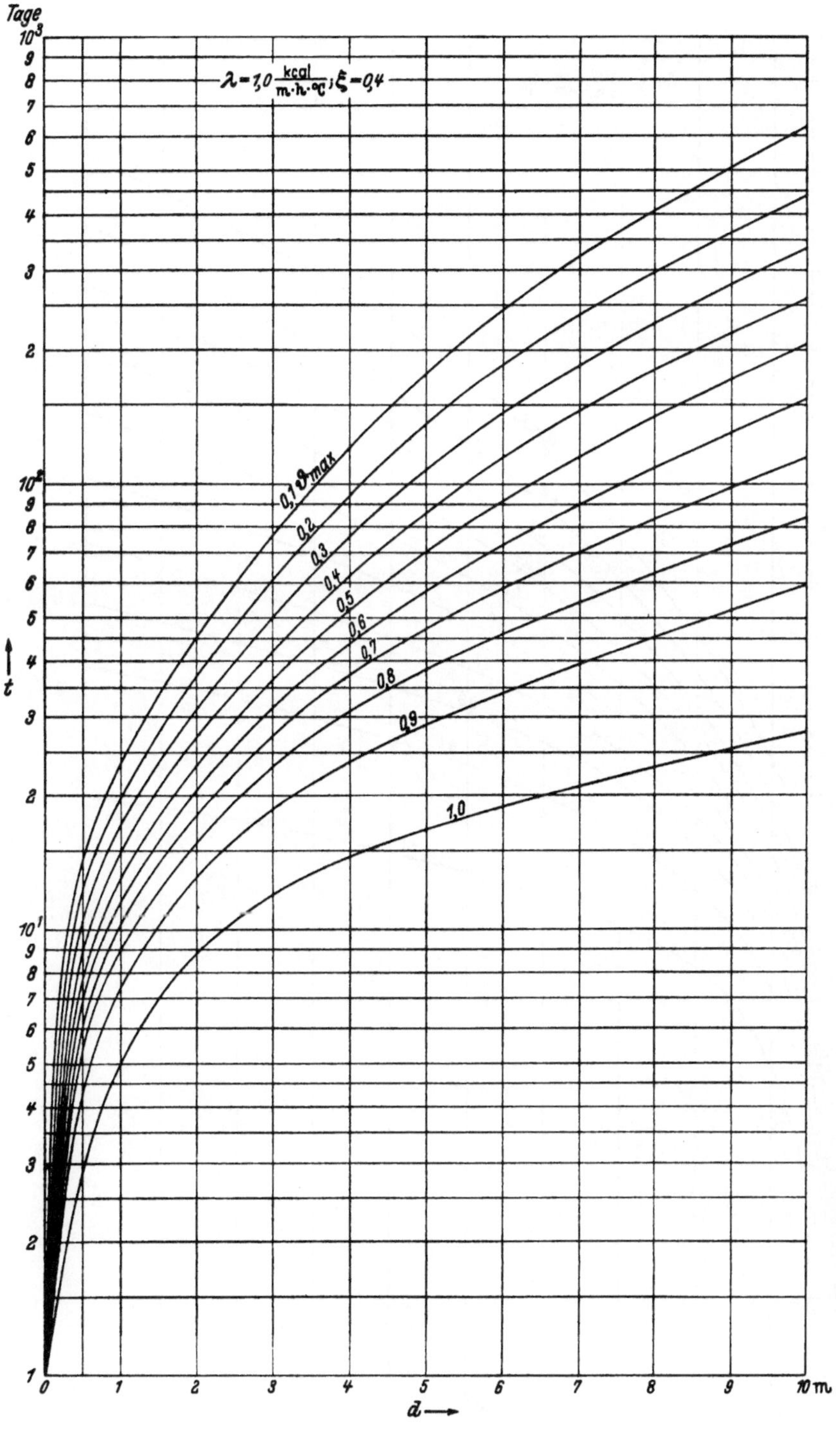

Abb. 140.

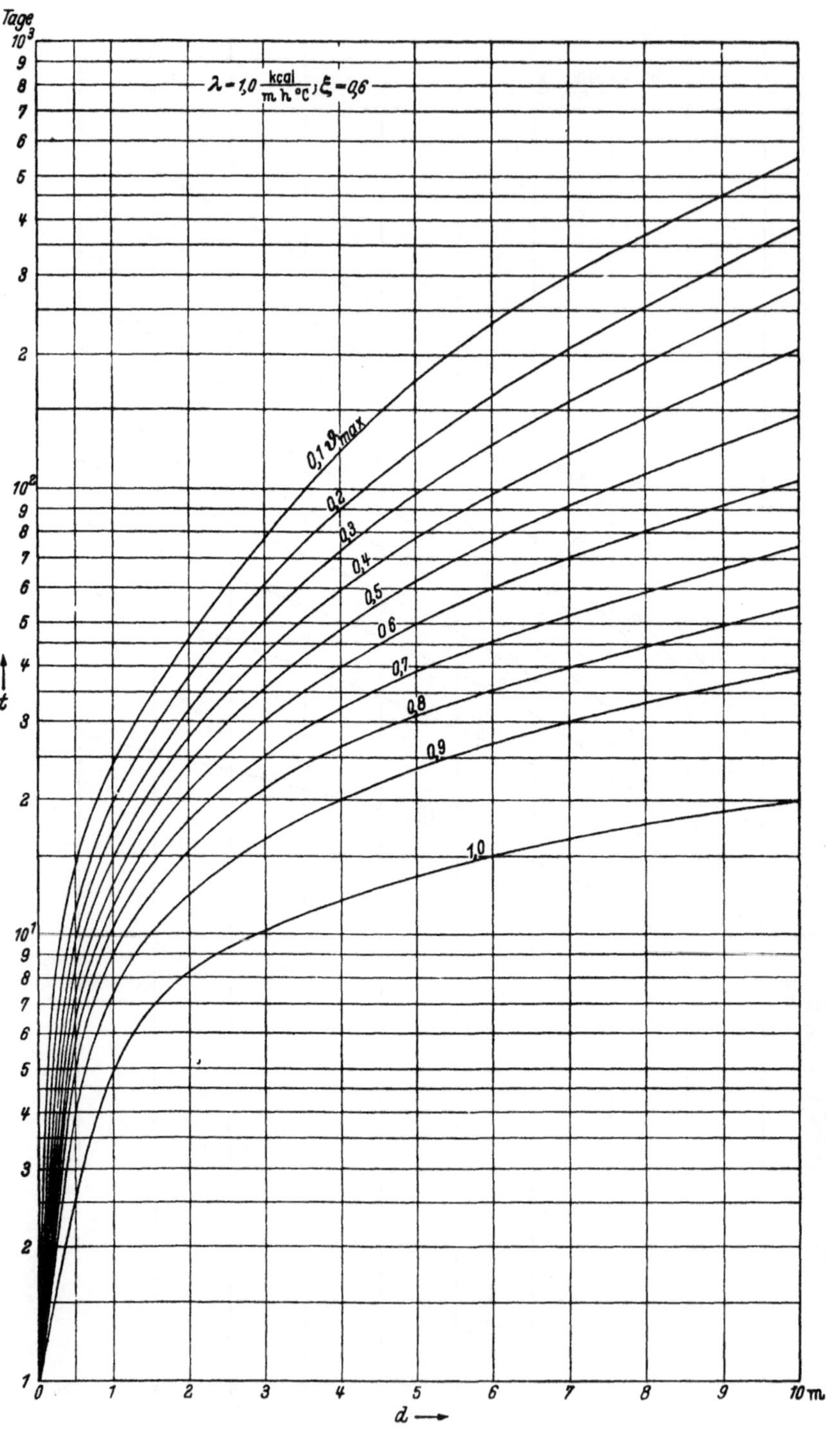

Abb 141

Tage
$\lambda = 1{,}0 \dfrac{kcal}{m \cdot h \cdot {}^\circ C}; \xi = 0{,}8$
$0{,}1\,\vartheta_{max}$
0,2
0,3
0,4
0,5
0,6
0,7
0,8
0,9
1,0
$d \longrightarrow$
t

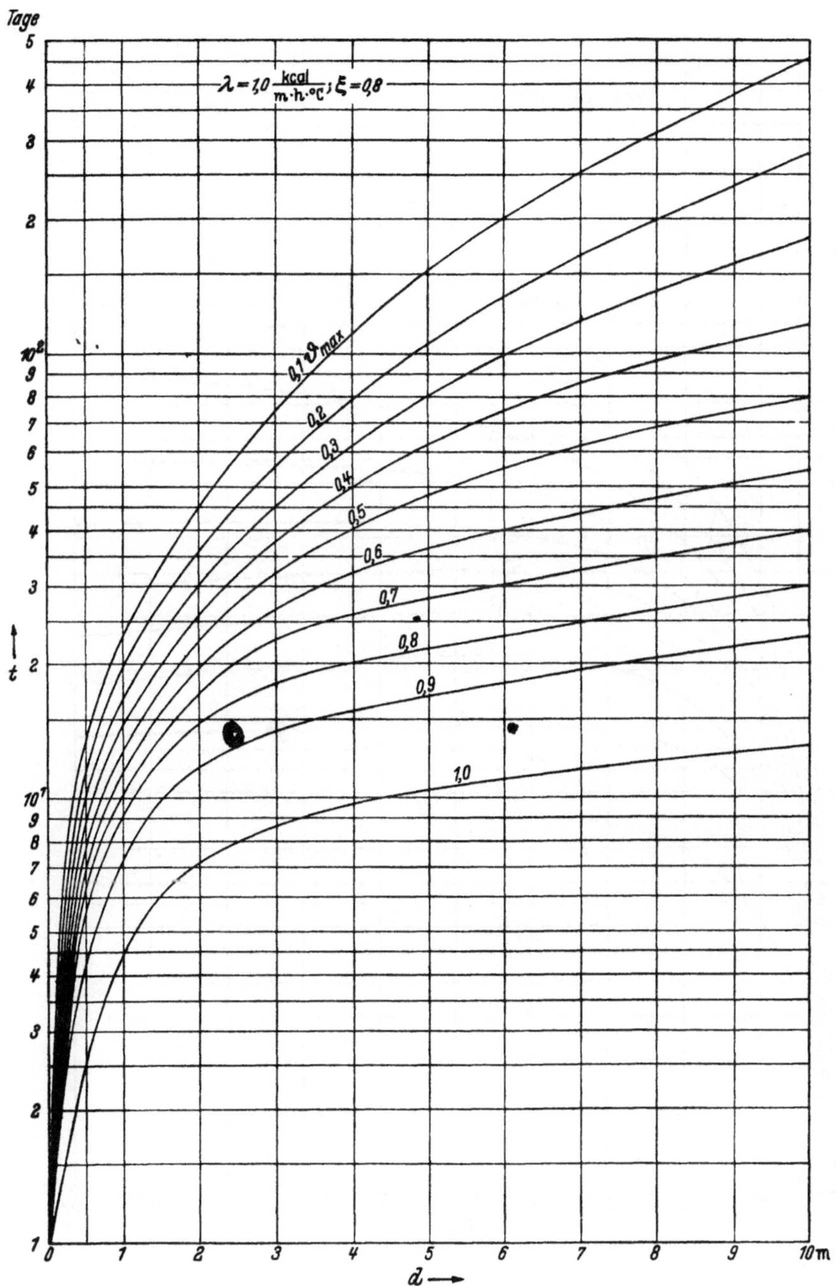

Abb. 142.

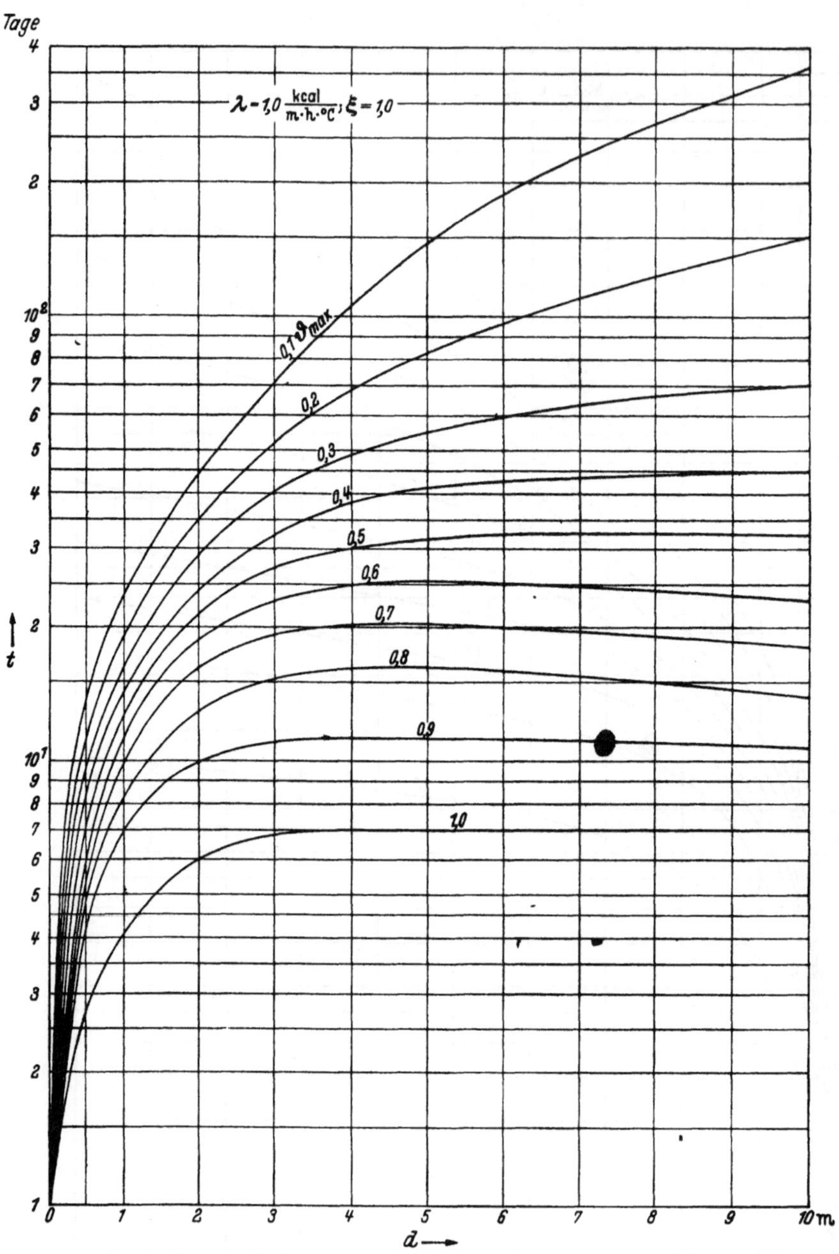

Abb. 143.

Anzahl der Tage, die von der Betoneinbringung bis zum Auftreten des Temperatur-
höchstwertes oder eines Wertes in Zehntel-Unterteilung verstrichen sind, in Abhängigkeit
von der Plattendicke für $\lambda = 1{,}5$.
Hierzugehörig die Abb. 144—149.

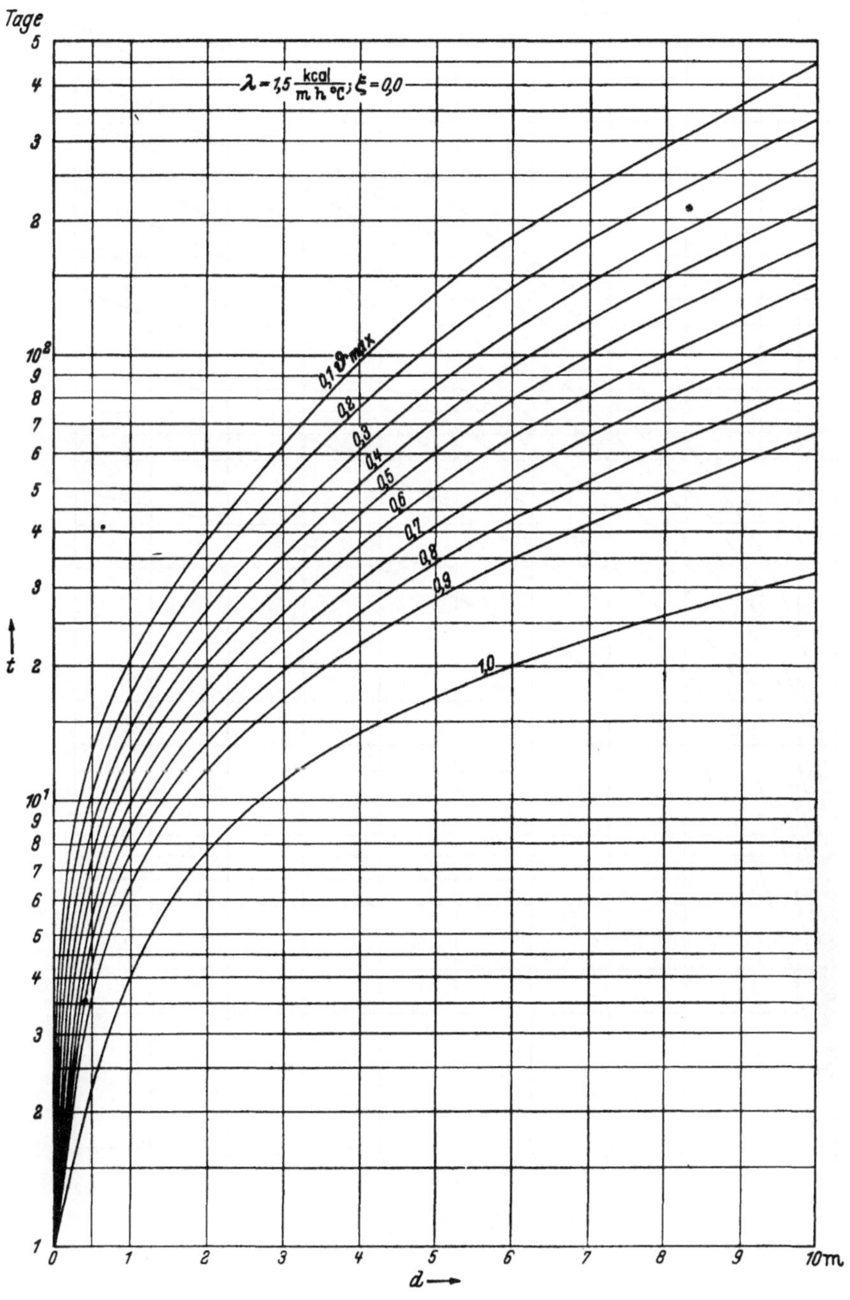

Abb 144.

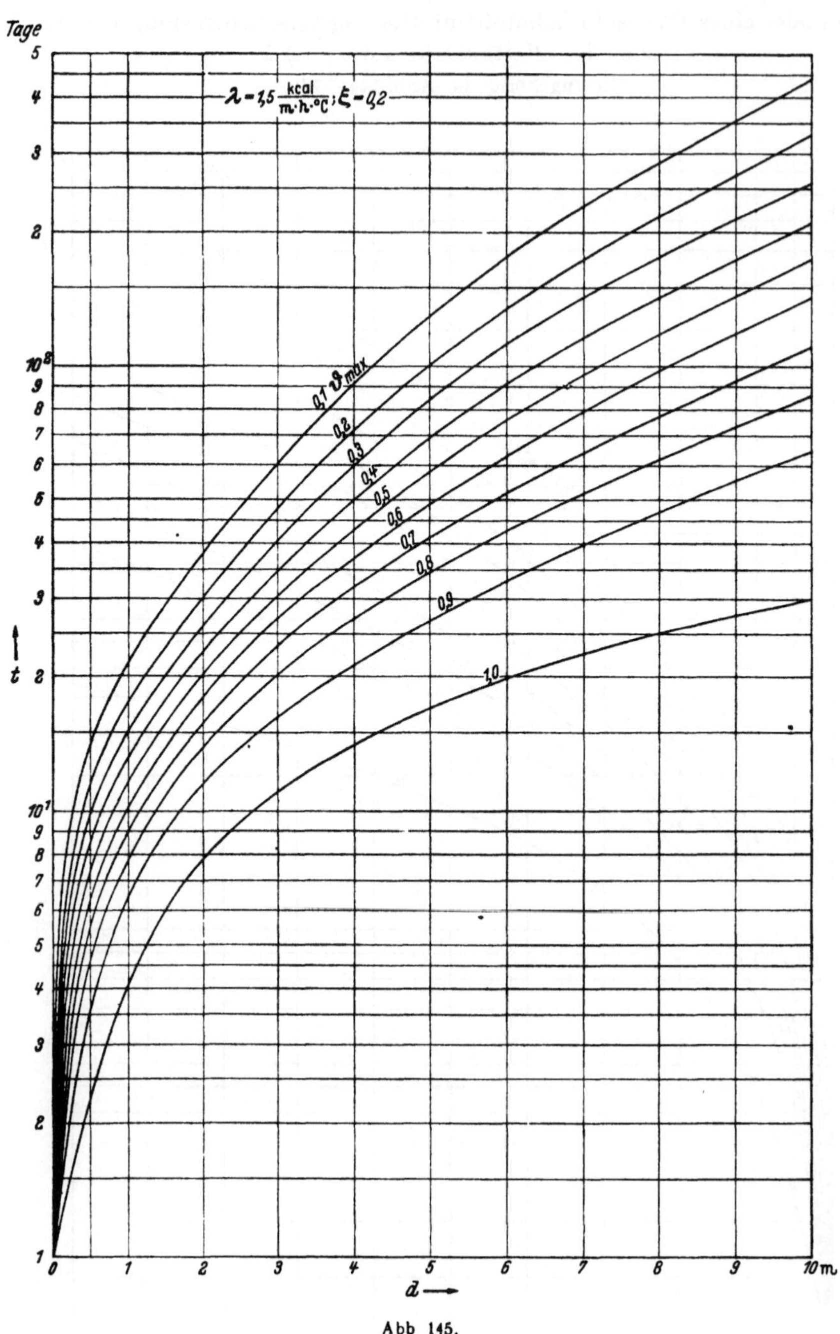

Abb 145.

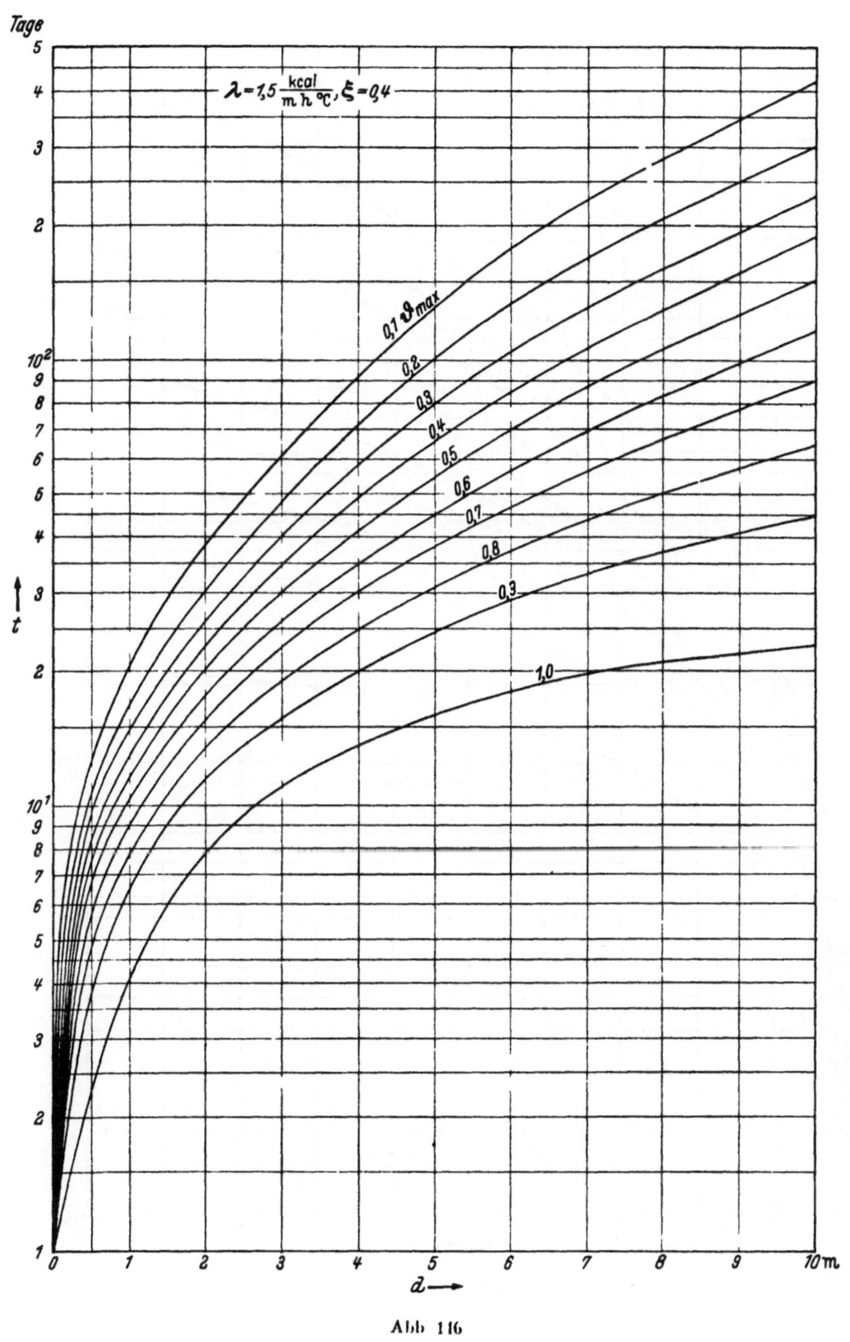

Abb 116

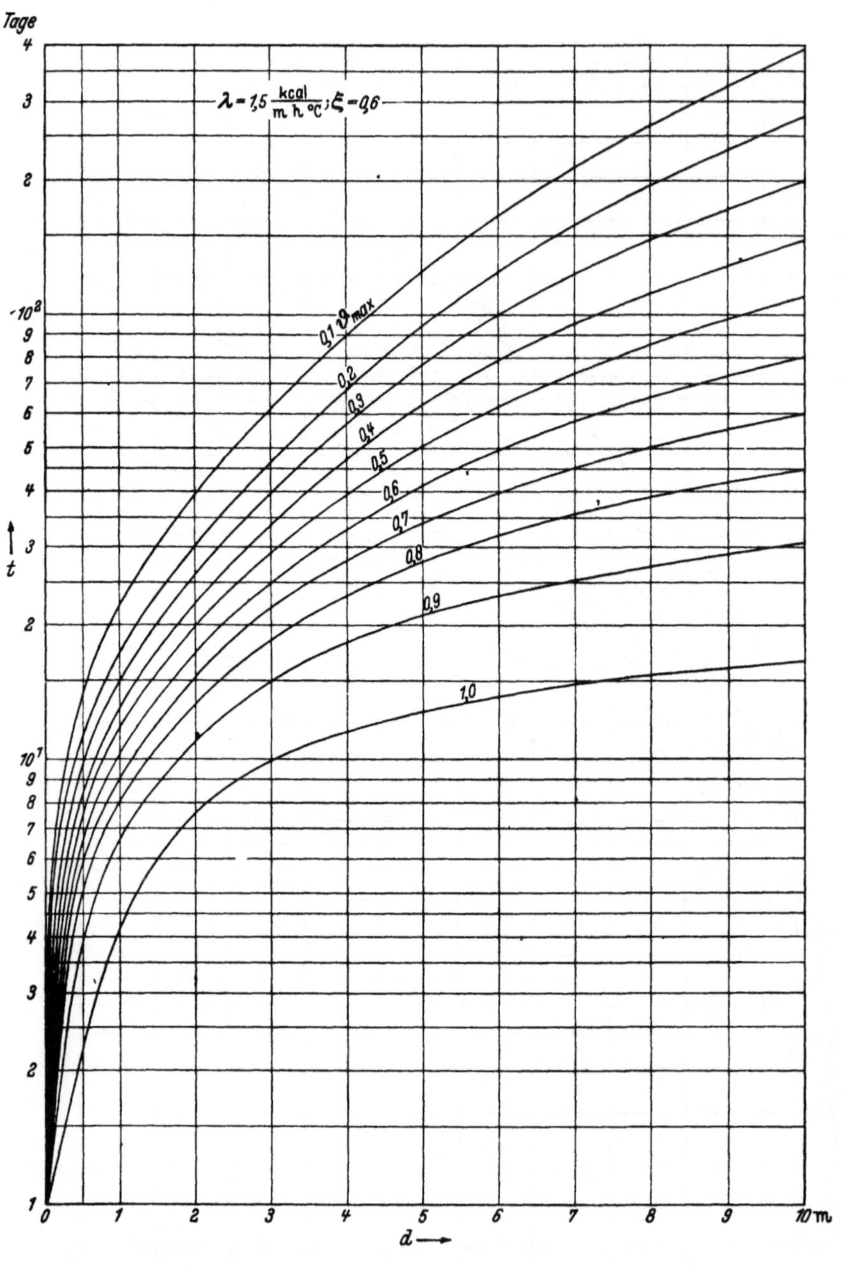

Abb. 117

Tage
$\lambda = 1{,}5\ \frac{kcal}{m \cdot h \cdot °C}\ ;\ \xi = 0{,}8$
$0{,}1\ \vartheta_{max}$
0,2
0,3
0,4
0,5
0,6
0,7
0,8
0,9
1,0
t
a

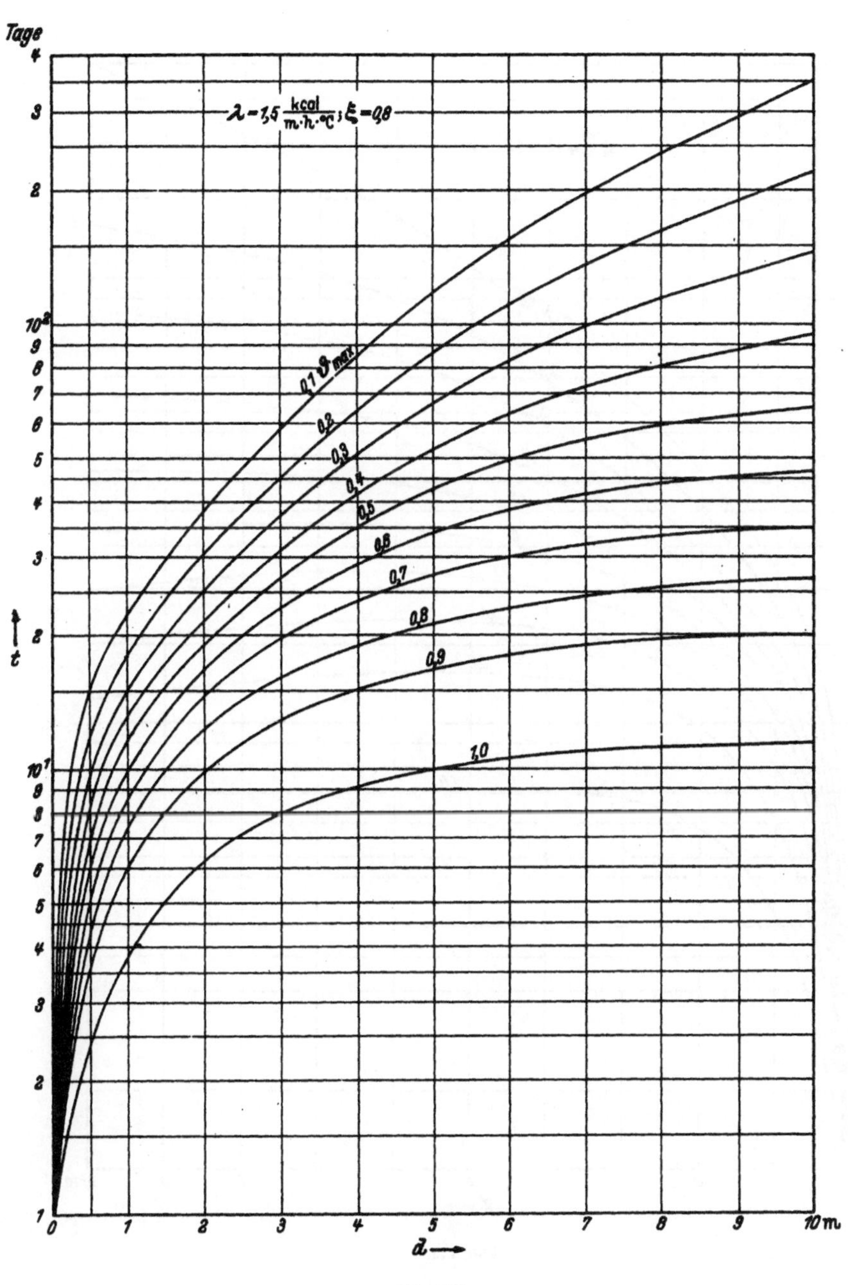

Abb. 148.

Tage
$\lambda = 1{,}5\,\frac{kcal}{m \cdot h \cdot °C}\,;\,\xi = 1{,}0$
$0{,}1\,\vartheta_{max}$
0,2
0,3
0,4
0,5
0,6
0,7
0,8
0,9
1,0
t
$d \longrightarrow$
10 m

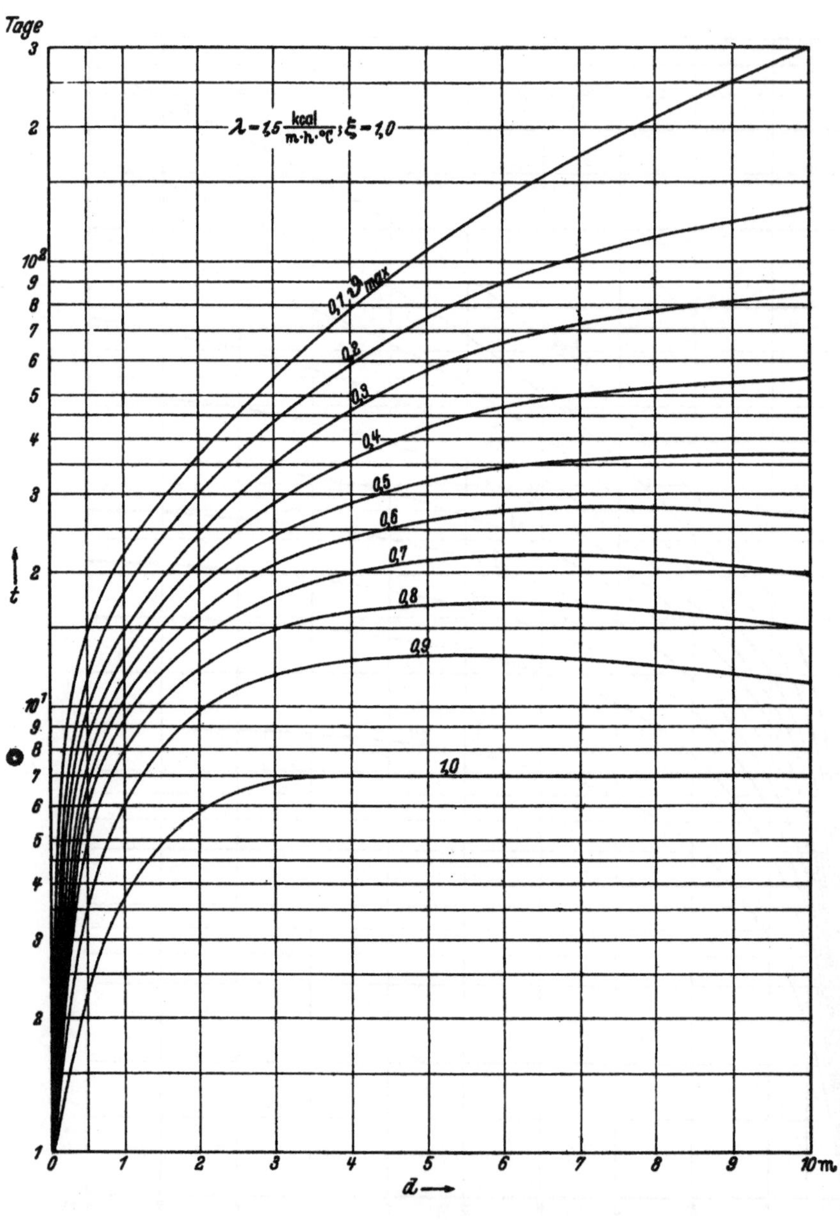

Abb. 149.

Anzahl der Tage, die von der Betoneinbringung bis zum Auftreten des Temperatur-
höchstwertes oder eines Wertes in Zehntel-Unterteilung verstrichen sind, in Abhängigkeit
von der Plattendieke für $\lambda = 2,0$.
Hierzugehörig die Abb. 150—155.

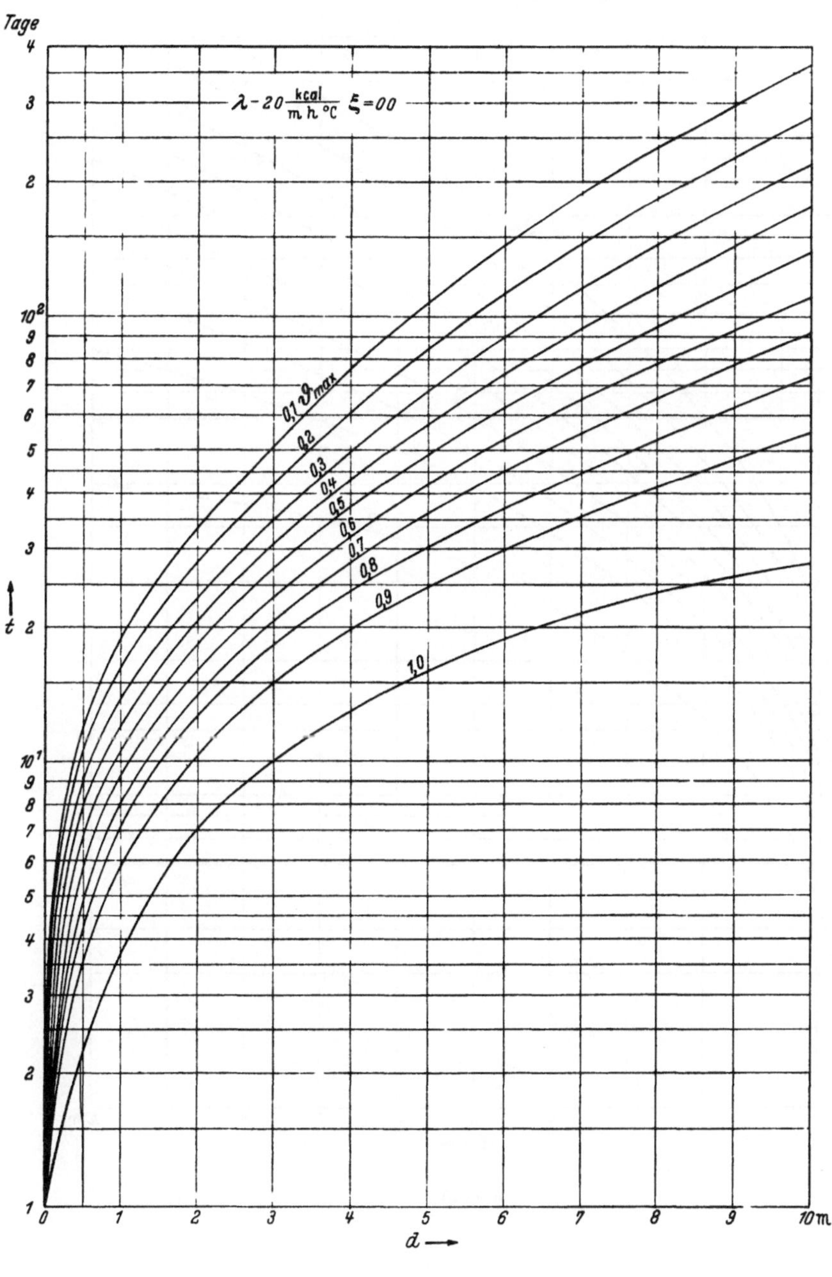

Abb. 150.

Tage
$\lambda = 2{,}0\,\dfrac{kcal}{m\cdot h\cdot {}^{\circ}C}\,;\ \xi = 0{,}2$
$0{,}1\cdot\vartheta_{max}$
0,2
0,3
0,4
0,5
0,6
0,7
0,8
0,9
1,0
t
$d \longrightarrow$
10 m

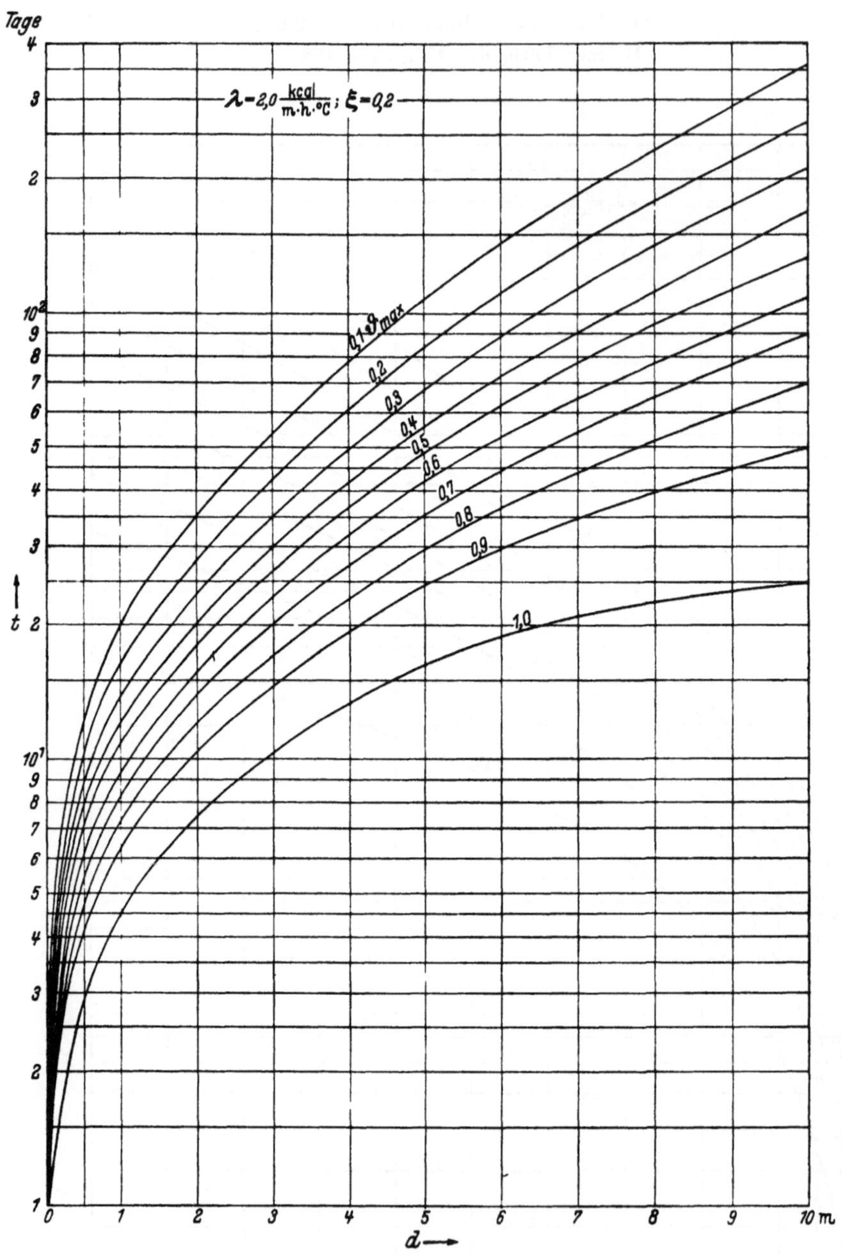

Abb. 151.

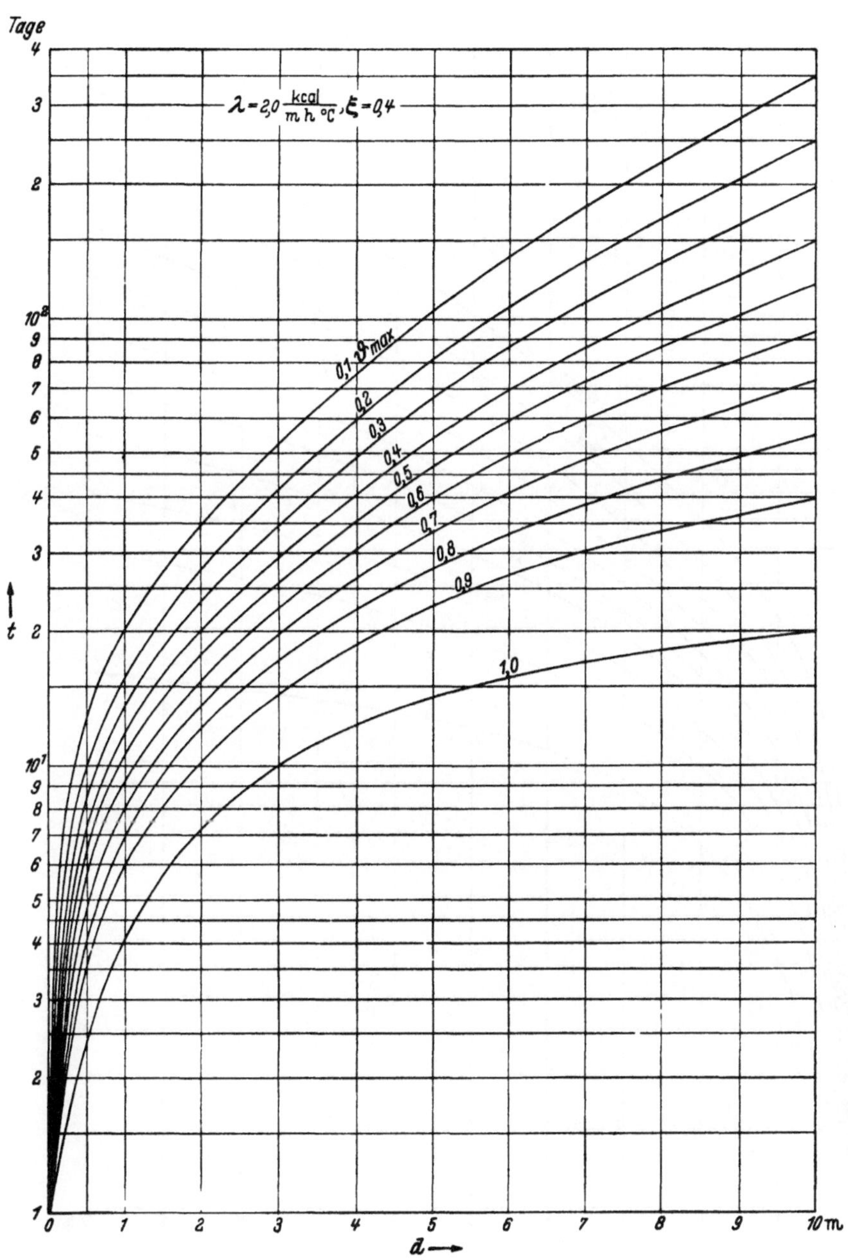

Abb 152

Tage
$\lambda = 2{,}0\,\dfrac{kcal}{m\,h\,°C}\,;\,\xi = 0{,}6$
0,1 ϑ_{max}
0,3
0,4
0,5
0,6
0,7
0,8
0,9
1,0
t
d →
10m

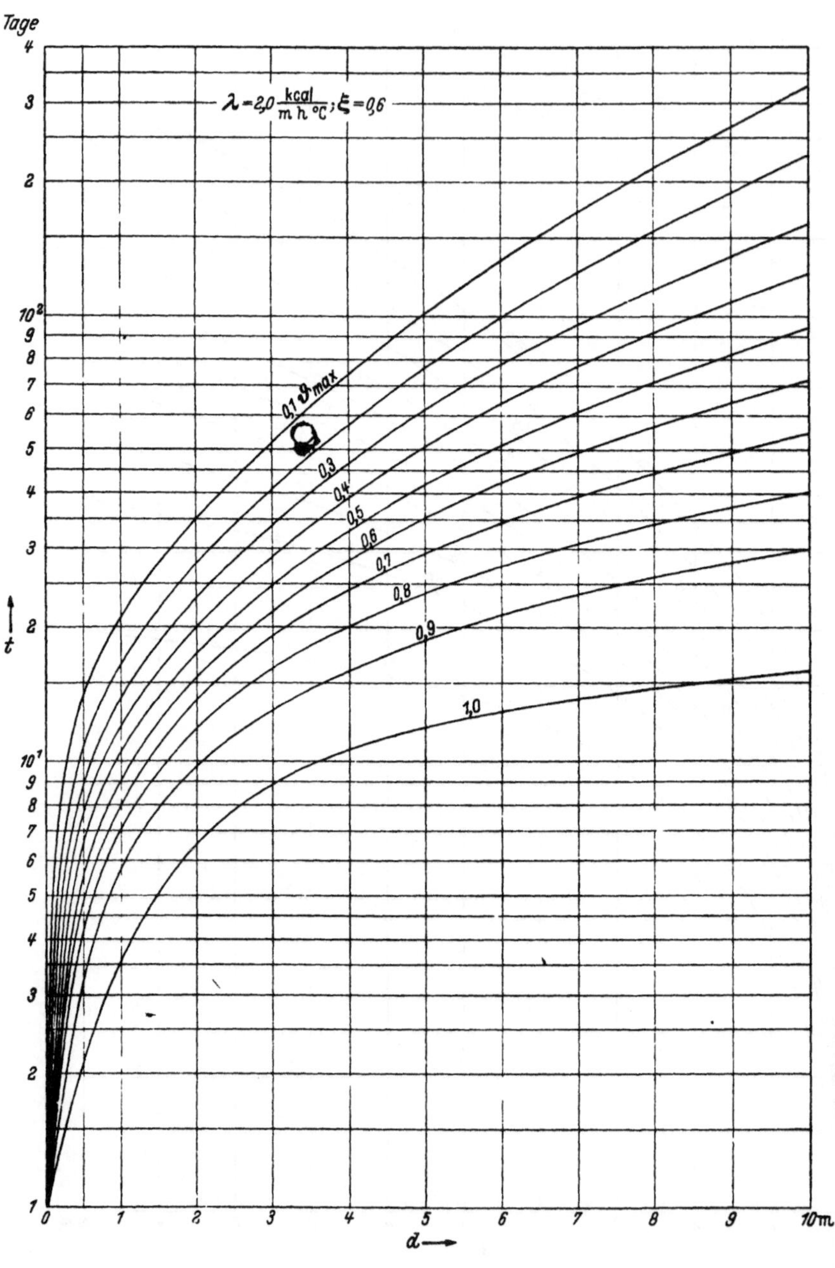

Abb 153

Tage
$\lambda = 2{,}0\,\frac{kcal}{m\,h\,°C}\,;\,\xi = 0{,}8$
0,1 ϑ max
0,2
0,3
0,4
0,5
0,6
0,7
0,8
0,9
1,0
t
d →
m

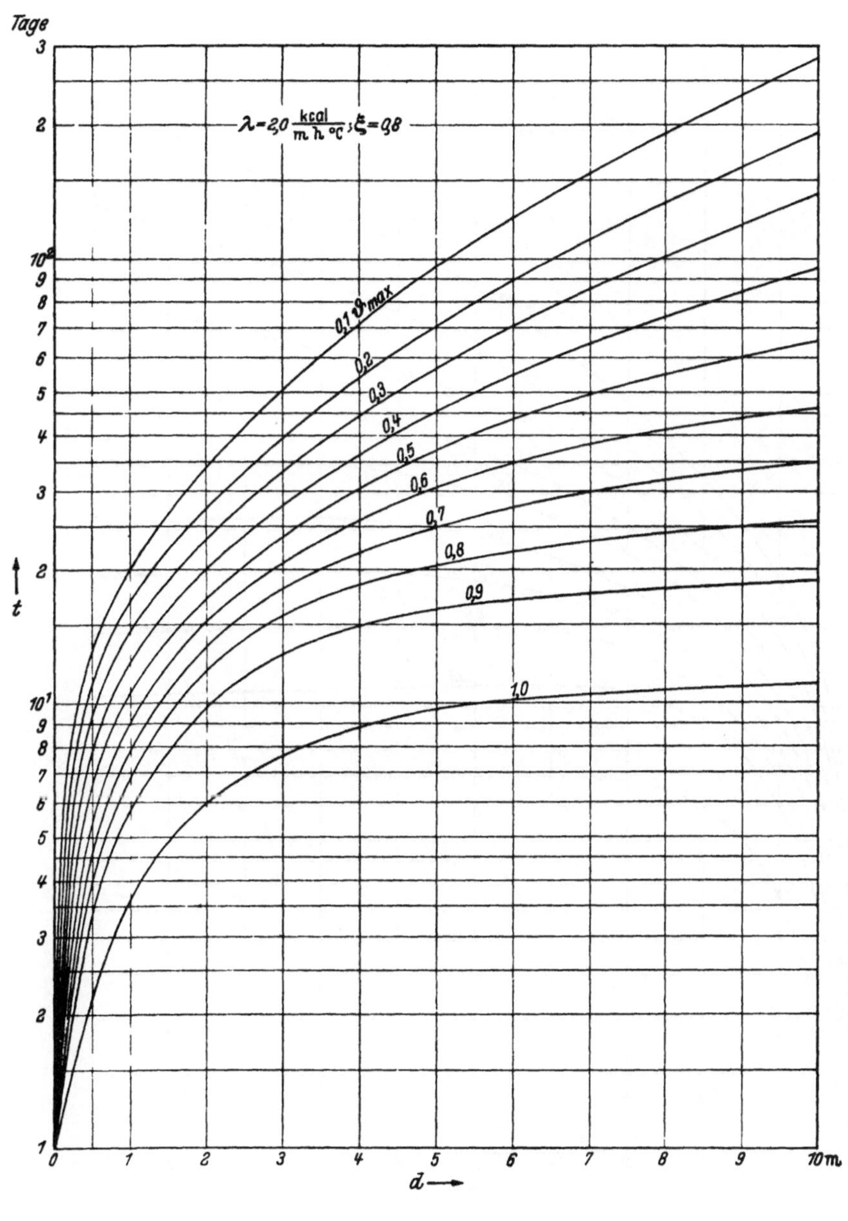

Abb 154

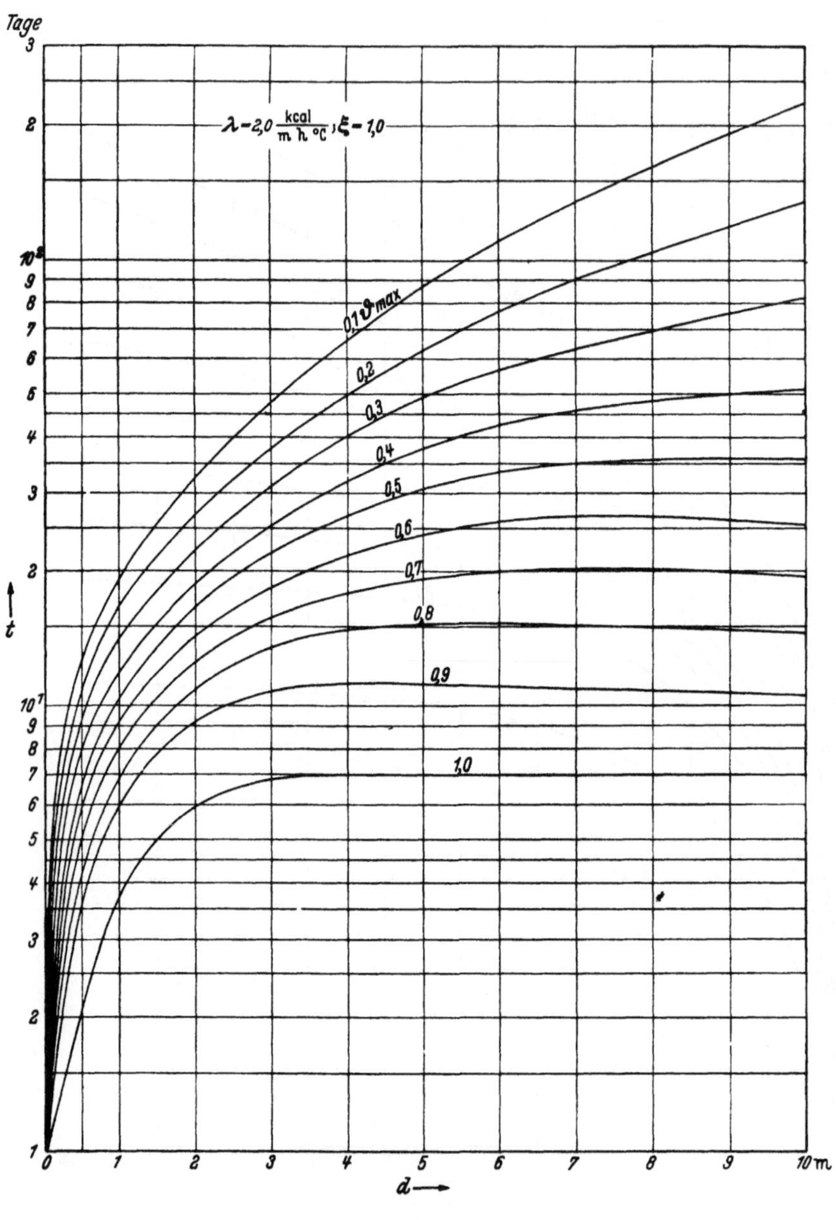

Abb 155

Anzahl der Tage, die von der Betoneinbringung bis zum Auftreten des Temperatur-
höchstwertes oder eines Wertes in Zehntel-Unterteilung verstrichen sind, in Abhängigkeit
von der Plattendicke für $\lambda = 2,5$.
Hierzugehörig die Abb. 156—161.

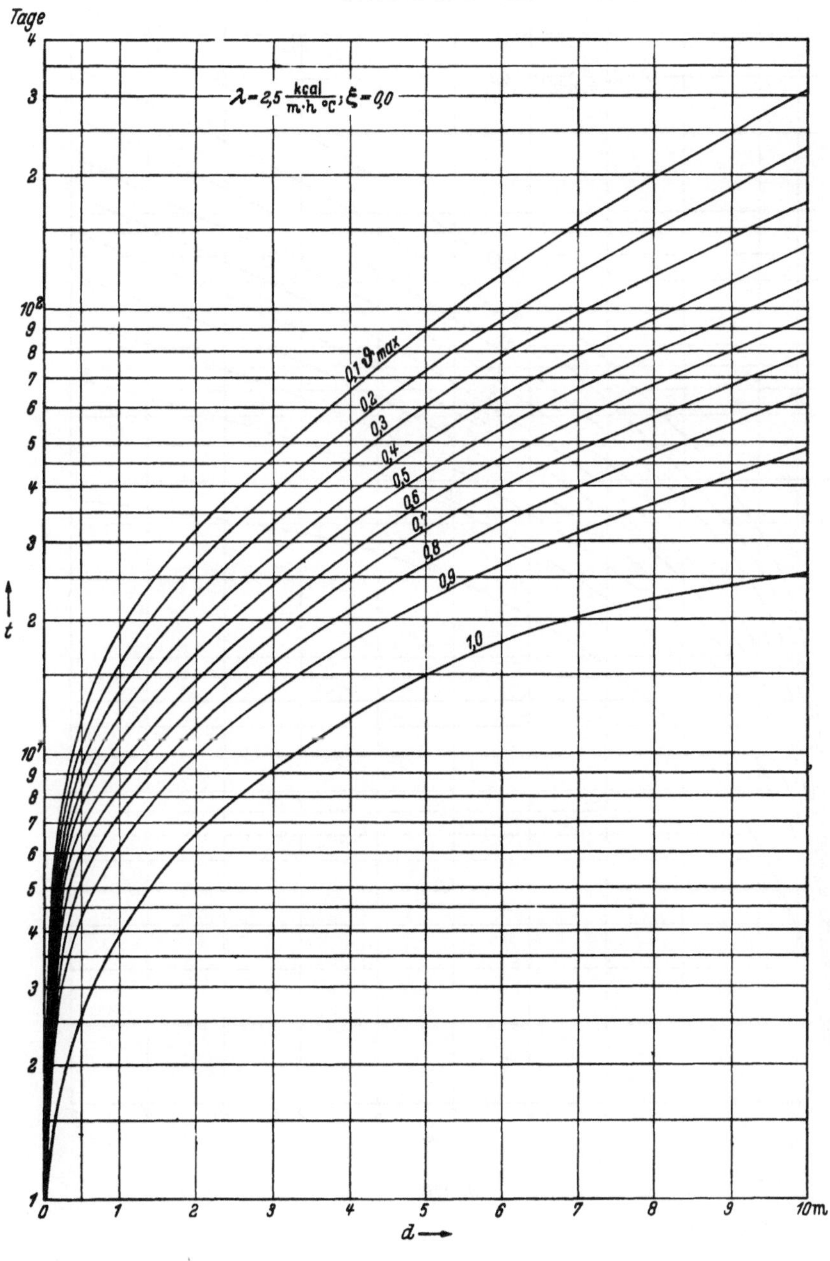

Abb. 156.

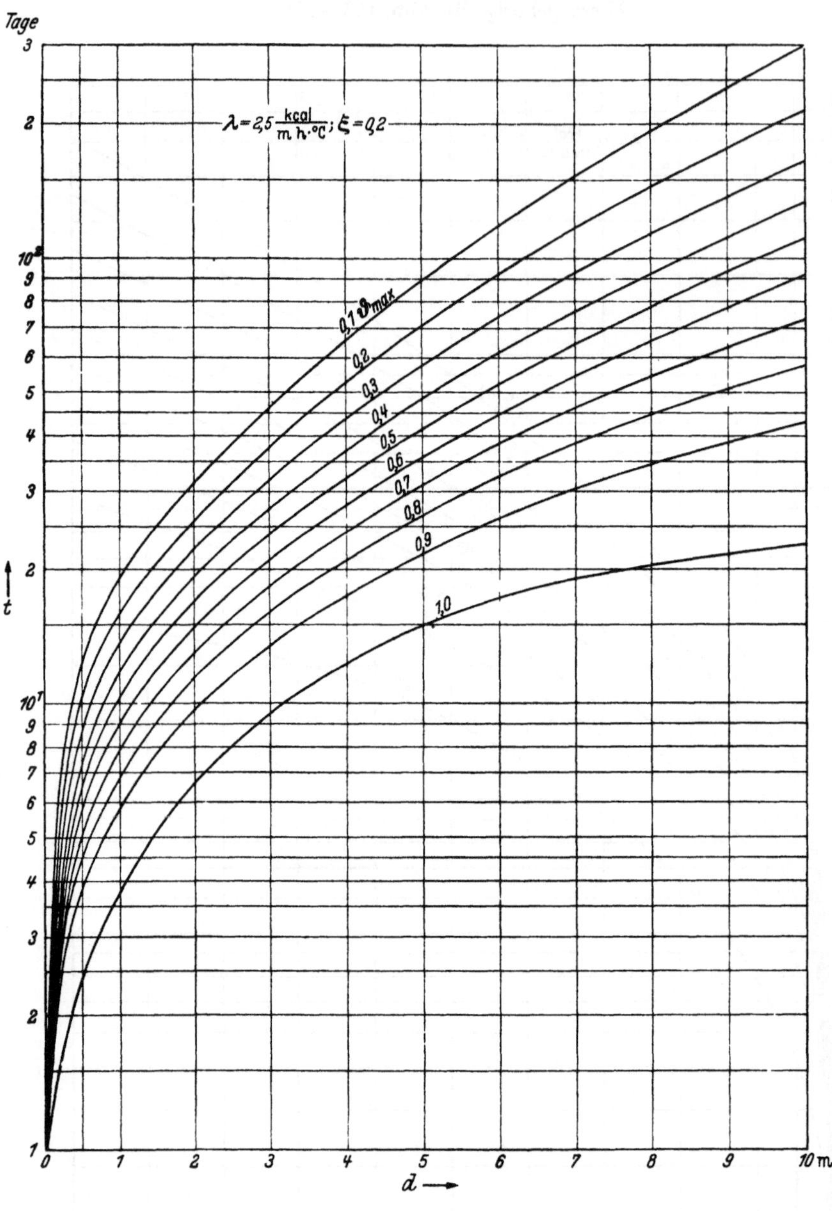

Abb 157.

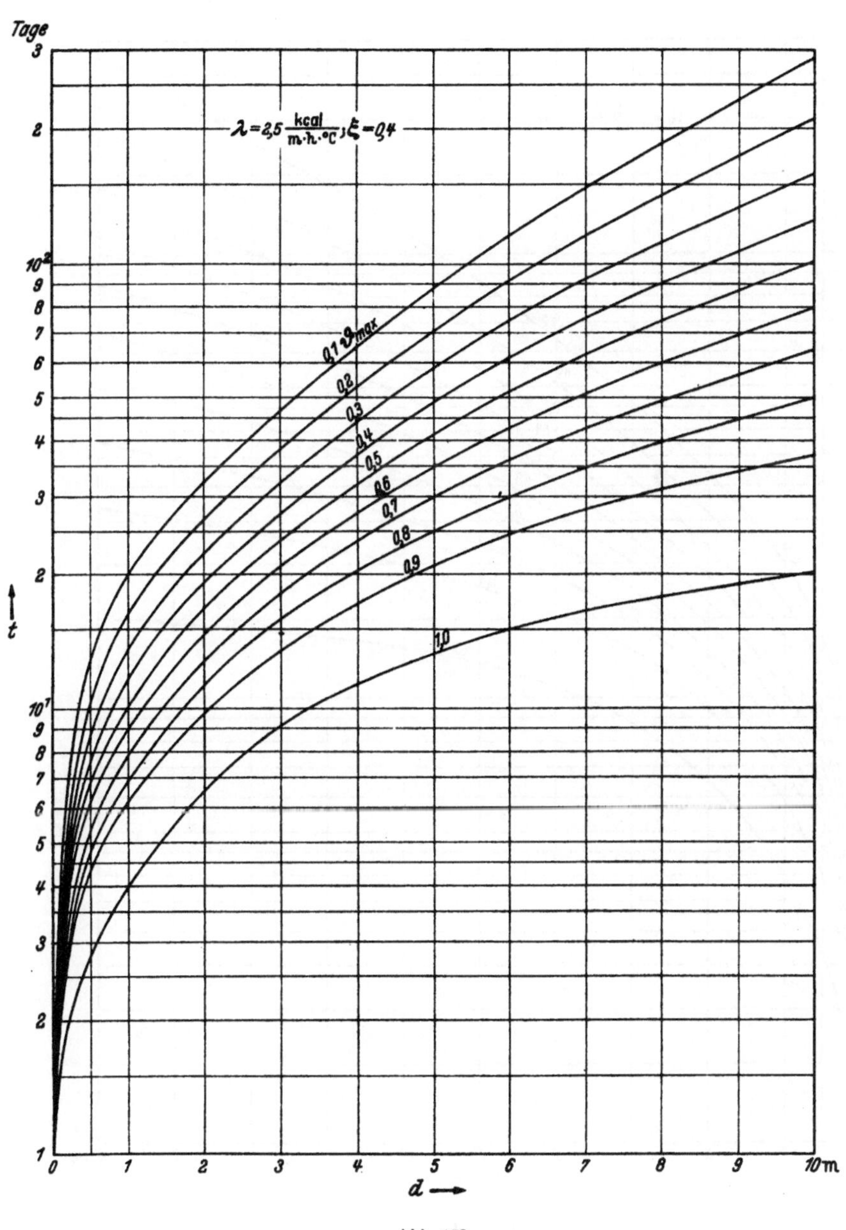

Abb. 158.

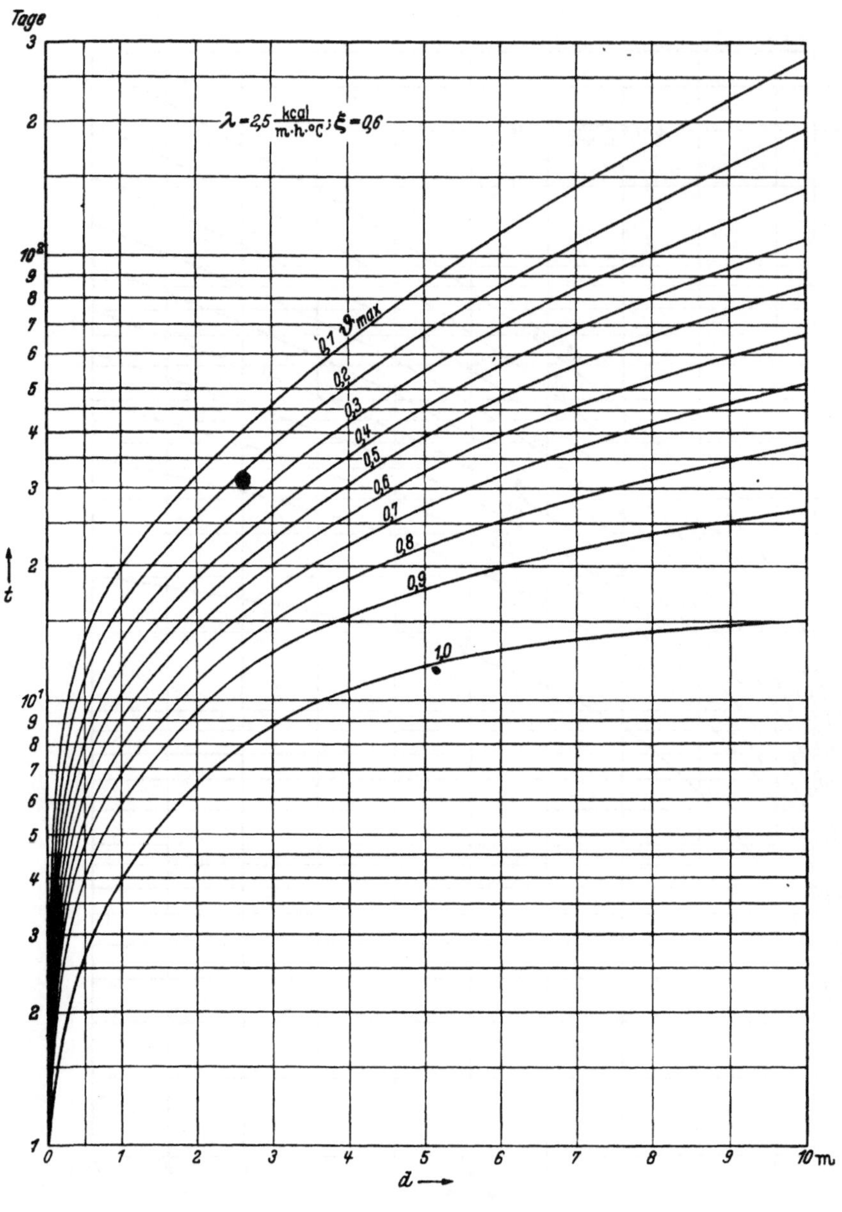

Abb. 159.

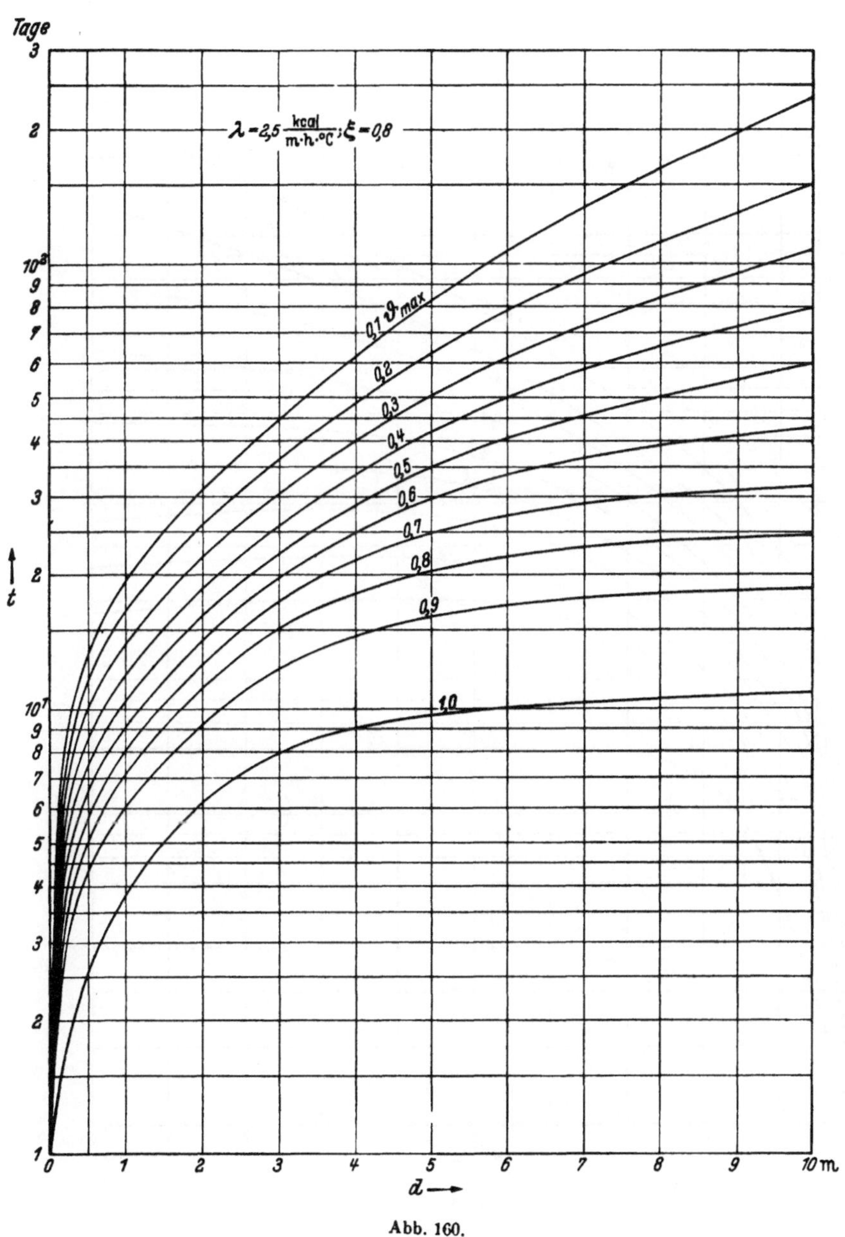

Abb. 160.

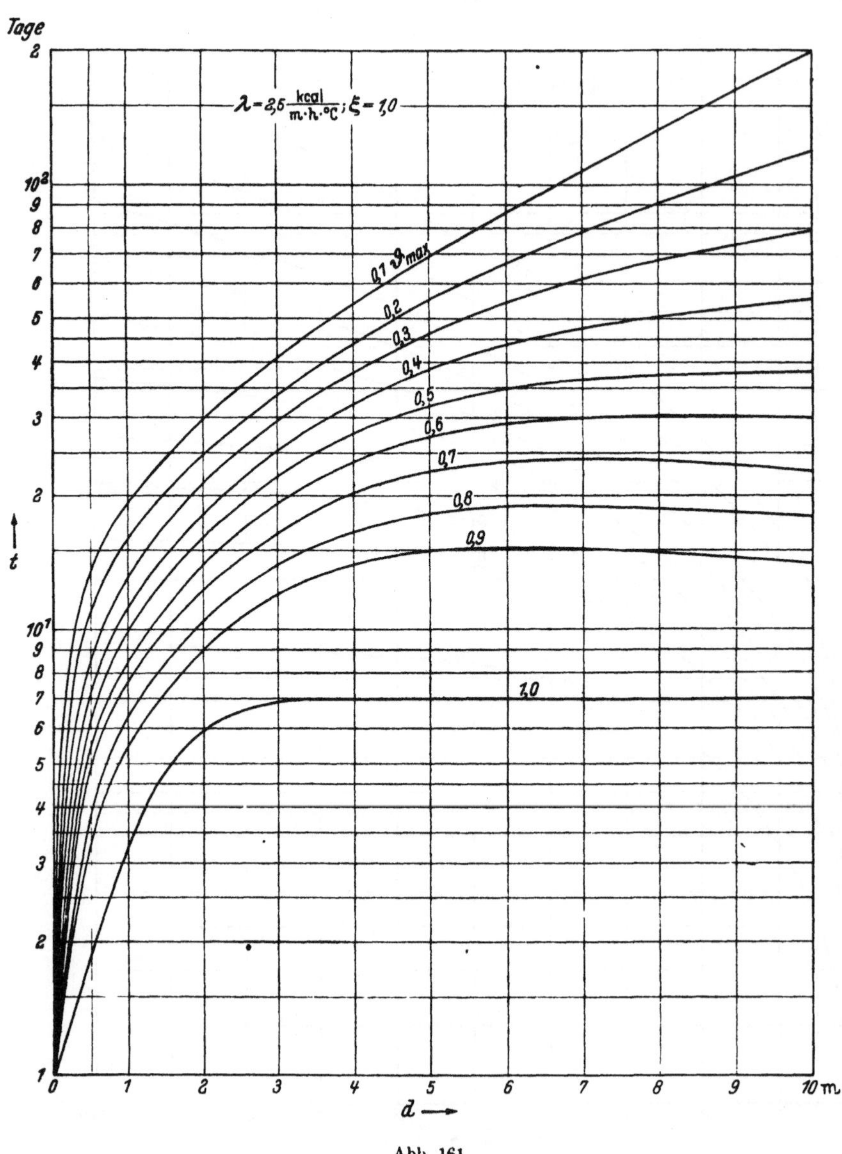

Abb. 161.

Temperaturen in Beton-Vollzylindern für Durchmesser bis zu 10 m infolge der Abbinde-
warme, bezogen auf den Temperaturhorizont von 0° C bei $\lambda = 1{,}5$.
Hierzugehörig die Abb. 162, 164, 166, 168, 170, 172.

Einfluß der Übertemperatur durch den Ausdruck tang ε in Abhängigkeit vom Zylinderdurchmesser bei $\lambda = 1{,}5$.
Hierzugehörig die Abb. 163, 165, 167, 169, 171, 173.

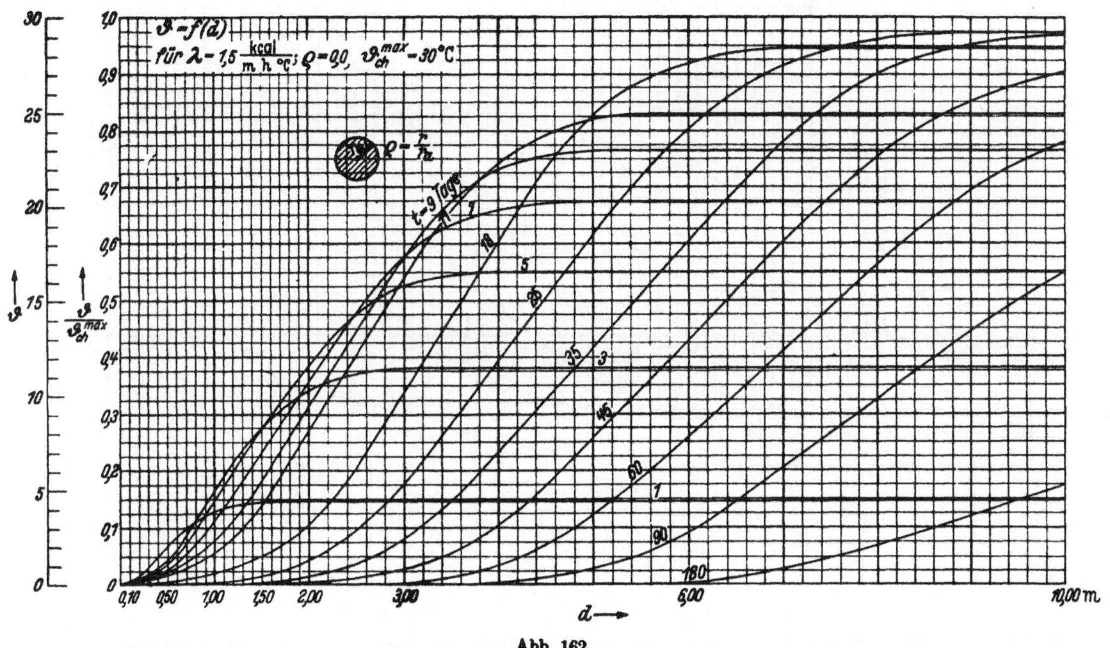

Abb. 162.

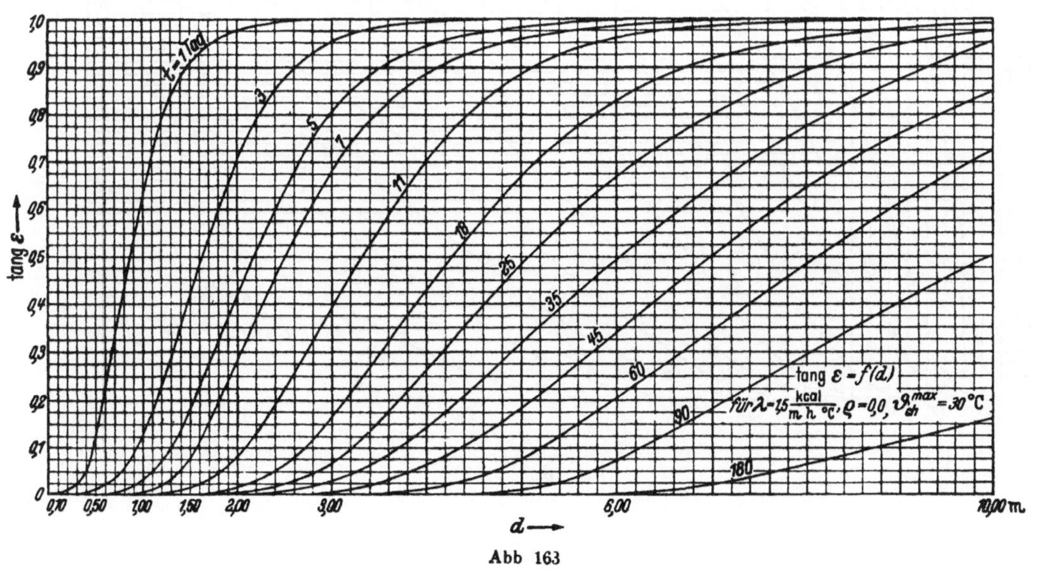

Abb. 163

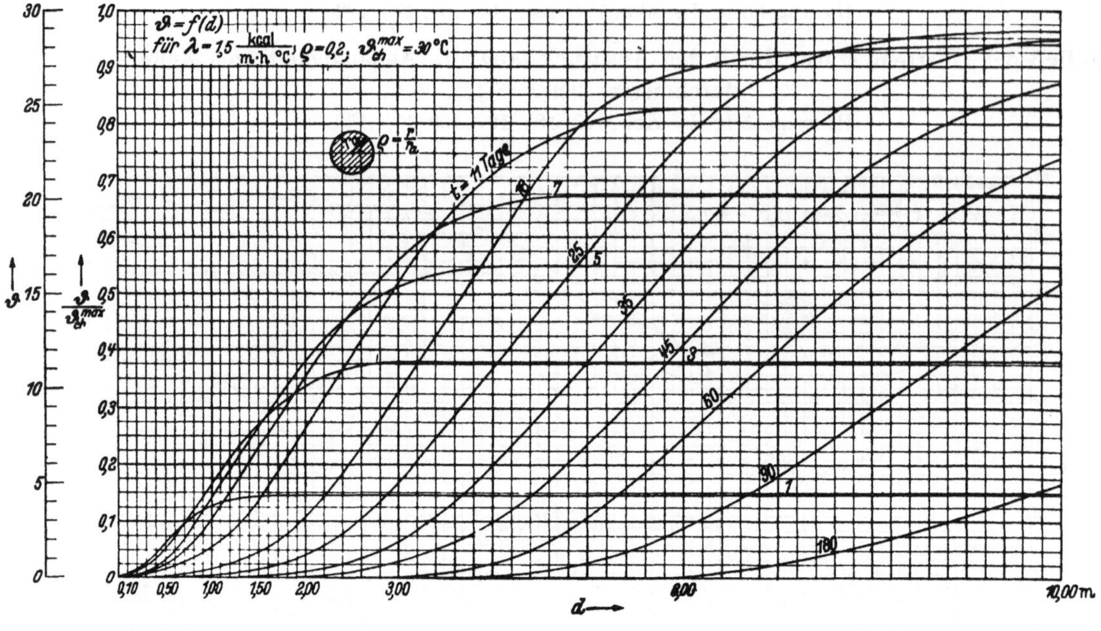

Abb. 164.

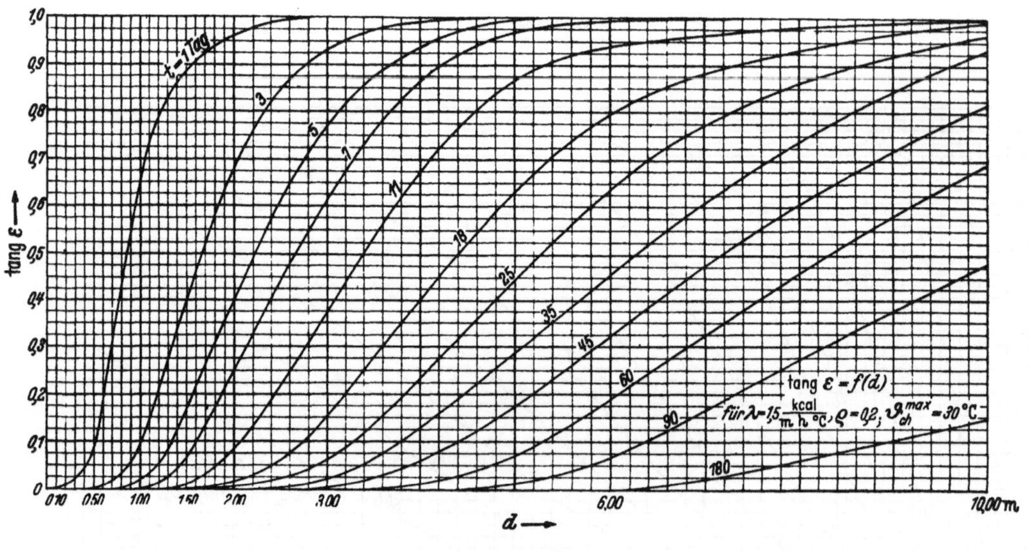

Abb. 165.

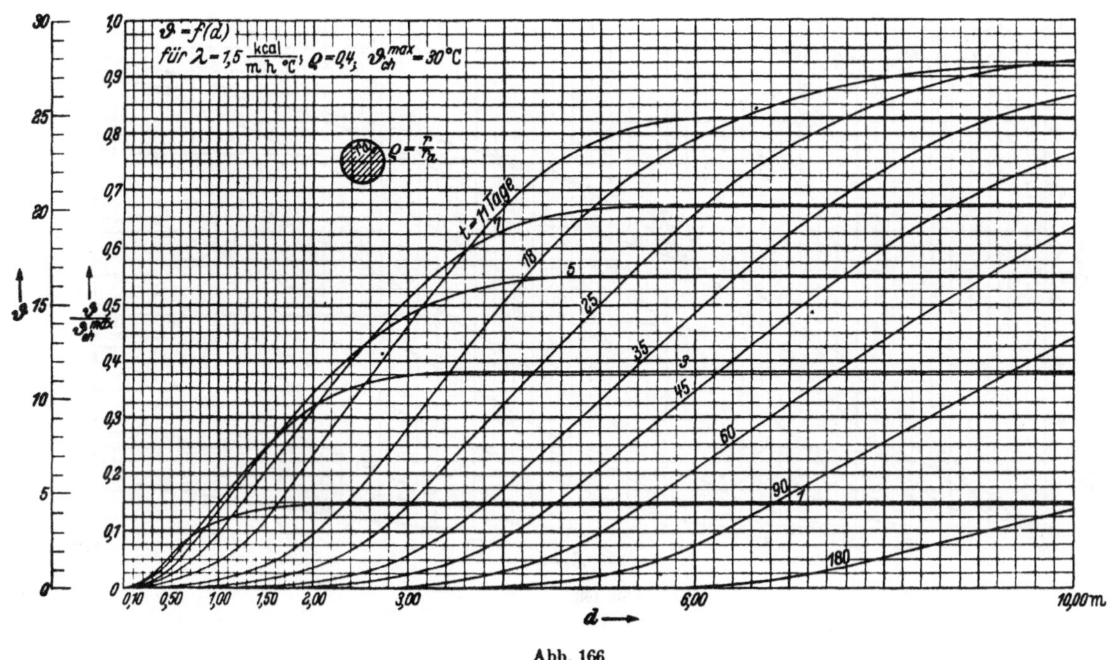

Abb. 166

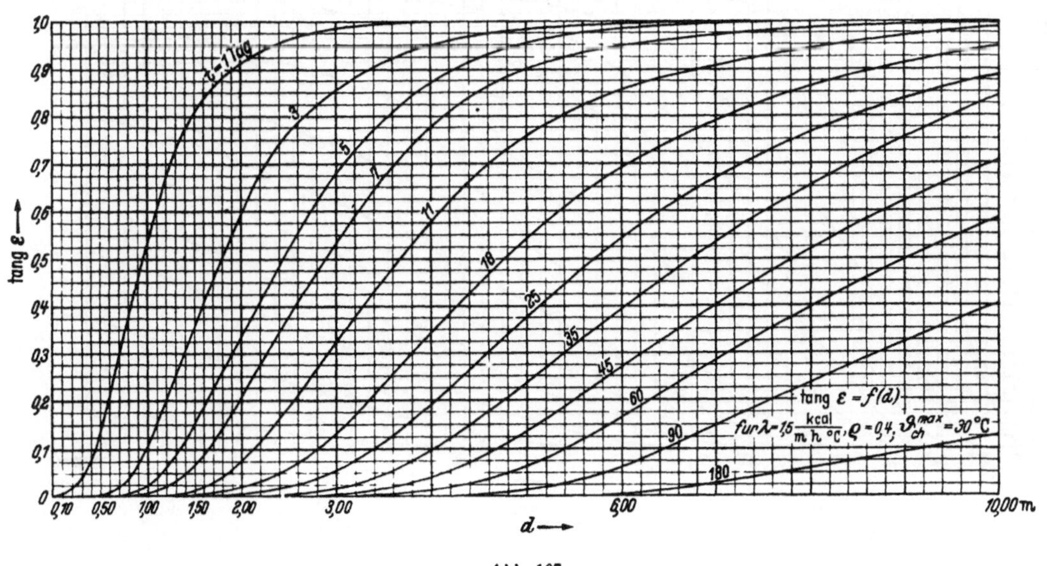

Abb 167.

IV*

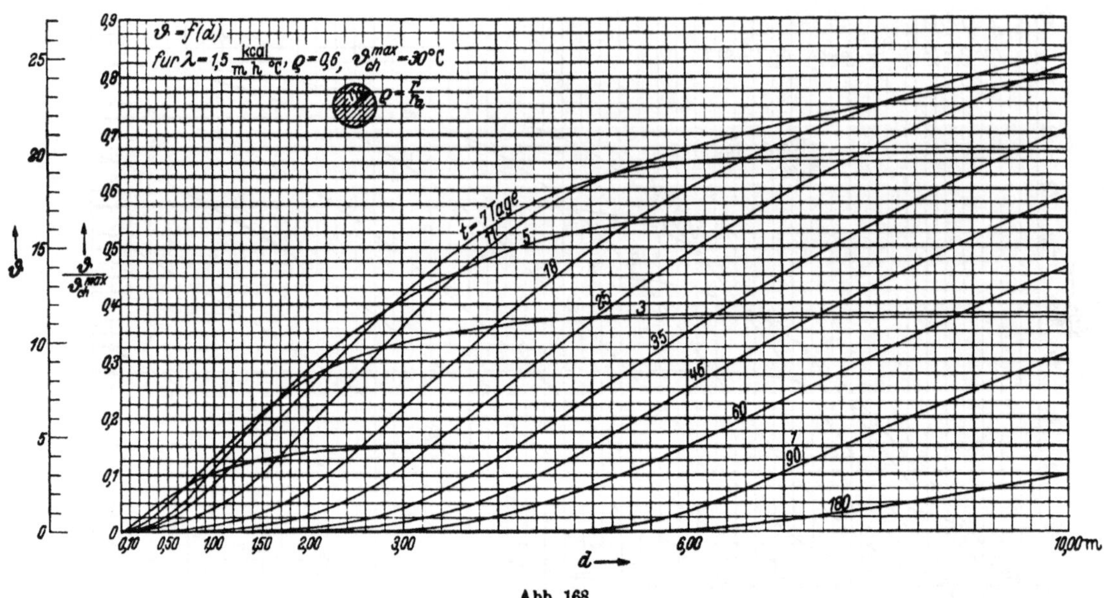

Abb. 168.

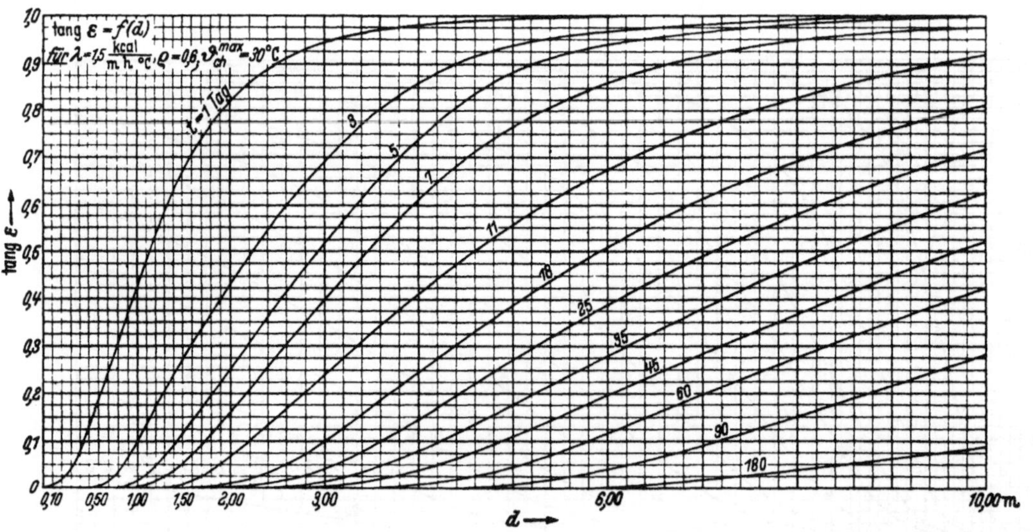

Abb. 169.

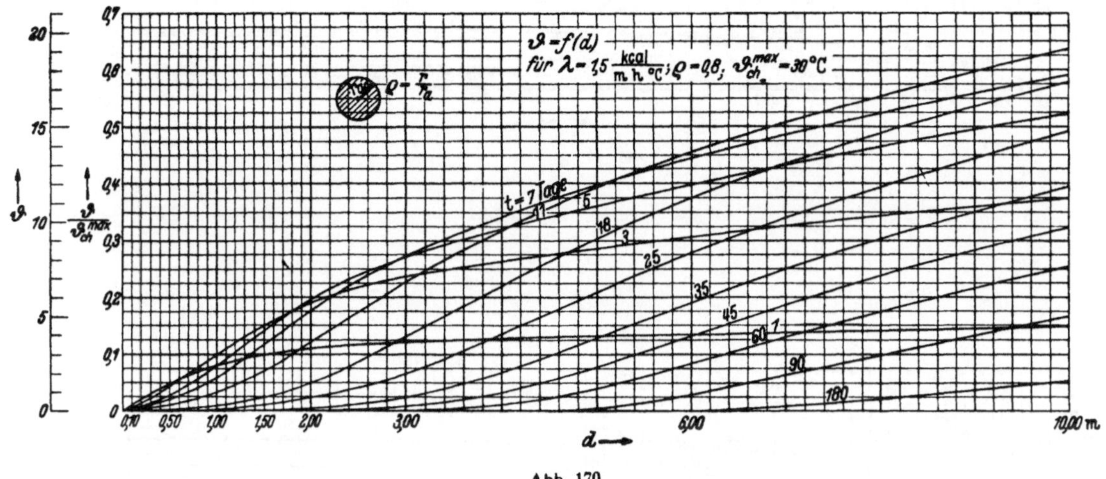

Abb 170.

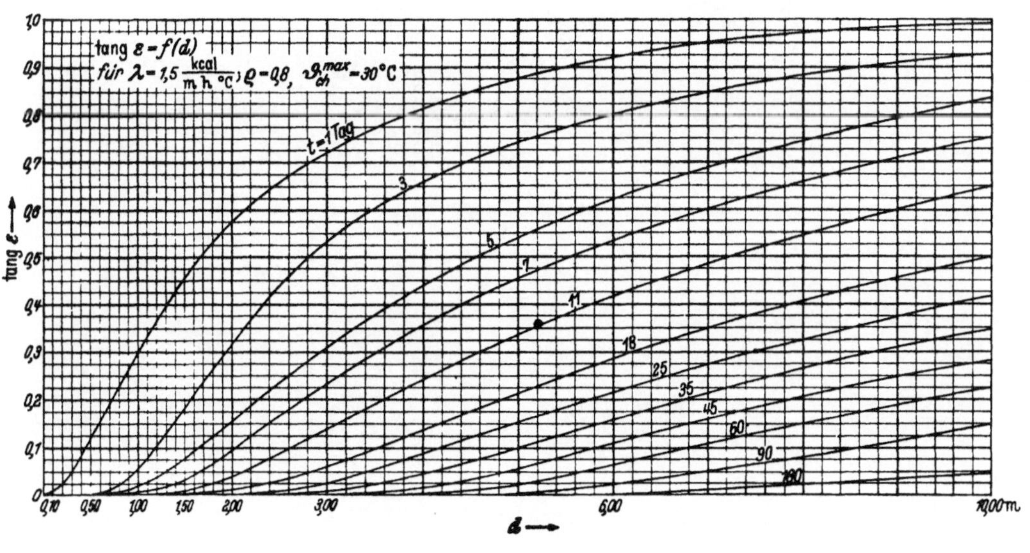

Abb 171.

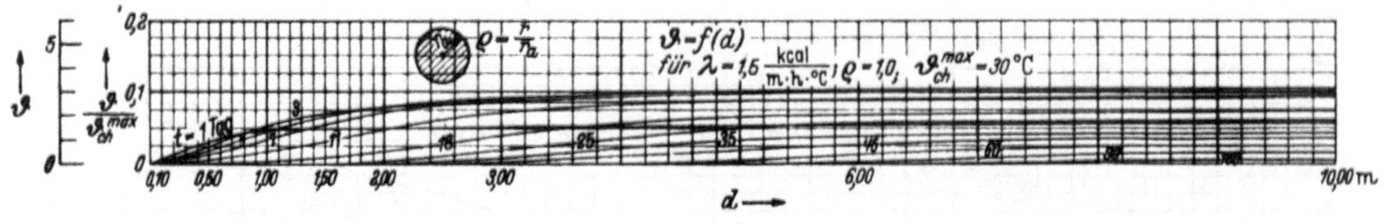

Abb. 172.

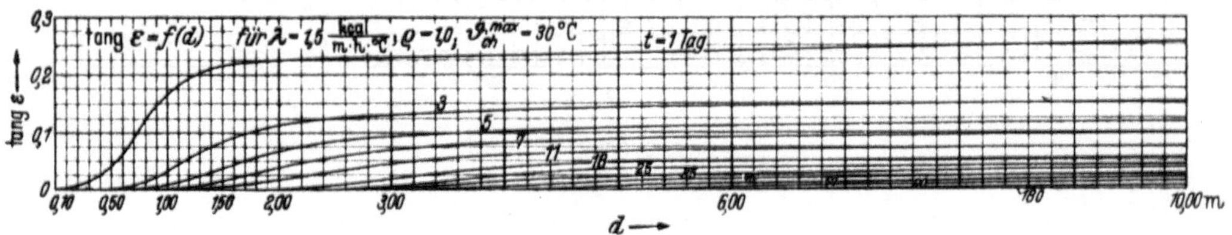

Abb. 173.